下一代无线系统中的
毫米波天线技术

Millimeter Wave Antenna Technology for Next-Generation Wireless Systems

■ 赵鲁豫　陈晓明　黄冠龙　编著

人 民 邮 电 出 版 社
北 京

图书在版编目（CIP）数据

下一代无线系统中的毫米波天线技术 / 赵鲁豫，陈晓明，黄冠龙编著. -- 北京 : 人民邮电出版社，2024.
ISBN 978-7-115-65270-6

Ⅰ. TN822

中国国家版本馆 CIP 数据核字第 20248UQ253 号

内 容 提 要

随着业务对带宽需求的不断增加，通信频谱不断向更高频谱延伸，5G 毫米波具有丰富的频率资源，是移动通信技术演进的必然方向。5G 已经开始规模商用，在下一阶段部署的关键技术中，5G 毫米波由于具有高带宽、低时延以及其他突出优势，能够充分释放 5G 的全部潜能，从而实现业务体验的革命性提升和千行百业的数字化转型，真正实现“4G 改变生活、5G 改变社会”的愿景，因此受到业界的广泛关注。与此同时，由于先天具有感知精度优势，因此，在诸如空天信息和低空经济等领域中，毫米波更是使能技术。

本书深入讨论毫米波天线的技术要求、基本类型以及各类高性能的毫米波天线阵列的设计、工艺、制造和性能评估方法，全面展现毫米波技术的最新协议、最新要求、最新技术进展以及潜在应用。

本书深入浅出，不但关注本领域学术研究前沿，还关注前沿技术在实际场景中的落地和应用，适合通信行业的研发工程师和科研人员参考。本书可以作为相关院校高年级本科生和研究生的参考用书，还可以供从事通信行业咨询、投资和战略规划工作的专业人员参考。

◆ 编　　著　赵鲁豫　陈晓明　黄冠龙
　责任编辑　葛艳红
　责任印制　马振武

◆ 人民邮电出版社出版发行　　北京市丰台区成寿寺路 11 号
　邮编　100164　　电子邮件　315@ptpress.com.cn
　网址　https://www.ptpress.com.cn
　固安县铭成印刷有限公司印刷

◆ 开本：710×1000　1/16
　印张：21.5　　　　2024 年 12 月第 1 版
　字数：421 千字　　2024 年 12 月河北第 1 次印刷

定价：189.80 元

读者服务热线：(010)53913866　印装质量热线：(010)81055316

反盗版热线：(010)81055315

广告经营许可证：京东市监广登字 20170147 号

序言一

本书的选题紧密贴合目前技术发展的前沿，特别关注下一代移动通信的关键技术——毫米波技术，该方向也正好是目前学术界和工业界的热点研究内容。撰写本书的三位年轻学者从毫米波的全球发展现状入手，给出了最新的毫米波技术发展趋势预测。在此基础上，针对毫米波的天线单元、天线阵列、天线加工制造以及测试等诸多方面，全面地展开了论述，在重视基本概念、基础理论的前提下，展现了毫米波阵列宽角扫描、毫米波磁电偶极子阵列、毫米波快速空口测试等一系列前沿技术的最新进展。本书还有大量的作者第一手的研究成果展现，做到了兼顾时效性、创新性和严谨性。难能可贵的是，除了基础的技术和理论，本书很好地做到了“产学研用”兼顾，特别是结合工业界最新的需求，给出了大量毫米波天线阵列及前端技术在实际通信、感知、探测等系统中的应用，结合应用谈需求，结合场景谈技术，使得技术不再被禁锢在书本之中。

特此推荐此书给对毫米波技术感兴趣的读者。

吴光良
安徽大学

2024 年 7 月 2 日于合肥

序言二

5G 通信、低轨卫星互联网、智能网联汽车以及低空经济等领域的健康发展，离不开毫米波技术，特别是毫米波前端技术的快速成熟和商用。然而，毫米波技术在其发展和应用过程中面临着诸多技术难题及应用成本的挑战。

在技术难题方面，毫米波具有高路径损耗，因此需要建立大规模相控阵系统，并采用低成本、高集成的毫米波芯片来应对。毫米波在高频率上的特性、损耗等方面与我们常用的 Sub-6 GHz 的低频段区别很大，导致设计难度显著增加。

在应用成本方面，毫米波的射频电缆、接插件、电路板及其他集成工艺，尤其是射频芯片的成本偏高，并且部分关键工艺还处在被“卡脖子”的状态，这在一定程度上限制了毫米波技术的广泛应用。

本书详细讨论了毫米波天线以及射频前端的新体制、新工艺、新设计以及新应用，特别为应对上述挑战给出了从设计、工艺、性能等多角度的解决方案，对突破毫米波“叫好不叫座”的现状提供了诸多启发。难能可贵的是，三位专业的学者，能够站在整个产业生态的角度，讨论一些毫米波未来潜在的爆发点、突破点，因此，我将此书推荐给相关行业的从业者、开发者，也推荐给关注毫米波行业应用的投资者。

编写专业书籍是非常辛苦的，三位学者能够坚持完成一本高质量的书稿，我觉得是一件非常有成就感的事情，在此向他们表示祝贺。

程强

东南大学

2024 年 7 月 4 日于南京

前　言

5G 毫米波使用更高的频率，实现更快的速率，具备更大的系统容量和更强的业务能力，能够帮助实现 5G 最初的愿景，所以成为 5G 重点部署的关键技术。目前 5G 毫米波的优势还没有得到充分重视，相关产业链还没有真正全面开花，应用场景还是"养在深闺人未识"的状态。大量的学术论文和研究仍聚焦在 Sub-6 GHz 等频段或者简单的天线设计层面，而对真正能够在实际场景中实现"落地开花"的毫米波天线、阵列、射频前端、集成系统、加工工艺、性能评估以及产品应用的讨论甚少。因此，迫切需要对毫米波天线等相关技术的理论、设计、测量和应用进行深入讨论，编写本书的目的就是填补这一空白。

虽然毫米波在很多方面有着得天独厚的优势，但毫米波天线技术也同样存在如下的技术挑战。

（1）由于毫米波频率较传统的 Sub-6 GHz 提升数倍，天线的尺寸明显缩小。但考虑到表面波、各类损耗和加工工艺的限制，并不能采用简单"缩比"的方法进行设计和制造。

（2）为了对抗路径损耗，毫米波天线通常是以阵列的形式出现的，因此需要考虑的不单是天线本身，还有阵列的波束成形、波束扫描和系统集成等一系列技术。

（3）毫米波对于损耗和噪声的要求是苛刻的，因此对信号的产生和接收、传输和发射的每一个环节，都需要关注其损耗和噪声。

（4）毫米波由于其波长在毫米量级，而天线阵列规模提升，使得集成化的射频前端成为可能，这里不单包括射频组件芯片化，也包括天线出现了更为紧凑的封装工艺。

（5）集成化的毫米波阵列，对其性能的空口测试同样是挑战，由于天线、馈电网络、射频前端很难再独立拆开，因此大规模的、多波位的、空口的高效精准性能测试也成为核心挑战。

（6）针对新的天线和射频前端需求，毫米波加工技术需要综合考虑尺寸精度、表面粗糙度、电磁特性、热设计、测试与调试等多个方面。通过精细的加工技术和严格的质量控制，可以确保毫米波电路在高频下具有优异的性能表现。

针对上述问题，本书的第 1 章讨论毫米波的技术需求、技术演进、技术特色和技术优势。第 2 章对毫米波天线阵列中常用的天线单元进行分类叙述，特别强调其在毫米波频段的特点。第 3 章对毫米波天线阵列进行需求分析，并给出几种不同体制的天线阵列设计。第 4 章主要聚焦阵列宽角扫描、宽带化设计及毫米波全双工等一系列毫米波进阶阵列技术。第 5 章对毫米波所应用到的各类加工工艺，包括系统集成和射频芯片工艺进行讨论。第 6 章全面论述适合毫米波频段的各类测试技术。第 7 章对毫米波典型的应用场景进行举例和展望。

安徽大学的赵鲁豫教授编写第 1 章、第 2 章、第 3 章、第 4 章及第 7 章的主要内容，并参与了第 5 章及第 6 章部分内容的编写，以及进行全书统稿。西安交通大学的陈晓明教授编写第 6 章的主要内容，并参与了第 2 章、第 4 章部分内容的编写。佛山大学的黄冠龙教授编写第 5 章的主要内容，并参与了第 2 章、第 3 章、第 4 章、第 6 章部分内容的编写。安徽大学的徐光辉、邓海容，西安电子科技大学的薛景辉、吕思涵、吴传铭、李攀、李昌壕，香港理工大学的何宇奇，西安交通大学的彭方云和郑俊浩，佛山大学的陈瑞森、邵强，澳门大学的庞子裕等也参与了本书的编写工作。本书的主干内容大多来自作者的多年研究积累，也参考了诸多国内外知名学者、团队以及相关机构的研究成果，在此向他们一并表示感谢。

同时，本书作者感谢安徽大学、西安交通大学、佛山大学、中国通信学会天线与射频技术委员会和天线系统产业联盟的各位领导、专家的大力支持与真诚帮助。感谢在毫米波天线技术研究过程中，华为技术有限公司、深圳三星通信技术研究有限公司、中兴通讯股份有限公司、摩比天线技术（深圳）有限公司、中国电子科技集团公司第二十研究所、中国电子科技集团公司第三十八研究所、中国移动通信集团设计院有限公司、安徽朗普达科学技术有限公司、佛山蓝谱达科技有限公司等企业和机构与作者的密切交流与紧密合作。天线系统产业联盟的李永波、安徽大学的黄志祥教授等专家审阅了全部书稿，并对本书的内容提出了重要的修改意见，在此向他们表示感谢。特别感谢安徽大学吴先良教授、东南大学程强教授认真阅读书稿并为本书作序。感谢在科研工作和本书写作过程中给予作者强有力支持的家人，没有他们的包容、爱护和照顾，本书是无法按时完成的。

由于写作时间紧迫，而毫米波相关的技术和工艺又层出不穷，很多最新的科研成果和技术进展都来不及呈现在本书之中。希望未来有机会能够进一步扩充和丰富本书的内容。鉴于作者的水平有限，本书难免有不足之处，恳请各位读者与专家提出宝贵的意见和建议。

作者
2024 年 7 月 1 日

目　录

第1章

绪 论

毫米波，是工作波长为毫米级的电磁波，通常的频段定义为 30～300 GHz，但是也可以更为广义地包括 24 GHz 及以上的频段，广义的毫米波频段涵盖了 Ka、Q、U、V、E、W、F、D 等多个频段。常见电磁频谱及其应用如图 1-1 所示。

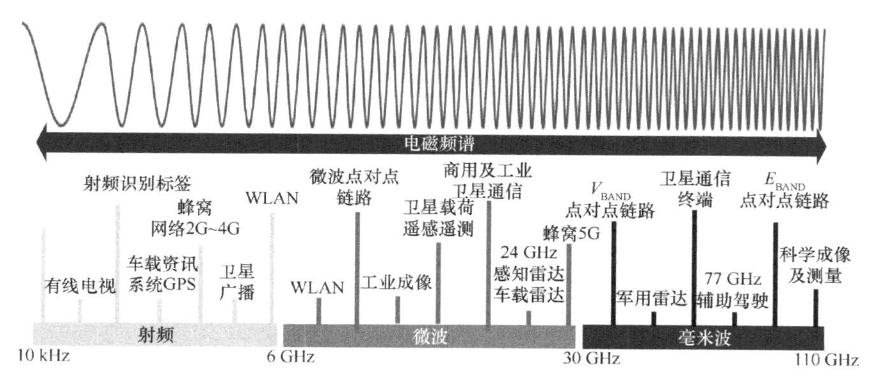

图 1-1　常见电磁频谱及其应用（毫米波及周边频段）

毫米波由于其绝对频率较高，因此天然地具有超宽的绝对带宽。同样是 10%的相对带宽（FBW），在 3 GHz 频段，对应的绝对带宽只有 300 MHz，而在 30 GHz 频段，却可以拥有 3 GHz 的绝对带宽。

1.1　毫米波天线的需求及挑战

根据菲尔·埃德霍尔姆提出的 Edholm 带宽定律，有线通信、路由技术、无线通信的数据速率沿着类似指数曲线增长。为了满足日益增长的容量需求，可以采用更先进的调制技术、多种复用技术或者扩展可用连续带宽来增加信道吞吐率。在可预见的未来，无线网络的传输效率会和有线网络的传输效率逐渐趋同，无线网络和有线网络互相融合，是通信技术发展到一定阶段之后的必然趋势。根据香农定理，带宽对信道容量的增加最为直接，

$$C = B \times \log_2\left(1+\frac{S}{N}\right) \tag{1-1}$$

其中，C 是信道容量，B 是通信带宽，S 是信号功率，N 是噪声功率。S/N 为信噪比。

为了符合这一无线领域的“摩尔定律”，增加绝对带宽，势必要在毫米波频段寻找更宽的绝对带宽频段，这也注定了毫米波是通信发展的必然选择。

无线带宽演进图谱如图 1-2 所示。

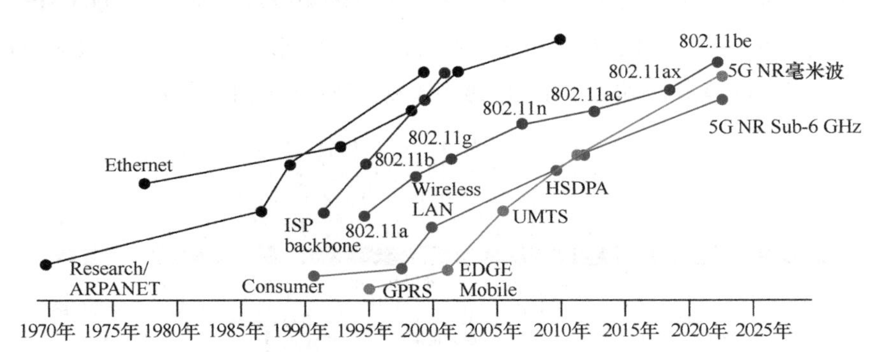

图 1-2　无线带宽演进图谱

1.1.1　5G 毫米波通信频段的发展状况

以信息技术为代表的新一轮科技和产业变革，正在逐步升级。在移动流量激增、用户设备增长和新型应用普及的态势下，迫切需要 5G 的技术快速成熟与应用，包括增强型移动宽带（eMBB）、大规模机器类通信（mMTC）以及超可靠低时延通信（uRLLC）等功能无一例外需要更快的传输速率、更低的传输时延以及更高的可靠性。如图 1-3 所示，相较于 4G LTE 通信，5G 需要具备更高的性能，支持 0.1～1 Gbit/s 的用户体验速率，每平方千米一百万的连接数密度，毫秒级的端到端时延，每平方千米数十 Tbit/s 的流量密度，每小时 500 km 以上的移动性和数十 Gbit/s 的峰值速率。其中，用户体验速率、连接数密度和时延为 5G 最基本的 3 个性能指标。同时，5G 还需要大幅提高网络部署和运营的效率，相较于 4G，频谱效率提升 5～15 倍，能效和成本效率提升百倍以上。

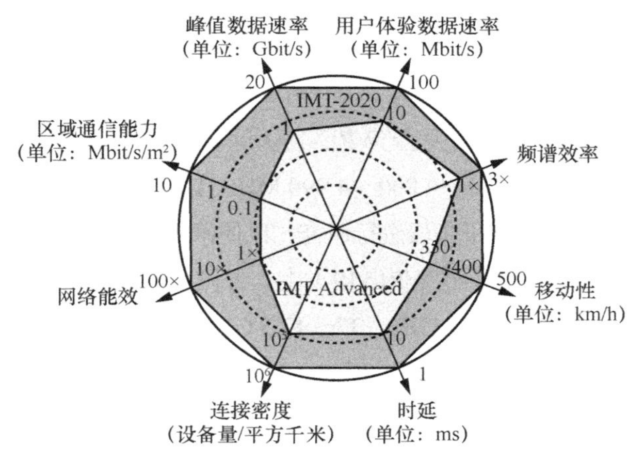

图 1-3　5G 技术需求与 4G 技术的比较

为了满足移动通信对高数据速率的需求，需要引入新技术提高频谱效率和能量利用效率，以及需要拓展新的频谱资源[1]。

在此背景下，大规模多输入多输出（MIMO）技术已经不可逆转地成为下一代移动通信系统中提升频谱效率的核心技术[2]。多输入多输出技术可以有效利用在收发系统之间的多副天线之间存在的多个空间信道，传输多路相互正交的数据流，从而在不增加通信带宽的基础上提高数据吞吐率以及通信的稳定性[3]。大规模 MIMO 技术在此基础之上更进一步，在有限的时间和频率资源的基础上，采用上百个天线单元同时服务几十个移动终端（详见图 1-4），进一步提高了数据吞吐率和能量的使用效率[2]。

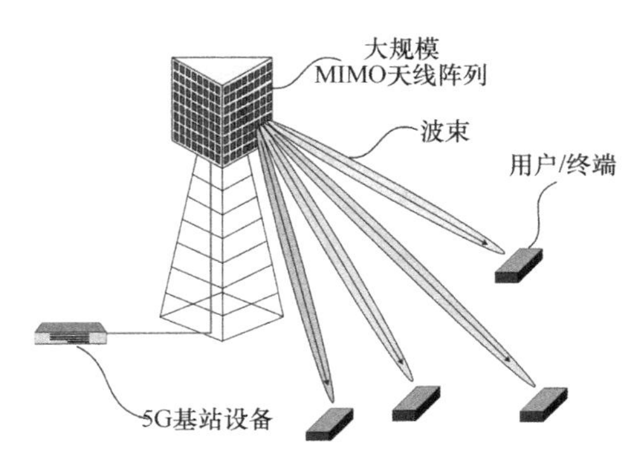

图 1-4　典型的大规模多输入多输出阵列系统

除了大规模 MIMO 技术，5G 另外一个关键技术就是高频段（毫米波）传输。传统移动通信系统，包括 3G、4G 移动通信系统，其工作频率主要集中在 3 GHz 以下，频谱资源已经异常拥挤。工作在高频段的通信系统，其可用的频谱资源非常丰富，更有可能占用更宽的连续频带进行通信，从而满足 5G 对信道容量和传输速率等方面的需求[1,4]。2015 年世界无线电通信大会(WRC-15),除确定了 470～694/698 MHz、1 427～1 518 MHz、3 300～3 700 MHz、4 800～4 990 MHz 作为 5G 部署的重要频率之外，又提出对 24.25～86 GHz 内的若干频段进行研究，以便确定未来 5G 发展所需要的频段[1]。在 2019 年世界无线电通信大会（WRC-19）上，各国代表就 5G 毫米波频谱使用达成共识：全球范围内将 24.25～27.5 GHz、37～43.5 GHz、66～71 GHz 共 14.75 GHz 带宽的频谱资源，标识用于 5G 及国际移动通信（IMT）系统未来发展；45.5～47 GHz 频段被部分国家用于 IMT 的发展；47.2～48.2 GHz 频段由 2 区（美洲区）国家和部分地区部分国家用于 IMT 的演进。在此基础上，5G 系统国际标准化组织 3GPP 将 5G 频段分为 FR1 频段和 FR2 频段，其中 FR1 频率范围是 450 MHz～6 GHz，又称 Sub-6 GHz 频段，FR2 频率范围是 24.25～52.6 GHz，又称毫米波频段，如图 1-5 所示。FR1、FR2 频段进一步细分为多个子频段，确定双工方式（FDD/TDD），用不同频段号进行代表。5G 毫米波频段的子频段划分见表 1-1。其中 n257 频段与 n258、n261 存在部分重叠。

表 1-1　5G 毫米波频段划分

新空口频段	上下行频率范围	双工模式
n257	26.50～29.50 GHz	TDD
n258	24.25～27.50 GHz	TDD
n259	39.50～43.50 GHz	TDD
n260	37.00～40.00 GHz	TDD
n261	27.50～28.35 GHz	TDD

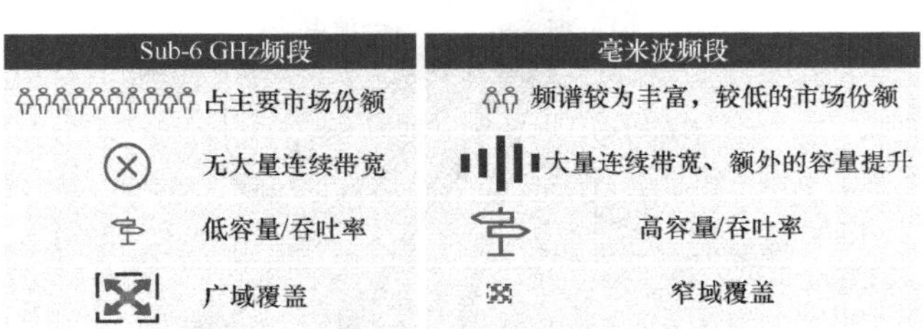

图 1-5　5G 毫米波及 Sub-6 GHz 频段对比

Sub-6 GHz 频段和毫米波频段的射频标准按照不同版本（Release）的形式进行分阶段升级迭代。Rel-15 对 Sub-6 GHz 和毫米波频段同步进行了标准化，定义了 24.25～52.6 GHz 范围内多个毫米波频段。针对毫米波频段，3GPP 制定了以大规模多天线技术为基础的解决方案和相关的系统信息设计等，并且定义了基于管理的相关功能，满足 5G 毫米波频段的基本部署需求。目前，已经商用的 Sub-6 GHz、毫米波频段 5G 网络广泛基于 Rel-15。Rel-16 针对毫米波频段，在 Rel-15 的基础上重点关注毫米波系统的工作效率，并引入集成接入及回传（IAB）、增强型波束管理、室内定位等技术，同时启动了 52.6 GHz 以上毫米波技术的研究，Rel-16 的标准已经冻结。Rel-17 将毫米波频段拓展至 52.6～71 GHz，同时引入更多支持毫米波的 5G 增强特性，并拓展 5G 毫米波系统的应用场景。

尽管受雨水云气、障碍物等影响，毫米波频段衰落明显，部分频段传输需要较高的发射功率，但仍有较大的带宽可供使用。对于不同的频段虽然可用带宽不一致，但相比于 Sub-6 GHz，毫米波的优势十分明显。在 WRC-19 上对毫米波分配了共 14.75 GHz 的几乎不间断的连续带宽，大量连续带宽的毫米波频谱资源将为 5G 技术在相应场景下的大规模应用提供有效支撑，为 5G 相关产业链的发展成熟奠定基础，从而加速全球 5G 系统部署和商用步伐[5]。

毫米波可用频段分布如图 1-6 所示，从 WRC 到 IMT 的协议研究周期如图 1-7 所示。由此可见，从早期的协议研究，到真正的广泛技术应用，通常需要 10 年以上的漫长周期，因此毫米波技术的广泛应用还有很长的路要走。

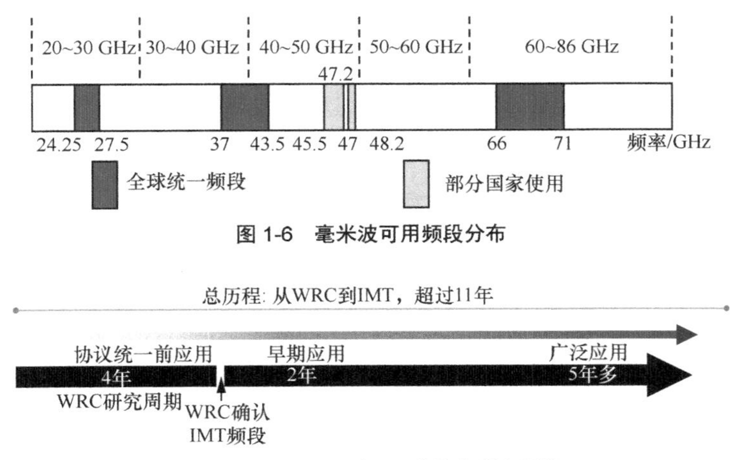

图 1-6　毫米波可用频段分布

图 1-7　从 WRC 到 IMT 的协议研究周期

5G 目前大量部署的还是 Sub-6 GHz 频段，只有北美、意大利、俄罗斯和日本部署了毫米波的频谱。但是，5G 毫米波的商业部署也在全球各地逐渐展开。全球移动供应商协会（GSA）表示，2020 年 6 月，仅在 24.25～29.5 GHz 频谱范围内，全球已有 42 个国家/地区的 123 个运营商以试验、许可证、部署或运营网络的形式进行了 5G 的建设。据 GSA 2021 年 5 月的统计数据，全球范围内共有 112 个运营商持有 26/28 GHz 5G 毫米波许可，其中 27 个运营商已经或正在实际部署 26/28 GHz 5G 毫米波网络。39 GHz 频段（37～40 GHz）共有 27 个运营商持有许可，主要是集中在美国。与 C 频段（3.3～4.2 GHz）172 个运营商持有许可、113 个部署网络的情况相比，5G 毫米波网络仍处于起步阶段。全球运营商在 5G 重点频谱的工作进展情况如图 1-8 所示。

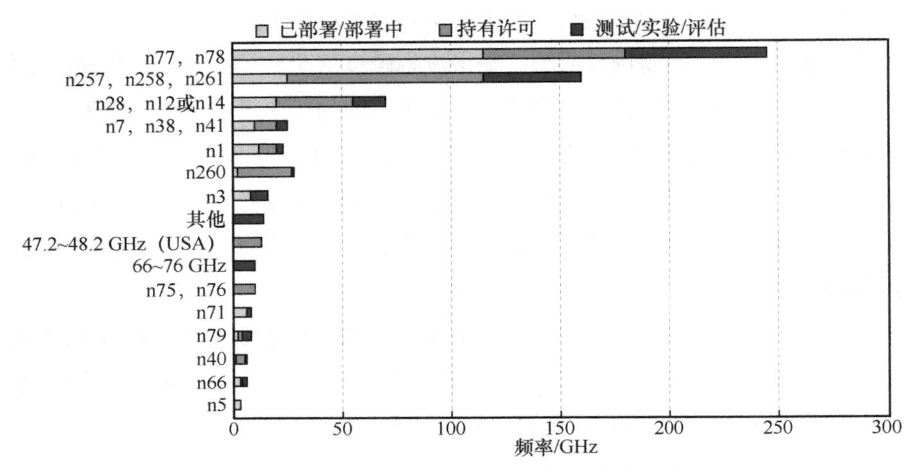

图 1-8　全球运营商在 5G 重点频谱的工作进展情况

美国、日本、韩国是 5G 毫米波商用推进较快的典型国家。美国联邦通信委员会（FCC）于 2016 年 7 月通过了将 24 GHz 以上频谱用于无线宽带业务的法令，共规划了 10.85 GHz 带宽的频率资源用于 5G 业务，具体包括 27.5～28.35 GHz、38.6～40 GHz 共计 2.25 GHz 许可频段，37～38.6 GHz 共 1.6 GHz 混合许可频段和 64～71 GHz 共 7 GHz 免许可频段。2017 年 11 月，FCC 发布法令继续为 5G 毫米波增加了 24.25～24.45 GHz、24.75～25.25 GHz 和 47.2～48.2 GHz 共 1.7 GHz 带宽的频谱。目前，美国已完成 24 GHz、28 GHz、37 GHz、39 GHz 以及 47 GHz 频段的频谱拍卖，为 5G 毫米波商用提供了充裕的频率资源。运营商方面，Verizon、AT&T 和 T-Mobile 最早在 2019 年上半年开始部署 28/39 GHz 5G 商用网络，主要用于固定无线接入（FWA）场景，后逐步拓展到室外宏基站覆盖的 eMBB 业务场景，包括体育场馆、机场、高价值街区等。但是当时由于缺乏中频 5G 覆盖层，仅靠毫米波网络难以实现连续覆盖，用户体验不佳，目前相关运营商的建网重心已转向 5G 中频段。

日本总务省（MIC）于 2016 年 7 月发布了面向 2020 年无线电政策，提出面向 2020 年的 5G 商用频谱计划，其中毫米波频率将主要聚焦于 28 GHz（27.5～29.5 GHz）频段。

2017 年年中起，MIC 联合运营商 NTT Docomo、KDDI 和 Softbank 在东京及部分农村地区开展了 5G 外场试验，其中涵盖了 28 GHz 频段。目前，日本已经完成了 3.6～4.2 GHz、4.4～4.9 GHz 以及 27.5～29.5 GHz 全国 5G 频段的频率许可。NTT Docomo 于 2020 年 9 月开始提供 5G 毫米波服务，其 5G 毫米波网络覆盖了 164 个地点。Softbank 于 2021 年 3 月起在日本推出 5G 毫米波服务，初期提供移动热点设备，后续将开放智能手机服务。

韩国未来创造科学部（MSIP）于 2017 年 1 月公布 K-ICT 频率规划，开始推动 26.5～29.5 GHz 频段的 5G 毫米波商用。规划提出，27.5～28.5 GHz（1 GHz）在 2018 年进行释放，26.5～27.5 GHz 和 28.5～29.5 GHz（共计 2 GHz）视 5G 产业链发展情况，不晚于 2021 年进行释放。韩国于 2018 年 6 月如期完成了 26.5～28.9 GHz 频段的频谱拍卖，国内三大运营商分别获得了 800 MHz 带宽的毫米波频谱。其中，SKT 获得了 28.1～28.9 GHz 频段，KT 获得了 26.5～27.3 GHz 频段，LGU+获得了 27.3～28.1 GHz 频段。2020 年 12 月初，LGU+与 LG 电子、高通三方基于 5G 商用智能手机部署了韩国首个 5G 毫米波网络，支持校园内日常连接、远程教学等应用场景，实现了 5G 毫米波+智慧校园的融合应用。

GSMA 智库在《5G 毫米波经济性分析》中提到，预计到 2030 年，5G 每年将为全球 GDP 增长做出 0.6%的贡献，每年为全球经济创造约 6 000 亿美元的价值，而 5G 毫米波将在实现这些效益的过程中扮演越来越重要的角色。随着 5G 毫米波在各个场景中的大量应用，预计将在 2035 年之前对全球 GDP 做出 5 650 亿美元的贡献，占 5G 总贡献的 25%，而在 2034 年之前，在中国使用 5G 毫米波频段所带来的经济收益超过 7 000 亿元。2017 年 7 月，中国在 24.75～27.5 GHz 和 37～42.5 GHz 的 5G 毫米波频率范围内对 5G 毫米波技术的实际使用进行了多项研发试验。2020 年，《工业和信息化部关于推动 5G 加快发展的通知》也明确指出，中国未来的通信频段的发展将会进一步结合国家对于无线频率规划进度的具体安排，适时发布部分 5G 毫米波频段频率使用规划，开展 5G 行业（含工业互联网）专用频率规划研究，适时实施技术试验频率许可，为中国的 5G 毫米波技术商用做好技术上的充足储备，并且会适时地发布部分中国商用 5G 毫米波频段频率具体使用规划与文件安排[6]。2019 年以来，中国 IMT-2020（5G）推进组统筹规划，分 3 个阶段推进 5G 毫米波的试验工作：2019 年重点验证 5G 毫米波关键技术和系统特性；2020 年重点验证 5G 毫米波基站和终端的功能、性能和互操作；2020 年到 2021 年开展典型场景应用验证。2020 年，爱立信携手一加手机完成 5G 毫米波商用系统和商用智能手机端到端测试，在室内外各种环境下均表现出稳定优异的性能；2020 年，诺基亚贝尔与基于芯片的测试终端配合，成功展示 5G 毫米波 4 Gbit/s 峰值性能，拉远测试在 1 200 m 处、非视距场景及人体遮挡等测试场景下，下行速率仍可达数百兆至 2 Gbit/s；2020 年，OPPO 携手爱立信，实现了 5G 毫米波商用系统与商用用户终端设备（CPE）的端到端测试，4.06 Gbit/s 的下行速率以及 210 Mbit/s 的上行速率，并在拉远测试中，2.3 km 处仍然保持 200 Mbit/s 的下行速率。

除此之外，毫米波依旧是最“便宜”的频段。2021 年，根据全球移动通信系统协会（GSMA）对全球 5G 频谱拍卖情况的统计，毫米波频谱拍卖价格远低于 5G 中频段频谱。截至 2021 年 3 月，5G 毫米波平均价格为每人每年 0.429 美元/GHz，而 C 频段平均价格为每人每年 0.012 美元/MHz。在同等带宽的情况下，前者平均拍卖价格是后者的近 28 倍。美国于 2021 年 2 月完成的 C 频段 5G 频谱拍卖价格达到每人每年 0.069 美元/MHz。典型国家 5G 毫米波频段和 C 频段频谱拍卖价格如图 1-9 所示。

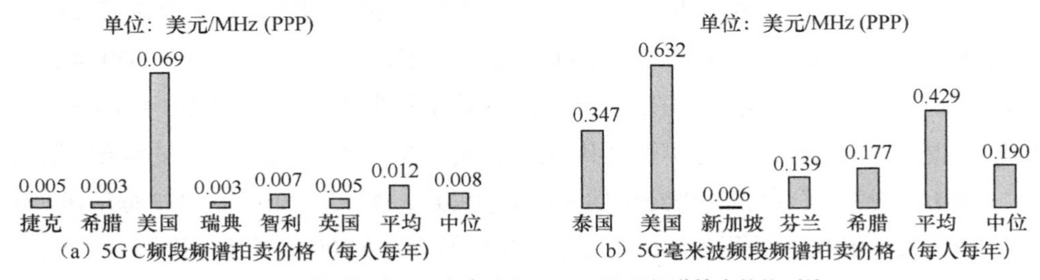

图 1-9　典型国家 5G 毫米波频段和 C 频段频谱拍卖价格对比

从图 1-10 中可以看到，5G 毫米波可以提供高于 5G Sub-6 GHz 中频的速率，而 5G Sub-6 GHz 中频，又可以提供高于 4G LTE 和 5G 低频的速率，也就是说，5G 毫米波的平均速率很大程度地领先于 4G LTE 的通信速率。相较于速率的对比，5G 毫米波的覆盖面积是最小的，而 5G Sub-6 GHz 中频次之，覆盖能力最强的是 4G LTE 和 5G 低频，这也就是为什么进入 5G 时代，700 MHz 的频段依然是运营商的“黄金频段”。

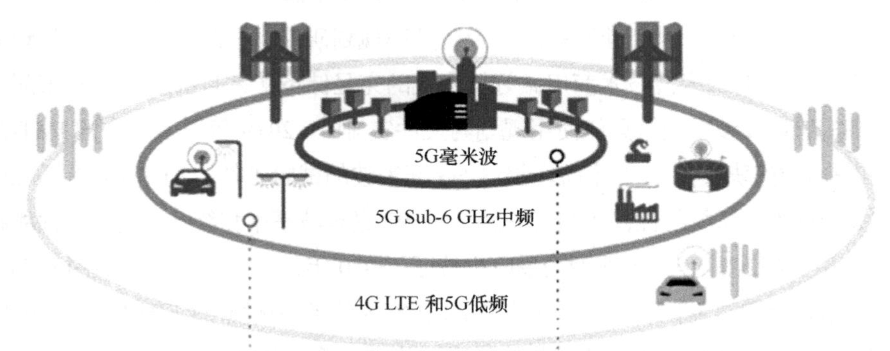

图 1-10　4G/5G 中频与 5G 毫米波的覆盖和速率比较

1.1.2　毫米波的传输特性

毫米波在传播时，大气会选择性地吸收某些频率（波长）的电磁波，造成这些频段的传播损耗特别严重。吸收电磁波的主要是两种大气成分：氧气和水蒸气。水蒸气引起的共振会吸收 22 GHz 和 183 GHz 附近的电磁波，而氧气的共振吸收的是 60 GHz 和 120 GHz 附近的电磁波。

如图 1-11 所示，在外界施加电场后，由于水分子的特性，使其按照图 1-11（a）的形式排布，产生反向偶极矩，与施加电场抵消，造成电磁场的衰减，因此毫米波的雨衰会非常明显，如图 1-11（b）所示。氧气这种非极性分子，会产生磁矩，同样会造成巨大的衰减。所以不管哪个组织分配毫米波频谱资源，都会避开这 4 个频率附近的频段。

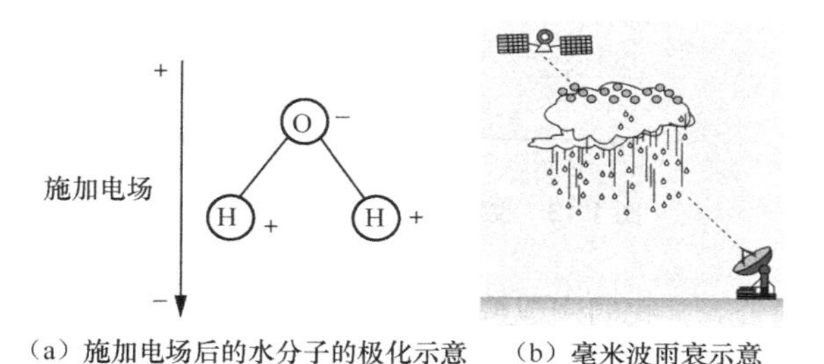

图 1-11　水分子的极化和毫米波雨衰示意

微波毫米波频段的大气吸收状况如图 1-12 所示，可以看到如下信息。

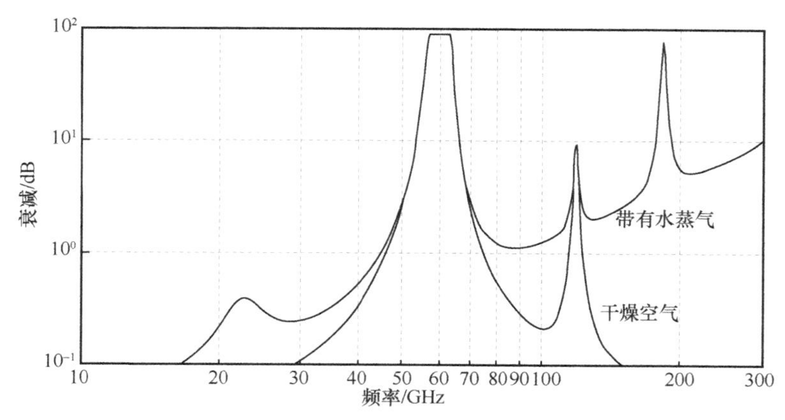

图 1-12　微波毫米波频段的大气吸收状况[7]

（1）随着频率从 GHz 到数十乃至上百 GHz，大气衰减总体趋势是增加的。

（2）毫米波频段有几个巨大的衰减峰，比如 60 GHz、183 GHz、325 GHz 等。考虑到还需要叠加弗里斯公式（Friis Equation）中的自由空间损耗，因此这些频段应尽量避免或只在室内短距离传输中使用。

（3）毫米波的一些频段，只比 Sub-10 GHz 的频段增加 1～2 dB 每千米衰减，因此实际上选择一些适合的毫米波频段及适合的通信方式，也能达到良好的无线通信效果。

下面我们利用数学模型来进一步分析毫米波的传输损耗。收发天线传输特性计算模型如图 1-13 所示。

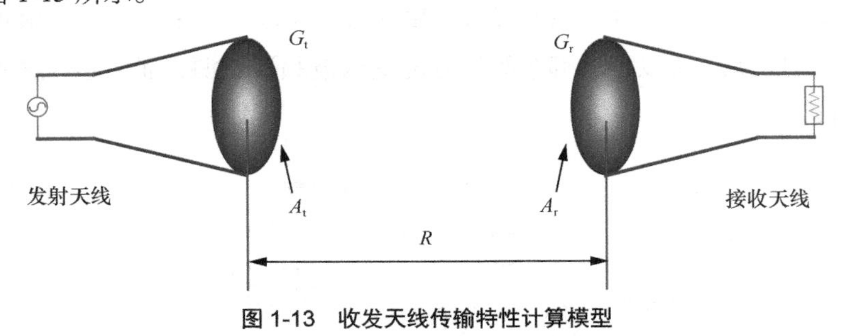

图 1-13　收发天线传输特性计算模型

利用 Friis 传输公式，我们来理解毫米波的传输特性就比较容易，图 1-12 中，我们假设收发天线面对面放置，发射天线和接收天线增益分别为 G_t 和 G_r，发射天线和接收天线的等效口径为 A_t 及 A_r。那么，可以分别计算发射天线和接收天线的增益为

$$G_r = \frac{4\pi A_r}{\lambda^2} \tag{1-2}$$

以及

$$G_t = \frac{4\pi A_t}{\lambda^2} \tag{1-3}$$

利用 Friis 传输公式

$$P_r = P_t G_t G_r \left(\frac{\lambda}{4\pi R}\right)^2 \tag{1-4}$$

将式（1-2）和式（1-3）代入式（1-4）中，可以得到

$$P_r = P_t \frac{A_r A_t}{c^2 R^2} f^2 \tag{1-5}$$

式（1-5）实际上说明：如果保持收发天线口径不变，接收天线的功率和频率的平方呈正比。为了和低频的天线保持一样的口径，在毫米波频段，必须采用组阵的方式，

用更多的单元组成的高增益阵列来对抗路径损耗。图 1-14（a）是一个工作在 2.8 GHz 的贴片单元及其辐射波束的示意，通常来讲，贴片的增益在 7～9 dBi，波束宽度在 50°～60°。然而在 28 GHz 频段，如图 1-14（b）所示，为了拥有和 2.8 GHz 频段一样的口径，最多需要 8×8 共 64 单元组成的阵列。

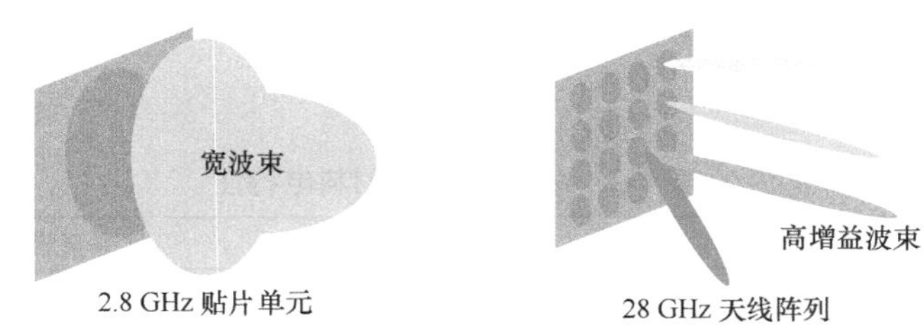

（a）2.8 GHz贴片单元及其辐射波束示意　（b）28 GHz天线阵列及其辐射波束示意

图 1-14　2.8 GHz 贴片单元和 28 GHz 天线阵列及其辐射波束示意

采用式（1-5）比较上述 2.8 GHz 的贴片单元和 28 GHz 的天线阵列的传输损耗，结果如图 1-15 所示。从图 1-15 中可以看到，如果采用理想的发射天线，在 2.8 GHz 用贴片单元，而在 28 GHz 中用天线阵列，事实上的路径损耗是一样的。如果收发单元都采用高增益的 28 GHz 阵列，传输损耗事实上更低。因此，高增益、有自适应波束成形和波束控制能力的天线阵列，自然成为 5G 在毫米波频段应用的关键技术[8]。

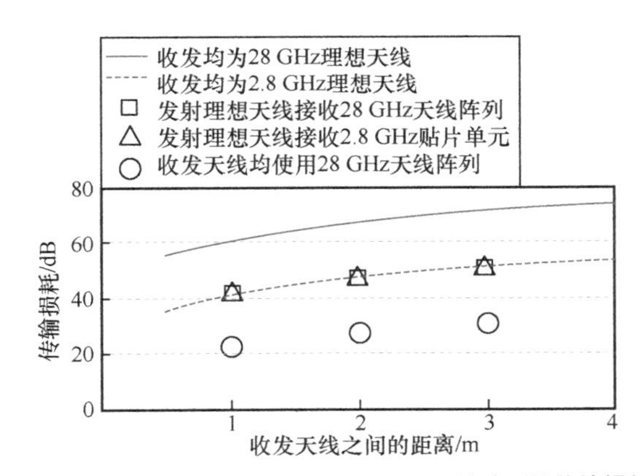

图 1-15　2.8 GHz 贴片单元和 28 GHz 8×8 天线阵列的传输损耗比较

1.1.3　毫米波的穿透特性

Sub-6 GHz 频段的电磁波相对较容易穿透建筑物，相对于 3 GHz 以下的频段，40 GHz

及 60 GHz 的毫米波频段极难穿透砖墙和混凝土。这样的特性使得室外的毫米波很难传播到室内，即使其可以从玻璃穿透到室内，也很难实现稳定的连续覆盖。也就使得早期毫米波的应用更多集中在室内应用，比如，IEEE802.11ad 就是使用 60 GHz 频段的毫米波 Wi-Fi 协议。

40 GHz 频段材料电特性以及 Sub-6 GHz 和毫米波典型频段针对不同材料的衰减详见表 1-2 及表 1-3。

表 1-2　40 GHz 频段材料电特性

材料	水平极化			垂直极化		
	相对介电常数	电导率	损耗角正切	相对介电常数	电导率	损耗角正切
墙砖	4.27-j0.03	0.07	<0.01	4.37-j0.04	0.09	0.01
木板	1.44-j0.02	0.05	0.02	2.44-j0.56	1.29	0.23
夹板	2.52-j0.04	0.09	0.02	2.24-j0.05	0.12	0.02
玻璃	13.38-j0.08	0.18	<0.01	11.26-j2.05	4.73	0.18
木头	1.91-j0.11	0.25	0.06	3.50-j0.41	0.95	0.12
石膏板	4.72-j0.18	0.42	0.04	2.90-j0.04	0.09	0.02

表 1-3　Sub-6 GHz 和毫米波典型频段针对不同材料的衰减

材料	厚度/cm	衰减/dB		
		<3 GHz	40 GHz	60 GHz
干式墙	2.5	5.4	—	6.0
办公白板	1.9	0.5	—	9.6
透明玻璃	0.3/0.4	6.4	2.5	3.6
网格玻璃	0.3	7.7	—	10.2
木板	1.6	—	6	—
木头	0.7	5.4	3.5	—
石膏板	1.5	—	2.9	—
砂浆	10	—	160	—
墙砖	10	—	t178	—
混凝土	10	17.7	175	—

1.2　毫米波技术发展历程及展望

20 世纪 60 年代，毫米波首次出现在无线电领域，主要用于空中视觉传输和气象观测。随着高分辨率图像成像技术的发展，需要更高频率的电磁辐射技术，而毫米波正是用来满足这一需求的。从此，人们开始发掘毫米波的应用潜力。从低成本的宽带数据传输，到人工智能感知，再到无线网络，毫米波技术贯穿这些应用领域。

1976年，有学者设计了工作在35 GHz和60 GHz的平面阵列毫米波天线[9-10]，此后几十年里毫米波天线的研究受到越来越多研究者的关注，研究者们通过研发新型毫米波天线，以满足不断增加的需求。毫米波天线的发展包括两个方面：一方面是设计更小型的毫米波天线，以适应新兴智能手机和其他移动设备的尺寸要求；另一方面是改善毫米波天线的效能，提高传输速率、增加覆盖范围和降低能耗。基于上述两个目的，毫米波天线的形式开始变得多样，由于毫米波的频段相对较高，研究者们首先开始研究毫米波天线不同的结构形式和馈电方式，再进行如今的集成电路（IC）和芯片级测试。

毫米波天线通常要求具备良好的方向特性，提供明显的指向特性及宽带特性。它们也可以发射和接收小尺寸的信号，获得高度精确的定位信息，并能增强定位精度，在低功耗下长期工作。基于上述的优良特性，毫米波天线的种类逐渐趋于多样性，包括微带贴片天线、微带缝隙天线、磁电偶极子天线、基片集成波导天线和介质谐振器天线。

随着通信行业的迅猛发展，毫米波天线的发展将逐渐变成一种趋势，尤其是毫米波天线的宽角扫描技术。宽角扫描天线具有一定的空间分布特性，它的辐射图可以在任意两个方向上保持几乎一致的水平，使其容易输出固定的功率，确保无线通信的稳定性，缺点是受到干扰的信号较弱，接收信号不足以进行通信，容易受到环境的影响，如雨、雾等气象状况。毫米波天线对于天线的干扰影响较小，更适合与波束成形技术结合，所以毫米波天线的宽角扫描技术是现阶段发展的热门方向。

按照目前毫米波弱覆盖、高容量的特点，5G毫米波频段更多是针对大容量需求的小基站场景。按照5G宏站数目500万站计算，需要大容量的场景的宏站占20%，即为100万站。宏站的覆盖距离按照500 m计算，其中的小基站覆盖距离约为20 m，那么单个宏站所需要的小基站数目为625个。假设其中四分之一的小基站是毫米波频段，那么，总计的小基站数目为1.5亿个以上。因此，5G毫米波高容量小基站的需求会在未来激增。

1.3 毫米波的馈电网络、常用的传输线结构及板材选取

馈线的损耗可以分为以下3类：介质损耗、导体损耗和辐射损耗。其中，介质损耗是由电场引起介质分子交替极化和晶格相互碰撞造成能量损失引起的，与频率呈线性关系，采用具有较小损耗角正切的电路材料有助于减小介质损耗；导体损耗是由于

导体材料的不理想引起的，即由导体自身的阻抗造成的能量损失，同时随着频率上升至毫米波频段，电流的趋肤效应也愈加明显，大部分电流只会在金属表面微米级别的区间内流动，电路加工过程中金属表面的粗糙程度也使得导体电阻增加，导致导体损耗的增加。辐射损耗是由传输线的开放性或半开放性结构造成的电磁场不被完全束缚于导体与参考地之间，从而造成部分电磁能量辐射到周围的空气或介质中引起的。对于中低频电路，传输线上的损耗主要是由导体损耗和介质损耗决定的，但随着电路频率的上升，传输线的非闭合结构（如微带线）使得电路的辐射损耗变得不可忽略。减小馈线损耗有几个常见的不同方向的思维，如减少天线与射频前端电路间走线的长度、使用较低损耗角正切的基材、使用较低介电常数的基材（在相同的条件时，如果层厚，可避免因走线太窄而造成较高的欧姆损耗，亦可减少由表面波所造成的能量耗损），故基于此方向，采用较低损耗或较低介电常数的基板，将天线与射频裸片经由 IC 封装技术集成在一起，便是减少馈入损耗目前主流的毫米波天线方案，即封装天线（AiP）。

对应毫米波的应用，印制电路板（PCB）在大量的场景中，作为传输线和天线的主流实现技术，是首先需要研究的对象。必须为高频信号的传输设计对应可靠的传输线，同时还需要设计开发合格的介质基板材料，从而确保天线辐射的效率，进一步降低信号传播造成的损耗。

在微波的频段里，微带线是使用最为广泛的传输线。微带线的结构较为简单，顶部的覆铜层构成信号面，底层的金属层构成接地面，其性价比高，能安装用于很多场合，且能满足多种设计要求。

然而，随着所传播的信号频率的提高，在毫米波的频段里，微带线所带来的辐射损耗也增强了。微带线所产生的辐射损耗主要取决于微带线下所使用的介质基板材料的厚度（H）和其介电常数（Dk）。板材越厚的材料，辐射效率越高，使用较低 Dk 值基板材料所制作的天线也具有更强的辐射能力。

在微带线里，有效的 Dk 指的是介质材料和空气组合之后平均的归一化的 Dk 值，这是由于微带线传播的电磁波有一部分是通过电介质来进行传播的，另外一部分是通过上方的空气向远方进行辐射的。与微带线不同的是，带状线则更像是扁平的同轴传输线。带状线的中心导体是由顶部和底部导电层所包裹着的。带状线的 Dk 值与介质材料的 Dk 值相等，这是因为电磁波的传播过程并没有接触到空气，所以并不会改变其 Dk 值[10]。

对于不同板材的微带线性能分析，使用 HFSS 软件进行仿真，为了统一变量，仿真实验设计为 50 Ω 微带线，统一微带线线长为 10 mm。HFSS 仿真模型和空间电场分布如图 1-16 所示。

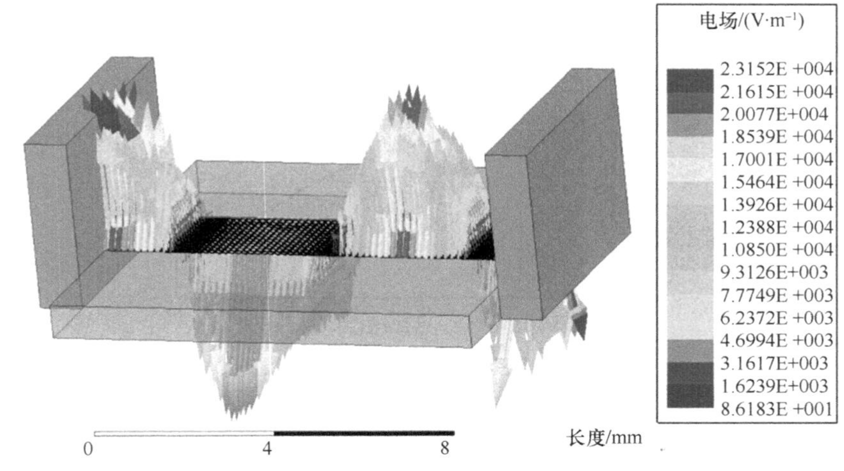

图 1-16 HFSS 仿真模型和空间电场分布

模型微带线两端使用波端口激励，激励两端设置为理想导体以增强反射，由于微带线存在辐射损耗，手动调整各板材损耗角正切为 0，模拟微带线向外辐射情况，后文结果均已减去微带线的辐射损耗，仅为介质所带来的插入损耗。

1（1）罗杰斯（Rogers）5880：工作于 28 GHz 时，高度为 0.787 mm，微带线宽度为 2.46 mm，插入损耗为每厘米 0.04 dB。使用罗杰斯 5880 微带线的插入损耗如图 1-17 所示。

本书中 S 参数中的 | | 符号代表取绝对值，即不管数值是正是负，均只看数值。

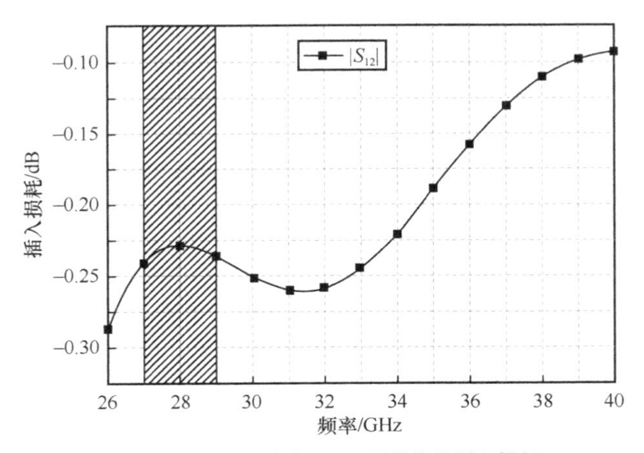

图 1-17 使用罗杰斯 5880 微带线的插入损耗

（2）罗杰斯 4350：工作于 28 GHz 时，高度为 0.762 mm，微带线宽度为 1.729 mm；插入损耗为每厘米 0.18 dB。使用罗杰斯 4350 微带线的插入损耗如图 1-18 所示。

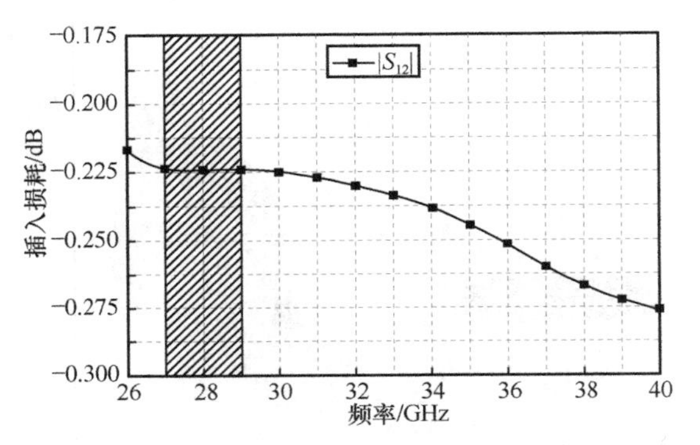

图 1-18 使用罗杰斯 4350 微带线的插入损耗

（3）罗杰斯 4003：工作于 28 GHz 时，高度为 0.813 mm，微带线宽度为 1.881 mm，插入损耗为每厘米 0.117 dB。使用罗杰斯 4003 微带线的插入损耗如图 1-19 所示。

（4）F4B265：工作于 28 GHz 时，高度为 0.762 mm，微带线宽度为 2.748 mm，插入损耗为每厘米 0.242 dB。使用 F4B265 微带线的插入损耗如图 1-20 所示。

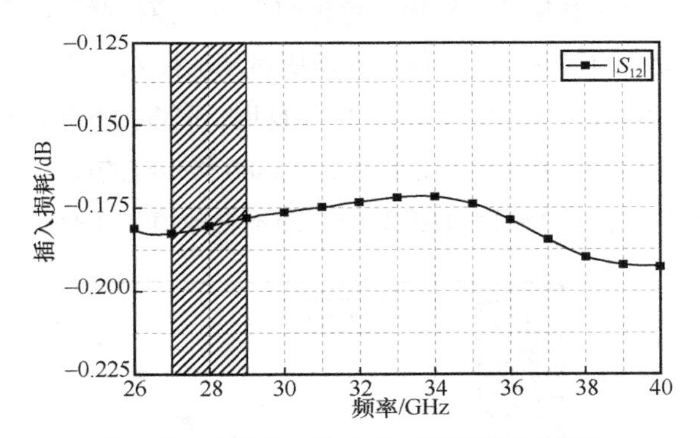

图 1-19 使用罗杰斯 4003 微带线的插入损耗

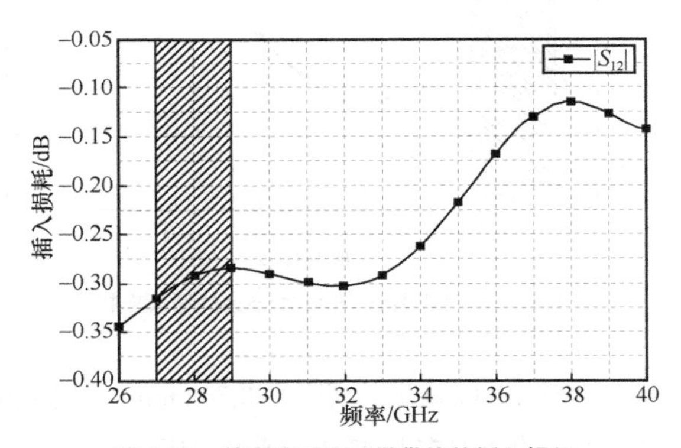

图 1-20 使用 F4B265 微带线的插入损耗

（5）FR4：工作于 28 GHz 时，高度为 0.8 mm，微带线宽度为 1.529 mm，插入损耗为每厘米 0.952 7 dB。使用 FR4 微带线的插入损耗如图 1-21 所示。

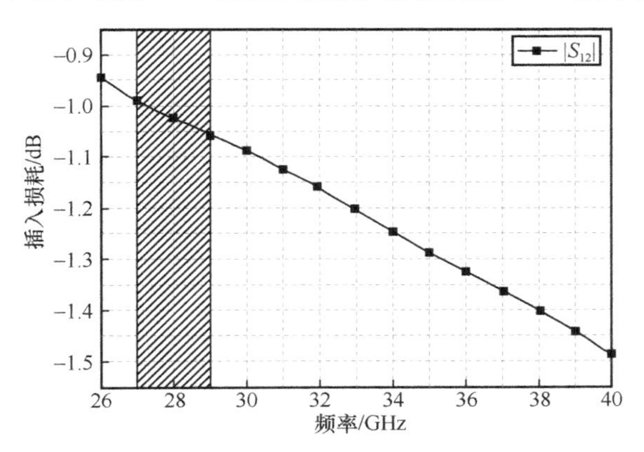

图 1-21　使用 FR4 微带线的插入损耗

由 HFSS 软件的仿真分析结果可以看出，FR4 板材的插入损耗最大，可达每厘米 0.952 7 dB，罗杰斯 5880 的插入损耗最小，其次是罗杰斯 4003。

当板材固定之后，具体的毫米波传输线形式，会比较明显地影响其损耗。图 1-22 给出了几种常用的平面传输线结构及其仿真 S_{21} 参数曲线，特性阻抗均设计为 50 Ω，所有传输线的物理长度均为 10 mm，其中脊波导（RWG）为全金属结构，带地共面波导（CPWG）、介质集成波导（SIW）、带状线和微带线均采用罗杰斯 4003 板材，可见由于不存在介质损耗，间隙波导的损耗要远小于其他类型的传输线。在填充介质的几种传输线的比较中，除了 CPWG 的损耗明显很大之外，其余的传输线都有比较好的效果。但由于毫米波的传输线经常需要和其余的射频电路以及射频芯片集成，还需要在实际系统设计中综合考虑传输线到这些电路和芯片的电路转换。

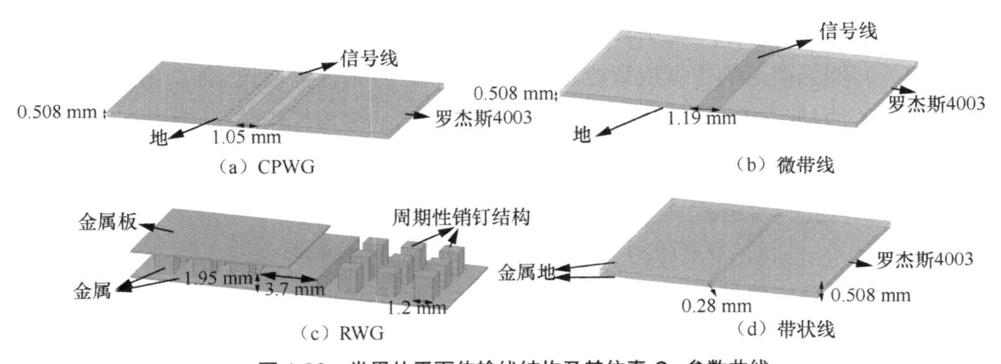

图 1-22　常用的平面传输线结构及其仿真 S_{21} 参数曲线

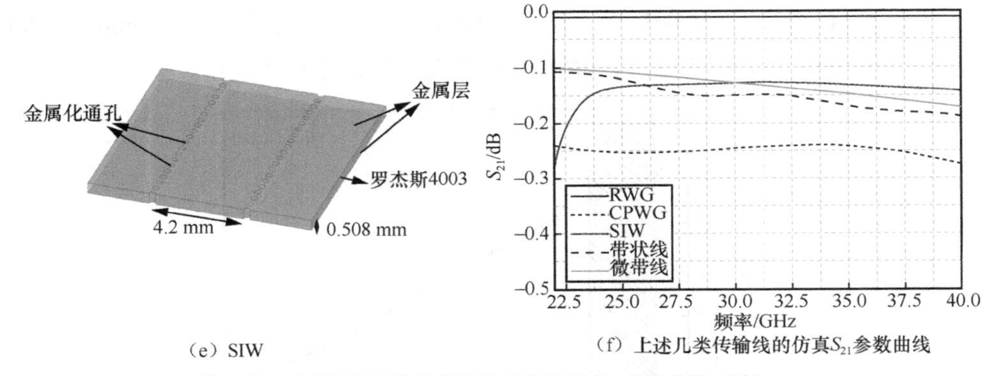

（e）SIW （f）上述几类传输线的仿真S_{21}参数曲线

图 1-22 常用的平面传输线结构及其仿真 S_{21} 参数曲线（续）

1.4 毫米波的技术优势

（1）频谱资源丰富，连续大带宽

相较于 Sub-6 GHz 的频谱，毫米波一个重要的优势就是具有连续的大带宽。根据香农公式，想要获得 Gbit/s 级别的吞吐率，5G 的毫米波频段几乎是必选项。在 20 多个已经发放毫米波频谱的国家中，具有 400 MHz 以上带宽的运营商占比超过 80%。有 30%的运营商毫米波的频谱带宽已经超过 800 MHz。结合先进的调制方式、天线设计和射频处理技术，5G 毫米波可以轻松获得超越 Gbit/s 的速率。

（2）易实现波束成形

5G 毫米波由于波长较短，天线前端在设计和部署上具有小尺寸、大规模、密集布置等特点，更容易进行复杂的波束成形，使得毫米波在单通道功率较低的前提下依然能获得较好的性能。如图 1-23 所示，由于毫米波的窄波束、高增益特性，因此除非在室内具有增强覆盖的中继或智能超表面（RIS），否则，需要波束精准的指向。

毫米波的波长很短，在同样的物理口径下，通常是多单元组阵来工作的。根据天线方向图乘积定理，阵列单元数目越多，对应的成形能力越强。以一个 16×16 的毫米波阵列为例，根据计算公式

$$G \approx 10 \times \lg(M \times N) = 10 \times \lg(256) = 24\ \text{dB} \tag{1-6}$$

也就是说，毫米波频段的阵列成形能力，比低频不组阵的单元高出 24 dB。

（3）可实现极低时延

5G 网络是以时隙为单位调度数据的，空口时隙长度越短，意味着 5G 网络在物理

层的时延越小，5G 中不同频段对应的子载波间隔及时隙长度见表 1-4，可以看出，毫米波频段具有最短的时隙，是目前主流 5G 中低频系统的 1/4，若考虑迷你时隙的配置，还有更低的时延可能性。空口时延的缩短能够解锁 5G 所承诺的更多应用场景。例如 5G VR/AR 中，低时延能够使得用户体验更为真实，眩晕感更低。典型的工业机器人网络对于时延的要求是毫秒级，产品线上的远程实时控制也需要毫秒级的时延保证，而工业视觉等领域引入人工智能所需的大规模计算往往需要在一定距离外进行，同样对空口时延提出了更高要求。

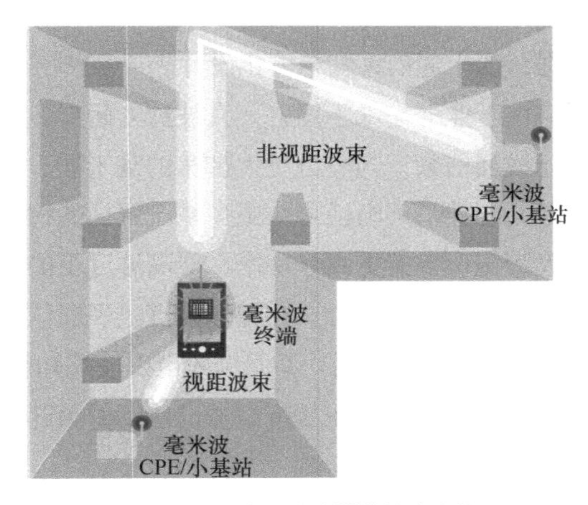

图 1-23　毫米波室内覆盖的波束状况

表 1-4　5G 中不同频段对应的子载波间隔及时隙长度

频段/GHz	子载波间隔/kHz	时隙长度/ms
1	15/30	1/0.5
1～6	15/30/60	1/0.5/0.25
24.25～52.6	60/120	0.25/0.125

（4）可支持密集小区部署

5G 毫米波系统通过波束成形技术不但可以提高目标对象信号增益，还可以利用波束定向的特点将信号能量聚焦在特定方向来减小对其他非目标对象的干扰，保证邻近链路或者邻近小区通信质量。因此，与 5G 中低频系统相比，5G 毫米波系统更容易实现密集小区部署，如图 1-24 所示，可以看到 5G 毫米波基站具有更高的布站密度，以保证连续高速的通信速率。

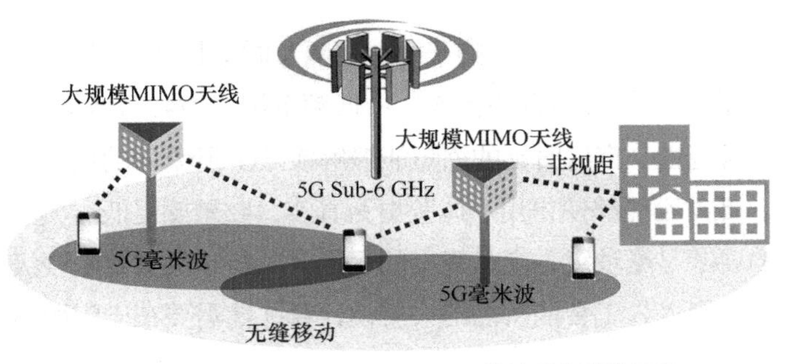

图 1-24　5G 毫米波与 Sub-6 GHz 基站联合覆盖示意

（5）定位感知能力强，便于通信感知一体化设计

早期通信和雷达系统由于业务需求不同，一直被独立研究。在各类新型应用需求与技术发展的推动下，无线通信频谱向支持更大带宽的毫米波、太赫兹，甚至可见光等更高频段演进，两者之间的界限逐渐淡化，更多系统层面的相似性逐渐显现。在工作频段方面，高频段和大带宽可支持更高分辨率、更高速度下的感知能力，通信和雷达的工作频段均不断扩展，逐渐有所重合。在相同频谱实现通信与感知功能，提升频谱利用率，是技术与产业发展的优选路径。不同频段电磁波感知能力比较如图 1-25 所示。在系统架构方面，通信和雷达系统在基带信号设计和射频部分具有相似性，有望实现共用基带信号和共用射频的一体化设计。

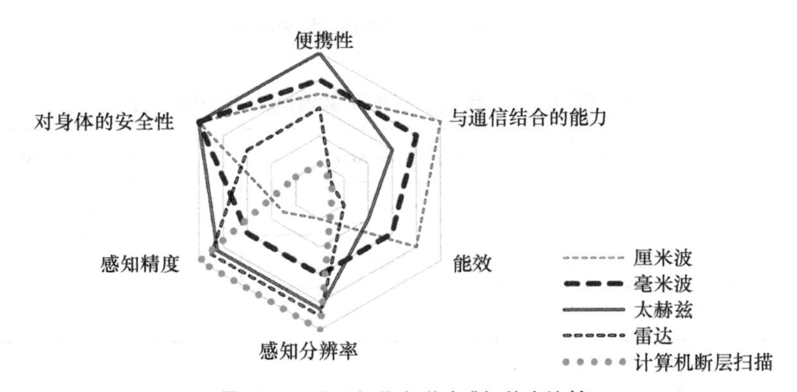

图 1-25　不同频段电磁波感知能力比较

我们从瑞利判据来理解最小分辨角度和波长的关系，瑞利判据指在成像光学系统中，分辨本领是衡量分开相邻两个物点的像的能力。由于衍射，系统所成的像不再是理想的几何点像，而是有一定大小的光斑（艾里斑），当两个物点过于靠近，其像斑重叠在一起，就可能分辨不出是两个物点的像，即光学系统中存在一个分

辨极限，这个分辨极限通常采用瑞利提出的判据：当一个艾里斑的中心与另一个艾里斑的第一级暗环重合时，刚好能分辨出是两个像，如图 1-26 所示。根据瑞利判据，

$$\rho = 1.22\lambda / D \tag{1-7}$$

其中，ρ 为角度分辨率，λ 为工作波长，D 为成像的等效孔径。

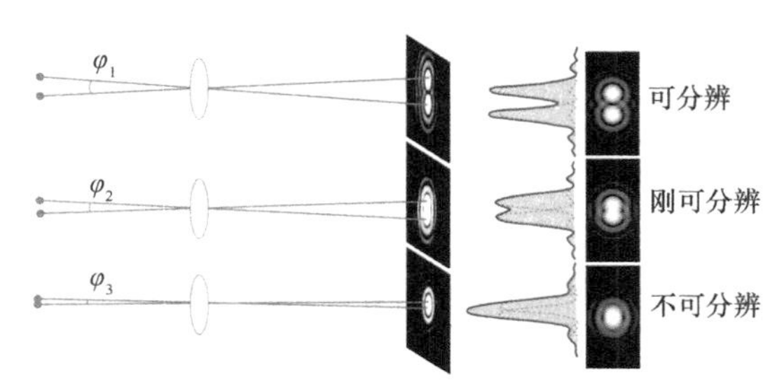

图 1-26　根据瑞利判据理解分辨率

从式（1-7）可见，毫米波具有更高的分辨率。

（6）设备集成度高

由于毫米波具有超短的波长，因此毫米波具有集成射频元器件、可实现紧凑型封装的优势，可以把非常多的天线集中在非常小的区域内，方便使用高指向性的波束成形技术，以补偿毫米波长距离传播中的衰减损耗。

随着毫米波系统应用频率越来越高，天线有可能在封装的尺度内集成实现，即以 AiP 技术实现高度集成。由于 AiP 技术能够很好地兼顾天线性能，而且提高了系统集成度，因此在很多应用场合都开始了针对 AiP 技术的研究，比如 28 GHz 无线通信、60 GHz 短距离无线通信以及各类雷达芯片封装等应用。业内已经陆续发布了不同封装工艺下的 AiP 研究成果，诸如 IBM 公司基于低温共烧陶瓷（LTCC）封装实现 60 GHz AiP 设计，高通的 QTM 系列的 AiP 模组已经进行了几次的迭代和商用。

与此同时，对应的毫米波射频部分，也由于频率的上升，可以采用非常简单的集成电路工艺，实现大规模集成。关于毫米波的加工集成工艺，将在第 5 章详细阐述。

1.5　本章小结

每一次移动产业的周期性更新，都推动着世界的发展和社会的进步。5G 毫米波

带来了用户体验的革命性提升和千行百业的数字化转型，给数字娱乐、医疗健康、能源、制造、交通运输等行业注入了新的活力和能量。当前，毫米波技术发展仍然面临以下五大挑战：

第一，数据吞吐量仍然不稳定，理论速率实际应用中还无法达到，需要提升信噪比，提升性能；

第二，毫米波传输损耗大、穿透性差、易受干扰，基站须密集部署，导致布站成本急剧上升；

第三，毫米波系统（卫星、射电天文、无线电导航等）与 5G 系统共存干扰测试的指标需确定；

第四，5G 毫米波大容量刚性的需求还没有出现，没有海量吞吐率需求驱动；

第五，毫米波对于芯片设计、元器件开发，包括射频前端及天线技术，都提出了前所未有的挑战。

为此，毫米波技术更加需要发挥出全部潜能，根据业务和用户需求不断发展完善。

参考文献

[1] 朱颖，许颖，方箭．基于 WRC-19 1.13 新议题的 5G 高频段研究概况及展望[J]．电信网技术，2016(3): 5-10.

[2] LARSSON E G, EDFORS O, TUFVESSON F, et al. Massive MIMO for next generation wireless systems[J]. IEEE Communications Magazine, 2014, 52(2):186-195.

[3] FOSCHINI G J, GANS M J. On limits of wireless communications in a fading environment when using multiple antennas[J]. Wireless Personal Communications, 1998, 6(3):311-335.

[4] RAPPAPORT T S, SUN S, MAYZUS R, et al. Millimeter wave mobile communications for 5G cellular: it will work![J]. Access IEEE, 2013, 1(1):335-349.

[5] JUDGE J, VANZEE L, BLACKWELL W, et al. Potential impacts of WRC-2019 agenda items on scientific services[C]//Proceedings of the 2017 IEEE International Geoscience and Remote Sensing Symposium (IGARSS). Piscataway: IEEE Press, 2017: 1234-1235.

[6] 工业和信息化部．公开征求对第五代国际移动通信系统(IMT-2020)使用 3300-3600MHz 和 4800- 5000MHz 频段的意见[Z]. 2017.

[7] WELLS J. Faster than fiber: the future of multi-G/S wireless[J]. IEEE Microwave Magazine, 2009, 10(3): 104-112.

[8] ROH W, SEOL J Y, PARK J, et al. Millimeter-wave beamforming as an enabling technology for 5G cellular communications: theoretical feasibility and prototype results[J]. IEEE Communications Magazine, 2014, 52(2): 106-113.

[9] 崔斌．毫米波阵列天线技术及其在小型雷达前端中的应用[D].上海：中国科学院研究生院(上海微系统与信息技术研究所), 2007.

[10] GSMA. 5G 毫米波技术白皮书[R]. 2020.

第2章

毫米波天线的基本类型

由于5G毫米波频段的频率是传统的Sub-6 GHz频率的数十倍，波长通常在10 mm以内，非常接近PCB厚度和各类组件及结构件的特征尺寸，因此毫米波天线不能简单按照低频天线缩比得到。本章将详细讨论几类典型的毫米波使用到的天线类型，并强调其在毫米波频段的设计方法，突出这些天线与低频天线的不同之处，作为后续设计毫米波复杂阵列的基础。

2.1 偶极子及八木天线

2.1.1 印刷振子

毫米波频段的印刷振子可以简单地用PCB延伸实现，毫米波印刷偶极子和在此基础上演进的毫米波八木天线，如图2-1所示。由于地板远大于振子，因此这类天线的匹配比较困难。另外，由于振子形式的限制，只能采用共线的方式组阵，这限制了其使用的场景，但是，振子非常容易加工，馈电相对简单，更重要的是，振子的方向图和缝隙及微带可以形成很好的互补，因此，振子也是毫米波天线阵列中非常重要的选项。

针对毫米波印刷偶极子天线，本书给出了一套详细的设计模型[1]，如图2-2（a）所示。可以看到，为了实现更好的匹配，针对偶极子地板进行了渐变设计。进一步的，针对需要采用SMPM接头进行馈电的毫米波印刷偶极子天线，可进一步将设计改进为图2-2（b）中的形式。在设计中特别要注意在天线的馈电结构周围布置足够多的过孔，避免寄生辐射。偶极子天线拥有非常宽的波宽，因此主要用于对于覆盖能力要求较高的场景。

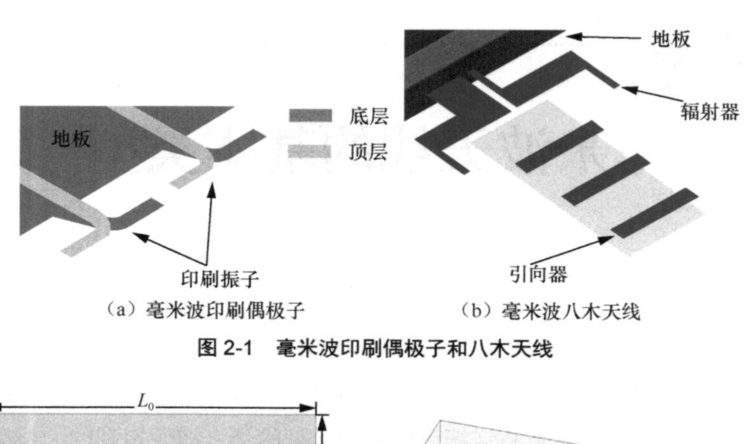

（a）毫米波印刷偶极子　　（b）毫米波八木天线

图 2-1　毫米波印刷偶极子和八木天线

（a）毫米波印刷偶极子天线的设计模型

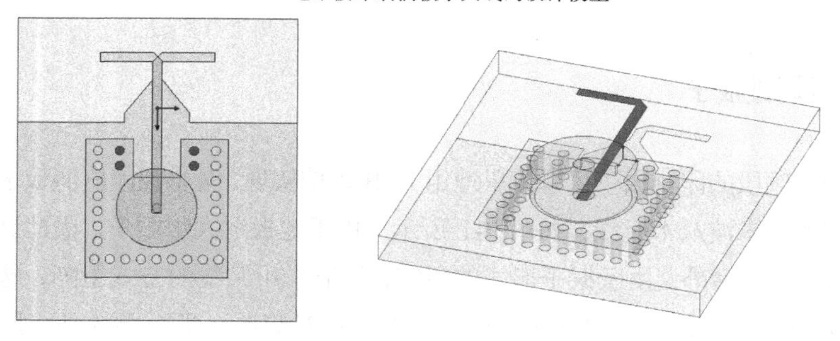

（b）采用SMPM接头进行馈电的毫米波印刷偶极子天线

图 2-2　毫米波印刷偶极子天线的具体模型和尺寸标注

图 2-1（b）所示的毫米波八木天线，利用天然存在的 PCB 作为反射器，并在天线辐射器的前端安置引向器，使其具有较高的单元增益。因此，在需要窄角度高增益的场景中可选用毫米波八木天线。

图 2-2（a）中偶极子天线模型的具体参数见表 2-1。

表 2-1 图 2-2（a）中偶极子天线模型的具体参数

变量	L_0	W_0	L_1	W_1
数值/mm	5.0	4.0	4.1	0.3
变量	L_2	L_3	介质板厚度 H	—
数值/mm	2.1	0.61	0.8	—

2.1.2 双极化组合

为了进一步利用多径效应，提升吞吐率，有必要探索在不额外增加体积的情况下双极化单元的实现。可以有效组合上面提到的两类天线，实现双极化。其中一种配置如图 2-3（a）所示，激励端口 1 可以在缝隙处产生 x 方向的线极化辐射；激励端口 2 可以产生 y 方向的线极化辐射。合理调整馈电的尺寸，应当可以实现双线极化的辐射单元，并在此基础上组阵。该方案已经成功地在低频中被证明有效。

还有一种采用微带和偶极子组成的双极化单元，如图 2-3（b）所示。印刷振子就是带有地板的偶极子，其 E 面方向图沿着 PCB 方向，朝外指向。微带的方向图主要辐射都是垂直于 PCB 方向，因此，这样组合的双极化单元，保证了整个空间波束的覆盖，减小了波束的盲区，更适合毫米波终端的要求。从馈电角度来讲，两种单元都可以采用传输线侧馈，也保证了较为简单的馈电网络。

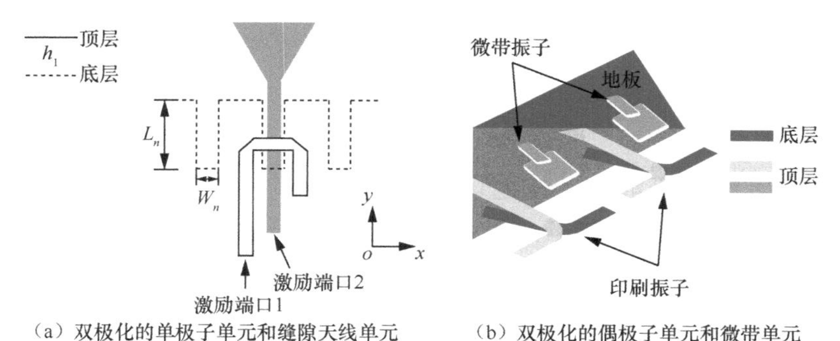

（a）双极化的单极子单元和缝隙天线单元 （b）双极化的偶极子单元和微带单元

图 2-3 双极化的单极子和偶极子单元及缝隙天线单元

2.2 缝隙天线

缝隙天线通过两个导体面之间的缝隙对外辐射，其辐射是由缝隙上的等效场源

——磁流元（或惠更斯元）构成的，而单极子、偶极子和八木天线则是通过导体表面的电流元进行辐射的。本节将介绍缝隙天线的工作原理、分析方法和主要形式。

2.2.1 理想缝隙天线

缝隙天线是在导体平面开缝所形成的天线，系统中的电磁波经缝隙向外空间辐射。实际中的缝隙天线都开在有限尺寸导体平面上，但是它们的分析基础则基于理想缝隙天线，即无限大理想导体平面上的缝隙天线，如图 2-4 所示，其中缝隙长度 $L=2l$，缝隙宽度 $w \ll L$。当在缝隙中点处加射频电压 U_0，则缝隙中沿缝隙长边方向会形成一个驻波分布的电场，即

$$\bar{E}_{\mathrm{s}} = -\hat{y}\frac{U_0}{w}\sin\left(k(l-|z|)\right) \tag{2-1}$$

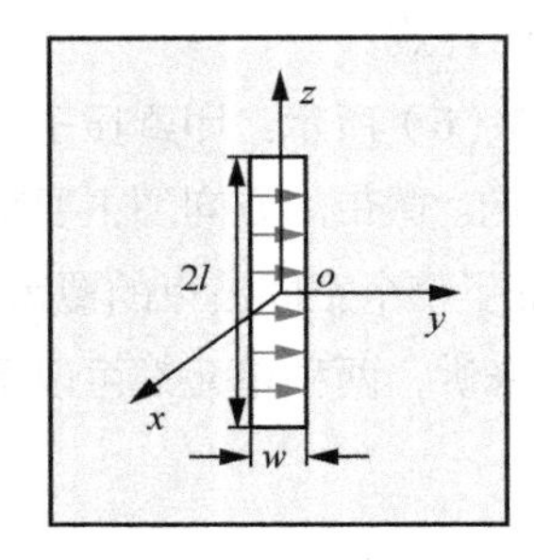

（a）缝隙天线几何结构

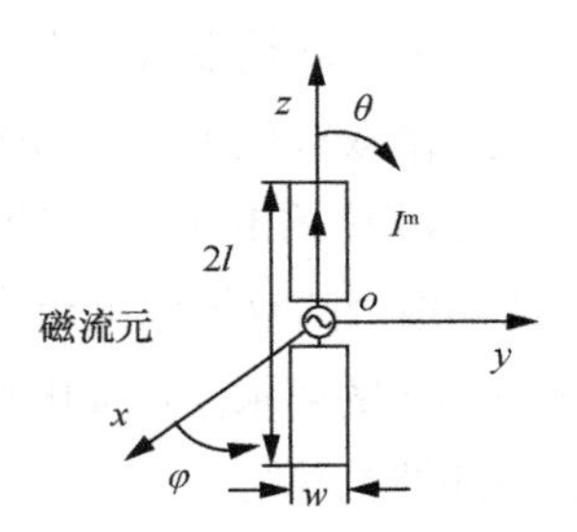

（b）缝隙天线等效为磁流元的场源分布示意

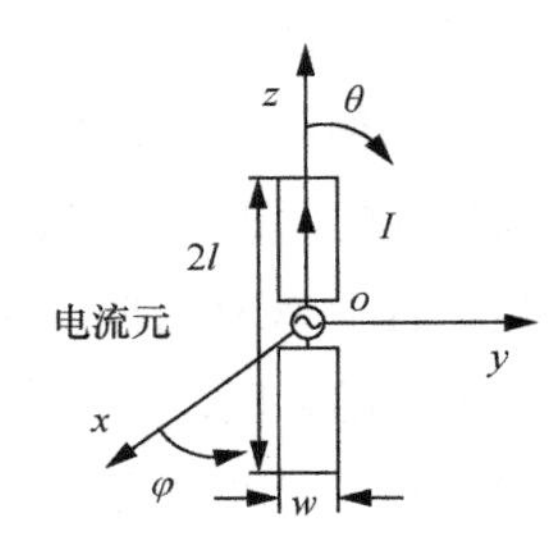

（c）与缝隙天线对偶的对称振子的场源分布示意

图 2-4 缝隙天线

根据巴比涅原理可知，该电场可在缝隙上产生一个磁流，磁流密度为 $\bar{M}_{\mathrm{s}}^{\mathrm{m}} = -\hat{x}\times\hat{y}E_{\mathrm{s}}$。根据镜像原理，导体平面可以用镜像源来代替。面磁流和镜像源都无限接近 $x=0$ 的面的两侧，可认为两者重合。因此，对于 $x>0$ 区域，其等效总磁流密度为

$$\bar{M}_{\mathrm{s}}^{\mathrm{m}} = -2\hat{x}\times\hat{y}E_{\mathrm{s}} = \hat{z}\frac{U_0}{w}\sin\left(k(l-|z|)\right) \tag{2-2}$$

由于前面假定缝隙宽度很小，可认为该磁流沿着 y 方向是均匀分布的，因而缝隙上所等效的磁流强度（沿 z 方向）为

$$I^{\mathrm{m}} = 2U_0\sin\left(k(l-|z|)\right) = I_0^{\mathrm{m}}\sin\left(k(l-|z|)\right) \tag{2-3}$$

对于 $x<0$ 区域，缝隙上所等效的磁流强度亦为式（2-3），只是方向为$-z$ 方向。

式（2-3）所示的磁流分布形式与对称振子的电流分布形式一致，它们的场源分布

示意分别如图 2-4（b）和图 2-4（c）所示。因此，利用对偶原理以及对称振子的辐射场，即可得出缝隙天线的辐射场。对称振子的电流分布为 $I = I_0 \sin\left(k(l-|z|)\right)$，其远区磁场为

$$H_\varphi = \mathrm{j}\frac{I_0}{2\pi r} f(\theta)\mathrm{e}^{-\mathrm{j}kr} \tag{2-4}$$

其中，$f(\theta) = \dfrac{\cos(kl\cos\theta) - \cos(kl)}{\sin\theta}$，为仅与 θ 有关的方向性函数。

根据式（2-4），利用对偶原理中的对应关系 $H_\varphi \to -E_\varphi$，$I_0 \to I_0^{\mathrm{m}}$，$k \to k$，可得缝隙天线的远区电场为

$$E_\varphi = -\mathrm{j}\frac{I_0^{\mathrm{m}}}{2\pi r} f(\theta)\mathrm{e}^{-\mathrm{j}kr} = -\mathrm{j}\frac{U_0}{\pi r} f(\theta)\mathrm{e}^{-\mathrm{j}kr} \tag{2-5}$$

对比式（2-4）和式（2-5），缝隙天线与对称振子的方向图形式相同，只是辐射场的极化方向进行了互换。缝隙天线的归一化三维辐射方向如图 2-5 所示，其中 E 面为“O”形方向图，H 面为“8”字形方向图。从图 2-6 所示的缝隙天线的电场和磁场分布也可以推知缝隙的 E 面和 H 面。

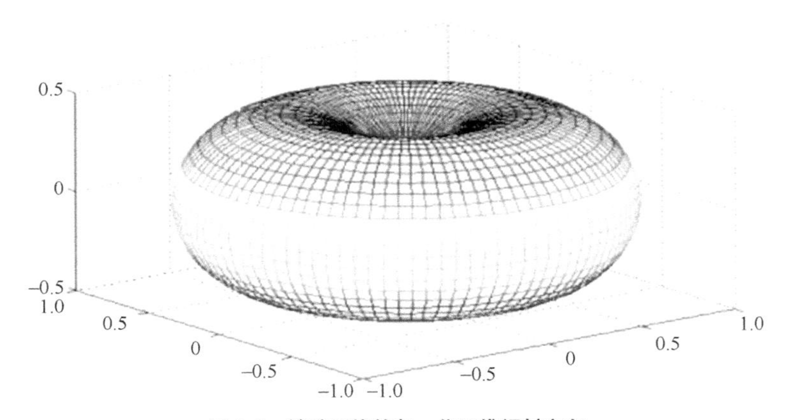

图 2-5　缝隙天线的归一化三维辐射方向

缝隙天线的辐射电阻可以通过与对称振子的对比获取。对称振子的远区电场为

$$E_\theta = \mathrm{j}\frac{\eta_0 I_0}{2\pi r} f(\theta)\mathrm{e}^{-\mathrm{j}kr} \tag{2-6}$$

对比式（2-5）和式（2-6）可知，当 $U_0 = -\dfrac{1}{2}\eta_0 I_0$，理想缝隙天线与对称振子的辐射场相同，因而辐射功率也相同。根据式（2-5）和式（2-6），对称振子的辐射功率 P_{rd} 和理想缝隙天线的辐射功率 P_{rs} 可分别计算为

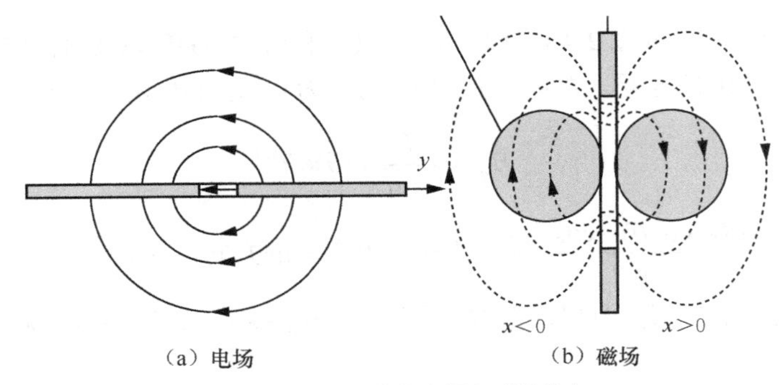

（a）电场　　（b）磁场

图 2-6　缝隙天线的电场和磁场分布

$$P_{\mathrm{rd}}=\frac{1}{2}I_0^2R_{\mathrm{rd}} \tag{2-7}$$

$$P_{\mathrm{rs}}=\frac{1}{2}\frac{U_0^2}{R_{\mathrm{rs}}}=\frac{1}{2}\left(-\frac{1}{2}\eta_0I_0\right)^2\frac{1}{R_{\mathrm{rs}}}=\frac{1}{8}(\eta_0I_0)^2\frac{1}{R_{\mathrm{rs}}} \tag{2-8}$$

其中，R_{rd} 和 R_{rs} 分别表示对称振子和理想缝隙天线的辐射电阻，由 $P_{\mathrm{rd}}=P_{\mathrm{rs}}$ 可得

$$\frac{1}{8}(\eta_0I_0)^2\frac{1}{R_{\mathrm{rs}}}=\frac{1}{2}I_0^2R_{\mathrm{rd}} \tag{2-9}$$

通过式（2-9），可得 R_{rd} 和 R_{rs} 的关系为

$$R_{\mathrm{rd}}R_{\mathrm{rs}}=(\eta_0/2)^2=(60\pi)^2 \tag{2-10}$$

对于半波缝隙，即 $L=2l=\lambda/2$，互补对称振子辐射电阻 $R_{\mathrm{rd}}=73.1\ \Omega$，则半波缝隙的辐射电阻为

$$R_{\mathrm{rs}}=(60\pi)^2/73.1=486\ \Omega \tag{2-11}$$

缝隙天线的输入阻抗与对称振子的输入阻抗具有式（2-10）的关系，即

$$Z_{\mathrm{ind}}Z_{\mathrm{ins}}=(\eta_0/2)^2=(60\pi)^2 \tag{2-12}$$

其中，Z_{ind} 和 Z_{ins} 分别表示对称振子和理想缝隙天线的输入阻抗。

对于半波缝隙，即 $L=2l=\lambda/2$，互补对称振子输入阻抗 $Z_{\mathrm{ind}}=73.1+\mathrm{j}42.5$，则半波缝隙的输入阻抗为

$$Z_{\mathrm{ins}}=(60\pi)^2/(73.1+\mathrm{j}42.5)=363-\mathrm{j}211 \tag{2-13}$$

Z_{ind}、Z_{ins} 的单位为 Ω。

2.2.2　矩形波导缝隙天线

常用缝隙天线是在传输 TE_{10} 波的矩形波导壁上沿着切割电流方向开设的半波长谐

振缝隙。这种缝隙可以截断波导内壁表面电流，即表面电流的一部分绕过缝隙，而另一部分则以位移电流的形式沿着原来方向流过缝隙，因而缝隙被激励，向外辐射电磁波。

图 2-7（a）是 TE_{10} 型波导管的表面电流分布，不同位置的电流方向不一致，因而可以在不同位置开设缝隙以截断电流。图 2-7（b）是几种可行的辐射缝隙位置和方向。其中，横缝（缝隙 1）由纵向电流激励，纵缝（缝隙 2 和 3）由横向电流激励，斜缝（缝隙 4 和 5）则由与其长边垂直的电流分量激励。波导缝隙的激励幅度与它在波导壁上的位置和取向有关，当缝隙截断电流密度最大处的电流时，缝隙可以获得最大的激励幅度，从而获得最强的电磁辐射能量。

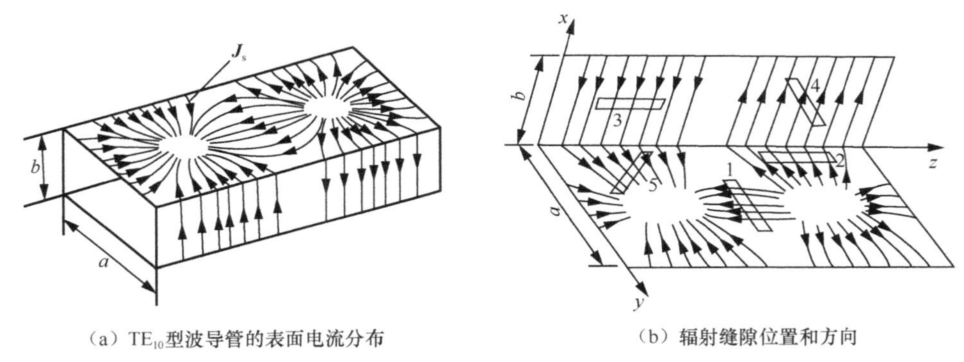

（a）TE_{10} 型波导管的表面电流分布　　（b）辐射缝隙位置和方向

图 2-7　TE_{10} 型波导管的表面电流分布和辐射缝隙位置

根据缝隙处的电流变化或场变化可以建立缝隙对波导等效传输线的等效电路。波导纵缝（缝隙 2 和 3）使横向电流向缝隙的两端分流，引起纵向电流的突变，因而纵缝等效于传输线上的并联导纳，如图 2-8（a）所示。波导宽边的横缝（缝隙 1）截断纵向电流时，引起波导内部的电场扰动，使得原有电场 E_y 在缝隙两侧产生突变，即产生电压突变，因而横缝等效于传输线上的串联阻抗，如图 2-8（b）所示。根据这两种工作原理，可以获得任何位置和方向的缝隙的等效电路模型。例如，波导窄边的斜缝隙 4 仅引起纵向电流的突变，即等效为并联导纳；波导宽边的斜缝隙 5 同时引起电流和电压的突变，即等效为既有并联导纳又有串联阻抗的网络。图 2-8 是几种常用的波导辐射缝隙的位置及其等效电路，图中导纳和阻抗均为归一化值。

接下来讨论波导缝隙的等效电导（电阻）。缝隙由沿 z 方向传播的入射波激励，在波导的内外空间产生散射波。在波导内沿负 z 方向（后向）传播的散射波形成反射波；沿 z 方向（前向）传播的散射波与入射波叠加后形成传输波。通过求取前向和后向散射波的场强，可由功率方程求得波导缝隙的等效导纳或阻抗。

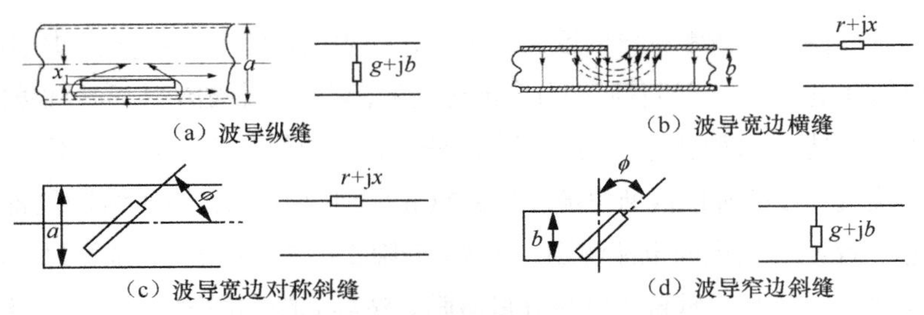

图 2-8 几种常用的波导辐射缝隙的位置及其等效电路

下面以 TE_{10} 波的波导宽壁上的半波谐振纵缝为例，讨论等效电导的解析过程[2]，结构示意如图 2-9 所示。

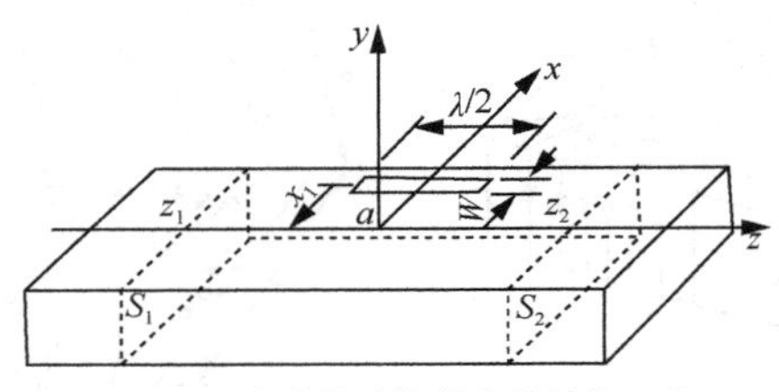

图 2-9 宽边纵缝等效电导结构示意

缝隙所产生的散射电场和散射磁场分别用 $\bar{E}$ 和 $\bar{H}$ 表示。考虑在波导内引入由远离缝隙的同频率辅助源激励的辅助场 $\bar{E}_a$ 和 $\bar{H}_a$。处于参考面 T1 和 T2 之间的波导内没有场源，由洛伦兹定理可得

$$\oint_S (\bar{E}\times\bar{H}_a - \bar{E}_a\times\bar{H})\mathrm{d}\hat{s} = 0 \tag{2-14}$$

其中，$S = S_1 + S_2 + S_3$，S_3 表示 T1 和 T2 之间波导段 4 个壁的内表面。

由于 $\bar{E}$ 在 $S_3 - S'$（S' 是缝隙表面）以及 $\bar{E}_a$ 在 S_3 上的电场分量为零，根据式（2-14）可得

$$\oint_{S'} (\bar{E}\times\bar{H}_a)\mathrm{d}\hat{s} = 0 = \oint_{S_1+S_2} (\bar{E}_a\times\bar{H} - \bar{E}\times\bar{H}_a)\mathrm{d}\hat{s} \tag{2-15}$$

考虑所引入的辅助场是由 TE_{10} 波产生的，则有

$$\begin{cases} E_{ay}(\pm) = \mp\dfrac{w\mu_0}{\pi/a}\cos\left(\dfrac{\pi x}{a}\right)\mathrm{e}^{\mp \mathrm{j}\gamma z} \\ H_{ax}(\pm) = \mp\dfrac{\gamma}{\pi/a}\cos\left(\dfrac{\pi x}{a}\right)\mathrm{e}^{\mp \mathrm{j}\gamma z} \\ E_{ay}(\pm) = \mp\sin\left(\dfrac{\pi x}{a}\right)\mathrm{e}^{\mp \mathrm{j}\gamma z} \end{cases} \tag{2-16}$$

其中，$\gamma = k\sqrt{1-(\lambda/2a)^2}$，上下符号分别表示沿 z 方向和沿负 z 方向传播的辅助场。

假定参考面 T1 和 T2 远离缝隙，则在参考面以外的散射场可认为是 TE_{10} 模。其中，

$$\begin{aligned} &\bar{E}(-) = B_{a0}\bar{E}_a(-), \qquad \bar{H}(-) = B_{a0}\bar{H}_a(-), \qquad z \leqslant z_1 \\ &\bar{E}(+) = C_{a0}\bar{E}_a(+), \qquad \bar{H}(+) = C_{a0}\bar{H}_a(+), \qquad z \geqslant z_2 \end{aligned} \tag{2-17}$$

半波缝隙表面 S' 上的电场为

$$\bar{E} = \hat{x}E_z = \hat{x}\frac{U_0}{w}\cos(kz) \tag{2-18}$$

若将式（2-15）中的 $\bar{E}_a$ 、$\bar{H}_a$ 先后取为 $\bar{E}_a(+)$ 、$\bar{H}_a(+)$ 和 $\bar{E}_a(-)$ 、$\bar{H}_a(-)$ ，同时将式（2-17）和式（2-18）代入式（2-15），可分别求得 B_{a0} 和 C_{a0}

$$B_{a0} = C_{a0} = \frac{2U_0 k}{\mathrm{j}w\mu_0\gamma ab}\cos\left(\frac{\pi\gamma}{2k}\right)\sin\left(\frac{\pi x_1}{a}\right) \tag{2-19}$$

缝隙由沿 z 方向传播的 $\bar{E}_i$ 、$\bar{H}_i$ 激励，即

$$\bar{E}_i = A_{a0}\bar{E}_a(+), \qquad \bar{H}_i = A_{a0}\bar{H}_a(+) \tag{2-20}$$

则在缝隙处的波导功率方程为

$$\frac{w\mu_0\gamma ab}{4(\pi/a)^2}\left(|A_{a0}|^2 - |B_{a0}|^2 - |A_{a0}+C_{a0}|^2\right) = \frac{1}{4}\frac{|U_0|^2}{R_{\mathrm{rs}}} \tag{2-21}$$

式（2-21）左边括号里的第一、二、三项分别为入射波、反射波、传输波的功率，右边为缝隙的辐射功率（等于理想缝隙辐射功率的一半，因为理想缝隙是双向辐射，而波导缝隙是单向辐射）。根据图 2-8（a）所示的等效电路，并考虑谐振状态（电抗部分为 0，阻抗为等效电导 g），则在缝隙处的反射系数为

$$\varGamma = \frac{B_{a0}}{A_{a0}} = -\frac{g}{2+g} \tag{2-22}$$

由于 $\varGamma$ 为实数，且 $B_{a0} = C_{a0}$，因而式（2-21）可按实数进行计算。再将式（2-22）、式（2-19）和式（2-11）代入式（2-21），得到波导宽边上半波谐振纵缝的归一化等效电导为

$$g = 2.09\frac{ak}{b\gamma}\cos^2\left(\frac{\pi\gamma}{2k}\right)\sin^2\left(\frac{\pi x_1}{a}\right) \tag{2-23}$$

由式（2-23）可知，当 $x_1 = 0$，即纵缝处于宽边中间，等效电导 $g = 0$，此时该纵缝没有对外辐射电磁能量，因为宽边中线上无激励纵缝的横向电流。当 $x_1 = a/2$，有

$$g = 2.09\frac{ak}{b\gamma}\cos^2\left(\frac{\pi\gamma}{2k}\right) \tag{2-24}$$

即为窄边半波谐振纵缝的等效电导。

同理，可求得其他半波谐振缝隙的归一化等效电导（电阻）。

（1）波导宽边横缝（如图 2-8（b）所示）

$$r = 0.523\left(\frac{k}{\gamma}\right)^2\frac{\lambda^2}{ab}\cos^2\left(\frac{\pi\lambda}{4a}\right)\cos^2\left(\frac{\pi x_1}{a}\right) \tag{2-25}$$

（2）波导宽边对称斜缝（如图 2-8（c）所示）

$$r = 0.131\frac{k\lambda^2}{\gamma ab}\left(f_1(\varphi_1)\sin\varphi_1 + \frac{\pi}{\gamma a}f_2(\varphi_1)\cos\varphi_1\right)^2 \tag{2-26}$$

其中，

$$f_{1,2} = \frac{\cos(\pi\xi/2)}{(1-\xi^2)} \pm \frac{\cos(\pi\zeta/2)}{(1-\zeta^2)}$$

$$\left.\begin{matrix}\xi\\ \zeta\end{matrix}\right\} = \frac{\gamma}{k}\cos\varphi_1 \mp \frac{\lambda}{2a}\sin\varphi_1$$

（3）波导窄边斜缝（如图 2-8（d）所示）

$$g = 0.131\frac{k\lambda^4}{\gamma a^3 b}\left(\sin\varphi_1\frac{\cos\left(\frac{\pi\gamma}{2k}\sin\varphi_1\right)}{\left(1-\left(\frac{\gamma}{k}\sin\varphi_1\right)^2\right)}\right)^2 \tag{2-27}$$

2.2.3 背腔缝隙天线

背腔缝隙天线是在缝隙天线一侧加载金属背腔形成的。传统的矩形波导背腔缝隙天线几何结构如图 2-10 所示。上节波导缝隙天线讨论了缝隙对波导的加载效应，即缝隙可以等效为传输线中的阻抗或者导纳。对于背腔缝隙天线，主要考虑天线的输入阻抗（导纳）。背腔缝隙天线的输入导纳问题可以划分为内部和外部两部分问题[3]。对于内部问题，一般假设腔体内部是单一的传播模式，且当背腔深度足够大时，可以假定缝隙中的电场（电压）是正弦分布的。同时，假定金属背腔是理想导体，唯一的能量损耗来自缝隙对外的辐射损耗。基于上述假设，利用波印廷定理将内部和外部问题相结合，从而得到输入导纳的计算公式。该计算过程较为复杂，这里直接给出最终的输入导纳，具体分析过程可参考文献[3]。

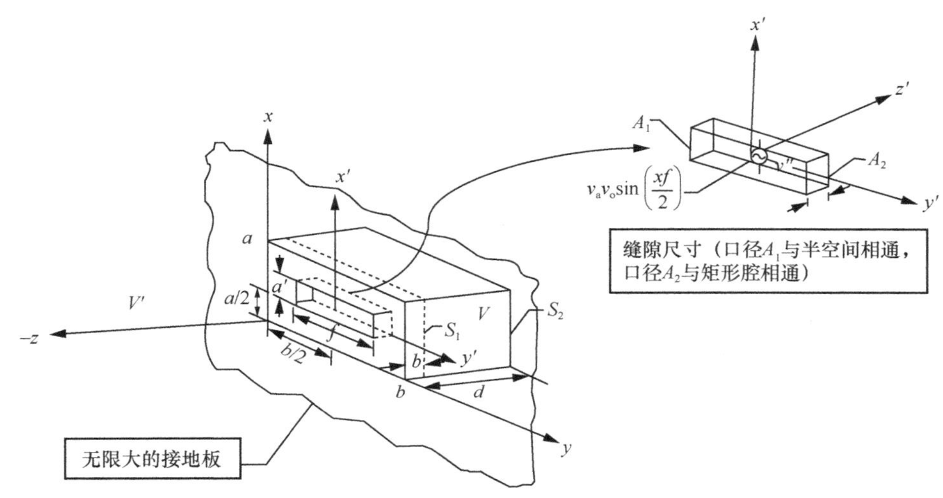

图 2-10　矩形波导背腔缝隙天线几何结构[3]

$$Y = G + \mathrm{j}B \tag{2-28}$$

$$G \approx \frac{8}{(2\pi)^2 Z_0 \frac{1}{2}\sin^2\left(\frac{kl}{2}\right)} \cdot \frac{\pi}{2}\frac{1}{2}\left(\mathrm{Cin}(kl) + \left(\mathrm{Cin}(kl) - \frac{1}{2}\mathrm{Cin}(2kl)\right)\cos(kl) - \left(\mathrm{Si}(kl) - \frac{1}{2}\mathrm{Si}(2kl)\right)\mathrm{Si}(kl)\right) \tag{2-29}$$

$$B \approx_{a'\to 0} -\frac{1}{\frac{1}{2}Z_0\sin^2\left(\frac{kl}{2}\right)}\left(\frac{4}{k^2ab}\left(\frac{\left(\cos\left(\frac{\pi kl}{2kb}\right) - \cos\left(\frac{kl}{2}\right)\right)^2 \cot\left(kd\sqrt{1-\left(\frac{\pi}{kb}\right)^2}\right)}{\left(1-\left(\frac{\pi}{kb}\right)^2\right)^{3/2}} + \right.\right.$$

$$\frac{ka}{\pi}\frac{\left(\cos\left(\frac{\pi kl}{2kb}\right) - \cos\left(\frac{kl}{2}\right)\right)^2}{1-\left(\frac{\pi}{kb}\right)^2}\left(\ln\left(\frac{\pi ka'}{ka}\right) + \ln 2 - \frac{3}{2}\right) + \frac{ka}{\pi}\sum_{n=3,5}^{\infty}\frac{\left(\cos\left(\frac{n\pi kl}{2kb}\right) - \cos\left(\frac{kl}{2}\right)\right)^2}{\left(\frac{n\pi}{kb}\right)^2 - 1} \cdot$$

$$\left(\frac{3}{2} - \gamma - \ln\left(\sqrt{\left(\frac{n\pi}{kb}\right)^2 - 1}\,\frac{ka'}{2}\right)\right) - \frac{8}{(2\pi)^2}\frac{\pi}{4}\left(\mathrm{Si}(kl) + \left(\mathrm{Si}(kl) - \frac{1}{2}\mathrm{Si}(2kl)\right)\cos(kl) + \right.$$

$$\left(\mathrm{Cin}(kl)-\frac{1}{2}\mathrm{Cin}(2kl)-\ln\left(\frac{\mathrm{e}^{\frac{3}{4}}kl}{2ka'}\right)\right)\sin(kl)\Bigg)\Bigg) \tag{2-30}$$

式（2-29）以及式（2-30）的结果较为复杂。下面给出背腔缝隙天线输入导纳的一个近似数值解[4]。考虑如图 2-11 所示的背腔缝隙天线，背腔的长度、宽度和深度分别是 a、b、c，缝隙长度 $L=2l$，宽度为 w。由于背腔缝隙天线是单向辐射，当选取的背腔深度合适时，进入背腔的能量可以认为完全反射，此时背腔缝隙天线的输入阻抗近似是理想缝隙天线的两倍，即输入导纳为理想缝隙天线的一半，为

$$Y_{\mathrm{C}}=Y_{\mathrm{S}}/2+Y_{\mathrm{D}}(a,b,c,f) \tag{2-31}$$

其中，Y_{C} 表示背腔缝隙天线的输入导纳；Y_{S} 表示理想缝隙天线的输入导纳；Y_{D} 表示两个导纳之间的差值，是背腔长度 a、宽度 b、深度 c 和谐振频率 f（单位 MHz）的函数。

Y_{D} 可以表示为实部和虚部两部分，即

$$Y_{\mathrm{D}}=Y_{\mathrm{DR}}+\mathrm{j}Y_{\mathrm{DI}} \tag{2-32}$$

根据传输线理论，参考截止短线的无损传输线方程

$$Z_{\mathrm{in}}=\mathrm{j}Z_0\tan(\beta l)\ \rightarrow\ Y_{\mathrm{in}}=\frac{1}{Z_0}(-\mathrm{j})\cot(\beta l)=-\mathrm{j}Y_0\cot(\beta l) \tag{2-33}$$

因此，可以将 Y_{DI} 近似为

$$Y_{\mathrm{DI}}=-Y_{\mathrm{I0}}\cot(\beta_g c)+Y_{\mathrm{IF}} \tag{2-34}$$

其中，Y_{IF} 为模式误差。

文献[4]中给出了 Y_{IF} 和 Y_{I0} 的近似线性经验公式。

$$Y_{\mathrm{IF}}=0.00133f-0.84,\qquad Y_{\mathrm{I0}}=0.007f-0.205 \tag{2-35}$$

另外文献[4]中的实验结果验证 Y_{DR} 对结果影响较小，因此，如果忽略 Y_{DR} 的影响，根据以上分析可以获得背腔缝隙天线的输入导纳。用于数值求解的背腔缝隙天线示意如图 2-11 所示。

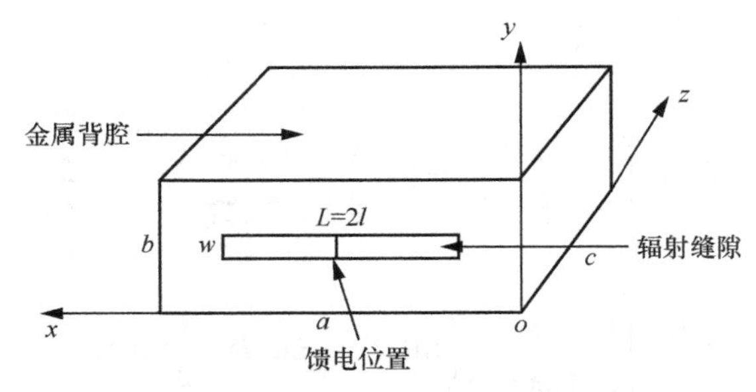

图 2-11　用于数值求解的背腔缝隙天线示意

2.2.4　基于波导结构的毫米波天线设计举例

当天线的工作频率不断升高时，传统平面结构的传输线（如微带线）的辐射损耗和介质损耗将会急剧增长，因此，当利用这些传输线结构设计毫米波天线时，天线的辐射增益和辐射效率都较低。波导结构具有很低的辐射损耗且无介质损耗，因此，波导结构非常适合设计毫米波天线。上述波导缝隙天线与背腔缝隙天线（金属腔体）均是基于波导结构的天线设计方案，可以实现高功率容量的天线设计。由于毫米波频段的波长很短，因此实际应用的毫米波缝隙天线通常是以阵列形式为主的。下面是关于毫米波缝隙天线单元的典型设计案例，缝隙阵列的设计将在 3.6 节进行讨论。

（1）波导缝隙天线

图 2-12 是毫米波波导缝隙天线的仿真模型，该波导工作在基模 TE_{10}，天线的工作频率设计在 30 GHz。波导管由标准波导端口激励（尺寸为：7.12 mm×3.556 mm）。为了方便建模，这里将波导管的截面宽度和高度设置成与标准波导尺寸一致。辐射缝隙为宽边纵缝，缝隙长度设置为 4.85 mm（略小于半波长，半波长为 5 mm）。缝隙偏离中线的距离以及缝隙宽度均会影响缝隙的等效导纳，从而影响天线的阻抗匹配。图 2-13 为毫米波波导缝隙天线仿真$|S_{11}|$曲线，天线的工作频率位于 30 GHz。图 2-14（a）是缝隙处在 30 GHz 的电场分布，可见缝隙上的电场近似为正弦分布。根据巴比涅原理，该电场可以等效为一个磁流元，进而对外进行辐射。图 2-14（b）为天线的三维辐射方向图，与带地板的对称振子的辐射方向相似。由于辐射缝隙偏离波导中线位置，因此 *xoy* 面（即 E 面）的方向图偏离中心法线位置。

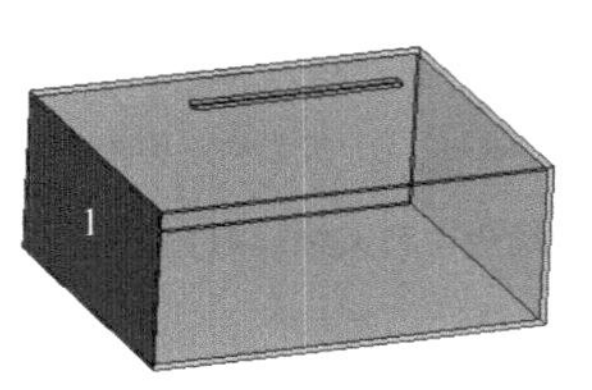

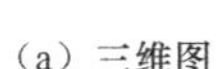

（a）三维图

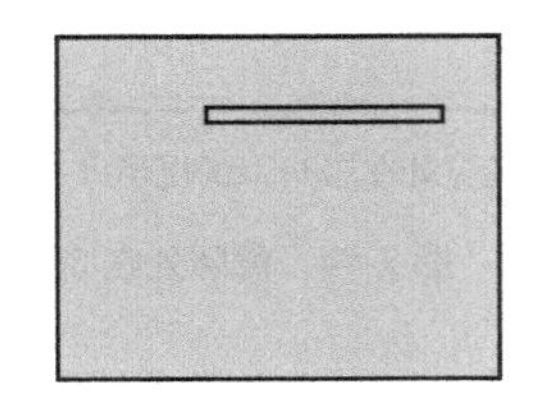

（b）俯视图

图 2-12　毫米波波导缝隙天线仿真模型

（2）背腔缝隙天线

图 2-15 是毫米波背腔缝隙天线的仿真模型，天线的工作频率设计在 30 GHz。辐射缝隙设置在顶层金属表面的中心位置，缝隙长度设置为 4.85 mm（略小于半波长，

半波长为 5 mm）。在设计中，激励方式和位置、缝隙宽度和背腔高度对缝隙的输入导纳都有影响，即影响天线的阻抗匹配。本设计考虑缝隙由电压源激励，通过设置端口的阻抗来达到天线的阻抗匹配，如图 2-16 所示。图 2-17 是将端口阻抗设置为 300 Ω 时天线的仿真$|S_{11}|$曲线。可见天线的工作频率位于 30 GHz。图 2-18（a）是缝隙处在 30 GHz 的电场分布，可见缝隙上的电场近似为正弦分布，图 2-18（b）为天线的三维辐射方向图，*yoz* 面为 E 面，*xoz* 面为 H 面。

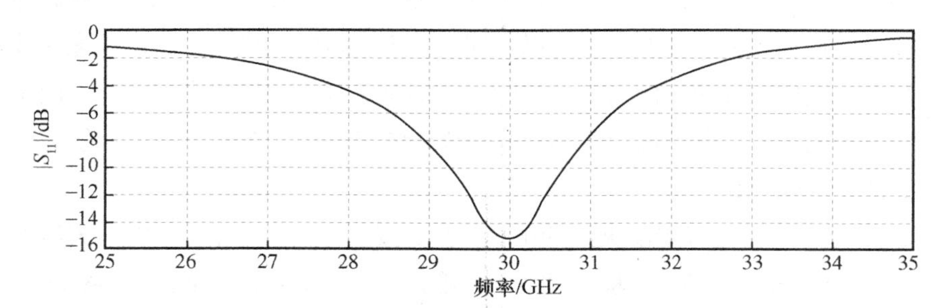

图 2-13　毫米波波导缝隙天线仿真$|S_{11}|$曲线

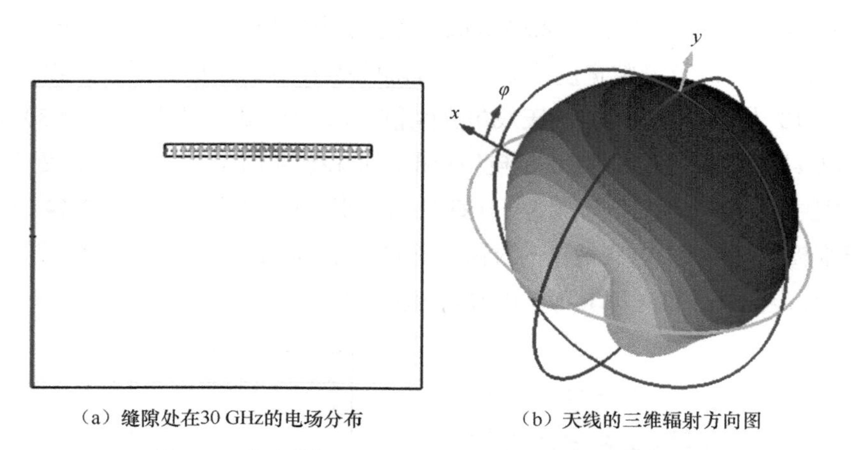

（a）缝隙处在30 GHz的电场分布　　（b）天线的三维辐射方向图

图 2-14　缝隙处在 30 GHz 的电场分布和天线辐射方向图

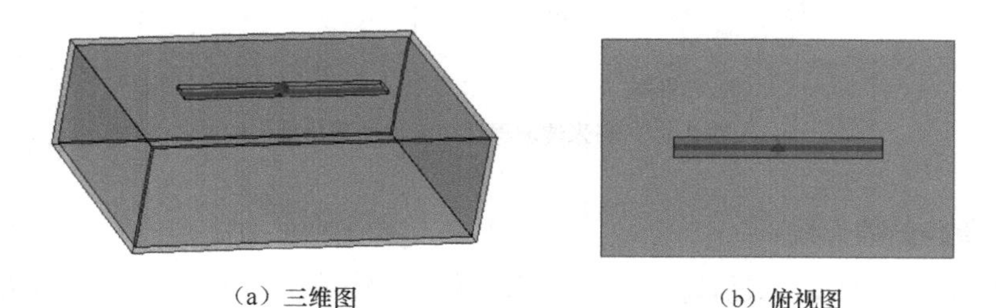

（a）三维图　　（b）俯视图

图 2-15　毫米波背腔缝隙天线仿真模型

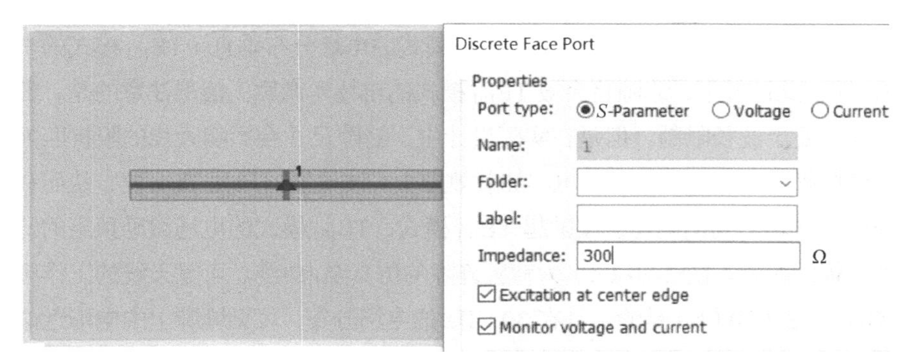

图 2-16　毫米波背腔缝隙天线的激励端口设置

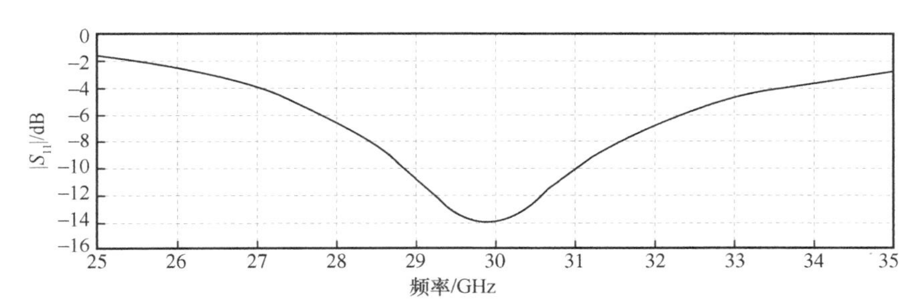

图 2-17　毫米波背腔缝隙天线仿真$|S_{11}|$曲线

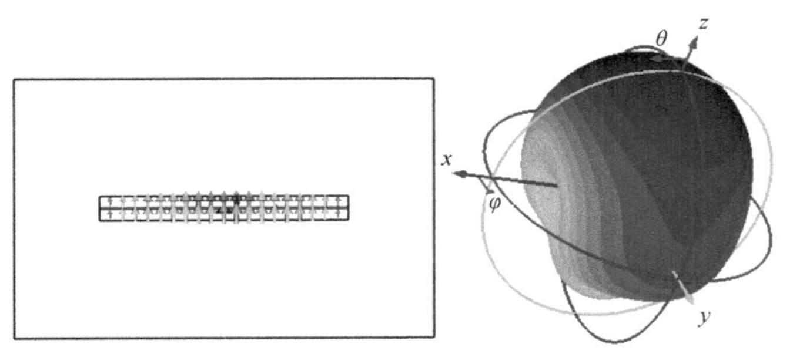

（a）缝隙处在30 GHz的电场分布　　（b）天线的三维辐射方向图

图 2-18　缝隙处的电场分布和三维辐射方向图

（3）谐振腔缝隙天线

图 2-19 是一个基于腔体谐振模式 TE_{101} 的毫米波背腔缝隙天线的仿真模型，天线的工作频率设计在 30 GHz。天线的工作频率即为 TE_{101} 模式的谐振频率，因此，可以通过设置腔体的尺寸来确定天线的工作频率（TE_{101} 的谐振频率由 x 轴方向的腔体长度以及 z 轴方向的腔体高度所决定，这里将两个尺寸分别设置为 9 mm 和 6 mm，通过理论计算可得出谐振频率为 30 GHz 附近）。辐射缝隙设置在顶层金属表面的中心位置，

且缝隙长边沿着 x 轴方向，即与 TE_{101} 谐振模式的电场分布垂直（TE_{101} 模式的电场沿 y 轴方向）。此情况下，缝隙将会被 TE_{101} 模式的电场所激励。值得注意的是，理论上缝隙尺寸不受半波长限制。但是在实际设计中，缝隙尺寸会影响天线的阻抗匹配，也会影响谐振频率（缝隙对模式有电容加载效应）。波导端口产生 TE_{10} 波，从而在底部缝隙处引入 y 轴方向的电场，激励起 TE_{101} 模式；TE_{101} 模式的电场激励顶层的缝隙，从而对外辐射能量。图 2-20（a）为背腔缝隙的仿真$|S_{11}|$曲线。可见天线的工作频率位于 30 GHz。图 2-20（b）是缝隙处在 30 GHz 的电场分布，可见缝隙上的电场近似为正弦分布，图 2-20（c）为辐射方向图，*yoz* 为 E 面，*xoz* 为 H 面，与背腔缝隙天线一致。

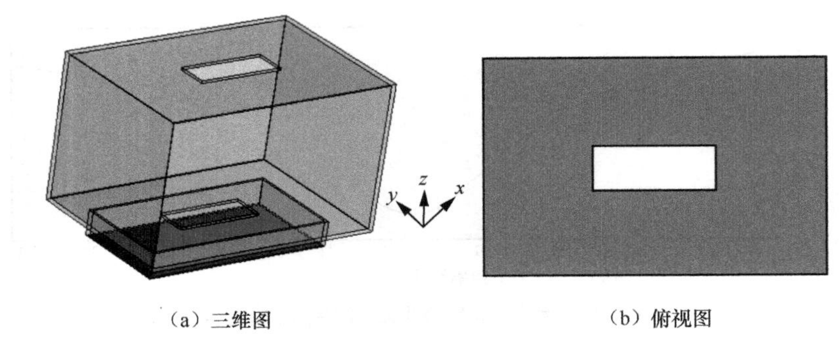

（a）三维图　　（b）俯视图

图 2-19　毫米波背腔缝隙天线的仿真模型

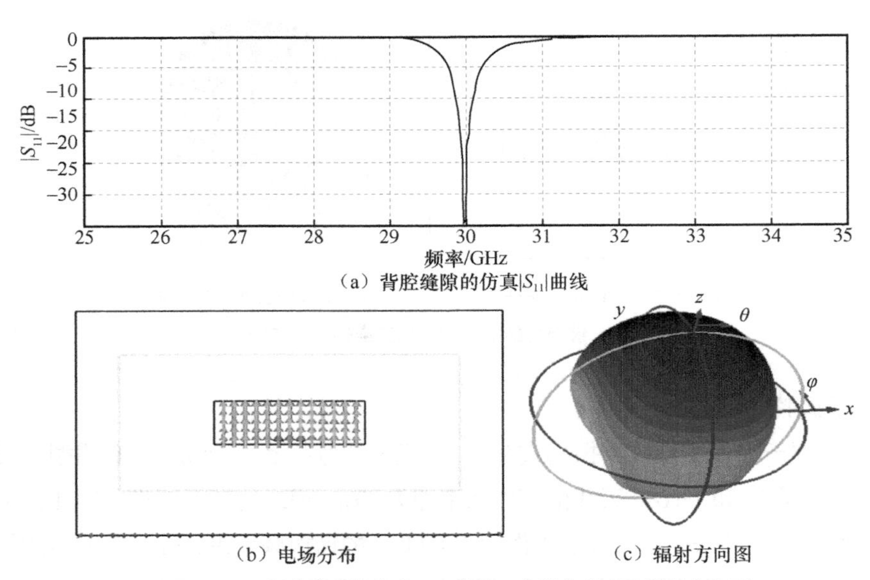

（a）背腔缝隙的仿真$|S_{11}|$曲线

（b）电场分布　　（c）辐射方向图

图 2-20　背腔缝隙的仿真$|S_{11}|$曲线、电场分布以及辐射方向图

2.3　微带天线

2.3.1　微带天线基本理论

微带天线是一种平面结构的印刷天线，包括贴片型微带天线、缝隙型微带天线等其他形式的平面印刷天线。以贴片型微带天线为例，其模型由辐射贴片、介质基板以及金属地板 3 部分构成，在激励贴片天线时常采用微带线或者同轴线进行直接馈电，同时也可以采用耦合馈电的形式，例如孔径耦合馈电、L 形探针馈电等[1-3]。微带天线具有体积小、重量轻、易于集成的优势，与毫米波天线的实现相匹配，在分析微带天线时可以采用等效传输线法、空腔模型法以及目前常用的以矩量法、有限元法等数值方法为基础的电磁仿真软件进行数值分析。由于矩形贴片天线较常用且易于分析，下面以其为例介绍基本理论。

等效传输线法将矩形贴片等效为两端开路的微带传输线，辐射缝隙等效为导纳，在分析时由于贴片长宽有限，故存在边缘效应，在分析谐振特性时引入等效相对介电常数 $\varepsilon_{\mathrm{reff}}$ ，并将边缘的影响考虑到介电常数内，边缘所引起的向外的电场线不影响天线尺寸的计算。等效相对介电常数的计算公式如下

$$\varepsilon_{\mathrm{reff}}=\frac{\varepsilon_{\mathrm{r}}+1}{2}+\frac{\varepsilon_{\mathrm{r}}-1}{2}\sqrt[-\frac{1}{2}]{\left(1+12\frac{h}{w}\right)} \tag{2-36}$$

由于边缘效应，微带天线实际工作的等效尺寸大于原始物理尺寸，如图 2-21 所示。

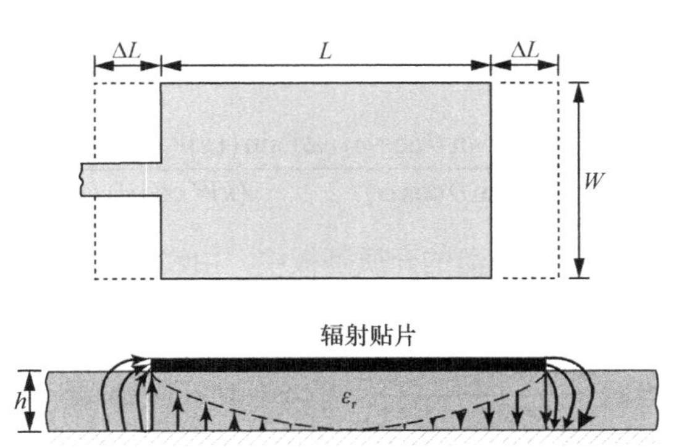

图 2-21　微带天线边缘效应等效模型

贴片两侧等效增加了长度ΔL，它是等效介电常数$\varepsilon_{\mathrm{reff}}$和宽窄比$W/h$的函数

$$\frac{\Delta L}{h}=0.412\frac{(\varepsilon_{\mathrm{reff}}+0.3)(\frac{W}{h}+0.264)}{(\varepsilon_{\mathrm{reff}}-0.258)(\frac{W}{h}+0.8)} \tag{2-37}$$

因此得到等效长度$L_{\mathrm{eff}}=L+2\Delta L$。考虑边缘化时，微带天线辐射主模$\mathrm{TM}_{01}$的谐振频率是长度的函数

$$f_{\mathrm{r}}=\frac{1}{2L_{\mathrm{eff}}\sqrt{\mu_0\varepsilon_0}\sqrt{\varepsilon_{\mathrm{reff}}}} \tag{2-38}$$

又因为$L=L_{\mathrm{eff}}-2\Delta L$，所以

$$L=\frac{1}{2f_{\mathrm{r}}\sqrt{\mu_0\varepsilon_0}\sqrt{\varepsilon_{\mathrm{reff}}}}-2\Delta L \tag{2-39}$$

宽度W也是频率的函数

$$W=\frac{1}{2f_{\mathrm{r}}\sqrt{\mu_0\varepsilon_0}}\sqrt{\frac{2}{\varepsilon_{\mathrm{r}}+1}} \tag{2-40}$$

实际应用中，通过传输线模型的经验公式计算的W、L可以用于绘制天线模型，结合电磁仿真软件得到精确的数值解。在分析微带天线的辐射时，将矩形微带贴片天线近似成一段终端开路、中间长度近半介质波长的微带线，边缘处呈现电压波腹，与地板间感应高频电磁场，通过贴片边缘与接地板之间的缝隙向外辐射。当天线激励主模时，开路端的电场可以分解为水平分量与垂直分量，其中，垂直分量与半波长方向相反，水平分量与半波长方向相同并用于辐射。假设辐射缝隙上电场均匀分布，根据等效原理，可以计算得出缝隙处的等效磁流密度，将两个缝隙作为阵元构成等幅同相二元阵，由此可以计算出远区辐射电场。假设微带贴片位于xoz平面，电场方向沿着x轴方向分布，此时

$$E_{\varphi}=\mathrm{j}\frac{UW}{\lambda r}\frac{\sin\left((kh\sin\theta\cos\varphi)/2\right)}{(kh\sin\theta\cos\varphi)/2}\frac{\sin\left((kW\cos\theta)/2\right)}{(kW\cos\theta)/2}\sin\theta\mathrm{e}^{-\mathrm{j}kr} \tag{2-41}$$

其中，U表示缝隙处的电压，在薄的介质基板中，由镜像原理等效的因子可以忽略对辐射电场做出的改变，此时，可以得出矩形微带贴片天线的归一化方向图函数为

$$|f(\theta,\varphi)|=\left|\frac{\sin\left((kW\cos\theta)/2\right)}{\left((kW\cos\theta)/2\right)}\right|\left|\cos\left((kL\sin\theta\cos\varphi)/2\right)\right|\left|\sin\theta\right| \tag{2-42}$$

谐振式的矩形微带贴片天线也可以借助谐振腔理论进行分析，分析时将贴片周围

与地板间视为上下电壁（PEC）、四周磁壁（PMC）的谐振腔，辐射仍靠空腔四周的等效磁流得到，假设贴片天线位于 xoy 平面，此时对于工作模式为 TM_{mn0} 的纵向电场可以表示为

$$E_z = E_0 \cos(\frac{m\pi}{L}x)\cos(\frac{n\pi}{W}y) \tag{2-43}$$

式中，m、n 是不全为 0 的整数，对于高次模式下工作的贴片的尺寸设计有指导意义。对于矩形贴片的主模，其谐振频率表示为

$$f_0 = \frac{1}{2\sqrt{\varepsilon_0\mu_0}\sqrt{\varepsilon_{\text{reff}}}}\sqrt{(\frac{m}{L})^2 + (\frac{n}{W})^2} \tag{2-44}$$

2.3.2　双极化天线单元设计及损耗分析

上文对微带天线设计的基本理论进行了分析讨论，为了完成双频双极化的紧凑型天线阵列的设计，本节将从一个简单的双极化天线开始，针对毫米波微带天线的实际应用场景及测试加工要求，设计一种双层地板结构的双极化毫米波天线单元，通过精确的建模设计来确保测量和仿真的一致性。在本节的最后，还对该天线单元结构的损耗来源进行了分析，并给出了降低损耗的方法。

（1）双极化天线单元设计

如图 2-22 所示，天线采用两个馈电端口形成±45°极化，双极化天线单元的具体参数见表 2-2。SMPM 接头的内芯与 CPWG 微带线连接，值得注意的是，由于在接地层 2 上需要连接 SMPM 接头，因此需要对地板进行开槽以便焊接 SMPM 接头。这必定会破坏微带天线用于辐射的完整地板，为了保证天线阵列具有完整的反射地板，构建了一个带有金属化过孔的双层接地结构。在接地层 1 中，我们构造了两个开槽以便馈电探针通过，用于将信号从 CPWG 微带线传输到天线。此外，为了保持良好的导电性，在接地层 1 和 2 之间钻有多个金属化通孔。黏合层使用罗杰斯 RO4450F 黏合上下介质基板。所有介质基板均为罗杰斯 RO4350B，具体厚度见表 2-2。

所设计的双极化天线单元实物图和测量环境如图 2-23 所示。天线单元的仿真与测试数据如图 2-24 所示，由于精确的仿真建模，天线的测量数据和仿真数据保持了非常高的一致性。天线覆盖 26～28 GHz 的频段，天线的最大测量增益为 3.4 dBi，最大仿真增益为 4.3 dBi，考虑到 0.7 dB 高频测试电缆引入的损耗，两者基本相同。对于由理想的同轴线直接馈电的一般形式的微带天线，仿真天线增益为 5.5 dBi，这是由所提出

的天线结构的损耗导致的。在下一节中，将详细分析该天线结构损耗的组成，并给出降低损耗的方法。

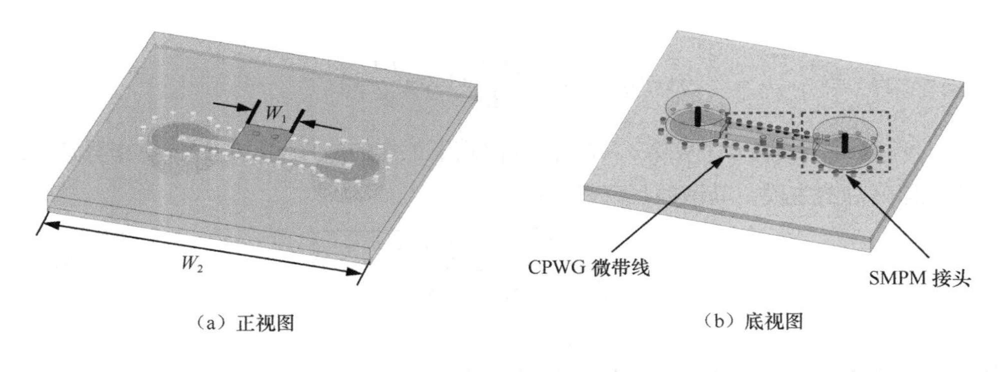

（a）正视图　　（b）底视图

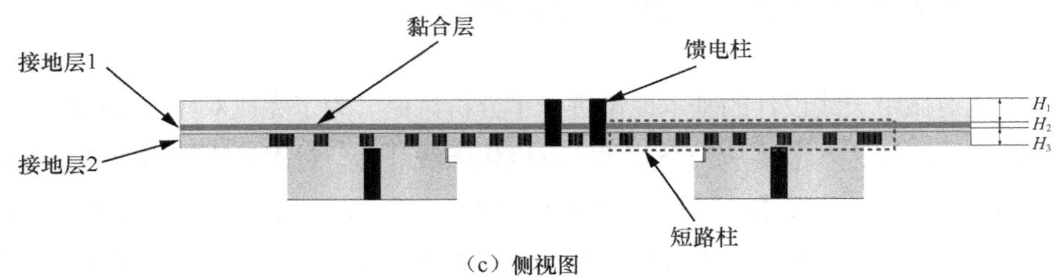

（c）侧视图

图 2-22　双极化天线单元的 3D 示意

表 2-2　双极化天线单元的具体参数

参数	W_1	W_2	H_1	H_2	H_3
值/mm	2.1	14	0.508	0.101	0.254

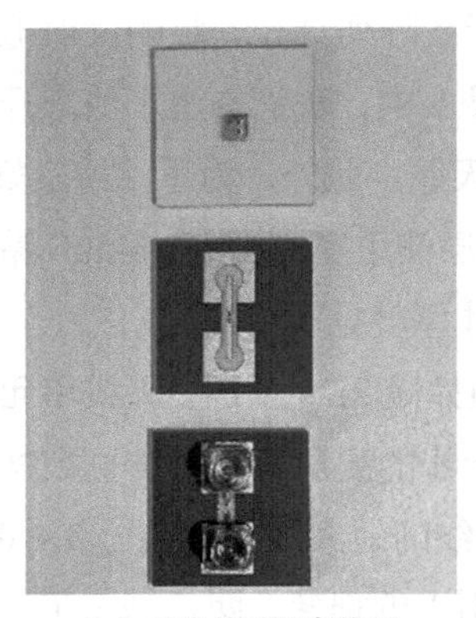

（a）天线单元的实物图

（b）*S*参数的测量环境

图 2-23　所设计的双极化天线单元的实物图和测量环境

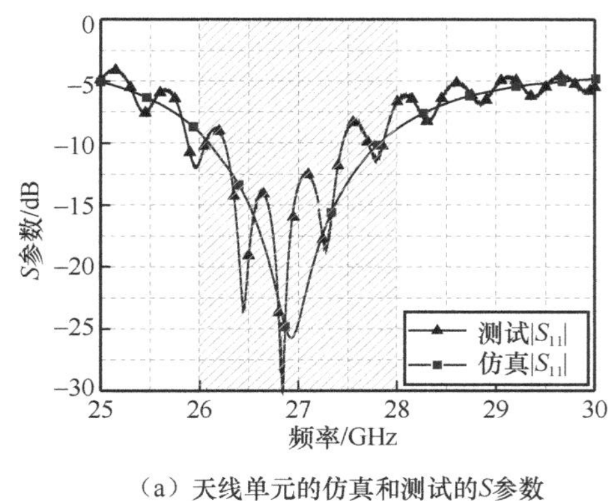

（a）天线单元的仿真和测试的S参数

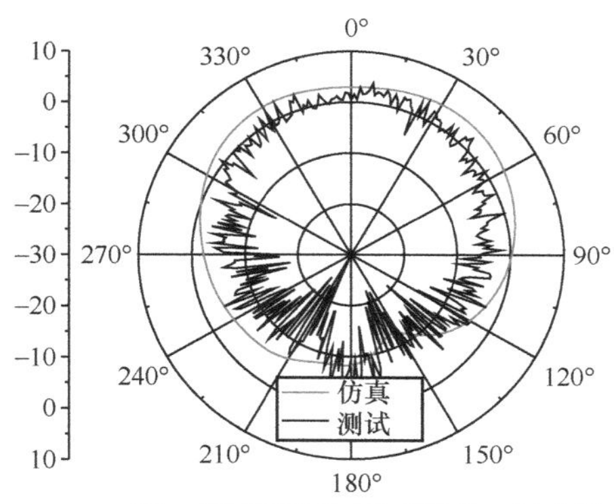

（b）天线单元的仿真和测试的E面方向图

图 2-24　天线单元的仿真与测试数据

（2）天线单元的损耗分析

所设计的双极化天线单元的损耗由 3 部分组成：CPWG 微带线自身所带来的损耗、SMPM 接头至 CPWG 微带线造成的损耗、CPWG 微带线到天线造成的损耗。接下来，我们将分别对天线仿真模型分割以便单独进行分析和讨论。

1）CPWG 微带线的损耗

使用电磁仿真软件进行仿真， CPWG 损耗分析如图 2-25 所示，采用了波端口激励，特别采用了电磁仿真软件中的 Deembed 功能来仿真实际天线中电磁传播的情况，天线单元的所有金属表面均设置为有一定损耗的铜导体，其电导率设置为 4.1×10^7 siemens/m。其他尺寸与实物天线单元相同，经过仿真分析，可以看出 CPWG 微带线所造成的损耗约为 0.31 dB。对于此种损耗，可以通过优化天线结构，尽可能地减小馈电微带线长度来减小，此外还可以通过更换损耗更低的介质基板来实现损耗的降低。

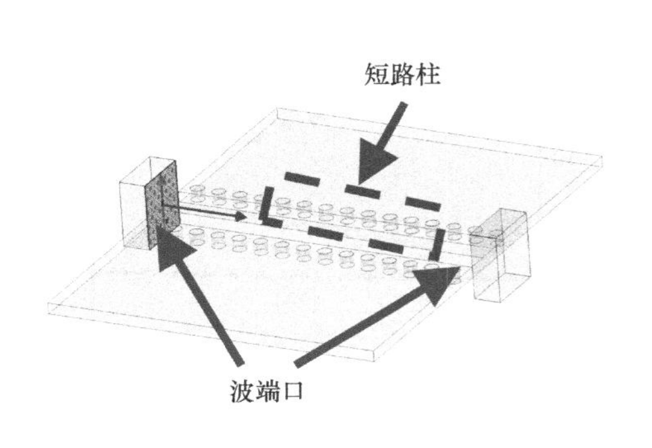

（a）所设计的天线中CPWG损耗分析模型

（b）仿真模型的S参数

图 2-25　CPWG 损耗分析

2）SMPM 接头至 CPWG 微带线造成的损耗

与上一节的建模和分析方式相似，SMPM 接头至 CPWG 微带线的损耗分析如图 2-26 所示。需要注意的是，此处已经减去 CPWG 微带线的损耗（0.083 1 dB/mm），从而可以得出 SMPM 接头到 CPWG 微带线的损耗约为 0.38 dB。此处需要注意的是 SMPM 接头的损耗值是固定的，取决于接头生产厂商的设计规范，一般会在接头的产品说明书中给出。

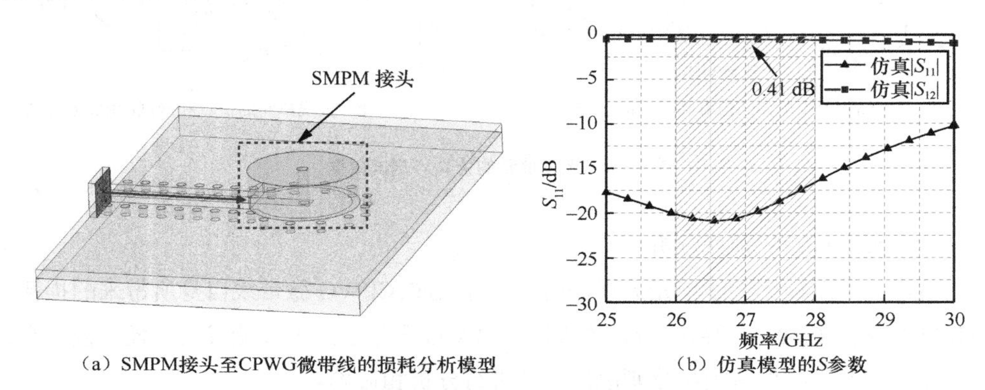

（a）SMPM接头至CPWG微带线的损耗分析模型　（b）仿真模型的S参数

图 2-26　SMPM 接头至 CPWG 微带线的损耗分析

3）CPWG 微带线到天线造成的损耗

CPWG 微带线到天线的损耗分析如图 2-27 所示，CPWG 微带线通过馈电探针穿过接地层 1（接地层 1 上有对应直径大于馈电探针的圆形挖孔）。同样，减去 CPWG 微带线的损耗（0.083 1 dB/mm）后，CPWG 微带线对天线造成的损耗约为 0.41 dB。针对该种损耗，可以通过选择具有高辐射效率的介质基板来降低损耗，此外也可以进一步优化设计结构，包括过孔的具体结构和尺寸来改善能量传输的路径，以降低损耗。

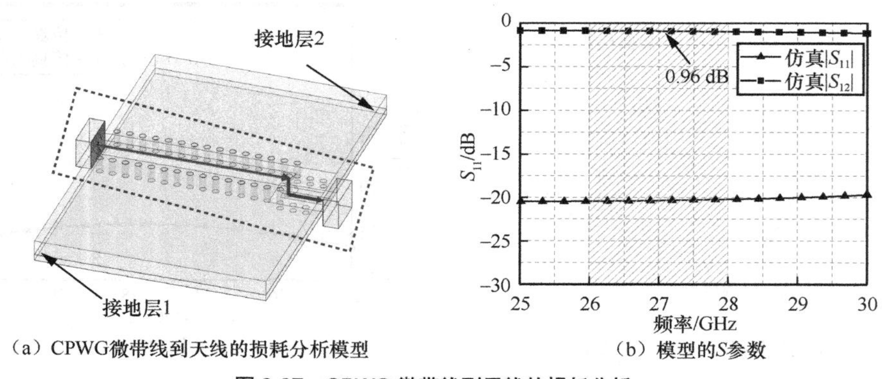

（a）CPWG微带线到天线的损耗分析模型　（b）模型的S参数

图 2-27　CPWG 微带线到天线的损耗分析

完成以上仿真分析以后，所设计的双极化天线单元结构的 3 种不同损耗来源、损耗值和降低方法已经得出，总结见表 2-3。

表 2-3　损耗来源分析与降低方法

损耗来源	损耗值/dB	降低方法
CPWG 微带线所造成的损耗	0.31	缩短 CPWG 微带线长度 选择损耗较小的介质基板
SMPM 接头至 CPWG 微带线造成的损耗	0.38	不同的接头具有固定的损耗值
CPWG 微带线到天线造成的损耗	0.41	选择具有高辐射效率的介质基板 优化设计结构

2.3.3　双频双极化天线单元设计

根据前一节设计的双极化天线单元及其结构损耗分析基础，本节进一步设计了双频双极化毫米波天线单元。为了压缩体积，天线单元继续选择微带天线作为基本形式，微带天线实现双频工作的方法有很多种，但在毫米波频段，由于本身所需要覆盖的频带较宽，而普通的微带天线的带宽较窄，因此为了设计双宽频带的天线单元，决定采用电容性馈电的形式。此外为了使天线能够以双极化的方式工作，天线应该具有一定的对称性，而毫米波频段的间隔跨越较大，从 20 GHz 到 40 GHz 不等，考虑到这些特性，天线单元采用上下层堆叠的方式实现。这样能最大程度减小所占用的空间，同时辅以电容馈电的形式，以实现对两个频带的带宽扩展。

（1）天线基本结构

本节设计的毫米波频段的双频双极化天线单元由低频段（LB）和高频段（HB）天线结构分别覆盖 24.25～28.35 GHz 和 37～43.5 GHz。所设计的毫米波天线单元的几何结构如图 2-28 所示[5]。它采用了一种叠层微带天线结构，其中底部的尺寸较大的贴片（图 2-28（b））用于产生较低的谐振频率，而顶部的尺寸较小的贴片（图 2-28（c））用于产生较高的谐振频率。采用双探头馈电方式实现±45°的线极化。探针馈电的方法会给天线带来额外的电感效应[6]。因此，为了增加工作频带，能量通过两个圆片从两个探针耦合到底部贴片，圆片通过在底部贴片上切割两个环形槽来实现。与直接连接到贴片相比，这种间接的馈电方式会带来额外的电容，以抵消探针馈电的电感性。此外，底部方形贴片的 4 个角被切断，以进一步微调其谐振频率并减少贴片的占地面积。顶部贴片在 39 GHz 频段工作。较好的阻抗匹配和更高的增益是通过在贴片的中间开一个方孔来实现的。此外，在上贴片周围引入 4 个弯曲的寄生条，以在 41 GHz 频带附近产生额外的谐振频点，从而拓宽高频段中的工作带宽。

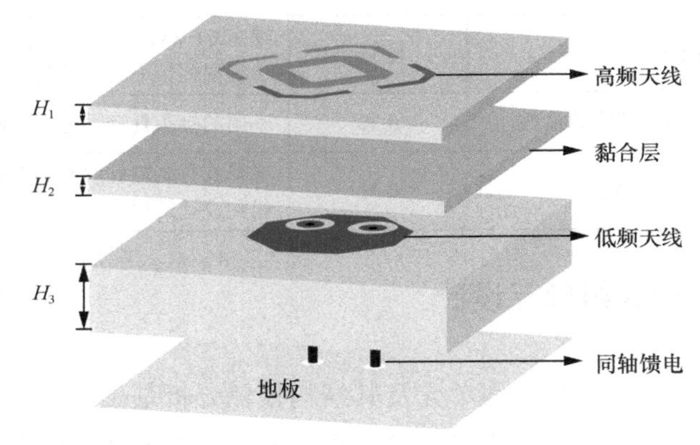

（a）三维视图

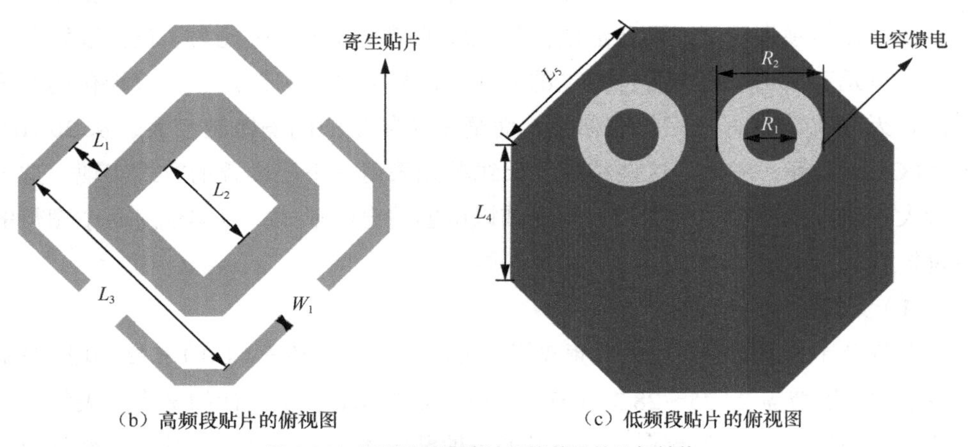

（b）高频段贴片的俯视图　　（c）低频段贴片的俯视图

图 2-28　所设计的毫米波天线单元的几何结构

（2）天线单元的性能及分析

天线单元采用印刷电路板技术实现。罗杰斯 RO4350B（ε_r=3.52）用于双层的介质基板，厚度为 4 mil 的罗杰斯 RO4450F 用作黏合层，用于将不同层的介质基板黏合在一起。双频双极化天线单元的具体参数见表 2-4。经过电磁软件仿真建模分析，在两个工作频带上仿真天线单元的 *S* 参数如图 2-29 所示。结果表明，在 24.2～27.7 GHz 和

36.2～43.8 GHz 频带上，获得了优于−10 dB 的反射系数（用$|S_{11}|$表示），可以完全覆盖所需的 5G 毫米波频段。

表 2-4　双频双极化天线单元的具体参数

参数	H_1	H_2	H_3	H_4	H_5	R_1	R_2
尺寸/mm	0.205	0.1	0.762	0.1	0.205	0.21	0.37
参数	L_1	L_2	L_3	L_4	L_5	L_6	L_7
尺寸/mm	0.36	0.92	1.67	0.88	1.02	1.21	0.7
参数	L_8	L_9	L_{10}	W_1	W_2	W_3	—
尺寸/mm	1.85	0.75	30.6	0.15	0.2	18.0	—

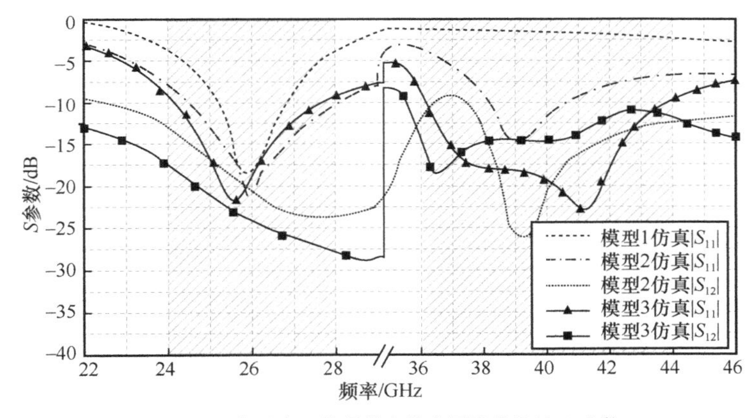

图 2-29　在两个工作频带上仿真天线单元的 S 参数

- 模型 1：不使用电容馈电结构。
- 模型 2：不使用寄生贴片和方形开槽。
- 模型 3：使用电容馈电结构、寄生贴片和方形开槽。

此外，图 2-29 还展示了不使用电容馈电结构的天线单元的反射系数，从比较中可以看出，使用电容馈电后，天线单元的工作带宽在低频段中从 1.6 GHz 大幅增加到 3.5 GHz。此外，图 2-29 也展示了是否使用寄生贴片和方形开槽的 S 参数，从中可以看出，这些结构大大改善了高频中的阻抗匹配和端口隔离。图 2-30 和图 2-31 显示了当端口 1 和 2 被激励时，天线单元的不同结构在不同工作频率下的电流分布。图 2-30（a）和图 2-31（a）是 26 GHz 下天线的电流分布，图 2-30（b）和图 2-31（b）显示了 38 GHz 下高频天线的电流分布，而图 2-30（c）和图 2-31（c）显示了 41 GHz 下寄生条的电流分布。3 组电流分布图表明，分别调整天线单元中 3 种不同的结构，可以调整 3 个谐振频点处的天线性能。

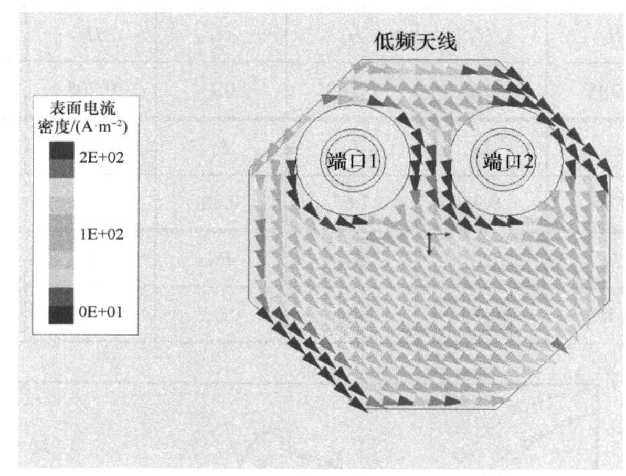

（a） 26 GHz的低频天线

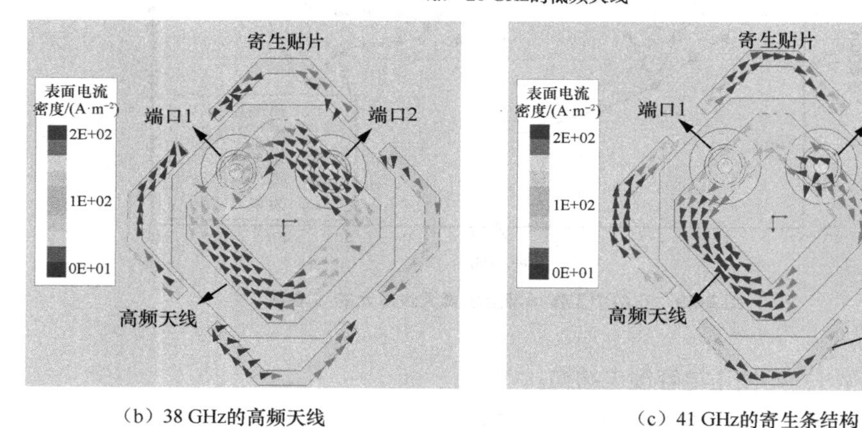

（b）38 GHz的高频天线　　（c）41 GHz的寄生条结构

图 2-30　端口 1 激励时天线单元的不同结构电流分布

图 2-32 展示了天线单元两个正交极化在低频和高频的辐射方向图。在 26 GHz 时最大增益为 5.8 dBi，在 39 GHz 时为 6.2 dBi；在 26 GHz 时交叉极化大于 20 dB，在 39 GHz 时大于 15 dB。天线单元的半功率波束宽度（HPBW）在 26 GHz 时为 112°，在 39 GHz 时为 98°。高频处后瓣的辐射方向图较大，这是由于高频寄生条结构相对于地平面的尺寸较大所致，但是基本满足使用要求。该节设计的天线，可进一步组成阵列，将在下一章讨论。

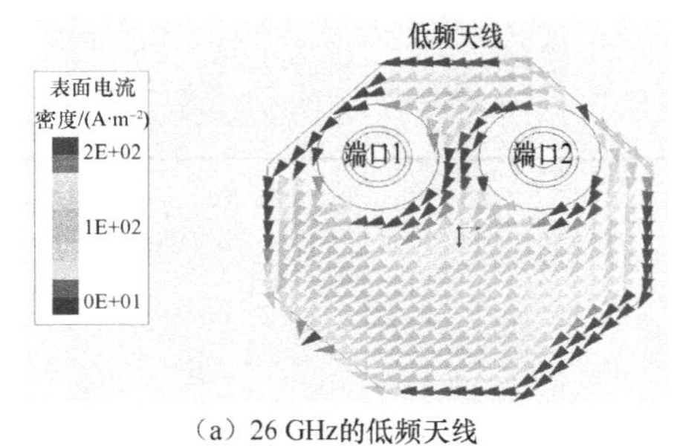

（a）26 GHz的低频天线

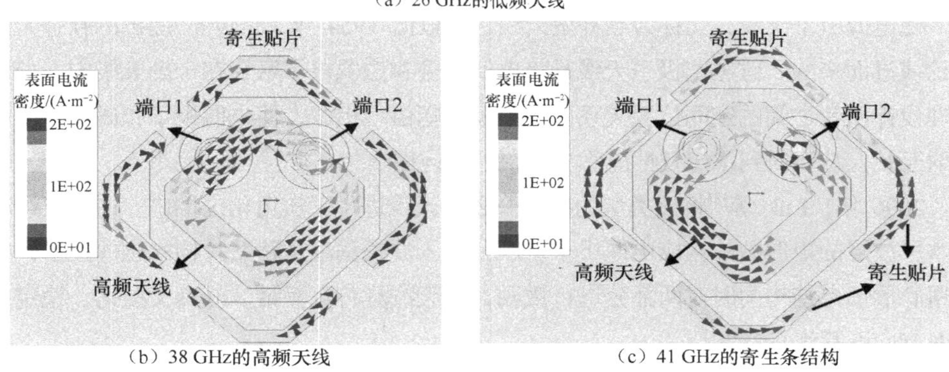

（b）38 GHz的高频天线　　（c）41 GHz的寄生条结构

图 2-31　端口 2 激励时天线单元的不同结构电流分布

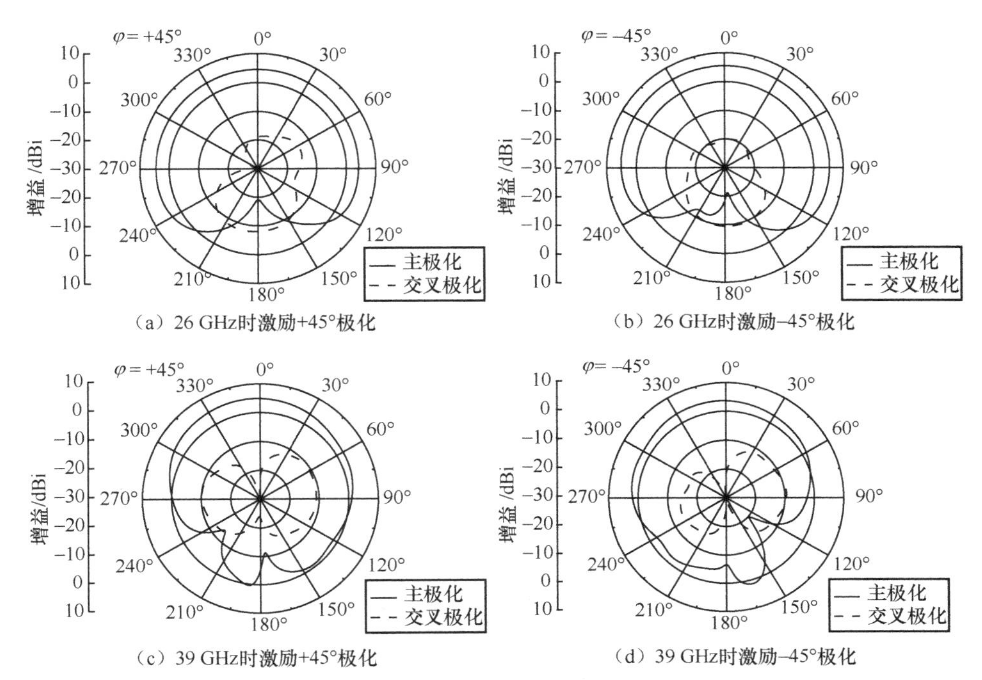

（a）26 GHz时激励+45°极化　　（b）26 GHz时激励–45°极化

（c）39 GHz时激励+45°极化　　（d）39 GHz时激励–45°极化

图 2-32　天线单元两个正交极化在低频和高频的辐射方向图

2.4 磁电偶极子

2.4.1 概述

磁电偶极子天线，又称为互补型天线，是根据 1954 年 Chlavin[7]提出的互补天线理论演进而来的。磁电偶极子天线是将电偶极子和磁偶极子融合在一副天线中，通过合理设计两者之间的空间位置关系以及激励的幅值和相位，使电偶极子和磁偶极子的辐射互补，从而得到稳定且性能优异的辐射方向图。

2006 年，Luk 等[8]将该类型的磁电偶极子天线进行了实用化的推广。这款天线利用水平放置的矩形贴片构成电偶极子，四分之一波长垂直短路贴片构成磁偶极子，并利用Γ形馈电结构同时对两部分进行激励，使天线具有宽频带、低交叉极化、稳定的辐射方向图等优良性能。

图 2-33 展示了磁电偶极子模型，电偶极子和磁偶极子在空间正交放置，其中 E_{E_e}和E_{H_e} 为电偶极子的辐射场分量，E_{E_m}和E_{H_m} 为磁偶极子的辐射场分量。由于电偶极子的 E 面方向图为“∞”形，H 面方向图为“O”形，而磁偶极子的方向图与之相反，其 E 面方向图为“O”形，H 面方向图为“∞”形。若两者等幅同相馈电，电偶极子和磁偶极子的方向图互补，从而产生方向性一致的定向方向图，后向辐射被显著抑制，如图 2-34 所示。

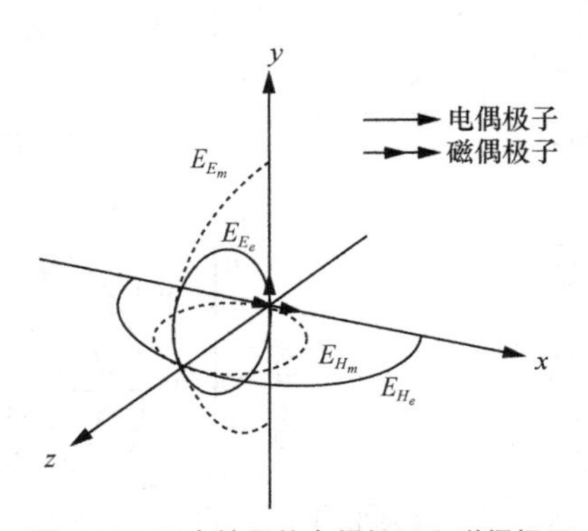

图 2-33 正交放置的电偶极子和磁偶极子

为了实现更快的通信速率，毫米波无线通信已成为未来无线传输技术的发展方向，磁电偶极子天线凭借其优异的性能，已被证实可以应用于下一代毫米波无线通信中。例如，Dadgarpour 等[9]设计的磁电偶极子天线由两片平行放置的金属贴片和 4 个与地面短接的金属柱组成，该天线由印刷脊间隙波导馈电，上方加载开口环形谐振器阵列，下方加载电磁带隙结构，如图 2-35 所示。该天线在 26.5～38.3 GHz 频段内实现了 35%的阻抗带宽，带内最大增益为 17.6 dBi。Li 等[10]提出了一款利用低温共烧陶瓷（LTCC）技术的新型磁电偶极子双极化天线，如图 2-36 所示，该磁电偶极子天线由金属贴片和放置于一系列 LTCC 层压板中的金属墙组合而成，在 Ka 频段实现了 42.5%的宽带、高增益、低交叉极化、稳定且对称的辐射方向图等优异性能。

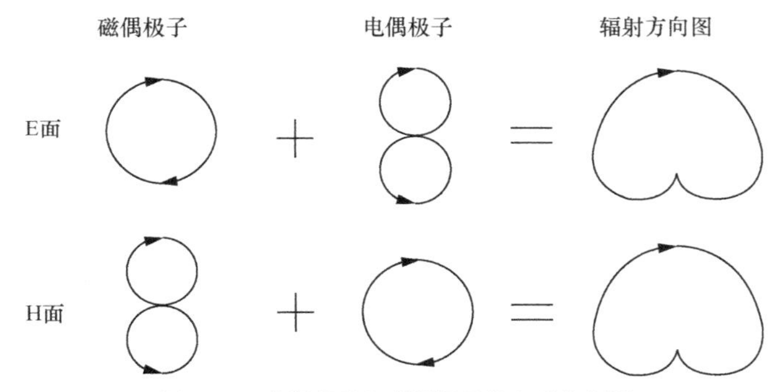

图 2-34 电偶极子和磁偶极子的合成方向图

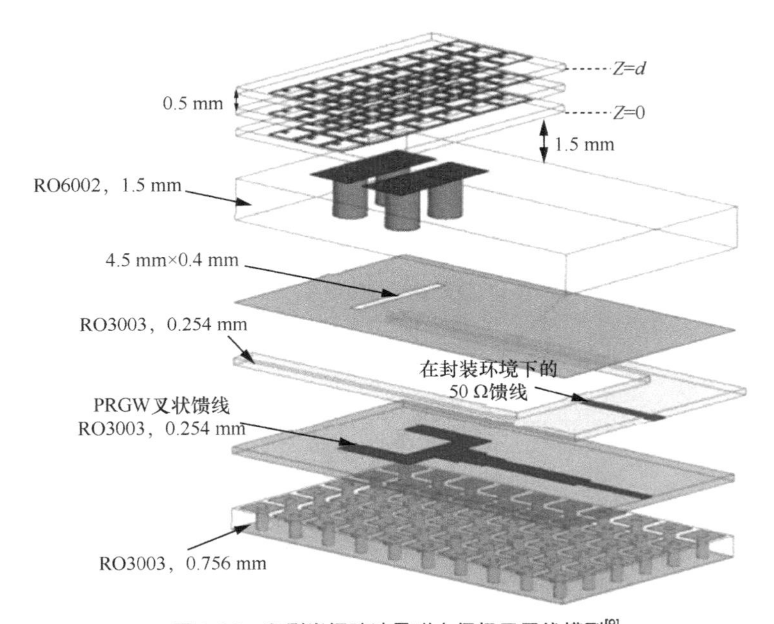

图 2-35 印刷脊间隙波导磁电偶极子天线模型[9]

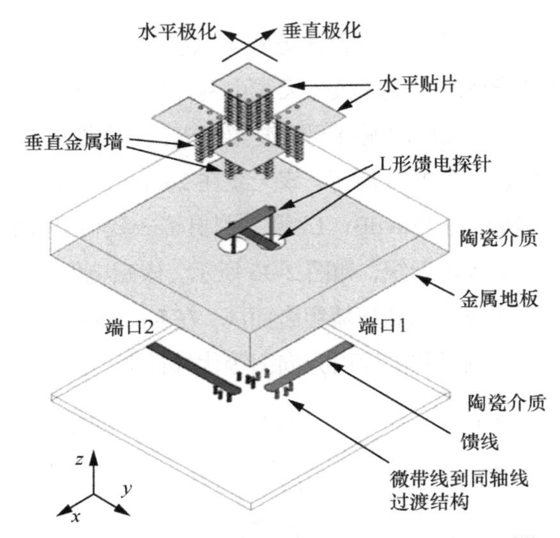

图 2-36　低温共烧陶瓷磁电偶极子双极化天线模型[10]

除此以外，当电偶极子和磁偶极子平行放置，两者激励幅值相同、相位正交时，可以实现圆极化辐射。例如，Ruan 等[11]通过结合一对平行放置的偶极子带状线与缝隙，设计了一款工作在 60 GHz 的毫米波圆极化边射天线，并通过引入一圈金属化过孔腔来改善天线的定向辐射方向图，如图 2-37 所示。Xu 等[12]采用两个旋转对称的 L 形贴片代替两个线极化磁电偶极子的直臂以产生旋转电场，从而辐射圆极化波，其 Ka 频段阻抗带宽为 34.7%，轴比带宽为 11.3%，最大增益为 13.1 dBic，如图 2-38 所示。

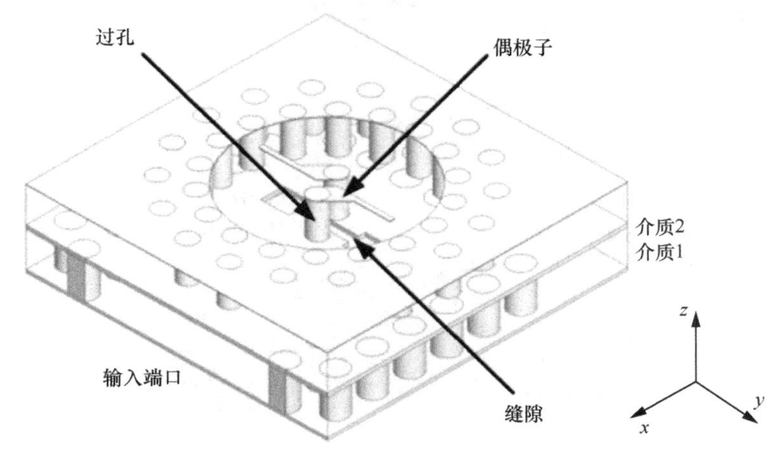

图 2-37　边射圆极化磁电偶极子天线模型[11]

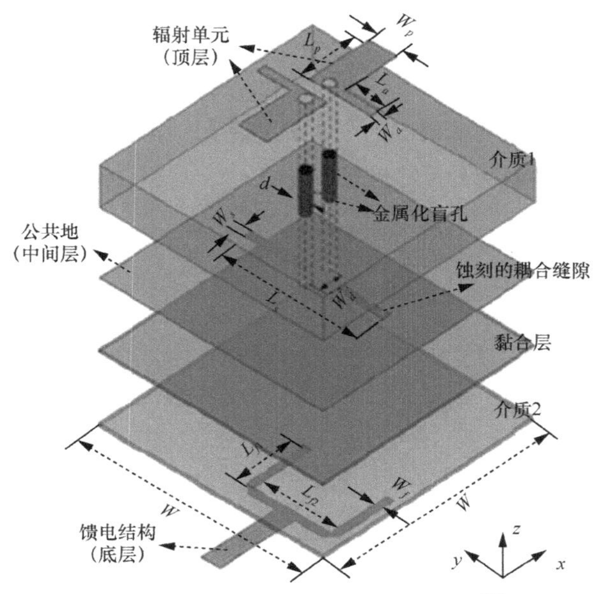

图 2-38　平面圆极化磁电偶极子天线模型[12]

2.4.2　毫米波双极化磁电偶极子天线

（1）天线单元结构

图 2-39（a）为所设计的双极化磁电偶极子天线整体结构示意，该天线包括 3 个金属层和两个介质层，4 个中心对称放置的 L 形金属贴片位于顶层，构成了平面电偶极子，并通过直径为 D_{via} 的金属化通孔与天线地板相连接；4 个接地金属化过孔和 4 块金属贴片之间的辐射缝隙作为磁偶极子；两个 L 形馈电结构由金属贴片和金属化过孔组成，作为天线的双极化馈电端口。考虑到毫米波频段较大的介质损耗，采用损耗角正切为 0.003 7 的罗杰斯 RO4350B 作为介质基板，厚度为 0.101 mm 的罗杰斯 RO4450F 用作黏合层。

图 2-39（b）所示为所设计的磁电偶极子天线单元的俯视图及馈电结构，作为平面偶极子的 L 形金属贴片长度为 L_{d1}，宽度为 W_{d1}，在其边角处做一边长为 L_{c1} 的正方形切角，将 4 个相同尺寸的 L 形金属贴片绕天线中心对称放置，L 形金属贴片之间的距离为 D_1。在 4 个 L 形金属贴片之间有一长度为 L_{f1}、宽度为 W_{f1} 的金属贴片，作为极化端口 1 的馈电结构的一部分，在该结构下方另有一长度为 L_{f2}、宽度为 W_{f2} 的金属贴片作为极化端口 2 的馈电结构的一部分。在距离天线中心 D_2 处，加载 4 根直径为 D_{via}

的接地金属柱，其高度与天线介质基板层高度相同，并与上方 L 形金属贴片相接。在 $\varphi=+45°$和 $\varphi=-45°$平面上距离天线中心 D_3 处，加载两根半径为 D_{fvia} 的接地金属柱，其分别与极化端口 1 和极化端口 2 的金属贴片相接，作为馈电端口。所设计的双极化磁电偶极子天线结构的各部分尺寸见表 2-5。

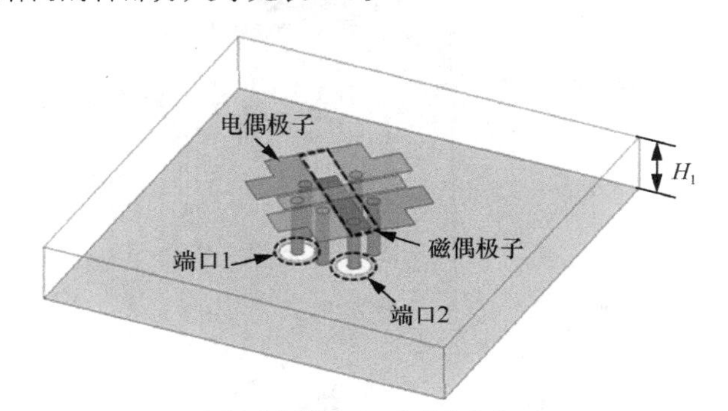

（a）磁电偶极子天线整体结构

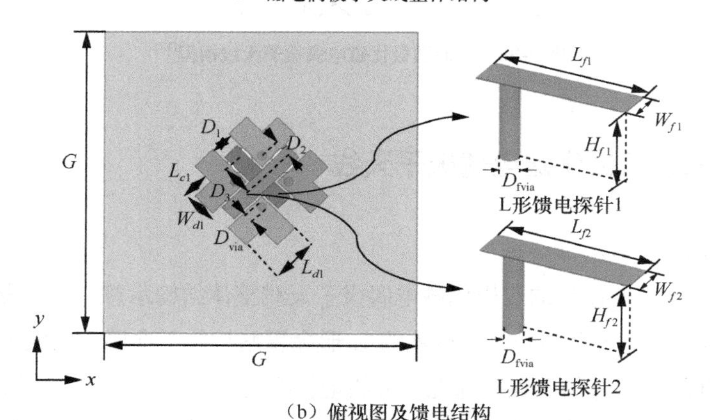

（b）俯视图及馈电结构

图 2-39　所设计的双极化磁电偶极子天线整体结构示意

表 2-5　所设计的双极化磁电偶极子天线结构的各部分尺寸

参数	L_{c1}	L_{d1}	L_{f1}	L_{f2}	W_{d1}	W_{f1}	W_{f2}
尺寸/mm	0.7	1.5	2.4	2.9	0.8	0.55	0.55
参数	D_1	D_2	D_3	D_{via}	D_{fvia}	H_{f1}	H_{f2}
尺寸/mm	0.7	0.6	1	0.3	0.3	1.216	1.416

（2）天线单元性能分析

为了验证所设计的双极子磁电偶极子天线的性能参数，使用电磁仿真软件 HFSS 进行建模仿真。图 2-40 为所设计的天线单元的端口 1 与端口 2 的反射系数以及端口隔离度仿真图，可知该天线的−10 dB 反射系数带宽为 22～35 GHz，匹配性能良好，其两个谐振点约在 26 GHz 与 32.8 GHz 处，在该频段内两端口隔离度优于 18 dB。

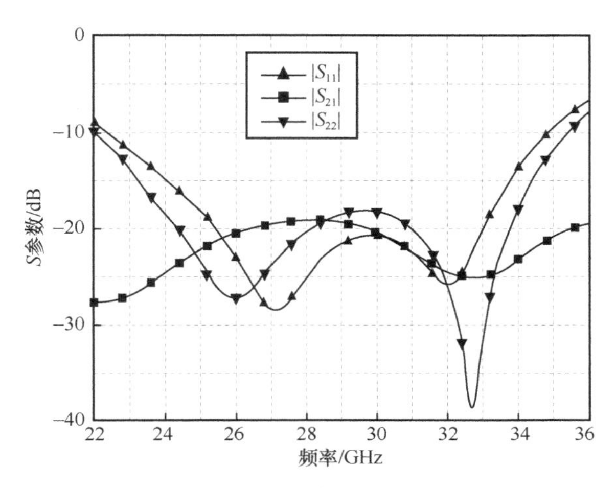

图 2-40　所设计的天线单元的端口 1 与端口 2 的反射系数以及端口隔离度仿真图

为了说明磁电偶极子天线的工作机理，图 2-41 为 26 GHz 频点处电流与电场分布。如图 2-41（a）、（b）所示，在 t =0 时，L 形金属贴片电流强度和孔径区域内的电场强度达到最大；如图 2-41（c）、（d）所示，在 $t = T/4$ 时，L 形金属贴片电流强度和孔径区域内的电场强度均达到最小。该结果表明，电偶极子和磁偶极子同时被激发，符合前文所述互补天线工作原理，故可以产生单向辐射模式，因此该磁电偶极子天线为互补天线。

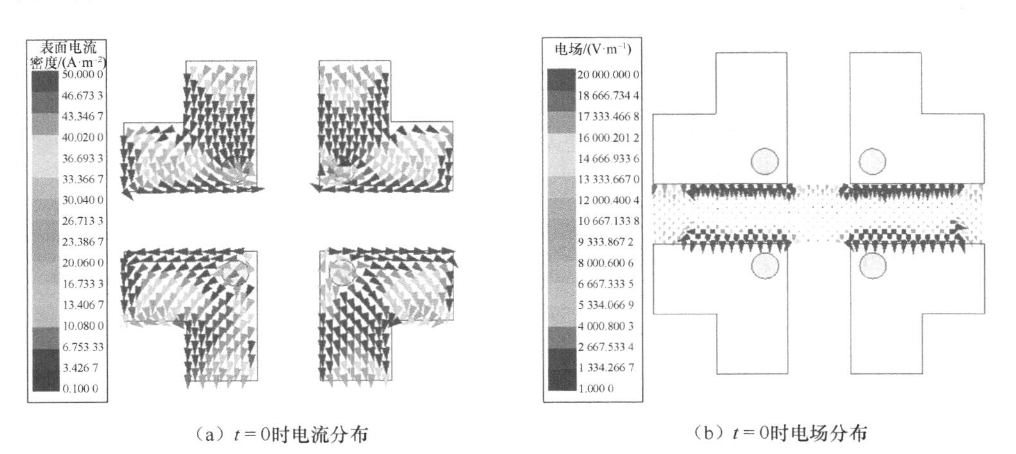

（a）$t=0$时电流分布　　（b）$t=0$时电场分布

图 2-41　26 GHz 频点处电流与电场分布

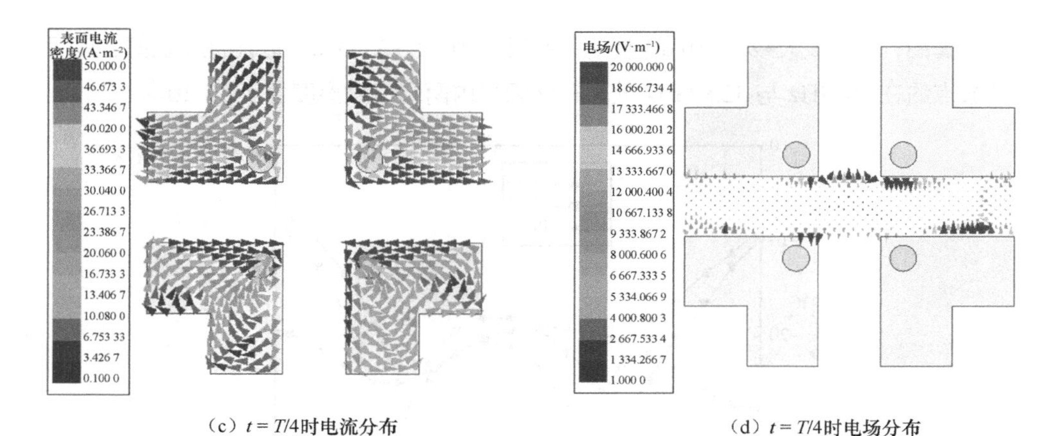

（c）$t = T/4$时电流分布　　（d）$t = T/4$时电场分布

图 2-41　26 GHz 频点处电流与电场分布（续）

图 2-42 和图 2-43 分别为端口 1 和端口 2 激励时所设计的天线单元各频点处的 E 面、H 面方向图仿真结果。由图可知，天线单元在 24.25 GHz～29.5 GHz 频带内具有良好的定向辐射特性、相对稳定对称的辐射方向图。在 24 GHz 时最大增益为 6.2 dBi，随着频率的升高其增益也随之提升；在 26 GHz 时最大增益为 6.9 dBi；在 28 GHz 时最大增益为 7.1 dBi，且其后瓣小于−20 dB，具有较小的后向辐射。由于该天线双极化馈电结构的影响，且 L 形馈电结构并非关于天线完全对称，导致交叉极化比相对于单极化天线略有恶化，且方向图略微偏移。在如图 2-42～图 2-43 所示频点处，E 面、H 面交叉极化比优于−18 dB，基本满足使用要求，针对以上问题我们后续设计了差分馈电磁电偶极子天线，以期降低交叉极化电平。综上所述，所设计的磁电偶极子天线具有较为优异的辐射特性。

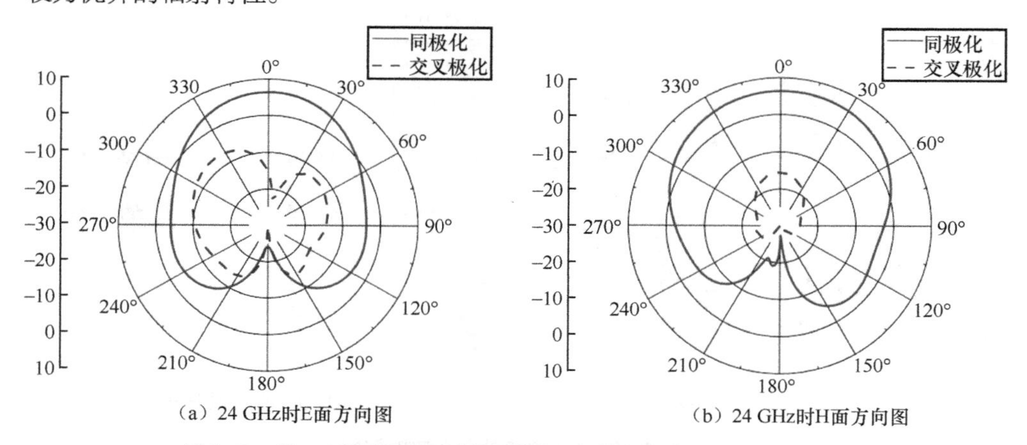

（a）24 GHz时E面方向图　　（b）24 GHz时H面方向图

图 2-42　端口 1 激励时所设计的天线单元各频点处的 E 面、H 面方向图

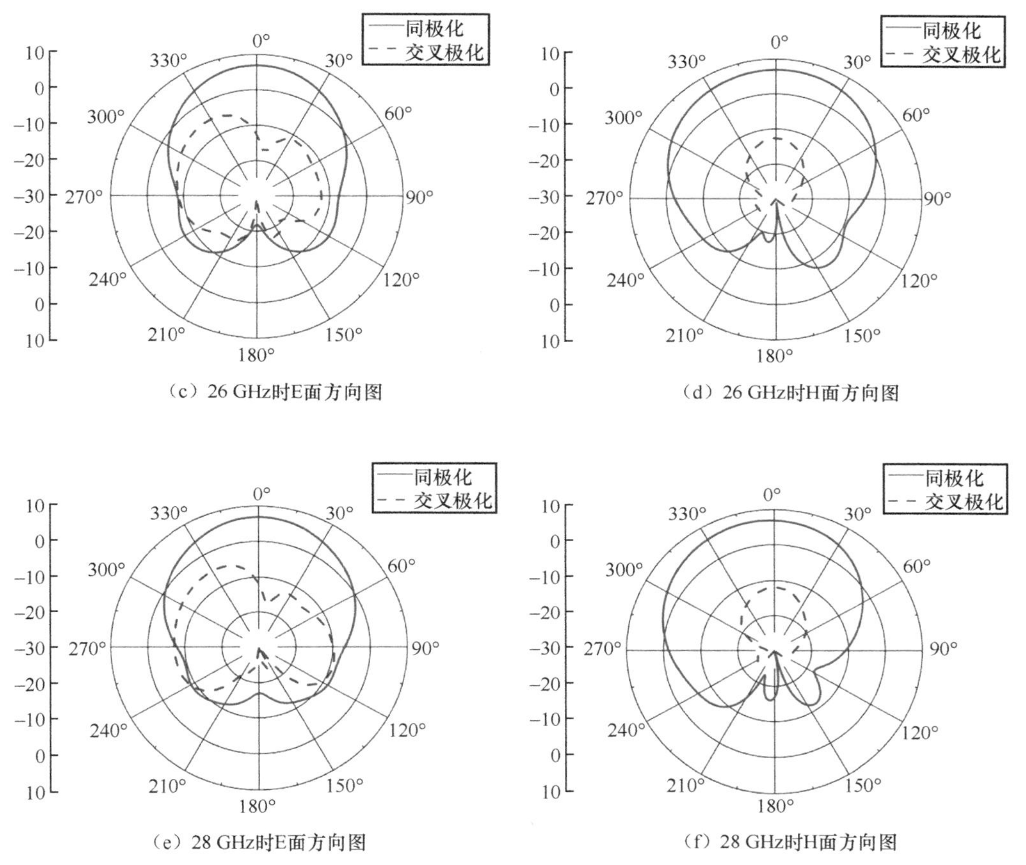

（c）26 GHz时E面方向图

（d）26 GHz时H面方向图

（e）28 GHz时E面方向图

（f）28 GHz时H面方向图

图 2-42　端口 1 激励时所设计的天线单元各频点处的 E 面、H 面方向图（续）

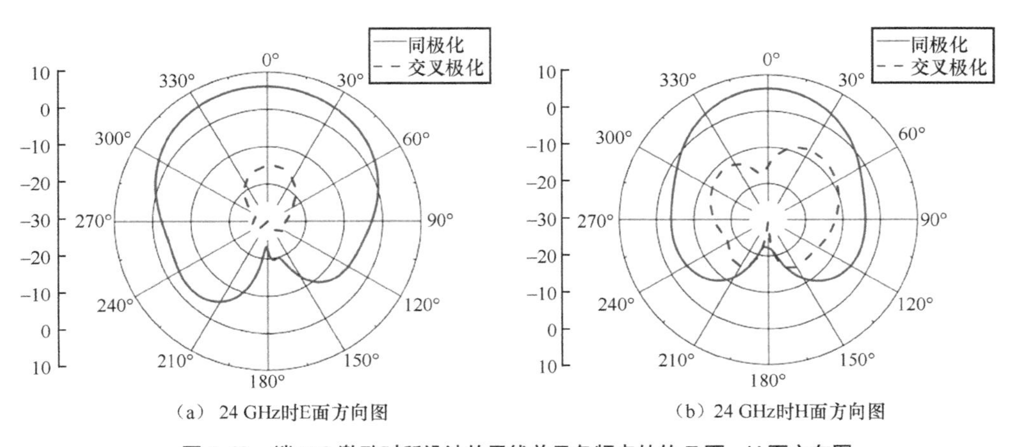

（a） 24 GHz时E面方向图

（b）24 GHz时H面方向图

图 2-43　端口 2 激励时所设计的天线单元各频点处的 E 面、H 面方向图

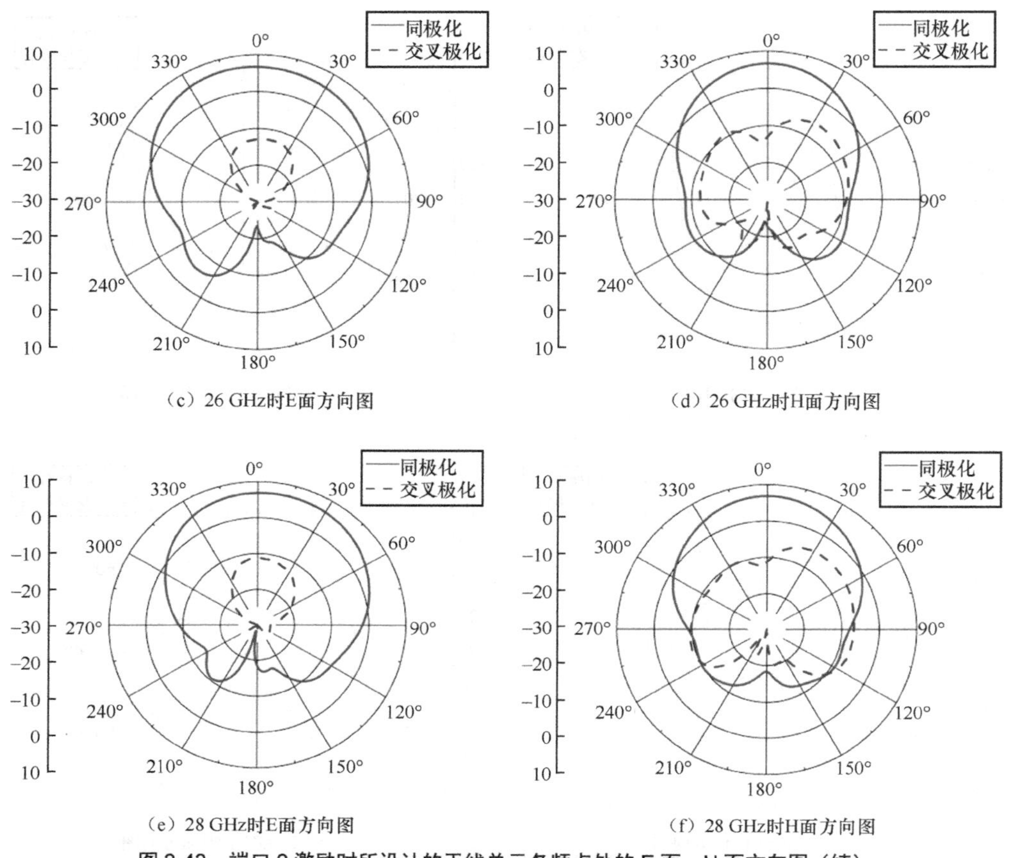

（c）26 GHz时E面方向图

（d）26 GHz时H面方向图

（e）28 GHz时E面方向图

（f）28 GHz时H面方向图

图 2-43　端口 2 激励时所设计的天线单元各频点处的 E 面、H 面方向图（续）

（3）天线单元参数扫描分析

为了更好地了解天线结构对其性能的影响，对天线的几个关键参数做了仿真分析，从而指导天线的优化设计。在讨论天线某一个参数变化对其性能带来的影响时，均为保持其他参数不变的情况下仿真完成的。

图 2-44 为天线 S 参数随 L 形金属贴片切角 L_{c1} 的变化仿真曲线。如图 2-44（a）所示为端口 1 反射系数随着 L_{c1} 的变化曲线，从曲线的变化可以看出，随着 L_{c1} 从 0.3 mm 逐渐增大到 1.1 mm，低频谐振点和高频谐振点逐渐向高频方向移动，但是偏移幅度不大，且匹配性能逐渐变好又变差；如图 2-44（b）所示为端口 2 反射系数随着 L_{c1} 的变化曲线，从曲线的变化可以看出，随着 L_{c1} 从 0.3 mm 逐渐增大到 1.1 mm，低频谐振点逐渐向高频方向移动且匹配深度逐渐变浅；高频谐振点频率偏移变化不大，匹配深度先变深后变浅。由于磁电偶极子天线的低频谐振点主要由电偶极子控制，高频谐振点

主要由磁偶极子控制[13]，当在电偶极子上进行切角时，会改变其上的电流路径长度，从而导致谐振频率的偏移。综合图 2-44 仿真结果可知，对电偶极子进行切角处理对于低频谐振点谐振频率影响较大，对于高频谐振点谐振频率的影响较小，只是频点上的轻微移动，同时均会对高低频谐振点的匹配造成影响。

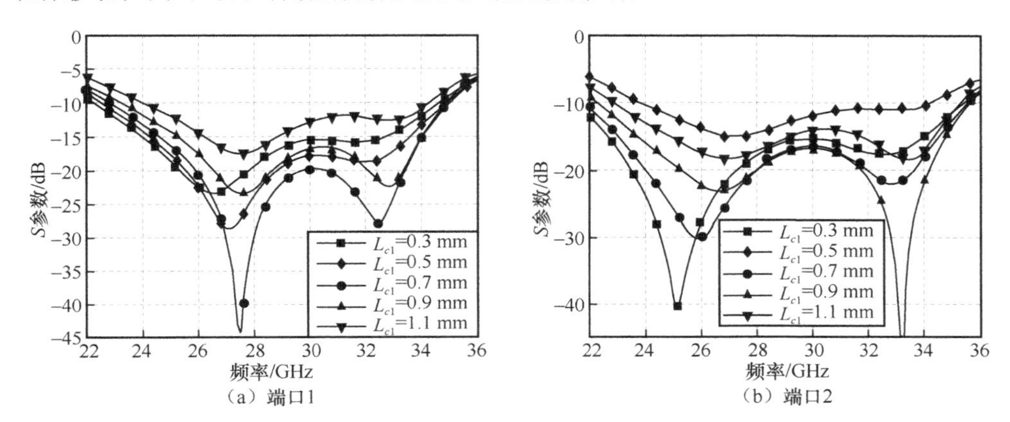

图 2-44　天线 S 参数随 L 形金属贴片切角 L_{c1} 的变化仿真曲线

2.4.3　基于差分馈电的毫米波双极化磁电偶极子天线

差分系统中的差分信号等幅反相，可有效抵消天线辐射时的交叉极化分量，从而获得较低的交叉极化水平[14]。差分功分器是差分系统中不可或缺的一部分。为了灵活地连接各种单端及差分器件，差分功分器有差分到差分（BTB）功分器、差分到单端（BTSE）功分器以及单端到差分（SETB）功分器 3 种。为了实现单端电路和差分天线阵列之间的连接，需要设计结构紧凑、性能良好的 SETB 功分器。

本节基于前节所设计的双极化磁电偶极子天线进行改进，采用差分馈电技术以降低其交叉极化电平；为了实现单端电路到差分天线的转换，设计了叠层单端到差分巴伦，实现了将单端信号转变为差分信号的有效转换。

（1）基于带状线–缝隙–带状线的叠层差分馈电巴伦

图 2-45 为巴伦示意图，巴伦是一种三端口器件，端口 1 作为单端端口，另外两个端口共同作为差分端口，一般用于实现单端器件端口和差分器件端口之间的转换，通过将匹配输入转换为差分输出，从而实现平衡传输线到不平衡传输线之间的连接。可以利用微带线的波长差来实现相位差，但这种结构会带来额外的损耗并且随着电长度的变化其输出相位也会随之改变，故可实现的相对带宽较窄。

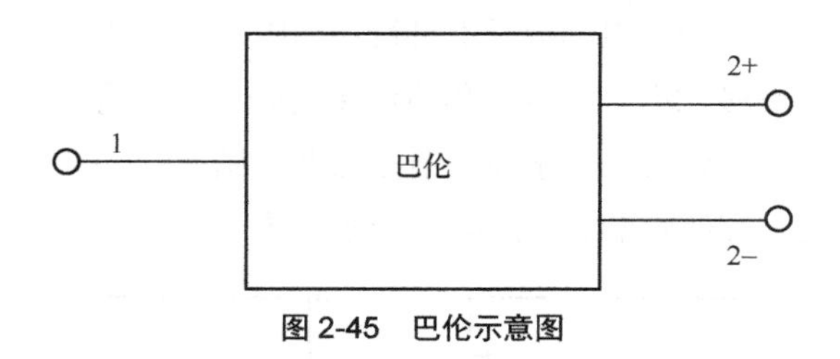

图 2-45　巴伦示意图

巴伦在电路设计中应用非常广泛，可被应用于宽带天线、移相器、平衡混频器等任何需要传输等幅反相信号的电路设计中。其本质上是二路反相功分器，在使用差分器件的时候，为了使其与单端系统相匹配，通常需要使用巴伦来将两者连接，通过这种方法可以实现单端电路与差分器件之间的匹配，从而使电路设计有更多的可能性。

巴伦的关键参数包括：频率覆盖范围、相位平衡度、幅度平衡度、插入损耗、共模抑制比等。

（2）T 形缝隙–微带转换结构

微带线和缝隙线是微波传输结构中常见的两种形式。将缝隙结构刻蚀在微带电路的地平面上，可以实现混合微带电路，融合了微带线和缝隙线的优点。这种结构具有多重优点，尤其是能够实现微带线形式难以达到的电路功能，如短路、串联 T 形结构、差分电路等，因此在实际应用中具有广泛的应用前景。缝隙–微带转换（SMLT）结构的设计在混合微带电路中具有重要意义。SMLT 结构用于过渡缝隙线和微带线，起到连接和转换的作用。它的设计不仅要考虑传输线的匹配和阻抗调整，还要兼顾传输线间的耦合和波的传播特性。因此，SMLT 结构的设计需要深入研究其基本原理以及多种常用形式，以实现对混合微带电路的优化和性能提升。本节将重点介绍 SMLT 的基本原理，并探讨几种常用形式，以更好地理解混合微带电路的设计与应用。

缝隙–微带转换结构由缝隙线和微带线构成，如图 2-46 所示，缝隙线刻蚀在金属接地板上，微带线位于顶层，两者上下错层，呈 90°垂直放置。为了实现信号的有效耦合，需要在微带线与缝隙线的交叉处将微带线末端短路，缝隙线末端开路，通过磁场耦合实现能量传输。在实际设计中，为了增加带宽并降低加工难度，通常采用虚拟短路以及虚拟开路的方式来实现，可以采用圆形、扇形开路或短路枝节等形式来替代实际的短路和开路结构。缝隙-微带转换结构能够有效地实现微带线与缝隙线之间的能量传输和耦合，提高了电路性能并降低了制造难度。

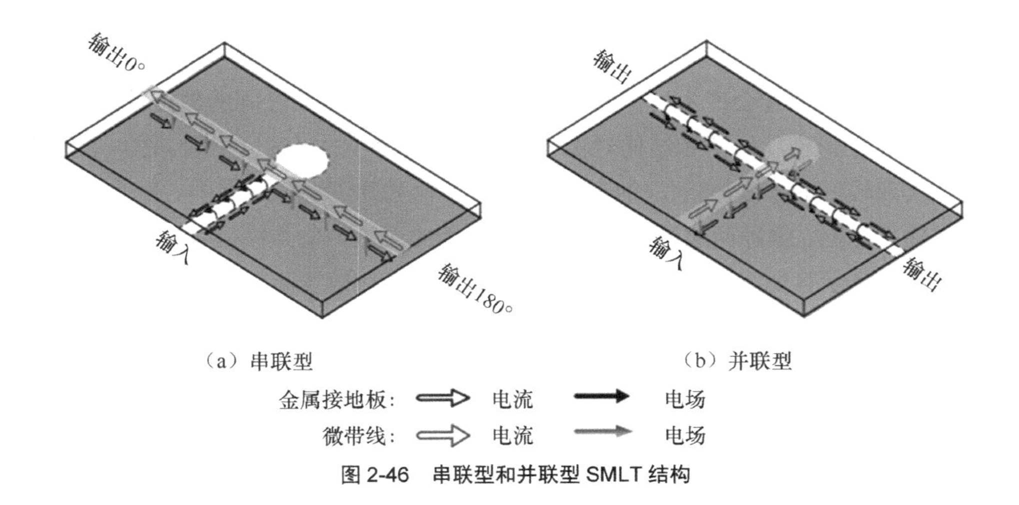

图 2-46　串联型和并联型 SMLT 结构

（3）馈电巴伦设计

通过前文的讨论可知，并联型缝隙-微带转换结构两个输出端输出等幅同相的信号，而串联型缝隙-微带转换结构两个输出端输出等幅反相的信号，如果将两者结合起来则可以实现基于微带线形式的微带线输入-微带线输出的巴伦结构。在高集成度的毫米波 AIP 设计中，通常需要较多层电路板以实现电源、信号布线以及射频与低频隔离等功能，故通常使用具有上下地平面的带状线进行射频信号的传输。

馈电巴伦整体结构及各部分结构如图 2-47 所示，共有 3 层金属地，板材均为罗杰斯 RO4350B，罗杰斯 RO4450F 用作黏合层。缝隙蚀刻在中间层地面上，末端加载圆形开路枝节，其上为 C 形带状线，C 形带状线两条臂末端作为输出端口；缝隙下方的带状线作为输入端口，其末端加载圆形短路枝节以展宽带宽，C 形带状线两条臂在宽频带内可输出振幅相等、相位相反的信号。除此之外，为了防止电磁波传播过程中产生平板波导模式等造成的能量泄漏，各金属地之间均由数个金属孔进行电气连接。所设计的馈电巴伦尺寸见表 2-6。

在差模和共模激励下的信号传输路径如图 2-48 所示。C 形带状线与下方垂直放置的缝隙形成反向的串联型缝隙-微带转换结构，单端-差分馈电巴伦采用带状线-缝隙-带状线的结构，其在差模激励下，下方带状线通过短路枝节实现虚拟短路，且在俯视面与上层金属地板的缝隙呈 90°角垂直放置，从而在缝隙纵向中心垂直交界面上形成理想电壁，磁场强度最强。因此，电磁能量将通过磁场耦合在下方带状线层-缝隙-上层 C 形带状线之间进行传输。为了获得更好的传输性能，L_4 的长度应为四分之一波长。根据电场和电流分布可知，电磁能量经过缝隙-上层 C 形带状线时在 C 形带状线两臂会产生反相电流，两个输出端输出电流之间的相位差为 180°，又因缝隙与 C 形带状线两者结构对称，理论上输出信号的幅度也相同，故可在较宽频带上实现较好的幅度与相位输出一致性。在共模激励下缝隙纵向中心垂直交界面上形成理想磁壁，缝隙两侧的电流方向相同，因此无法传输共模信号。微带线与缝隙相交处电场示意如图 2-49 所示。当信号从微带线到槽线耦合时，在槽线上连接的电场的方向将与微带线上的电流的方向相反。相反，当信号从缝隙到微带线耦合时，电场和电流的方向将是相同的，因此，在两个平衡的输出端口之间获得了一个反相的响应。

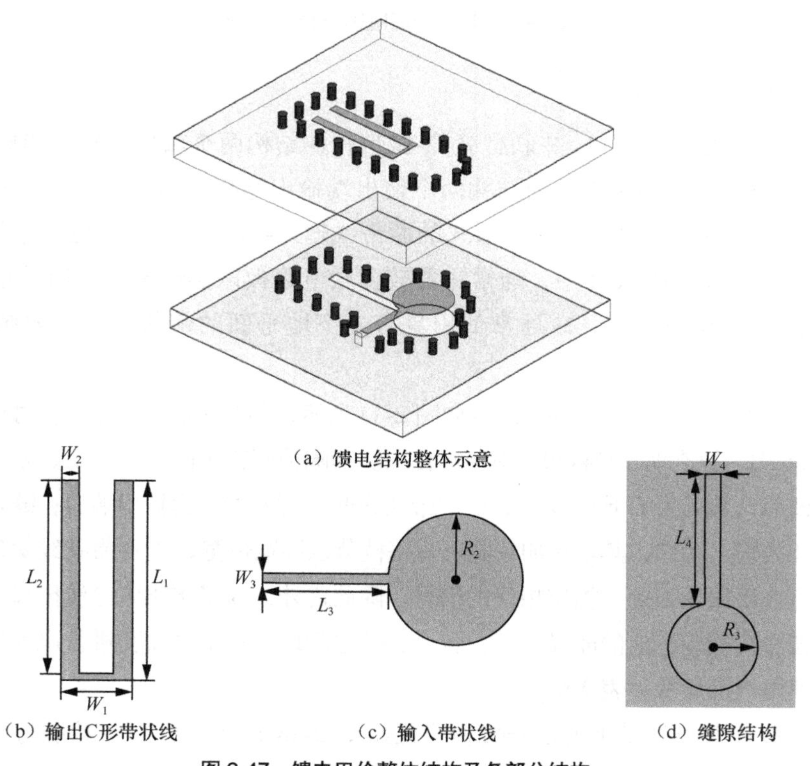

（a）馈电结构整体示意

（b）输出C形带状线　（c）输入带状线　（d）缝隙结构

图 2-47　馈电巴伦整体结构及各部分结构

表 2-6　所设计的馈电巴伦尺寸

参数	L_1	L_2	L_3	L_4	W_1	W_2	W_3	W_4	R_2	R_3
尺寸/mm	3.5	3.4	1.85	3	1.2	0.3	0.15	0.35	1	1

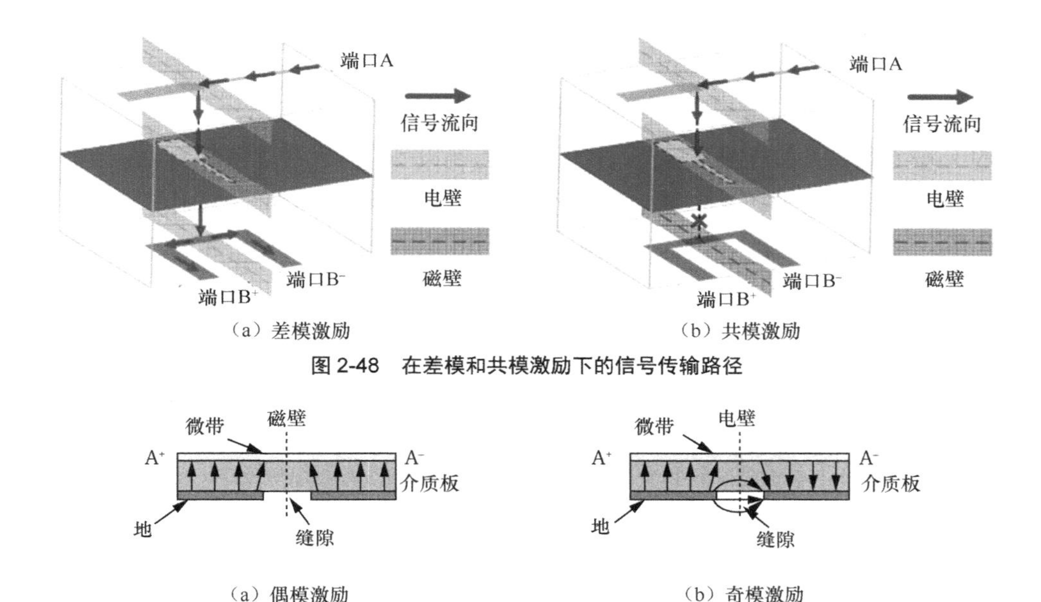

（a）差模激励　　（b）共模激励

图 2-48　在差模和共模激励下的信号传输路径

（a）偶模激励　　（b）奇模激励

图 2-49　微带线与缝隙相交处电场示意

使用电磁仿真软件 HFSS 对所设计巴伦进行仿真。图 2-50（a）为仿真的 S 参数幅度曲线结果，该巴伦具有较好的匹配性能，仿真的$|S_{11}|<-10$ dB 的带宽为 25.3～27.1 GHz。从$|S_{21}|$和$|S_{31}|$可以看出，输出功率在两个端口几乎平均分配，具有较好的幅度平衡度。图 2-50（b）为两个输出端口之间相位差仿真结果，端口 2 和端口 3 之间的相位差接近 180°，且在整个工作频段内误差不超过 ± 3°，与上文的分析相吻合。从以上数据可以看出，所设计的巴伦具有较好的相位平衡度和幅度平衡度。

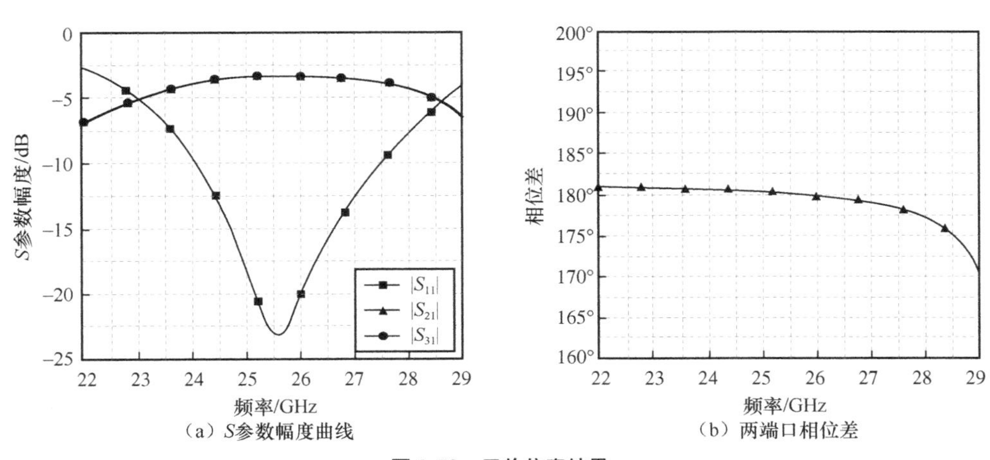

（a）S参数幅度曲线　　（b）两端口相位差

图 2-50　巴伦仿真结果

（4）天线辐射结构与性能分析

图 2-51 为所设计差分馈电磁电偶极子天线的俯视图及侧视图，4 个中心对称放置的 L 形金属贴片位于最上层，构成了平面电偶极子，并通过直径为 D_{via} 的金属化通孔与天线地板相连接，4 个接地金属化过孔和 4 块金属贴片之间的辐射缝隙作为磁偶极子。两个 L 形馈电结构被∏形馈电结构取代，∏形馈电结构由金属贴片和金属化过孔组成，均位于最上层金属层，作为天线的双极化馈电端口。同样的，为了降低毫米波频段的介质损耗，采用损耗角正切为 0.003 7 的罗杰斯 RO4350B 作为介质基板，厚度为 0.101 mm 的罗杰斯 RO4450F 用作黏合层。作为平面偶极子的 L 形金属贴片长度为 L_5，宽度为 W_4，为了缩小天线尺寸，为单元组阵留下合适的空间，在其边角处做一正方形切角，将 4 个相同尺寸的 L 形金属贴片绕天线中心对称放置，L 形金属贴片之间的距离为 D_4。在 4 个 L 形金属贴片之间有一长度为 L_6，宽度为 W_5 的十字形金属贴片，作为馈电结构的一部分。在距离天线中心 D_2 处，加载 4 根直径为 D_{via} 的接地金属柱，其高度与天线介质基板层高度相同，并与上方 L 形金属贴片相接。在距离天线中心 D_3 处，加载两根半径为 D_{via} 的接地金属柱，与十字形馈电金属贴片相接。

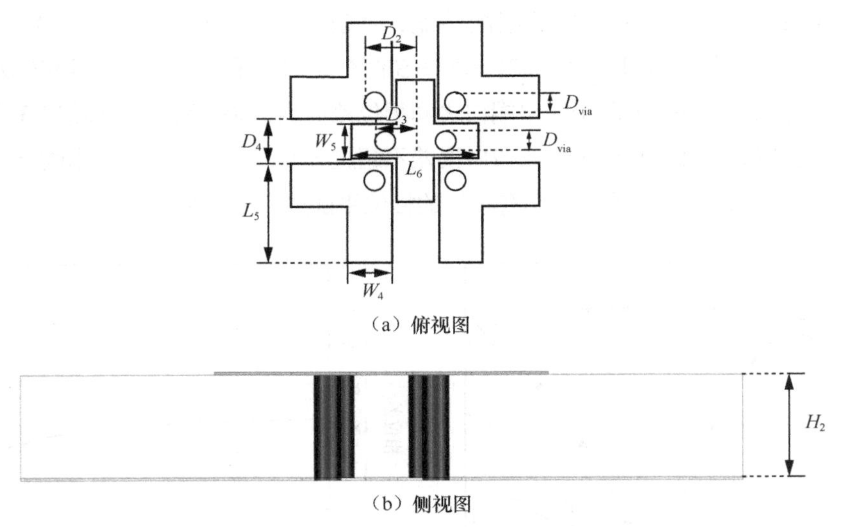

（a）俯视图

（b）侧视图

图 2-51　所设计的差分馈电磁电偶极子天线的俯视图和侧视图

为了验证所设计的磁电偶极子天线的性能参数，使用电磁仿真软件 HFSS 进行建模仿真。图 2-52 为所设计的天线单元的差分 S 参数仿真曲线，可知该天线的−10 dB 反射系数带宽为 22.8～31.4 GHz，具有较好的匹配性能。

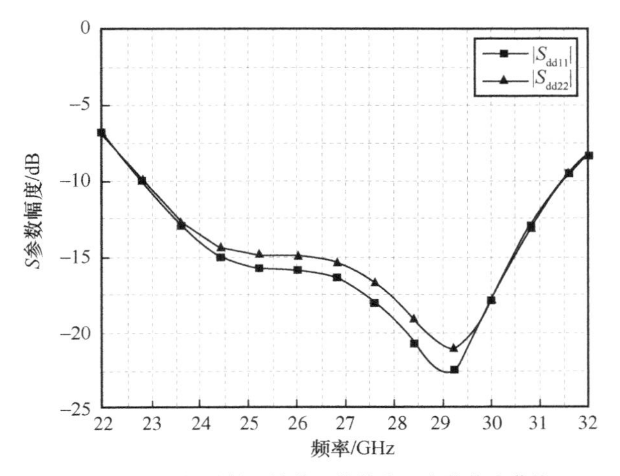

图 2-52　所设计的天线单元的差分 S 参数仿真曲线

图 2-53 为所设计的差分馈电天线单元的 E 面、H 面方向图仿真结果，在仿真设置中，两个端口的馈电被设置为幅度相同、相位相差 180°。由图可知，天线单元具有良好的定向辐射特性，得益于差分馈电技术的应用，该天线具有较低的交叉极化比。在 25 GHz 时该天线最大增益为 5.9 dBi，随着频率的升高其增益也随之提升，在 26 GHz 时最大增益为 6.6 dBi，在 E 面和 H 面上最大交叉极化电平分别为−36.2 dBi 和−37.8 dBi，显示出较低水平的交叉极化。

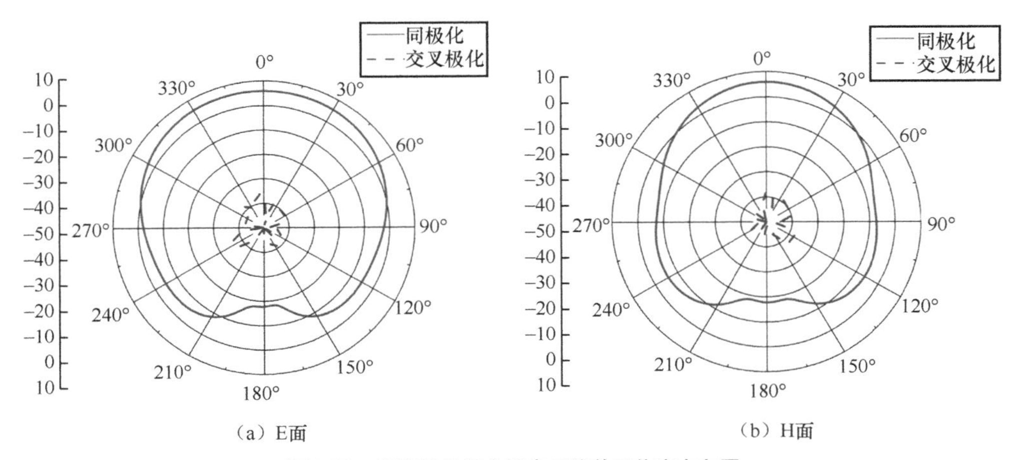

图 2-53　所设计的差分馈电天线单元仿真方向图

相较于前面设计的非差分馈电磁电偶极子，对于差分馈电天线，馈电结构作为平衡传输线，各自的电流大小相等但相位相反，天线的交叉极化主要是由于辐射贴片上的高次模以及馈电探针上的辐射泄漏所导致的，而采用差分馈电技术可以抑制高次模，从而抵消远场的交叉极化辐射。具体地说，就是它能够使同一对馈电探针上的辐射泄漏和它们之间的耦合相互抵消，从而达到抑制天线交叉极化和提高端口隔离度的目的。

图 2-54 中当端口差分激励时一个周期内 L 形金属贴片上的电流分布和贴片之间的孔径区域电场分布，可以看出，在 $t=0$ 时，L 形金属贴片电流强度和孔径区域内的电场强度达到最大；在 $t=T/4$ 时，L 形金属贴片上的电流强度和孔径区域内的电场强度均达到最小。该结果表明，电偶极子和磁偶极子同时被激发，符合前文所述互补天线工作原理，故可以产生单向辐射模式，因此该磁电偶极子天线为互补天线。由于采用了差分馈电技术，天线结构完全对称，L 形金属贴片上电流分布和孔径区域电场相比单馈天线分布更加均匀对称，故其方向图不会产生偏移。

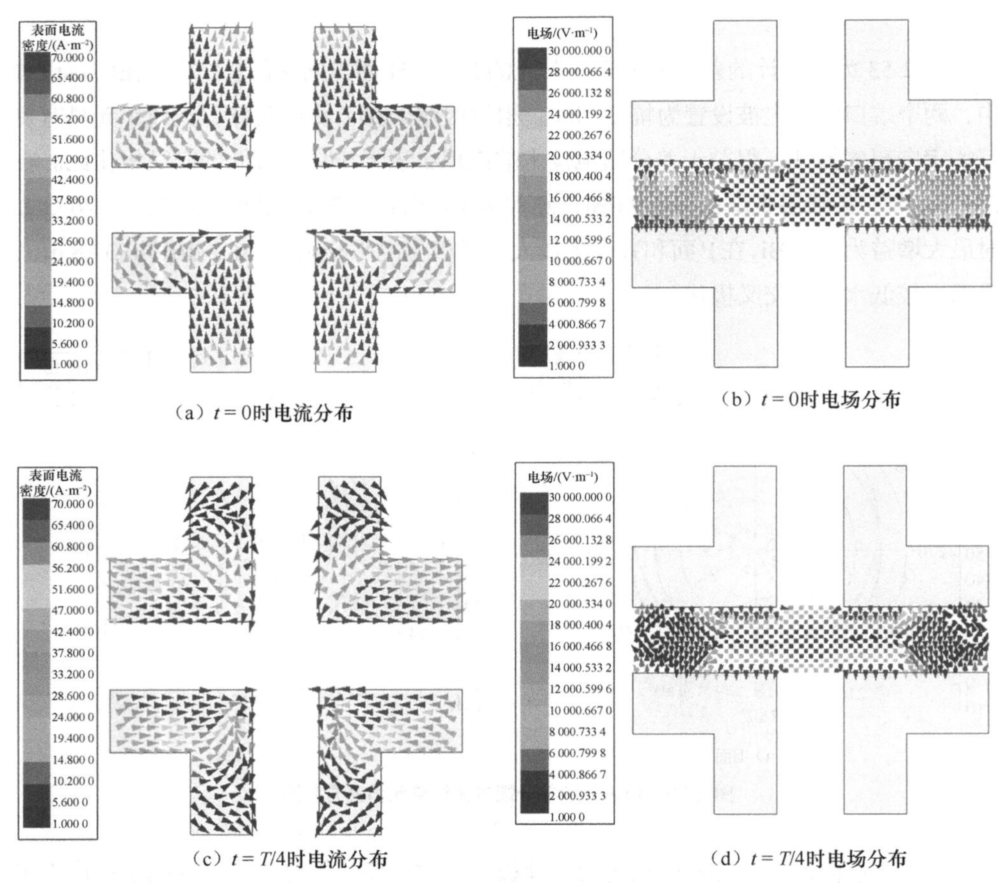

（a）$t=0$时电流分布　（b）$t=0$时电场分布

（c）$t=T/4$时电流分布　（d）$t=T/4$时电场分布

图 2-54　当端口差分激励时一个周期内 L 形金属贴片上电流分布和贴片之间的孔径区域电场分布

图 2-55 为所设计的差分馈电磁电偶极子天线单元及馈电巴伦结构，采用叠层设计，其各金属层之间的介质基板厚度分别为 H_2、H_3、H_4，所使用板材均为罗杰斯 RO4350B，罗杰斯 RO4450F 用作黏合层，为了便于分辨堆叠结构图中未标识出黏合层。最上层介质基板上表面为 4 个 L 形金属贴片，作为电偶极子，通过金属化孔与位于介质基板下层的天线地相连。另有一十字形金属贴片位于 4 个 L 形金属贴片的中心，两端各有一金属孔共同构成了天线的馈电结构，通过金属孔连接到中间介质基板层的带状线上，该带状线呈 C 形，两个末端分别与馈电结构的两个金属孔电气相连，基于前文的讨论可知，两臂上的电流幅度相同，相位相差 180°，利用该特性可对差分天线进行有效的激励。在第 3 层的金属地蚀刻一棒棒糖形缝隙，该缝隙末端有一圆形开路枝节，其下方有一棒棒糖形金属贴片，与缝隙呈 90°正交放置，末端有一圆形短路枝节，并与上下方金属地构成带状线结构。

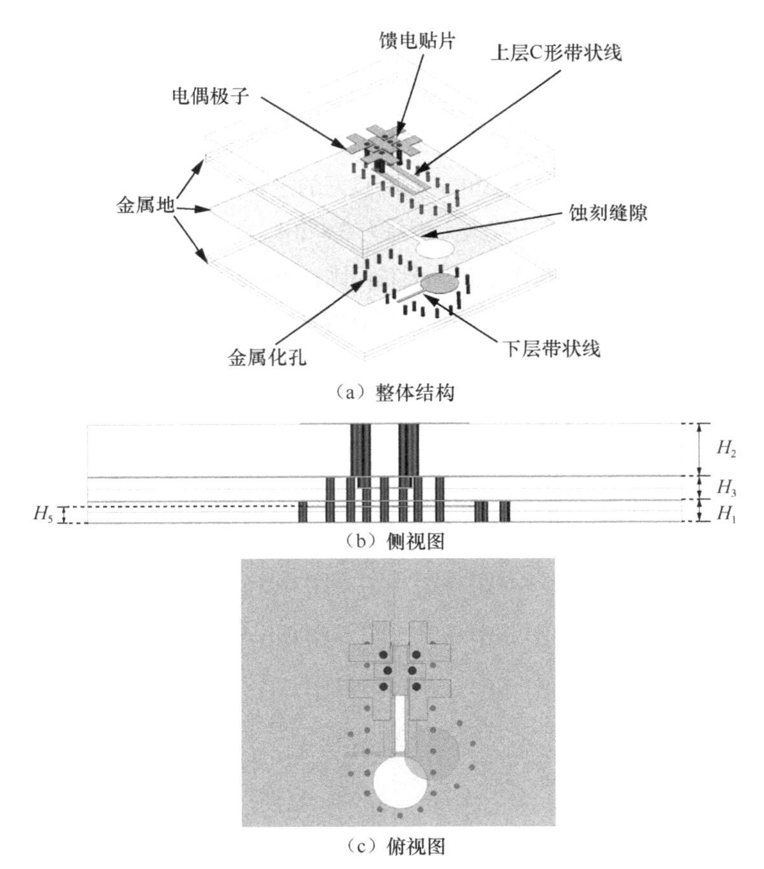

（a）整体结构

（b）侧视图

（c）俯视图

图 2-55　所设计的差分馈电磁电偶极子天线单元及馈电巴伦结构

图 2-56 为差分磁电偶极子天线结合馈电巴伦 *S* 参数仿真数据曲线，−10 dB 反射系数带宽为 24.6～26.8 GHz，具有较好的匹配性能。

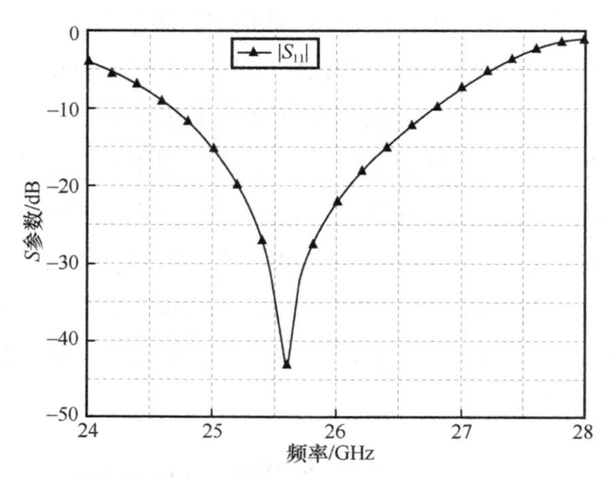

图 2-56　差分磁电偶极子天线结合馈电巴伦 *S* 参数仿真数据曲线

图 2-57 给出了 25 GHz、26 GHz 频点处差分馈电磁电偶极子天线结合馈电巴伦的 E 面、H 面方向图仿真结果，可知天线单元具有良好的定向辐射特性，其方向图形状随频率变化比较稳定。在 25 GHz 时该天线最大增益为 5.8 dBi，在 26 GHz 时最大增益为 5.9 dBi。如图 2-57（c）和（d）所示，与单独差分天线相比，加载巴伦后的天线 E 面、H 面方向图交叉极化电平有所升高，26 GHz 频点处 E 面轴向交叉极化电平仍保持相当低的水平，在±60°范围内，交叉极化比大于 21.3 dB；H 面轴向交叉极化比大于 35.8 dB，在±60°范围内，交叉极化比大于 24.6 dB。从以上分析可知该天线具有较低水平的交叉极化电平。

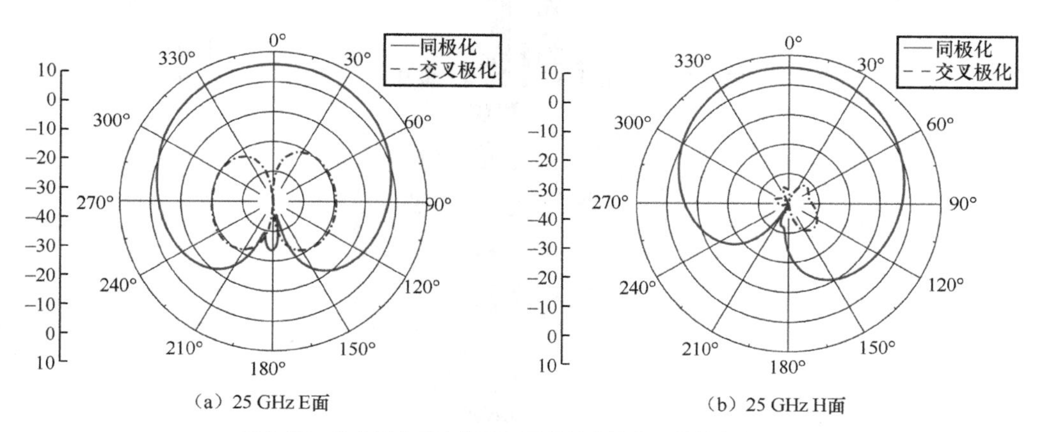

图 2-57　差分馈电磁电偶极子天线结合馈电巴伦仿真方向图

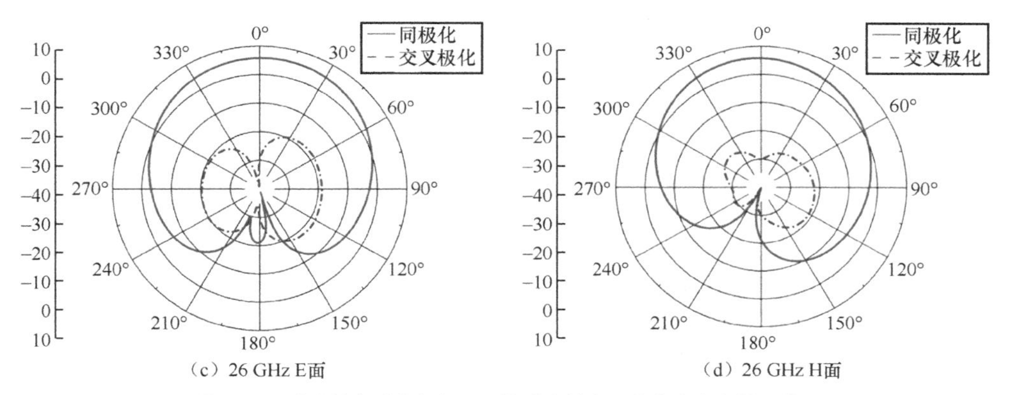

（c）26 GHz E面　（d）26 GHz H面

图 2-57 差分馈电磁电偶极子天线结合馈电巴伦仿真方向图（续）

2.5 本章小结

本章全面概述了毫米波天线的基本类型，包括单极子天线、偶极子天线、磁电偶极子天线、缝隙天线、微带天线等。针对每种天线，均进行了一定的辐射原理介绍及理论分析，为后续章节中毫米波天线及阵列的设计奠定了理论基础。不同的天线类型均有其独特的性能优势，例如微带天线等平面结构天线因尺寸紧凑、成本较低而备受青睐；波导缝隙天线等波导结构天线则以其低损耗、高功率容量的特点脱颖而出。值得注意的是，考虑到毫米波频段的导体损耗和介质损耗显著增加，且波长较短对加工精度提出了更高要求，选择天线类型时需充分考虑实际应用场景的特定需求。对于尺寸受限、成本敏感的应用场景（如手机终端天线），平面结构天线，尤其是 PIFA 天线（一种单极子天线形式）和微带天线则成为理想的选择。对于基站天线，偶极子天线因其易于实现双极化性能而广受欢迎。对于远距离传输或高功率传输场景，如卫星通信和雷达系统，波导型的缝隙天线因其卓越而稳定的性能成为首选。

参考文献

[1] PSYCHOUDAKIS D, WANG Z Y, ARYANFAR F. Dipole array for mm-wave mobile applications[C]//Proceedings of the 2013 IEEE Antennas and Propagation Society International Symposium (APSURSI). Piscataway: IEEE Press, 2013: 660-661.

[2] STEVENSON A F. Theory of slots in rectangular wave-guides[J]. Journal of Applied Physics, 1948, 19(1): 24-38.

[3] COCKRELL C. The input admittance of the rectangular cavity-backed slot antenna[J]. IEEE Transactions on Antennas and Propagation, 1976, 24(3): 288-294.

[4] LONG S. A mathematical model for the impedance of the cavity-backed slot antenna[J]. IEEE Transactions on Antennas and Propagation, 1977, 25(6): 829-833.

[5] HE Y Q, LYU S H, ZHAO L Y, et al. A compact dual-band and dual-polarized millimeter-wave beam scanning antenna array for 5G mobile terminals[J]. IEEE Access, 2021, 9: 109042-109052.

[6] WONG H, LAU K L, LUK K M. Design of dual-polarized L-probe patch antenna arrays with high isolation[J]. IEEE Transactions on Antennas and Propagation, 2004, 52(1): 45-52.

[7] CHLAVIN A. A new antenna feed having equal E-and H-plane patterns[J]. Transactions of the IRE Professional Group on Antennas and Propagation, 1954, 2(3): 113-119.

[8] LUK K M, WONG H. A new wideband unidirectional antenna element[J]. Journal of Optical Technology, 2006,1(1): 35–44.

[9] DADGARPOUR A, SHARIFI S M, KISHK A A. Wideband low-loss magnetoelectric dipole antenna for 5G wireless network with gain enhancement using meta lens and gap waveguide technology feeding[J]. IEEE Transactions on Antennas and Propagation, 2016, 64(12): 5094-5101.

[10] LI Y J, WANG C, GUO Y X. A Ka-band wideband dual-polarized magnetoelectric dipole antenna array on LTCC[J]. IEEE Transactions on Antennas and Propagation, 2020, 68(6): 4985-4990.

[11] RUAN X X, QU S W, ZHU Q, et al. A complementary circularly polarized antenna for 60-GHz applications[J]. IEEE Antennas and Wireless Propagation Letters, 2017, 16: 1373-1376.

[12] XU J, HONG W, JIANG Z H, et al. Low-cost millimeter-wave circularly polarized planar integrated magneto-electric dipole and its arrays with low-profile feeding structures[J]. IEEE Antennas and Wireless Propagation Letters, 2020, 19(8): 1400-1404.

[13] LI M J, LUK K M. Wideband magnetoelectric dipole antennas with dual polarization and circular polarization[J]. IEEE Antennas and Propagation Magazine, 2015, 57(1): 110-119.

[14] XUE Q, LIAO S W, XU J H. A differentially-driven dual-polarized magneto-electric dipole antenna[J]. IEEE Transactions on Antennas and Propagation, 2013, 61(1): 425-430.

第3章

毫米波天线阵列基础

3.1 毫米波天线阵列需求分析

5G 应用的毫米波技术吸引了越来越多的关注，国际移动通信（IMT）的毫米波频段规划了一系列全球统一的频谱，目前全球许可的主要的 5G 毫米波频段包括 24.25～27.5 GHz、37～43.5 GHz、45.5～47 GHz、47.2～48.2 GHz 和 66～71 GHz。因此，与传统的 6 GHz 以下频段的天线相比，这些新的频段为毫米波天线带来了额外的设计要求和挑战，尤其是在移动终端场景中。为了克服毫米波频段相对较高的路径损耗并提高波束覆盖能力，相控阵是终端应用毫米波天线设计的首选解决方案。同时，主流的天线阵列往往需要覆盖尽可能多的 5G 频段，考虑到针对 5G 通信的频段，实际上主要只有两个：24.25～27.5 GHz、37～43.5 GHz，因此，天线阵列的双频设计成为必然。为了实现多输入多输出操作并缓解多径效应带来的衰落影响，还需要双极化天线阵列，因此，移动终端中需要具有双极化功能的多频带覆盖的毫米波天线，同时必须在有限的尺寸内设计以形成紧凑的天线模块。这样的设计规范对学术界和工业界都是具有挑战性的，所以设计应用于终端通信的紧凑型双频双极化毫米波天线模块是很有必要的。

针对低轨卫星场景，通常使用的是圆极化天线，且频率分配较为复杂，具体见表 3-1，主要集中在 Ku/Ka/V 频段，上下行各异。除了 Ku 频段，大部分都可归为毫米波频段。针对卫星终端的设计，除了机械扫描，大部分角度的覆盖还需要电扫描得到，特别是星链的第三代终端需要有 140°以上的覆盖能力，因此，需要实现两个或两个以上频段的共阵面且宽角覆盖。实现共阵面的方式有两种。第一种，收发分离式（图 3-1（a））：发射阵列和接收阵列分别布阵，并在两阵列之间设置隔离措施。这种实现形式简单，几乎可以实现接收和发射阵列独立设计，且空间充裕，对于天线和芯片的布阵要求不高。第二种，收发共口径式（图 3-1（b））：将发射阵列和接收阵列共置于一个口径之内，并交错排列。这种方式极大地节约了天线的口径，但是使得天线之间具有强烈的耦合，特别是在宽角扫描的时候，因此需要考虑阵列排布和处理天线耦合。另外一个挑战是，目前芯片的尺寸通常很难匹配共口径后的天线间距，对芯片的设计也很有挑战，虽然可以采用堆叠瓦片式的结构来实现，但是工艺难度高。

表 3-1　星链系统的工作频段

对比项		工作频段		
		Ku	Ka	V
用户	下行	10.7～12.7 GHz	37.5～42.5 GHz	37.5～42.5 GHz
	上行	14.0～14.5 GHz	—	47.2～50.2 GHz 50.4～52.4 GHz
网关	下行	10.7～12.7 GHz 17.8～18.6 GHz 18.8～19.3 GHz 19.7～20.2 GHz	37.5～42.5 GHz	37.5～42.5 GHz
	上行	14.0～14.5 GHz	27.5～29.1 GHz 29.5～30.0 GHz	47.2～50.2 GHz 50.4～52.4 GHz
TT&C	下行	12.15～12.25 GHz 18.55～18.60 GHz	37.5～37.75 GHz	—
	上行	13.85～14.00 GHz	—	47.2～47.45 GHz
信标	—	—	37.5～37.75 GHz	—

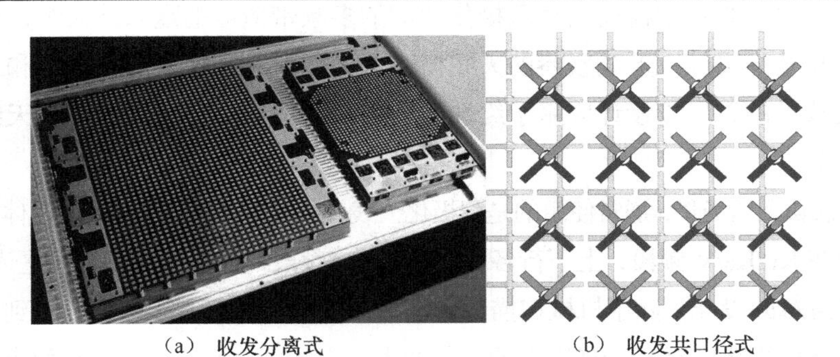

（a）收发分离式　　（b）收发共口径式

图 3-1　两种不同的实现共阵面的方式

3.2　商用毫米波天线产品分析

3.2.1　高通（Qualcomm）

（1）终端毫米波天线阵列

2018 年年底，美国高通公司推出旗下的第一代 QTM052 毫米波天线模块，如图 3-2 所示，它具有波束成形、波束控制以及波束跟踪技术，支持 26.5～29.5 GHz（n257）、27.5～28.35 GHz（n261）和 37～40 GHz（n260）毫米波频段上高达 800 MHz 的带宽。

QTM052

图 3-2　高通公司的第一代毫米波天线模块

如图 3-3 所示，三星公司的 S10 手机是首款采用 5G 毫米波芯片组通信的手机，它使用了高通公司的 3 个毫米波天线模块。如图 3-4 所示，高通公司毫米波天线模块 QTM052 采用了堆叠贴片和寄生贴片的设计用于提高工作带宽，同时配备了偶极子天线和贴片天线用于在两个方向实现信号覆盖，在两个天线单元之间还设计了周期性排列的贴片用于提高整个天线阵列的隔离度。整个天线模块的尺寸为 4.81 mm×19.03 mm × 2 mm。此外，美国苹果公司在 2020 年年底发布的 iPhone12 中也采用了多个毫米波模块，可以看出部分毫米波模块的天线采用了高低频分离的设计，这样无疑使得占用的尺寸进一步增大，如图 3-5 所示。

图 3-3　三星 S10 手机 X 光照片

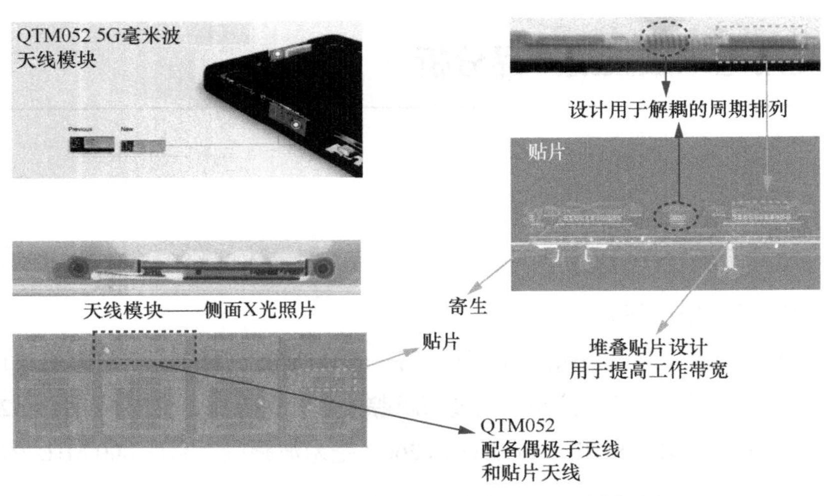

图 3-4 高通公司毫米波天线模块 QTM052 结构分析

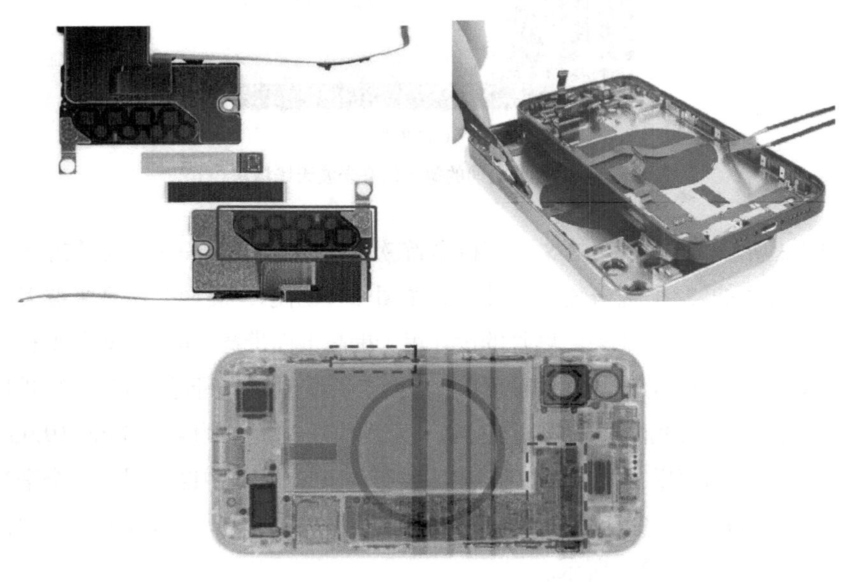

图 3-5 苹果公司 iPhone12 中的毫米波模块

可以看到，无论是高通公司还是苹果公司的毫米波天线模块、毫米波天线本体，都是采用基本的 PCB 工艺，再和毫米波的前端进行二次封装，最终毫米波天线模块输出频段在 Sub-6 GHz 的中频信号，输出的接口通常是 IPEX 接口。目前高通公司已经发布了新一代的毫米波天线模块 QTM545 及 QTM547，其中 QTM545 专门针对手机终端应用，而 QTM547 则主要针对 CPE 等应用。相比于 QTM525，QTM545 在长度上增加了 0.8 mm，宽度上减小了 0.7 mm，而高度略有增加，最终的封装尺寸为 23.8 mm×3.5 mm×2.15 mm，直接支持 n257/n258/n260/n261 4 个频段。最终的天线单元个数从 4 个增加到了 5 个，而最终的等效全向辐射功率（EIRP）大于 32 dBm。

从上面的分析中可以看到，无论是苹果公司、高通公司还是其他厂商，目前 5G 手机终端的毫米波天线的主流设计都是支持波束扫描的一维相控阵。采用线阵，也是由于毫米波天线需要适应 5G 旗舰手机越来越薄的边框和轮廓，因此限制了毫米波模组只能在一维方向发展，如图 3-6 所示。

图 3-6 需适应超薄手机侧边的高通 QTM525 毫米波天线模块

（2）基站及 CPE 设备

高通 QTM10028 毫米波天线模块是一款工作在 5G FR2 频段的有源贴片相控阵天线，它采用 64 个贴片单元设计，每个单元均为双极化（垂直极化和水平极化）。该模块高度集成了功率放大器和移相器。高通 QTM10028 毫米波天线模块通过独立调整每个单元的幅度和相位，可以为实际应用提供良好的波束成形性能。图 3-7 所示为高通 QTM10028 毫米波天线模块。图 3-8 展示了高通 QTM10028 毫米波天线模块背面设计，集成有 8 个高通 SDR051 毫米波射频芯片和放大器、移相器等元件，同时整个模块设计有尺寸可观的散热片。

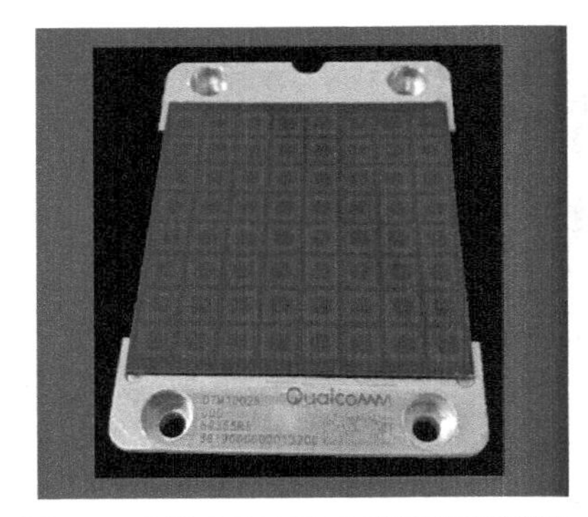

图 3-7 高通 QTM10028 毫米波天线模块

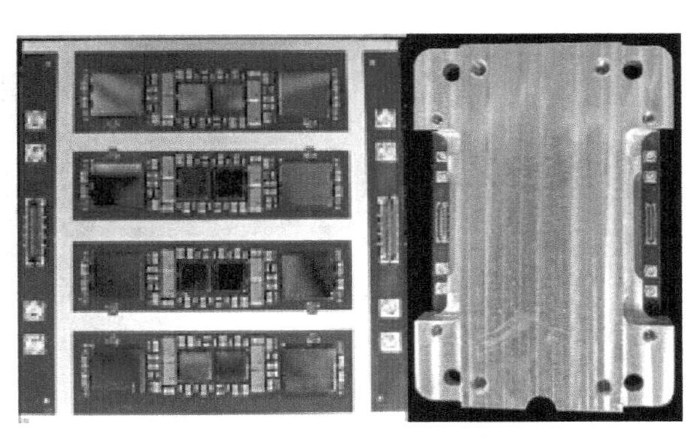

图 3-8 高通 QTM10028 毫米波天线模块背面设计

QTM10028 毫米波天线模块主要性能指标如下。

- 8×SDR051 毫米波射频芯片
- 64 个双极化天线单元
- 频段：26.5～29.5 GHz
- 最大增益：22.5 dBi
- EIRP：50 dBm（64QAM）
- OBW：800 MHz；IBW：1 200 MHz
- 最大±60° 波束扫描
- 功耗：25 W（TM3.1 波形）
- 尺寸：62 mm×44 mm×9 mm（包括散热片）

QTM10028 模块在实际产品中的应用如下。

Bridgewater 5G mmWaveFemto Cell 是一款室内小型基站设备，可用于零售店的公共网络和 5G 新空口（NR）覆盖。该产品基于 QCA FSM10055 和 QCA 毫米波天线模块 QTM10028 的 28 GHz 5G mmWaveFemto Cell，覆盖 n261 频段。图 3-9 展示了产品拆解图，可以看到位于中间位置的 QTM10028 模块。图 3-10 展示了 QTM10028 模块及散热装置，为了使模块稳定地工作，厂商设计了尺寸可观的散热模块。主要性能指标如下。

- 调制类型：QPSK 64QAM
- 频段：27.5～28.35 GHz
- 信道带宽：100 MHz、200 MHz、400 MHz
- 支持载波单元：1CC、2CC、4CC
- 最大 EIRP：48.05 dBm

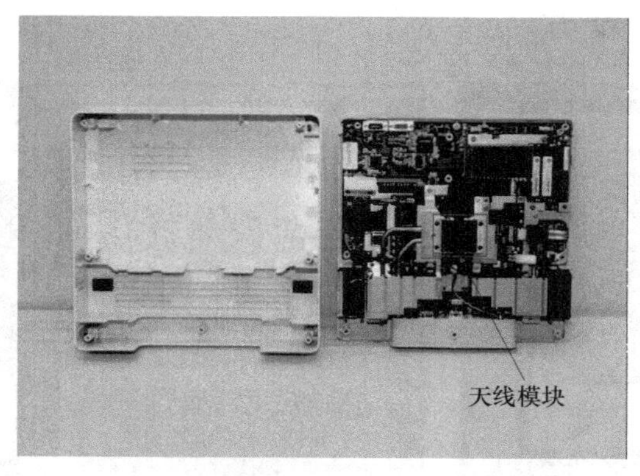

图 3-9 Bridgewater 5G mmWaveFemto Cell 拆解图

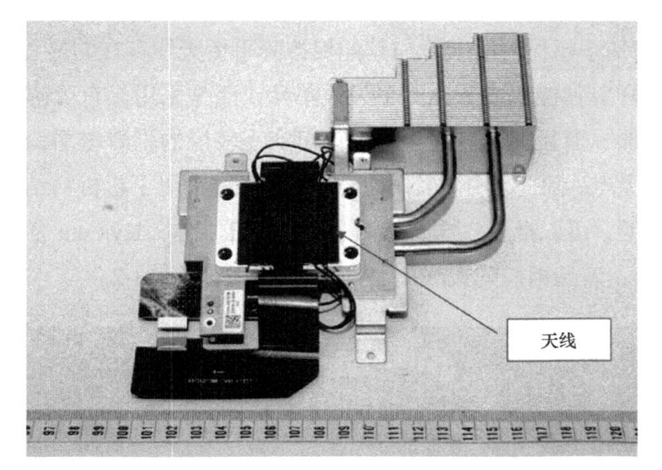

图 3-10　QTM10028 模块及散热装置

总结如下。

（1）毫米波频段在海外已经批量应用，家庭站点级别的产品采用 8×8 双极化阵列。

（2）高通的模块实现了较高的集成度，为了保证辐射性能，天线部分仍使用 PCB 工艺，但是前端的集成度较高，基本采用了芯片封装。

（3）带宽、扫描能力、EIRP 以及功耗都有大幅度可改进的空间。目前只解决了有无的问题。

3.2.2　Kymeta 与 Alcan Systems

美国的 Kymeta 和德国的 Alcan Systems 两家公司，都采用了基于液晶材料的动态可重构板状天线，采用液晶显示器生产线制造天线。利用液晶在电控下的不同电磁特性，实现波束调控。该类方法需要专业的加工生产线配合，同时，存在应用液晶材料带来的高损耗和低效率的技术风险。在低温条件下，液晶的状态切换较为缓慢，这也是潜在的技术风险。

Kymeta 公司为各种企业提供特定用途的解决方案，并释放太空的商业价值，以解决全球客户对无处不在的宽带和真正的移动连接的巨大、未满足的需求。Kymeta 公司将创新的超表面技术与软件优化方法相结合，推出了第一款基于超材料的电子操控型商用平板卫星天线。Kymeta 公司的低成本、低功耗和高吞吐量解决方案让任何车辆、船只、飞机或固定平台在移动或静止状态下轻松实现连接，从而使地球上的各行各业皆能够利用太空能力来改变其运营方式。

Kymeta 公司基于超材料的天线与其他相控阵平板天线存在明显差异，其不像传统的相控阵天线那样单独控制成千上万个天线单元，而是采用具有可调谐的超材料元件结构控制波束成形，而且其独有的算法理论可实现较低的副瓣电平，具有重量轻、尺寸小、功耗低的优点。除此之外，Kymeta 公司的天线采用了超材料结构，其生产方式与液晶显示屏类似，可以批量生产，从而进一步降低成本。Kymeta 公司生产的天线阵面如图 3-11 所示。液晶相控阵天线产品技术指标对比见表 3-2。

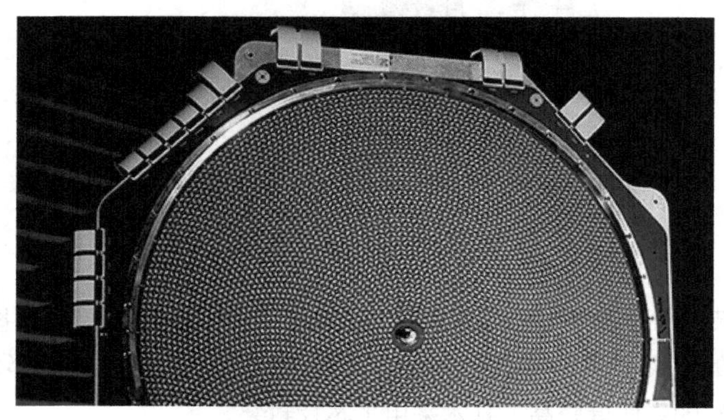

图 3-11　Kymeta 公司生产的天线阵面

表 3-2　液晶相控阵天线产品技术指标对比

厂商	工作频段		极化方式	EIRP	*G/T*	第一旁瓣电平	电源输入
Kymeta 公司	Tx 13.75～14.5 GHz	Rx 10.7～12.75 GHz	线极化可调	45.5 dBW	11.25 dB/K	—	DC12～24 V
Alcan Systems 公司	Tx 27.5～30 GHz	Rx 17.7～20.2 GHz	圆极化	44.9 dBW	≥10.8 dB/K	≤−17 dB 法向	—

厂商	扫描范围	功耗	重量	工作温度	外观尺寸
Kymeta 公司	方位 0～360°离轴角大于±75°	200 W（典型） 600 W（峰值）	32 kg	−40 ℃～70 ℃	≤900 mm×900 mm×140 mm
Alcan Systems 公司	方位 0～360°离轴角大于±55°	98 W（内置 BUC、LNB）	18 kg	−20 ℃～55 ℃	≤550 mm×995 mm×90 mm

3.2.3　星链（Starlink）

（1）基本概念

卫星互联网是利用人造地球卫星作为中继站转发或发射无线电波，实现两个或多个地面站之间通信或地面站与航天器之间通信的一种通信系统，如图 3-12 所示。可以看到，除了低轨卫星及其之间存在的星间链路之外，还有卫星地面站及各种类型的终端。这几类设备都需要高增益天线或天线阵列来完成链路的上下行。

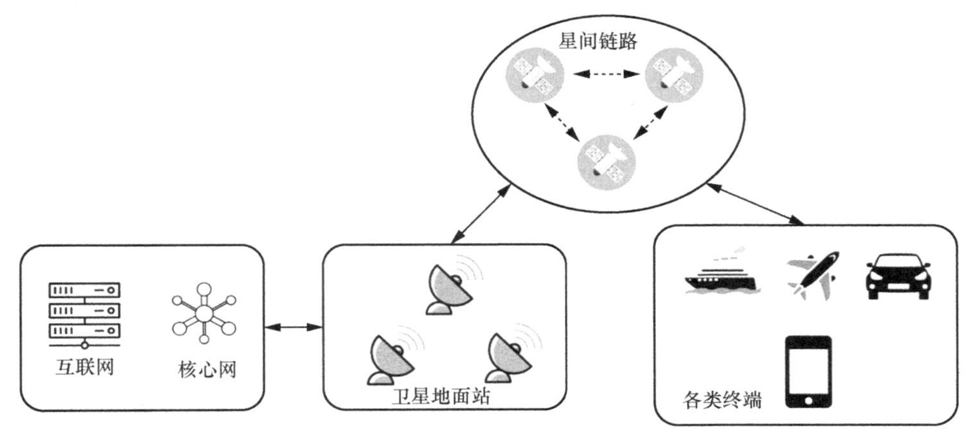

图 3-12　卫星互联网网络原理示意

卫星互联网系统工作原理如下：

1）为用户端设备提供接入，在传统地面蜂窝无线网络不可达区域实现覆盖；

2）与地面端设备和地面网络进行连接，为用户端提供与互联网等公用和专用网络的连接通道；

3）地面站组网形成网络全覆盖，卫星与多个卫星地面站相连，卫星地面站通过多站点，实现地面组网；

4）地面段中的测控站也通过测控链路，对卫星的运行进行测控与管理，保障卫星正常运行。

（2）星链终端

短短 3 年时间星链就连续迭代，推出了 3 代终端设备。通过技术更新、优化设计和大批量产，来大幅削减制造成本。从最初制造成本每套 3 000 美元，一路降至每套 1 500 美元，直至降到目前每套几百美元。3 代终端产品的详细对比见表 3-3。

星链终端的 Dish 天线采用的是空气介质的双层耦合天线，采用三角布阵方式，并在天线的背后设计 EBG 结构，来实现宽角覆盖，如图 3-13～图 3-14 所示。

射频通道部分采取了混频波束成形芯片及射频末级放大芯片的架构，同 5G 毫米波相控阵架构类似，如图 3-15 所示。

表 3-3 Starlink 的 3 代终端产品对比

对比项	第一代终端	第二代终端			第三代终端
		标准版	高性能版	平面高性能版	
尺寸	58.9 cm直径圆盘	513 mm×303 mm 高度：最大 544 mm、最小 343 mm	575 mm×511 mm 高度：最大 613 mm、最小 440 mm	575 mm×511 mm×41 mm	59 cm×38 cm矩形
实测网速	436 Mbit/s（1 m） 47 Mbit/s （15 m）	670 Mbit/s（1 m） 47 Mbit/s （15 m）	—	—	864 Mbit/s（1 m） 203 Mbit/s（15 m）
路由器 Wi-Fi	Wi-Fi5	Wi-Fi5	Wi-Fi5	Wi-Fi5	Wi-Fi6
路由器最大连接	128 台设备	128 台设备	128 台设备	128 台设备	235 台设备
防尘/防水等级	IP54：防尘 5 级、防水 4 级	IP54：防尘 5 级、防水 4 级	IP56：防尘 5 级、防水 6 级	IP56：防尘 5 级、防水 6 级	IP67：防尘 6 级、防水 7 级
扫描范围	100°	100°	140°	140°	110°
方向	电机自定向	电机自定向	电机自定向	固定方向	软件辅助手动调整
融雪能力	—	40 mm/h	75 mm/h	75 mm/h	40 mm/h
功耗	65~100 W	50~75 W	110~150 W	110~150 W	50~75 W
定价/美元	494/599	599	2 500	2 500	599
上市时间	2020 年	2021年	2021年	2021年	2023 年
适用场景	适合住宅用户和日常互联网应用，如流媒体、视频电话、在线游戏等	适合住宅用户和日常互联网应用，如流媒体、视频电话、在线游戏等	适合高级用户、商业和企业用户。可在高温下实现更高的传输速度，可以连接到更多的卫星，并且对极端环境的适应能力更强	专为移动应用和具有挑战性的环境而设计。凭借宽广的视野和增强的GPS功能，可以连接到更多的卫星，从而在移动中实现持续的连接	为了进一步降低成本，取消了支架，需要手动对准。路由器连接的设备数从 128 台增加至 235 台，同时支持 Wi-Fi6
示意					

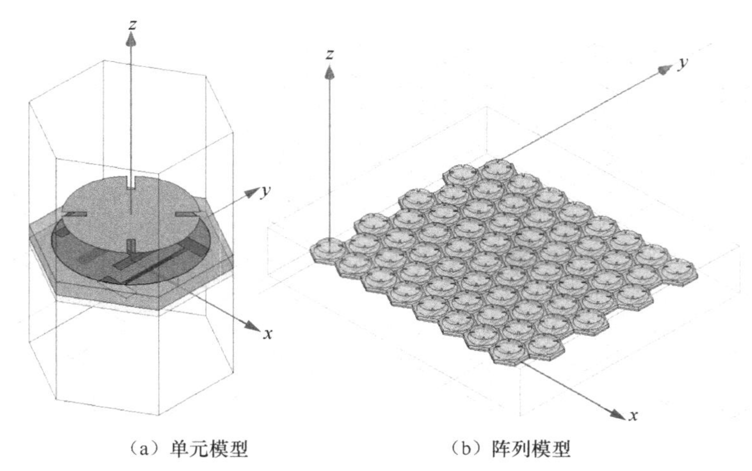

（a）单元模型　　（b）阵列模型

图 3-13　星链终端天线单元模型及阵列模型

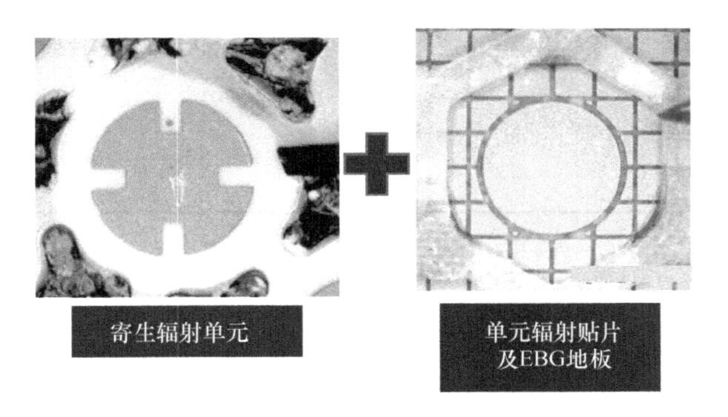

图 3-14　Dish 天线单元及其 EBG 地板的实物拆解

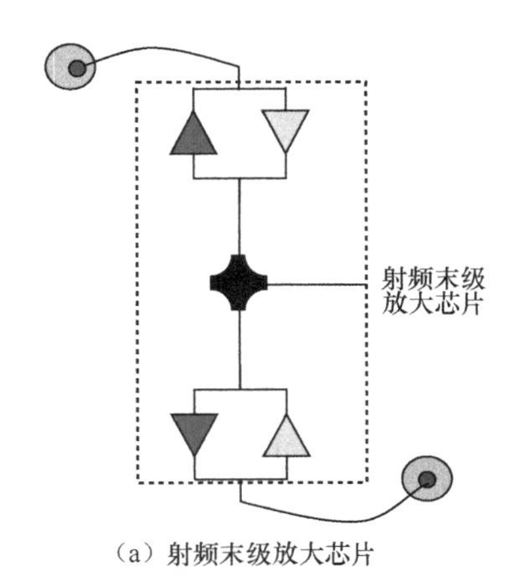

（a）射频末级放大芯片

图 3-15　星链终端的射频末级放大芯片和射频波束成形及混频芯片架构

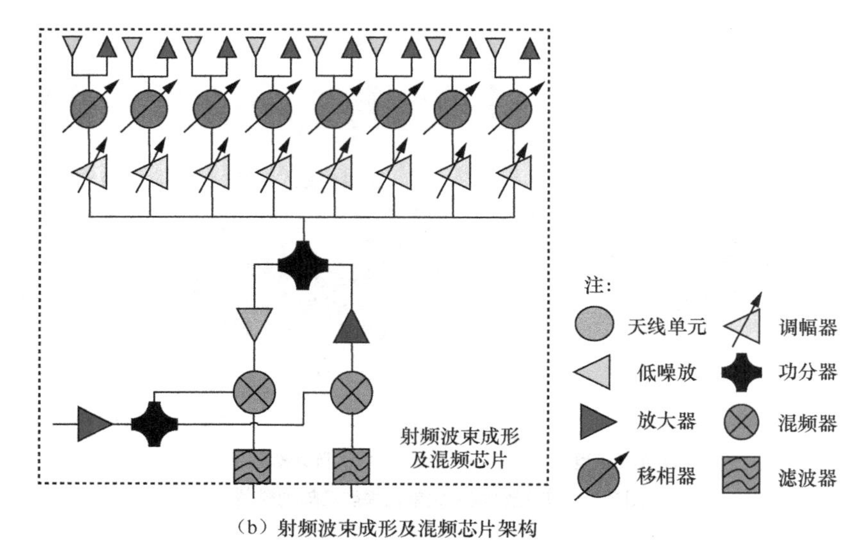

（b）射频波束成形及混频芯片架构

图 3-15　星链终端的射频末级放大芯片和射频波束成形及混频芯片架构（续）

3.3　一维线阵

3.3.1　双频双极化毫米波阵列设计

在 5G 移动终端中，由于存在 6 GHz 以下频段的天线以及金属框架和全面屏的影响，因此为毫米波相控阵保留的空间非常有限。天线单元的小型化设计和天线单元间距的减小将有效地减小毫米波天线阵列的尺寸。然而，对于双频天线阵列而言，单元间距与阵列性能之间始终存在着两难的关系。例如，如果以低频段对应的 $\lambda/2$ 作为组阵单元间距，则高频段中阵列的间距将相对较大，如果在 26 GHz 时将 $\lambda/2$ 作为单元间距组阵，则在 39 GHz 时的阵列间距约为 0.75 λ，因此在波束扫描期间可能会导致栅瓣较大，并影响其相扫能力，这种情况在本书中被称为适度间距。相反，如果在 39 GHz 时将单元间距选择为 $\lambda/2$，则低频段中的互耦将显著增加，因为在 26 GHz 时对应的阵列间距仅为 0.36 λ，这种情况称为紧凑间距。根据上述分析，阵元的适度间距将导致阵列的栅瓣较大，而紧凑间距将导致低频段中的强互耦情况，这将不可避免地影响天线辐射效率并导致盲扫。为了平衡阵列的尺寸和性能，本设计选择了紧凑的布局，同时采用了有效的解耦方法来处理低频段中产生的互耦，下文将对这两种解耦结构进行详细分析。

3.3.1.1　阵列解耦设计

具有解耦结构的四单元贴片天线阵列如图 3-16 所示，该阵列由 4 个双频双极化天线单元构成，单元间距为 4.2 mm（相当于 26 GHz 时的 0.36 λ 和 39 GHz 时的 0.5 λ）。天线阵列的外形尺寸为 18.2 mm×4.1 mm×1.07 mm。采用两组解耦结构，即单元之间的改进型 I 形寄生谐振器和蚀刻在地板上的 C 形开口环槽（SRS）。

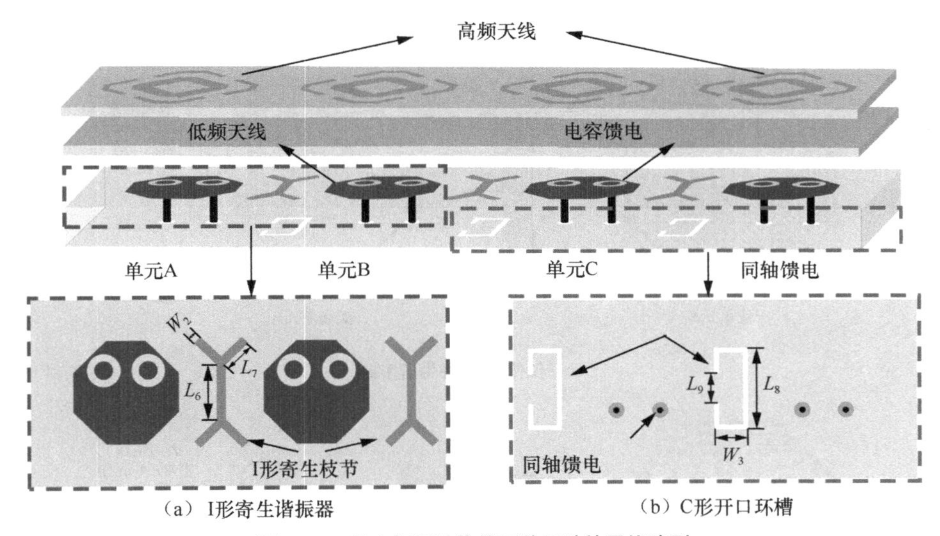

（a）I形寄生谐振器　　（b）C形开口环槽

图 3-16　具有解耦结构的四单元贴片天线阵列

为了清楚地证明两个设计的结构对天线单元之间耦合抑制的有效性，图 3-17 中分别给出了设计的天线阵列中两个单元不同配置时的矢量电流分布。

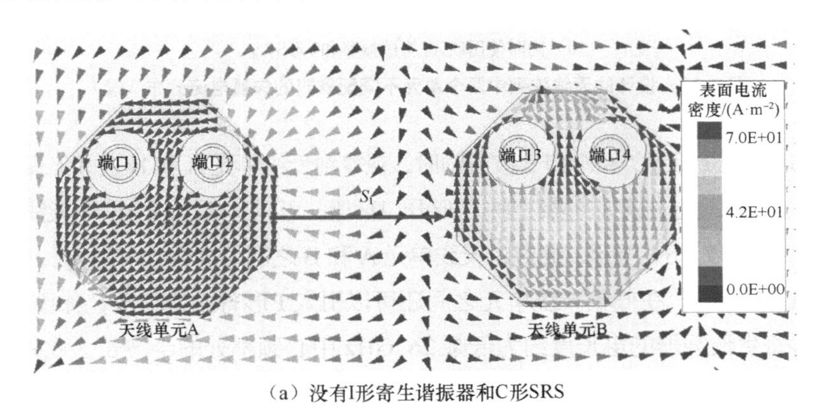

（a）没有I形寄生谐振器和C形SRS

图 3-17　设计的天线阵列中两个单元不同配置时的矢量电流分布

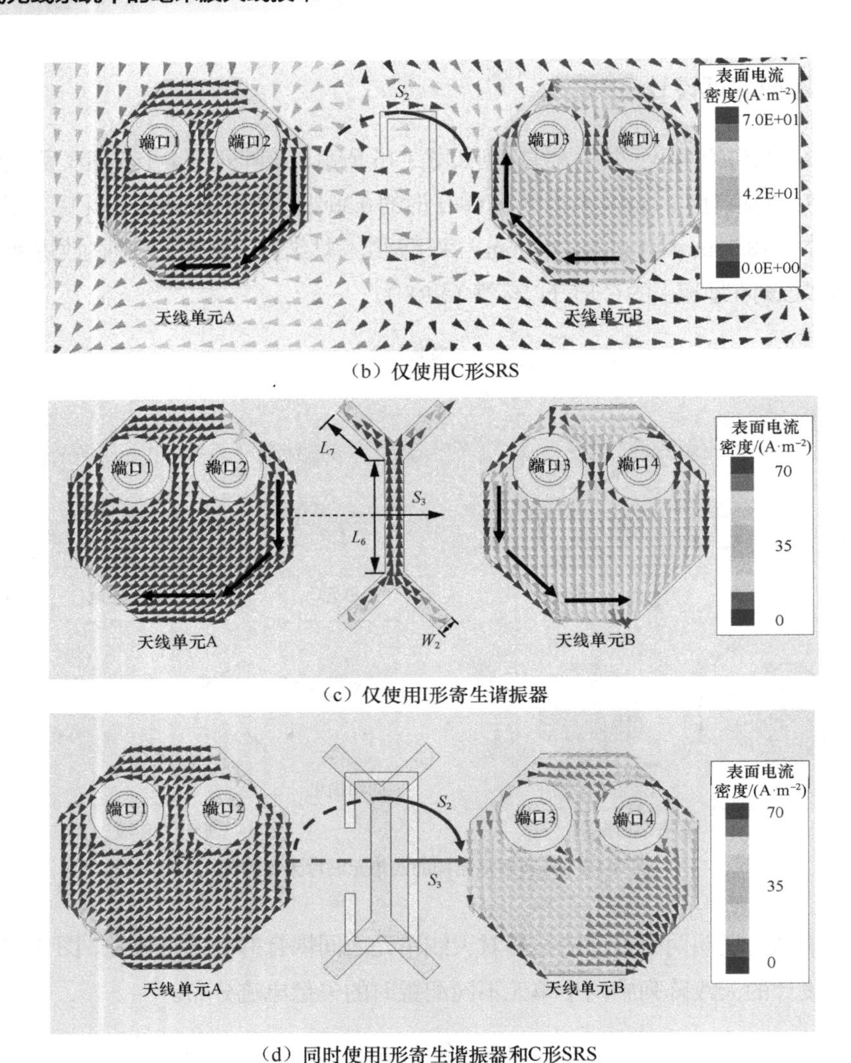

（b）仅使用C形SRS

（c）仅使用I形寄生谐振器

（d）同时使用I形寄生谐振器和C形SRS

图 3-17　设计的天线阵列中两个单元不同配置时的矢量电流分布（续）

如图 3-17（a）所示，当端口 2 被激励时，观察到天线单元 A 和 B 之间出现直接的强耦合（S_1）。如果通过蚀刻在地板上的 C 形开口环槽，可以有效地减少两个天线单元之间的耦合，如图 3-17（b）所示，此时，天线单元 A 和 B 之间的耦合减小到 S_2。

除了 C 形 SRS，在低频天线单元之间还可以引入 I 形寄生谐振器，如图 3-17（c）所示，I 形寄生谐振器的电长度约为低频 26 GHz 中心频率处的半波长。此外，I 形寄生谐振器的两端弯曲以最小化其对应的电长度，从而提供电容性负载以控制相邻天线单元之间的耦合幅度。在图 3-17（c）中，可以通过 I 形寄生谐振器人工生成新的耦合路径（S_3）。通过改变 I 形寄生谐振器的宽度（W_2）和长度（L_6和 L_7），可以适当调整由 I 形寄生谐振器引入的耦合的振幅和相位，以抵消现有耦合 S_1，剩余耦合在图 3-17（c）中标记为 S_3。

当分别添加两个不同的解耦结构时，天线单元 B 中的感应电流方向相反（S_2和 S_3），这使得当同时添加两个解耦结构时，电流可以相互抵消。最终，如图 3-17（d）所示，具有两个解耦结构的拟议天线阵列可以进一步将耦合降低到更低的水平。

从图 3-18 所示的电磁仿真结果可以看出，在天线单元之间引入 I 形寄生谐振器和在地板上蚀刻 C 形 SRS 后，交叉极化隔离度水平可以提高约 6 dB。图 3-19 显示了阵列中的同极化隔离度，天线单元之间的同极化隔离度最多能够增加 11 dB。这两种解耦方法对天线匹配性能影响较小，下一节将展示阵列中所有单元之间的隔离度优于 15 dB，以表明它们是毫米波应用的有效解耦技术。

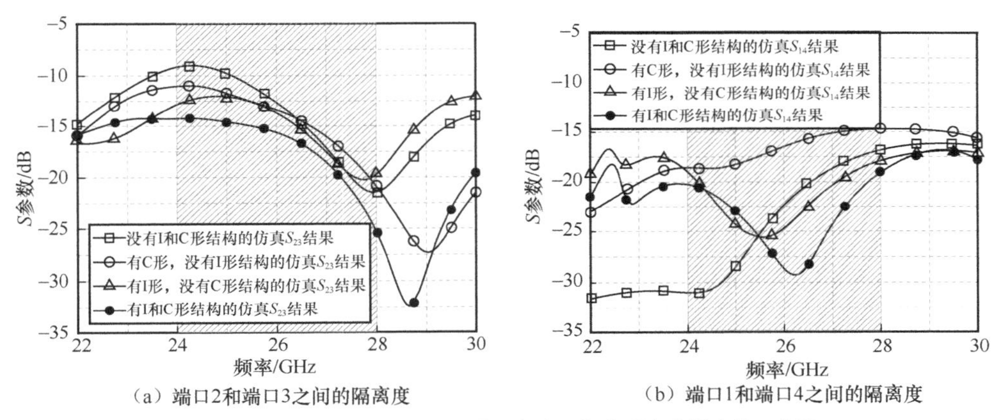

（a）端口2和端口3之间的隔离度　　（b）端口1和端口4之间的隔离度

图 3-18　不同解耦方法对天线单元间交叉极化隔离度影响的 S 参数

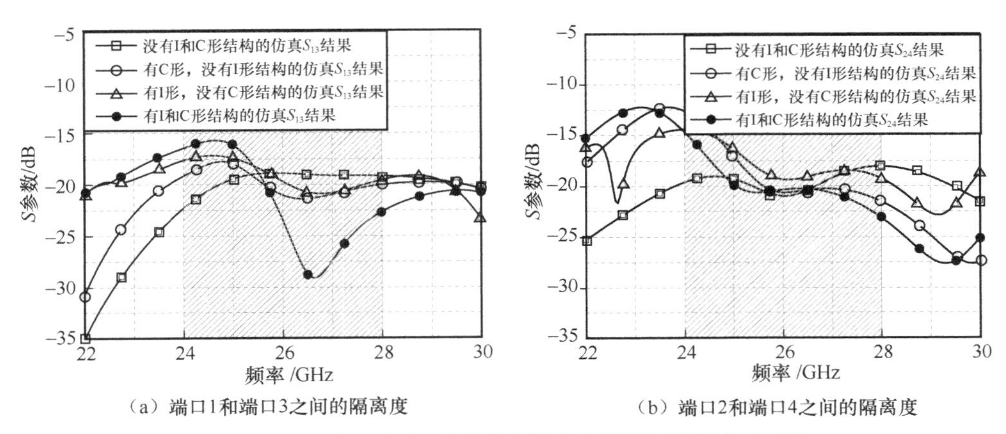

（a）端口1和端口3之间的隔离度　　（b）端口2和端口4之间的隔离度

图 3-19　不同解耦方法对天线单元间同极化隔离度影响的 S 参数

3.3.1.2 天线阵列性能评估与讨论

为了验证仿真结果，加工并测试了该阵列天线的 PCB 实物。应注意，毫米波测量中使用的小型同轴接头（SMPM）的尺寸与天线本身尺寸相当。因此，为了成功安装接头，将地板扩展为 30 mm×185 mm。图 3-20 和图 3-21 分别展示了所设计的天线阵列的层叠示意和底面视图。从图 3-21 可以看出，SMPM 接头的封装外形将影响接地层 2 的完整性。因此，为了确保天线阵列具有完整的反射接地层，构建了两层接地结构，并通过金属化过孔连接，如图 3-20 所示。在这些层中，接地层 1 用于防止接头组件影响天线性能。在接地层 1 中，构造了 8 个金属化过孔，用于从 SMPM 接头向低频天线单元传输信号。此外，在接地层 1 和 2 之间有 301 个金属化过孔，以保持良好的电气接触。所有电介质基板 1、2 和 3 均为罗杰斯 RO4350B。双频双极化加工天线阵列的具体参数见表 3-4。

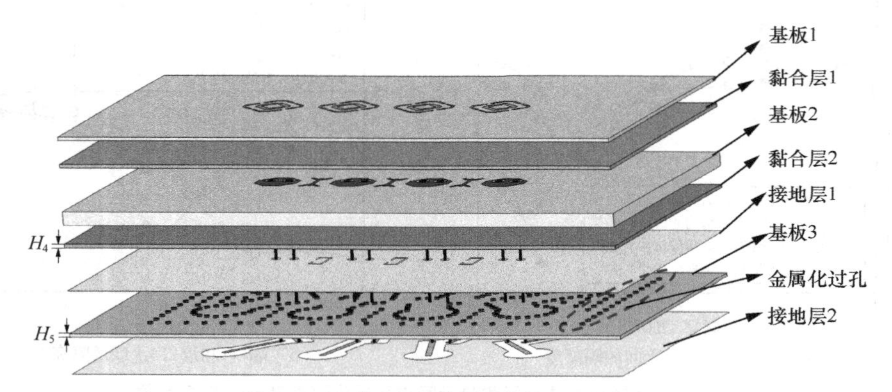

图 3-20　四单元天线阵列的结构和堆叠示意

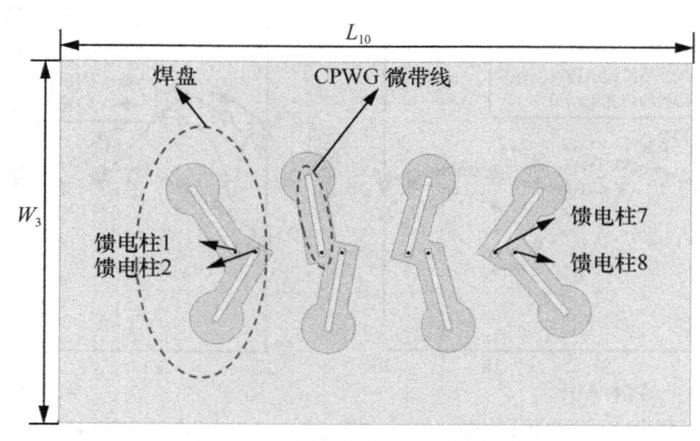

图 3-21　四单元天线阵列的底面视图

表 3-4　双频双极化加工天线阵列的具体参数

参数	H_4	H_5	L_6	L_7	L_8
尺寸/mm	0.1	0.205	1.21	0.7	1.85
参数	L_9	L_{10}	W_2	W_3	—
尺寸/mm	0.75	30.6	0.2	18.0	—

根据图 3-20 所示的阵列堆叠图，加工并测量天线阵列实物，如图 3-22 所示。天线阵列由双端口 Keysight N5225A 网络分析仪测量。在天线阵列的整体测量过程中，当阵列的两个端口连接矢量网络分析仪进行测试时，其他不使用的 6 个天线端口分别用 50 Ω 的 SMPM 负载进行连接，如图 3-22（b）所示。测量和仿真的 S 参数分别如图 3-23 和图 3-24 所示，测量 S 参数保持了和仿真的一致性。无源实验结果表明，该天线阵列能同时覆盖 24～28 GHz 和 36～42 GHz 频段，所有端口隔离度均优于 15 dB。

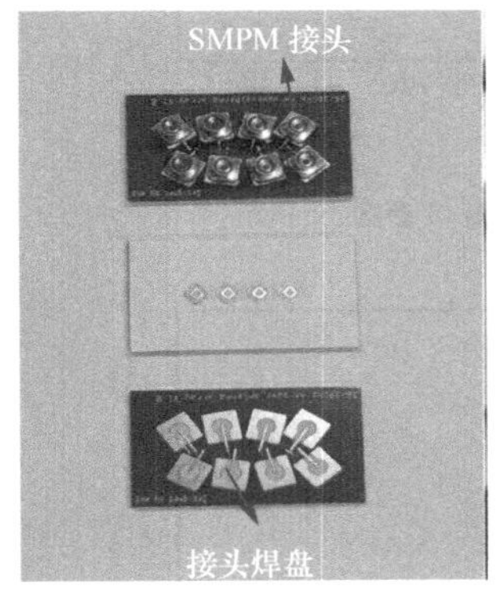

（a）四单元天线阵列的加工实物

（b）S参数的测量环境

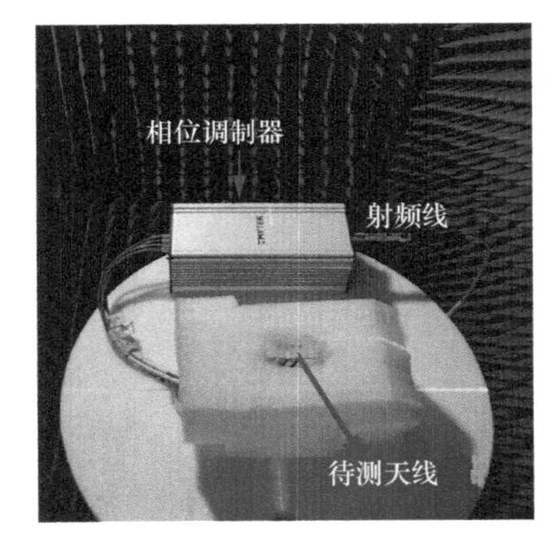

（c）使用相位调制器（BBox）测试的阵列实物

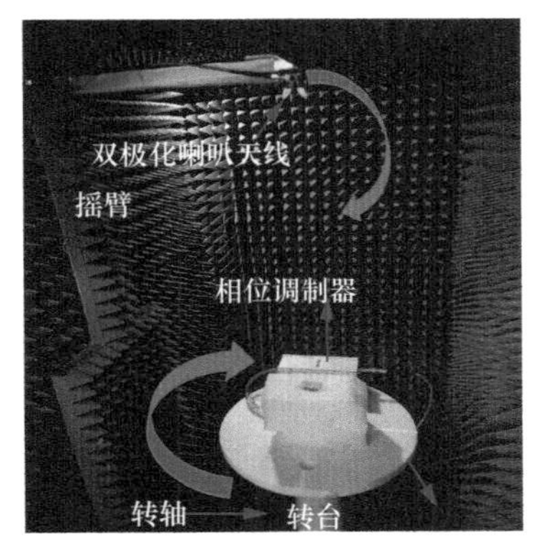

（d）天线辐射方向图的测量环境

图 3-22　天线阵列实物及测试环境

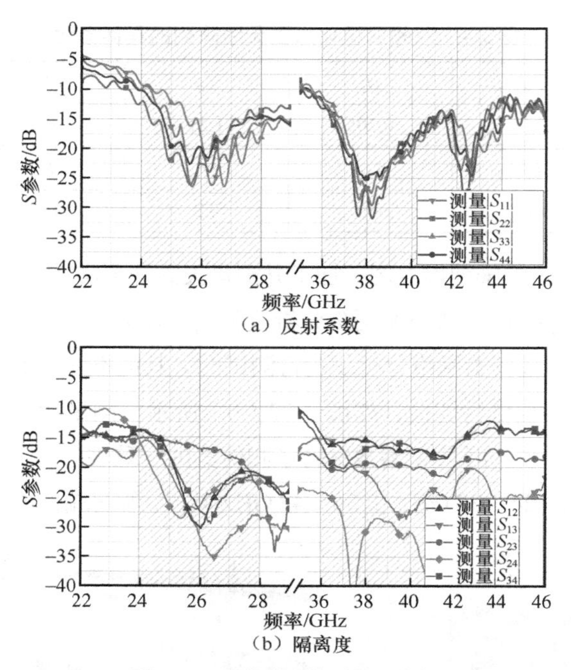

（a）反射系数

（b）隔离度

图 3-23　天线阵列的测量 *S* 参数

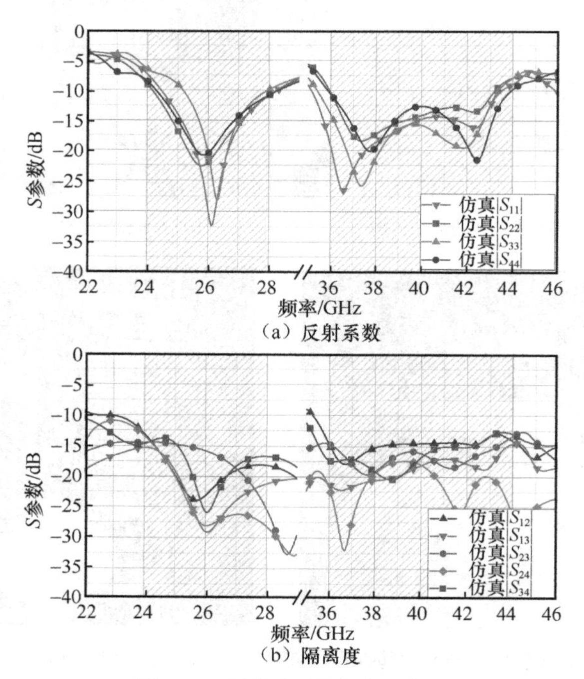

（a）反射系数

（b）隔离度

图 3-24　天线阵列的仿真 *S* 参数

综上所述，波束扫描能力是 5G 移动终端中毫米波天线阵列性能的关键点。因此，本设计通过仿真和测量的方法评估了该阵列的波束扫描角。如图 3-25（a）和（b）所示，电磁仿真表明，所提出的天线阵列在 26.6 GHz 时的扫描角可以达到±63°。如图 3-25（c）和（d）所示，在 38 GHz 时的扫描角大约为±45°。此外，还给出了不使用解耦结构的天线阵列的仿真方向图，如图 3-25（e）和（f）所示。可以看出，所提出的天线阵列的扫描角和增益都得到了改善，并且辐射方向图的副瓣电平也有所降低。天线阵列的波束扫描能力通过 TMYTEK 相位调制器 BBox One 在 26.6 GHz 下进行测量，以验证仿真和实际测量之间的一致性。

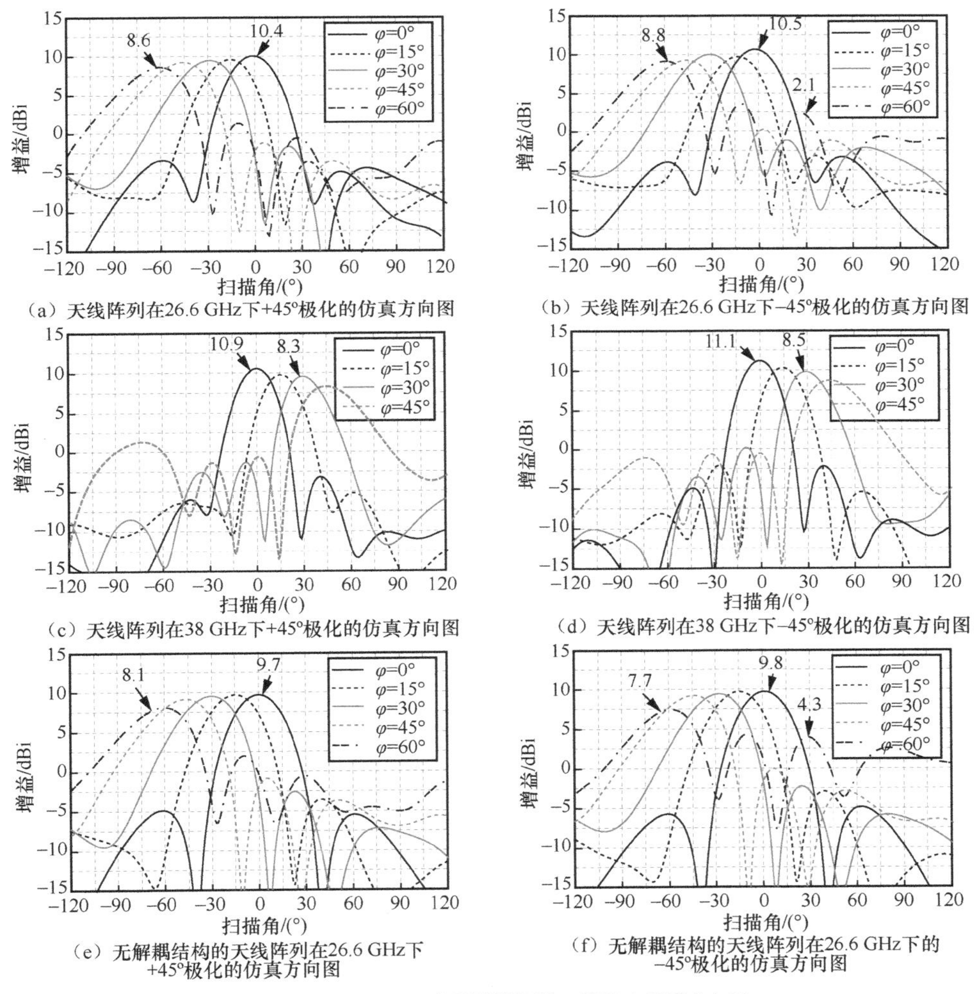

（a）天线阵列在26.6 GHz下+45°极化的仿真方向图

（b）天线阵列在26.6 GHz下−45°极化的仿真方向图

（c）天线阵列在38 GHz下+45°极化的仿真方向图

（d）天线阵列在38 GHz下−45°极化的仿真方向图

（e）无解耦结构的天线阵列在26.6 GHz下+45°极化的仿真方向图

（f）无解耦结构的天线阵列在26.6 GHz下的−45°极化的仿真方向图

图 3-25　θ=90°平面内天线阵列的二维波束扫描方向图

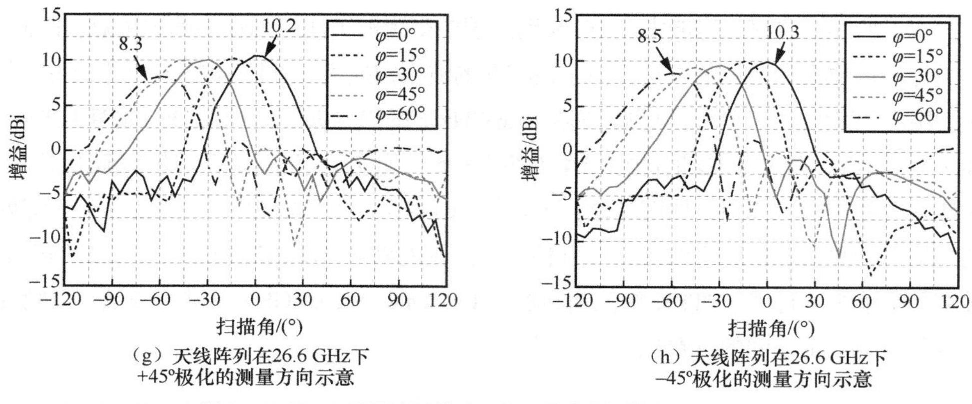

（g）天线阵列在26.6 GHz下+45°极化的测量方向示意

（h）天线阵列在26.6 GHz下−45°极化的测量方向示意

图 3-25 θ=90°平面内天线阵列的二维波束扫描方向图（续）

图 3-22 中给出了天线方向图测量环境，图 3-25（g）和（h）展示了 26.6 GHz 下天线阵列的测量波束扫描方向图，与仿真波束扫描方向图相比，增益差异小于 0.2 dB。应注意的是，由于天线阵列的对称布置，两个极化的波束扫描性能基本相同。此外，阵列的正/负（+/−）波束控制特性扫描角度基本上是对称的。因此，为了简化，图 3-25 中只给出了一个方向的波束扫描结果。图 3-26 中所示的仿真增益在两个频段上约为 10 dBi。

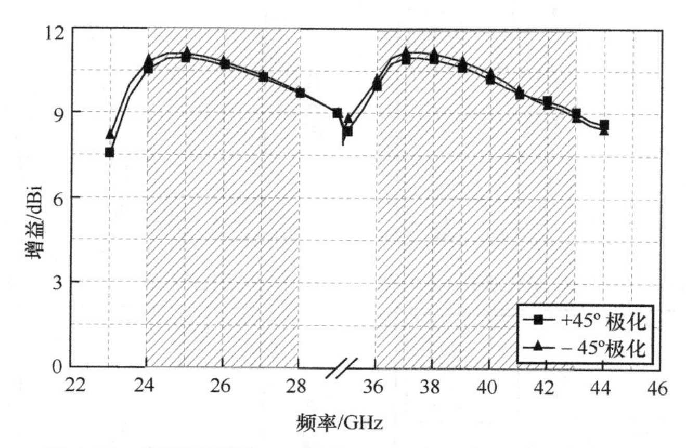

图 3-26 天线阵列的+45° 极化和−45° 极化全频带的仿真增益

为了更直观地感知波束扫描能力，将天线阵列放置在矩形手机板的短边上，其尺寸为 5G 旗舰手机的实际尺寸。图 3-27 和图 3-28 分别展示了两个不同频段自由空间中四单元天线阵列不同角度的 3D 波束扫描方向图。

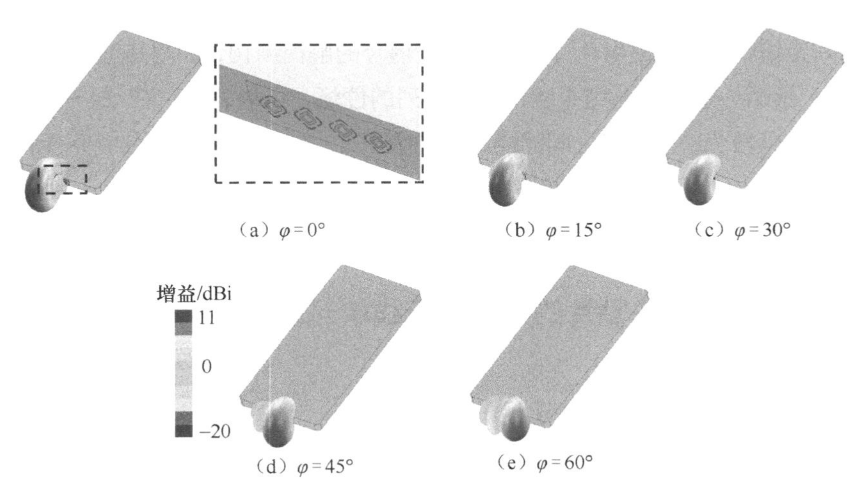

图 3-27 在 θ=90°平面内，具有不同 φ 角的 26.6 GHz +45° 3D 波束扫描方向图

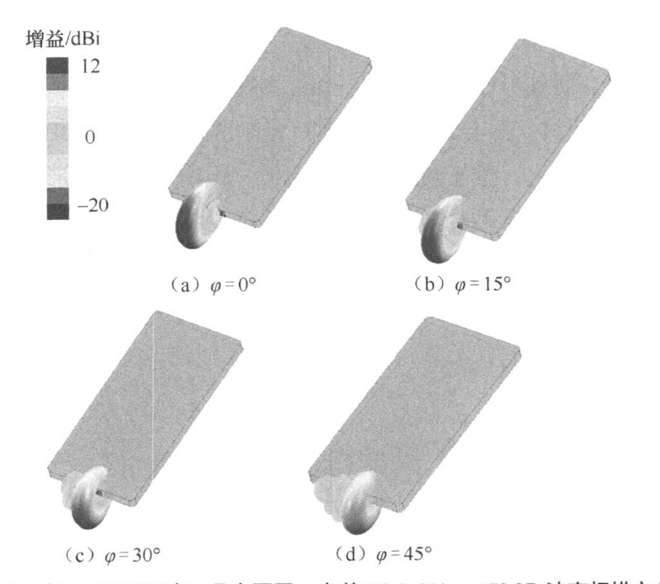

图 3-28 在 θ=90°平面内，具有不同 φ 角的 26.6 GHz −45° 3D 波束扫描方向图

3.3.1.3 天线单元的性能分析

本节针对 5G 毫米波终端天线的实际通信需求，提出了一种用于 5G 移动终端的双频双极化毫米波天线阵列，该天线阵列具有特殊设计的解耦结构。首先对双极化的天线单元进行研究，提出天线单元的设计并对其结构的每一部分损耗进行了分析；其次基于该双极化天线单元，设计一款双频双极化的小型化堆叠微带天线单元，并将其以

0.36λ 的间距组阵；然后提出两种降低低频段耦合的解耦结构，并对其工作原理进行了详细分析；最后，通过实测结果验证天线阵列的性能。结果表明，在 24～28 GHz 和 36～42 GHz 频段，8 个端口之间的隔离度均大于 15 dB，反射系数均小于−10 dB。在低频段和高频段中，天线阵列的波束扫描角分别约为±63°和±45°，因此，所提出的天线阵列可以作为 5G 毫米波移动终端的候选天线。

3.3.2 一种带有寄生贴片的双极化天线单元设计

3.3.2.1 双极化毫米波天线单元设计和分析

图 3-29 为所设计的双极化毫米波天线单元的 3D 显示，天线单元采用堆叠的设计，天线单元的俯视图如图 3-30 所示，天线整体剖面高度为 0.963 mm，两层介质板均采用 RO4350B 板材，介质基板相对介电常数为 3.66。其中，第一层介质基板厚度为 0.762 mm，第二层介质基板厚度为 0.201 mm。需要注意的是，在两层介质基板中间模拟了一层 RO4450F 板材，由于 RO4450F 相对介电常数和 RO4350B 类似，因此将厚度加载在第二层介质基板上，位于最底层的是地板。天线是由十字形贴片和 4 个方形贴片共同构成的，其中十字形贴片放置在第一层介质基板上，4 个方形贴片放置在第二层介质基板上。金属化通孔从底层地板通过第一层介质基板连接到第一层十字形贴片上，金属化通孔的直径为 0.3 mm。天线单元整体的尺寸为 6 mm×6 mm。天线单元具有很小的尺寸和很低的剖面。

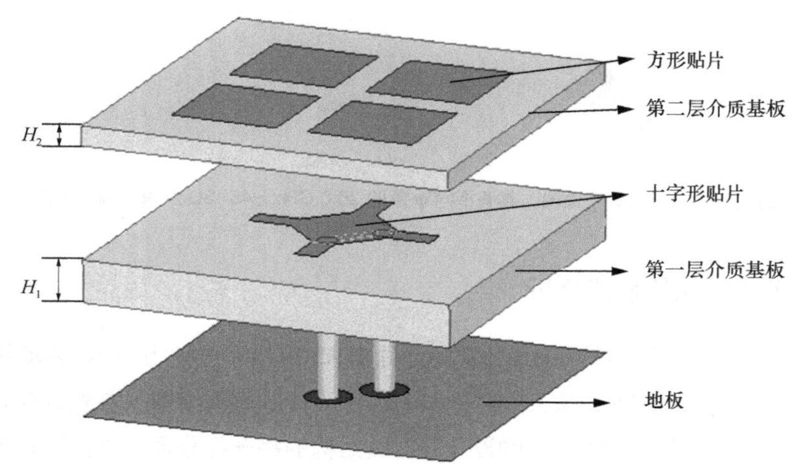

图 3-29 双极化毫米波天线单元的 3D 显示

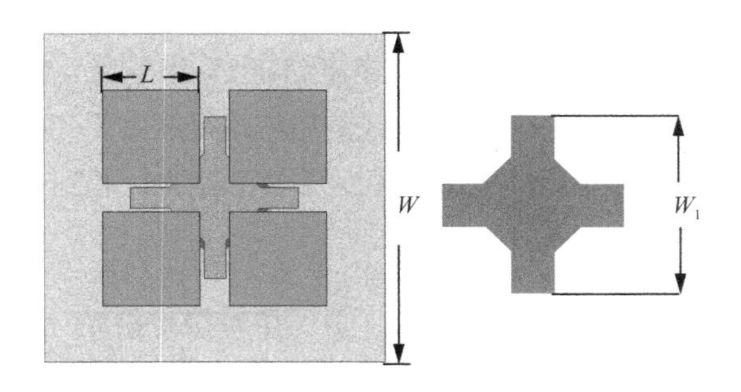

图 3-30　双极化毫米波天线单元俯视图

天线的辐射由两层结构构成。第一层结构是位于第一层介质基板上的十字形结构，主要是为了连接金属化通孔，使能量能够耦合辐射到第二层结构上，十字形结构的尺寸变化对天线单元整体的谐振频率影响不大；第二层结构是位于第二层介质基板上方的 4 个方形贴片，通过将底层的能量耦合到上方 4 个方形贴片来辐射电磁波，上方贴片的尺寸对谐振频率影响很大，图 3-31 展示了改变 4 个方形贴片尺寸时天线单元谐振频率的变化。图 3-32 对比了加载顶层 4 个方形贴片前后的 S 参数。

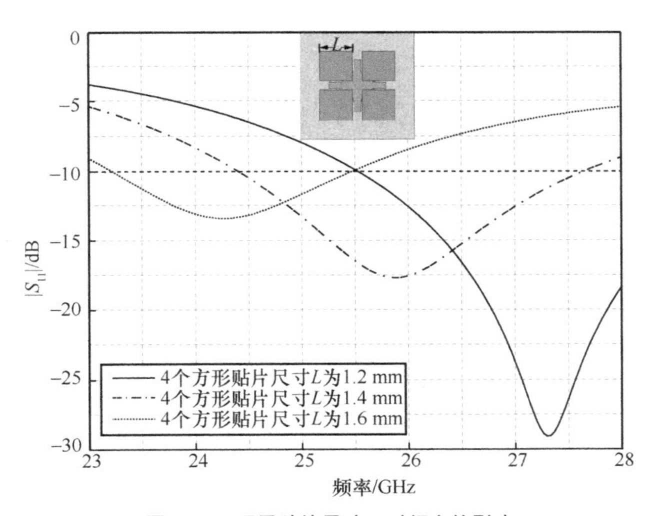

图 3-31　顶层贴片尺寸 L 对频率的影响

由图 3-31 可以看出顶层贴片对天线单元的谐振频率影响较大，随着 L 的增大，天线单元的谐振频率逐渐向低频移动，为了满足最优的谐振频率，L 的长度设计为 1.4 mm，整体天线单元谐振频率在 26 GHz。由图 3-32 和图 3-33 可以看出，在加载了 4 个方形贴片后，天线单元的带宽和隔离度均有明显提升，整体天线单元带宽可以覆盖 24.25～28.5 GHz，天线单元端口间的隔离度均在 15 dB 以上。通过对天线单元表面电流的分析可知，加载 4 个方形贴片后天线的电流路径发生了变化，区别于单层十字形结构的贴片，在加入顶层 4 个方形贴片后，十字形结构只起到了将能量耦合到顶层贴片的作用，不用于电磁波的辐射。

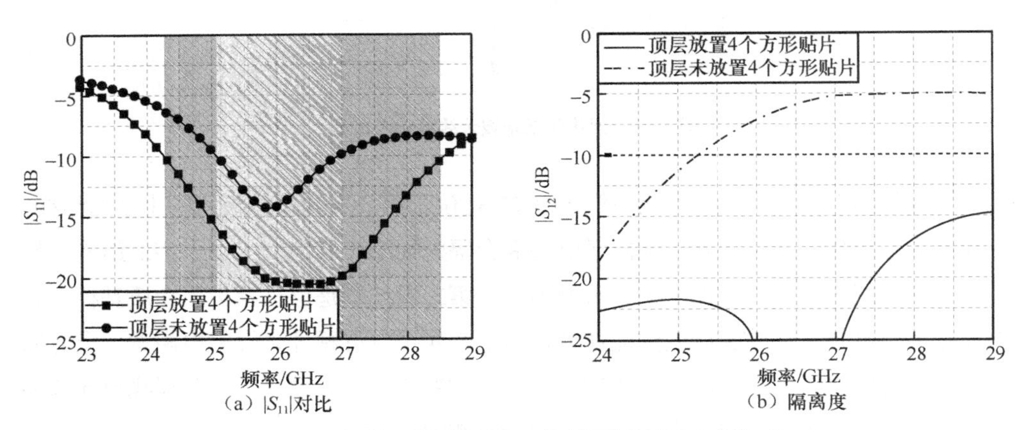

（a）$|S_{11}|$对比　　（b）隔离度

图 3-32　天线单元在加载顶层 4 个方形贴片前后 *S* 参数对比

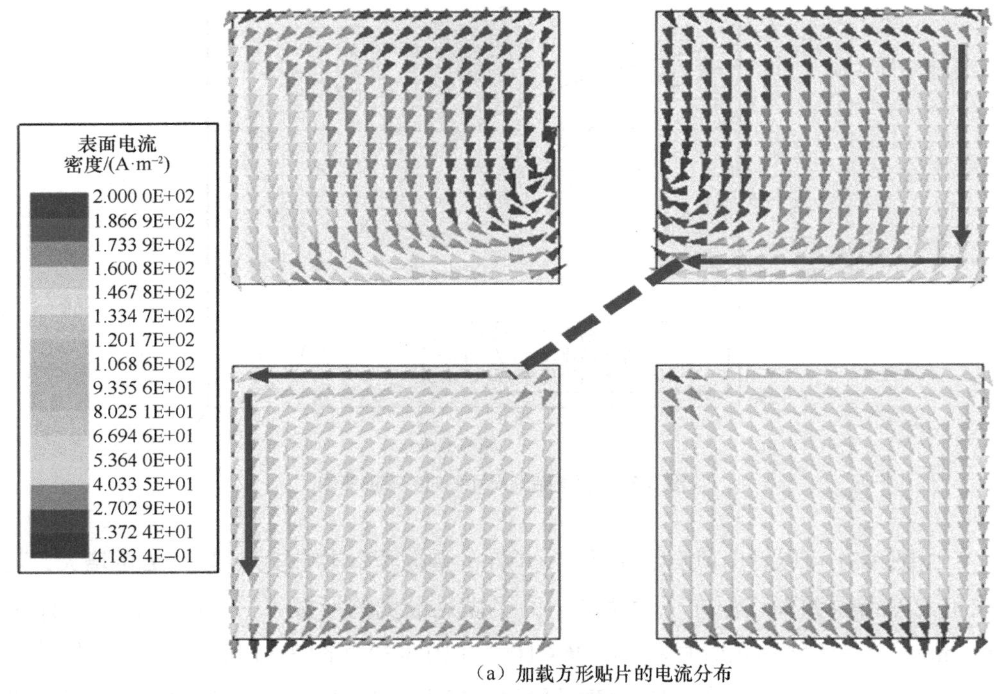

（a）加载方形贴片的电流分布

图 3-33　26 GHz 天线单元电流分布

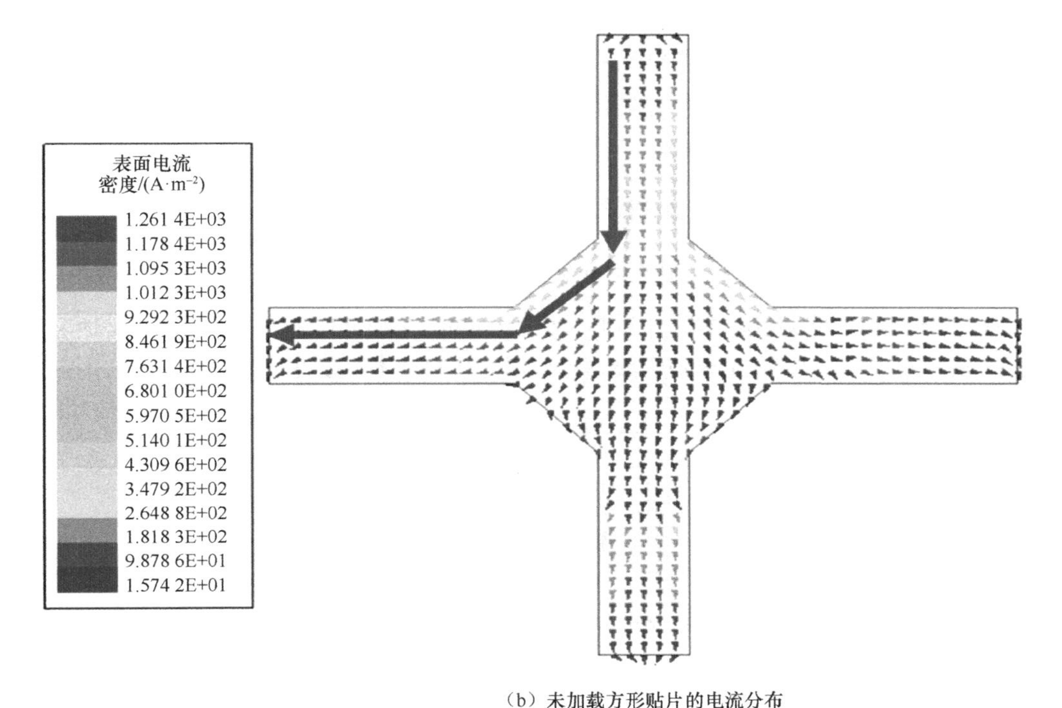

（b）未加载方形贴片的电流分布

图 3-33　26 GHz 天线单元电流分布（续）

3.3.2.2　双极化毫米波天线仿真分析

通过电磁仿真软件对天线单元性能进行了仿真分析及优化，得到天线单元的仿真结果如图 3-34 所示。

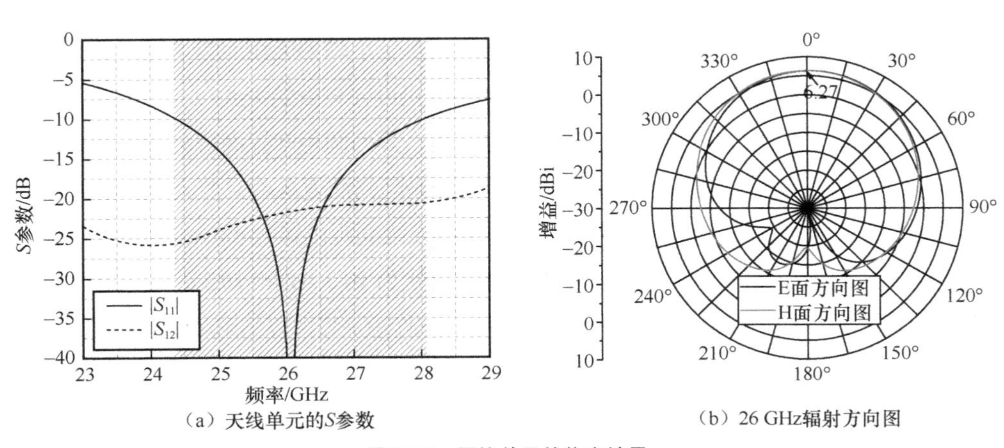

（a）天线单元的S参数　　（b）26 GHz辐射方向图

图 3-34　天线单元的仿真结果

由图 3-34 可以看出，天线单元带宽可以覆盖 n258 频带，两端口间的隔离度大于 15 dB，天线单元在中心频点的增益可以达到 6.27 dBi。对上述天线单元进行组阵，目的是提高增益并使得天线具有较好的扫描能力。

3.3.2.3 双极化毫米波天线阵列设计和分析

由上节所设计单元组成的天线阵列俯视图如图 3-35 所示，阵列天线为一维四单元组阵，支持 0°和 90°极化，天线阵列的尺寸为 6 mm×19.8 mm，两个天线单元的间距为 4.6 mm（0.4λ）。双极化毫米波天线单元和阵列结构具体参数见表 3-5。

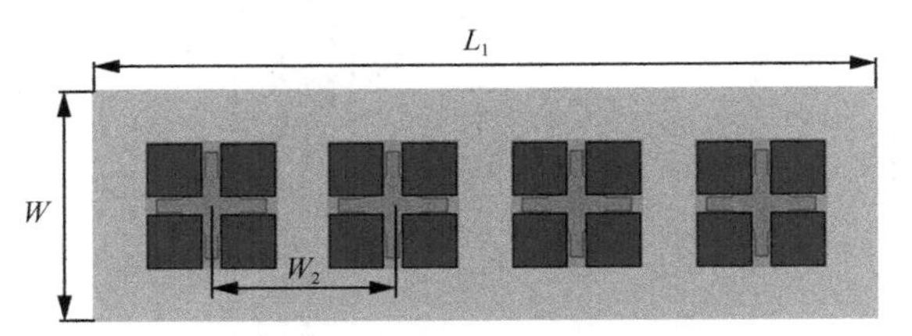

图 3-35　由所设计单元组成的天线阵列俯视图

表 3-5　双极化毫米波天线单元和阵列结构具体参数

参数	W/mm	W_1/mm	L/mm	H/mm	H_1/mm	L_1/mm	W_2/mm
值	6	2.77	1.4	0.762	0.201	19.8	4.6

使用电磁仿真软件对天线阵列性能进行优化仿真分析，阵列天线的仿真结果如图 3-36 所示。天线阵列可以覆盖 24～28.5 GHz 频段。天线单元间的间距较小，会导致天线单元间的隔离度恶化，为了使天线单元间的隔离度在所需要的范围内，综合优化后天线阵列间的间距为 4.6 mm，从图 3-36 中看出天线单元间的隔离度基本满足在 15 dB。根据方向图乘积定理，可知随着单元间距的减小，对于小阵列天线而言（天线单元数目≤5 个），单元方向图与阵因子同时起作用，因此，只设计较宽的天线单元方向图并不能使小天线阵列具有较大的扫描能力，还需要通过缩小阵列间距来提高阵列的扫描能力。但单元间的隔离度越差，增益越低，对于四单元天线阵列而言总增益要大于 10 dBi。为了满足高增益、宽波束扫描能力，经过综合优化将天线间距设置为 4.6 mm。天线阵列在中心频点处的总增益在水平极化和垂直极化作用下分别为 10.3 dBi 和 10.5 dBi，在最大增益下降 3 dB 的情况下，天线阵列的扫描性能在两种极化作用下均可以达到±60°的扫描能力。

所设计天线阵列在不同频率下的增益如图 3-37 所示。在两种极化作用下，天线阵列的最大增益均超过 10 dBi。在 0°极化作用下，天线阵列的峰值增益为 10.6 dBi；在 90°极化作用下，天线阵列的峰值增益为 10.2 dBi，天线阵列具有较高的增益。

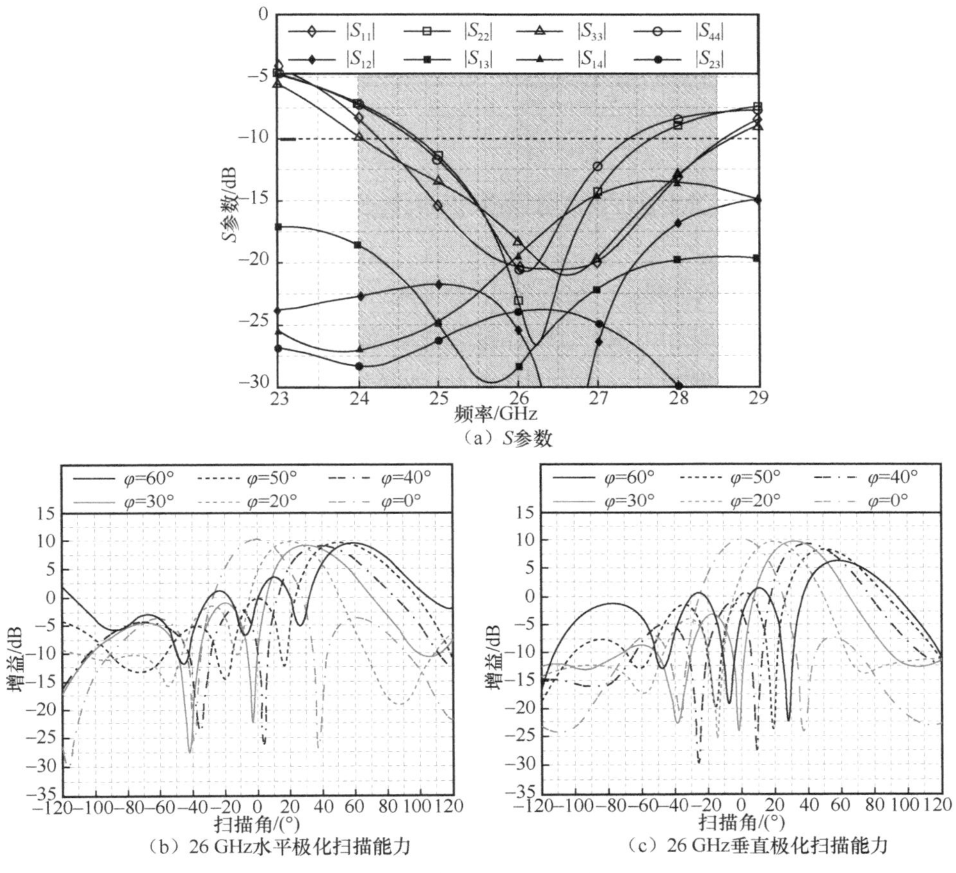

（a）S参数

（b）26 GHz水平极化扫描能力

（c）26 GHz垂直极化扫描能力

图 3-36　阵列天线的仿真结果

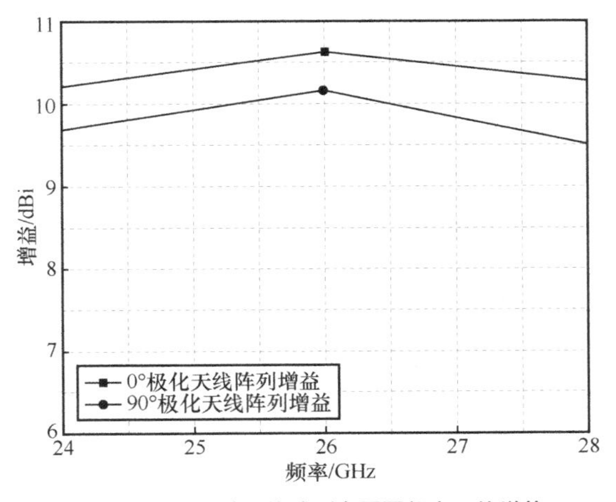

图 3-37　所设计天线阵列在不同频率下的增益

3.4 二维相控阵

3.4.1 利用 FADDM 边界仿真毫米波相控阵

最基本的二维平面阵列是在一维直线阵列的基础上进行二维的周期性延拓产生的，相应地，平面阵列的辐射理论也可由一维直线阵列推导而来。沿 x、y 轴排布的二维均匀面阵示意如图 3-38 所示，其中 x、y 方向上各有 M、N 个天线单元，单元间距分别为 d_x、d_y。

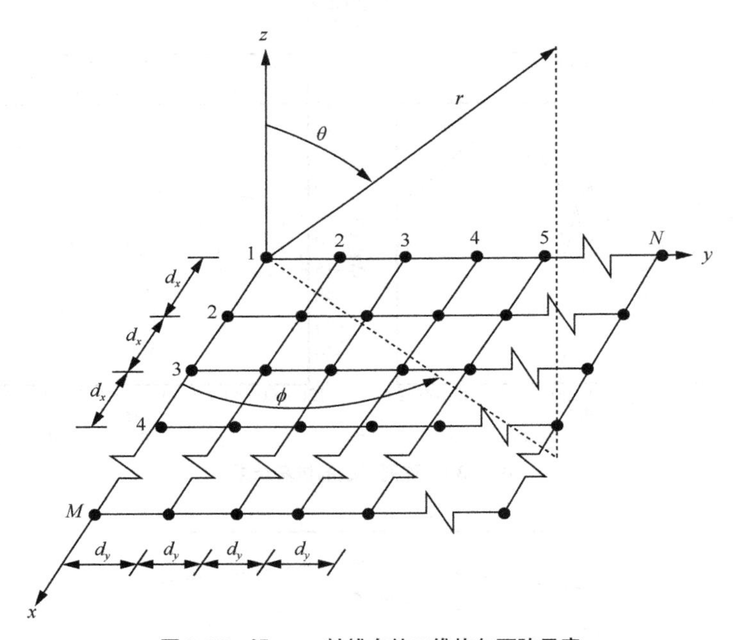

图 3-38 沿 x、y 轴排布的二维均匀面阵示意

设平面阵列在各方向上阵列单元的相位变化均呈线性变化，根据方向图乘积定理和一维线阵阵因子，平面阵列的方向图阵因子可表示为

$$\mathrm{AF}=\sum_{n=1}^{N} I_{1n}\left(\sum_{m=1}^{M} I_{m1}\mathrm{e}^{\mathrm{j}(m-1)\left(kd_x\sin\theta\cos\phi+\beta_x\right)}\right)\mathrm{e}^{\mathrm{j}(n-1)\left(kd_y\sin\theta\sin\phi+\beta_y\right)} \tag{3-1}$$

令

$$S_{xm}=\sum_{m=1}^{M} I_{m1}\mathrm{e}^{\mathrm{j}(m-1)\left(kd_x\sin\theta\cos\phi+\beta_x\right)} \tag{3-2a}$$

$$S_{yn} = \sum_{n=1}^{N} I_{1n} \mathrm{e}^{\mathrm{j}(n-1)\left(kd_y \sin\theta \sin\phi + \beta_y\right)} \tag{3-2b}$$

可得

$$\mathrm{AF} = S_{xm} S_{yn} \tag{3-3}$$

由式（3-3）可知，平面阵列的阵因子等于在 x 方向和 y 方向上的线阵阵因子乘积。如果整个阵列的振幅激励是均匀的，式（3-1）又可表示为

$$\mathrm{AF}_n(\theta,\phi) = \left(\frac{1}{M} \frac{\sin\left(\frac{M}{2}\psi_x\right)}{\sin\left(\frac{\psi_x}{2}\right)} \right) \left(\frac{1}{N} \frac{\sin\left(\frac{N}{2}\psi_y\right)}{\sin\left(\frac{\psi_y}{2}\right)} \right) \tag{3-4}$$

其中，

$$\psi_x = kd_x \sin\theta \cos\phi + \beta_x \tag{3-5a}$$

$$\psi_y = kd_y \sin\theta \sin\phi + \beta_y \tag{3-5b}$$

通过控制改变 x、y 方向单元相位差 β_x 与 β_y，可将平面阵列阵因子方向图主瓣指向指定的方向，令

$$\beta_x = -kd_x \sin\theta_0 \cos\phi_0 \tag{3-6a}$$

$$\beta_y = -kd_y \sin\theta_0 \sin\phi_0 \tag{3-6b}$$

联立求解式（3-6）可得

$$\tan\phi_0 = \frac{\beta_y d_x}{\beta_x d_y} \tag{3-7}$$

$$\sin^2\theta_0 = \left(\frac{\beta_x}{kd_x}\right)^2 + \left(\frac{\beta_y}{kd_y}\right)^2 \tag{3-8}$$

平面阵列主瓣与栅瓣可通过式（3-9）确定

$$kd_x\left(\sin\theta\cos\phi - \sin\theta_0\cos\phi_0\right) = \pm 2m\pi,\quad m = 0,1,2,\cdots \tag{3-9a}$$

$$kd_y\left(\sin\theta\sin\phi - \sin\theta_0\sin\phi_0\right) = \pm 2n\pi,\quad n = 0,1,2,\cdots \tag{3-9b}$$

联立式（3-9）可得

$$\phi = \arctan\left(\frac{\sin\theta_0\sin\phi_0 \pm n\lambda / d_y}{\sin\theta_0\cos\phi_0 \pm m\lambda / d_x}\right) \tag{3-10}$$

$$\theta = \arcsin\left(\frac{\sin\theta_0\cos\phi_0 \pm m\lambda / d_x}{\cos\phi}\right) = \arcsin\left(\frac{\sin\theta_0\sin\phi_0 \pm n\lambda / d_y}{\sin\phi}\right) \tag{3-11}$$

通过式（3-7）及式（3-8）可以看出，当改变 θ_0 和 ϕ_0 的值时，平面阵列波束即可指向指定的方向，通过移相器对相位差进行连续调控即可在指定空域内进行波束扫描。

从上述讨论可知，平面阵列的方向性函数同样满足方向图乘积定理，可以写为两个直线阵列方向性函数之积，所以一维线阵的部分理论对于二维面阵同样适用。

阵列设计的过程通常比较复杂，除了辐射单元本身的设计，还要考虑单元之间的耦合、阵列的布局和间距、馈电网络、馈电相位、扫描能力等。传统的分析方法是将整个阵列建模之后进行分析，这种方法费时费力。借助商业仿真软件 HFSS 提供的有限大阵区域分解法（Finite Array Domain Decomposition Method，FADDM），可有效加快阵列的设计效率。

FADDM 是 HFSS 针对周期阵列天线的一种高效仿真方法，域分解方法将复制单个单元的网格并将其应用于几何结构。每个网格的边界与相邻网格重叠缝合，以评估邻近阵列单元的耦合情况。其采用高性能计算平台和域分解方法，能将每个天线单元网格的计算负荷分配后采用多个处理器内核来并行求解，以此加快求解速度。在同样的硬件条件下，利用 FADDM 边界可求解更大规模的阵列，并且与 HFSS 全模型求解具有同样精确的结果，如图 3-39 所示。采用 FADDM 可高效仿真大规模阵列，并且在设计中，单元可便捷地转换为有限大阵列。

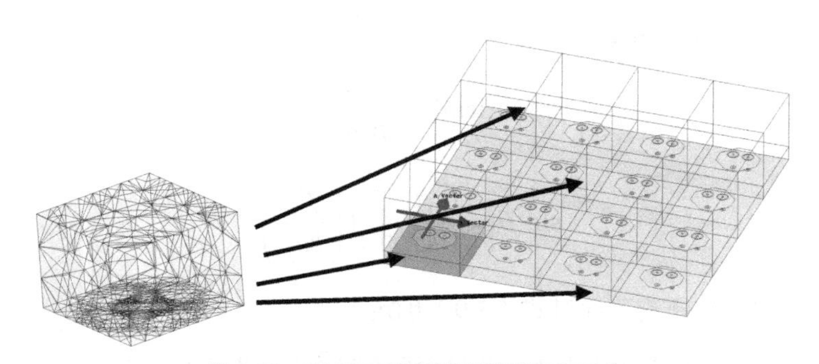

图 3-39　FADDM 边界进行阵列仿真示意

FADDM 边界进行阵列仿真的全过程如图 3-40 所示。

对采用全模型求解方法和 FADDM 边界求解方法求解的阵列结果进行多个扫描波位对比，如图 3-41 所示。可以看出，两者的仿真结果几乎吻合，但是，采用 FADDM 仿真的时间约为全模型仿真时间的十二分之一，极大提升了仿真的效率。

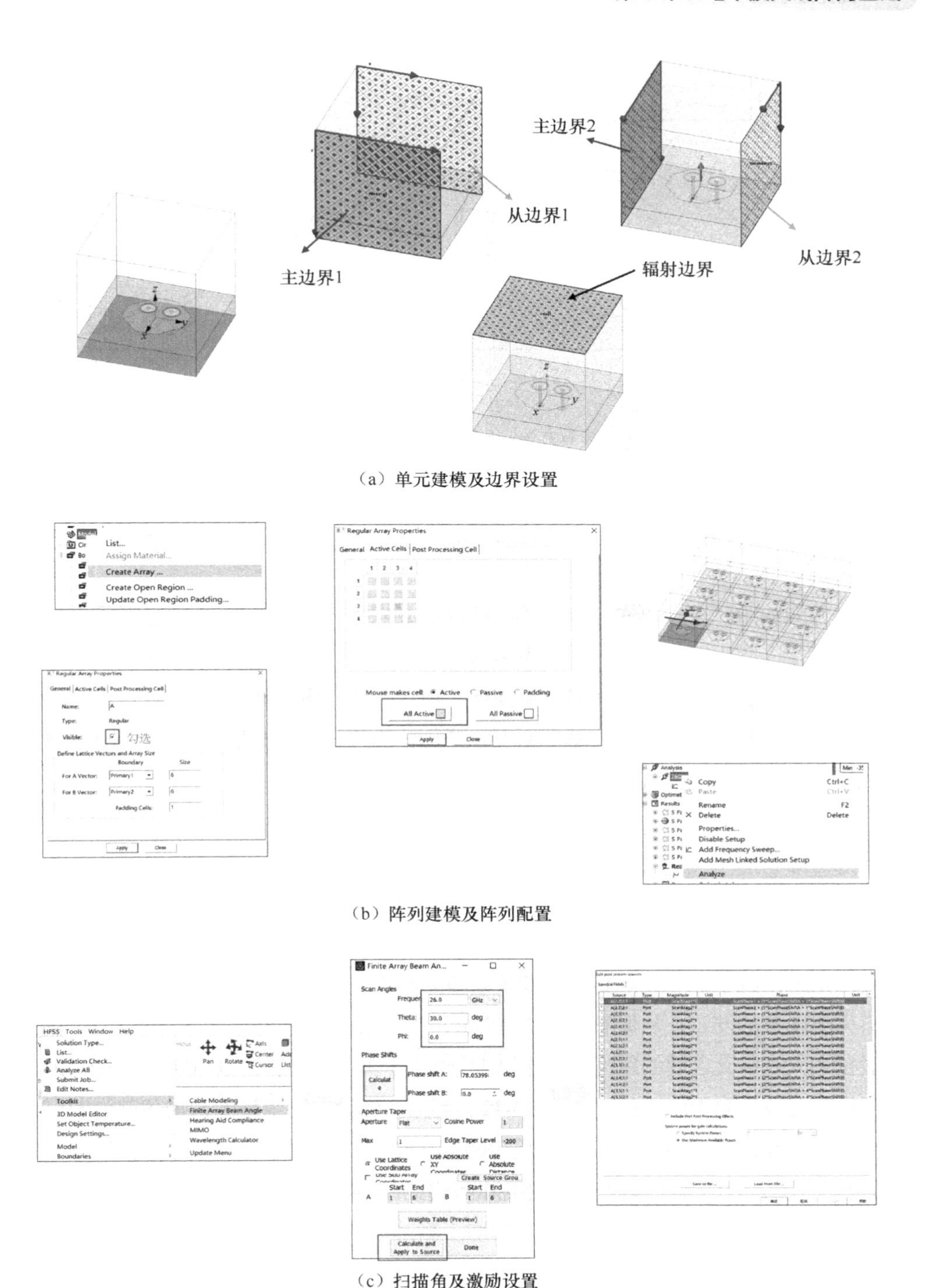

（a）单元建模及边界设置

（b）阵列建模及阵列配置

（c）扫描角及激励设置

图 3-40　FADDM 边界进行阵列仿真的全过程

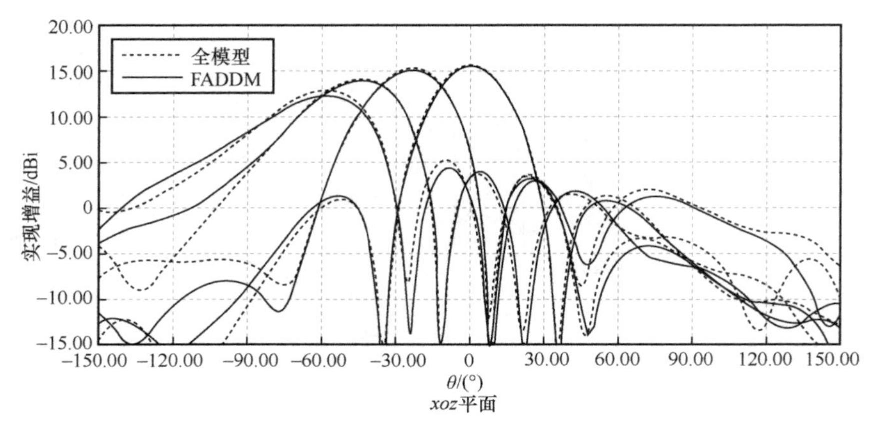

图 3-41 采用全模型求解方法与 FADDM 边界求解方法的多个扫描波位对比

3.4.2 双极化磁电偶极子天线阵列设计

由方向图乘积原理可知，天线阵列的辐射方向图由单元方向图和阵因子方向图两者共同决定。阵因子对于阵列性能也起着至关重要的作用，而不同的布阵结构影响着相控阵的阵因子方向图，从而对波束指向、最大扫描角度、栅瓣抑制等指标具有重大的影响。基于平面天线阵列的基本原理，要使相控阵在波束扫描过程中不出现栅瓣，天线阵列阵元间距 d 应该满足

$$d \leqslant \frac{\lambda_0}{1+\sin\theta_{\max}} \tag{3-12}$$

其中，λ_0 为自由空间波长，$\theta_{\max}$ 为波束最大扫描角度。

二维阵列布阵中，需要在两个维度进行波束扫描，为了实现较宽的波束扫描范围，需要尽量采用较小的单元间距，但较小的单元间距又会使单元间互耦增大，可能导致端口失配现象的发生，从而影响增益等性能指标，因此需要在不出现栅瓣的前提下尽可能拉大天线单元之间的距离。基于以上分析，选取工作频段的最高频率 29.5 GHz，其自由空间波长为 10.2 mm，由式（3-12）可知，当设定波束最大扫描角度为 60°时，阵元之间的间距需要小于 5.4 mm，为了获得更低的副瓣电平，确定阵元间距为 5.2 mm。

基于所设计的磁电偶极子天线组阵而成的 4×4 ±45°双极化二维相控阵结构如图 3-42 所示，为了便于对天线阵列进行加工测试，在辐射阵列下方又设计一微带线结构的馈电层，射频接口采用 SMPM 接头，该接头尺寸与天线单元尺寸相当。考虑到 SMPM 接头尺寸较大，故采用以下方法设计：设计的阵列在内部区域有 4 个子阵列，

在每个子阵列中，单个单元以顺时针方向旋转 90°的形式排布，如图 3-42 中放大图所示。在这种情况下，某些端口之间的激励信号的相位需相差 180°（例如在端口 4 和 9 之间）以抵消额外的相位差，实现等相位馈电。端口 1～24 微带线采用等长设计，以方便后续的阵列校准工作，受空间所限，端口 25～32 位于阵列中间，其微带线长度略短，会导致馈电相位误差，故在阵列校准过程中需要对其进行校准。阵列 x、y 方向阵元间距设计为 5.2 mm，以容纳 32 个 SMPM 接头，4×4 阵列的总体尺寸为 39 mm×39 mm×1.67 mm。

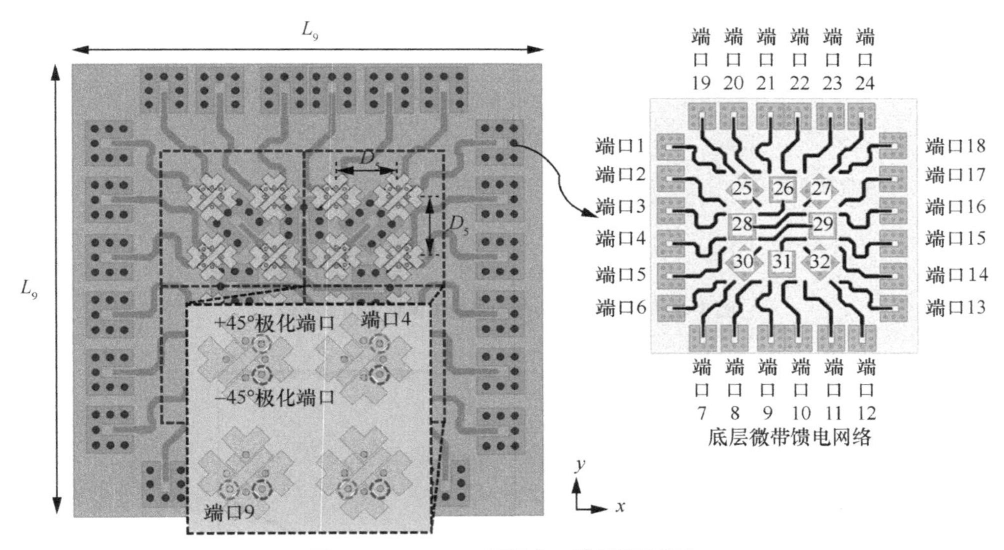

图 3-42　4×4 ±45°双极化二维相控阵结构

为了评估 SMPM 接头与微带线转换结构对天线性能的影响，建立了 SMPM 接头与微带线转换结构的仿真模型，如图 3-43 所示。介质基板采用厚度为 0.254 mm 的罗杰斯 RO4350B，微带线长度为 6 mm，阻抗为 50 Ω，SMPM 接头焊盘与微带线导体处于同一层，通过金属化过孔与下方微带线地板相连，内芯则与微带线导体相连。在仿真模型配置时，采用了集总端口激励，考虑到实际加工情况，覆铜厚度为 1 盎司（1 盎司=28.350 g），且所有覆铜均设置为有一定导体损耗的良导体，电导率设置为 4.1×10^7 S/m。SMPM 接头与微带线转换结构仿真 S 参数曲线如图 3-44 所示，该过渡结构在 24.25～29.5 GHz 频段内$|S_{11}|<-22.8$ dB，$|S_{21}|>-0.2$ dB，采用该结构可实现较为优良的传输性能。值得一提的是，实际加工过程中覆铜表面通常并非光滑，而是根据加工工艺不同具有一定的粗糙程度，且其横截面并非理想矩形，这会增大导体损耗，且对传输

线阻抗控制产生一定的影响。在设计时可与加工方提前沟通以把控加工误差对性能产生的影响，还可以通过缩短微带线长度和使用损耗角正切更小的介质基板实现更低的损耗。

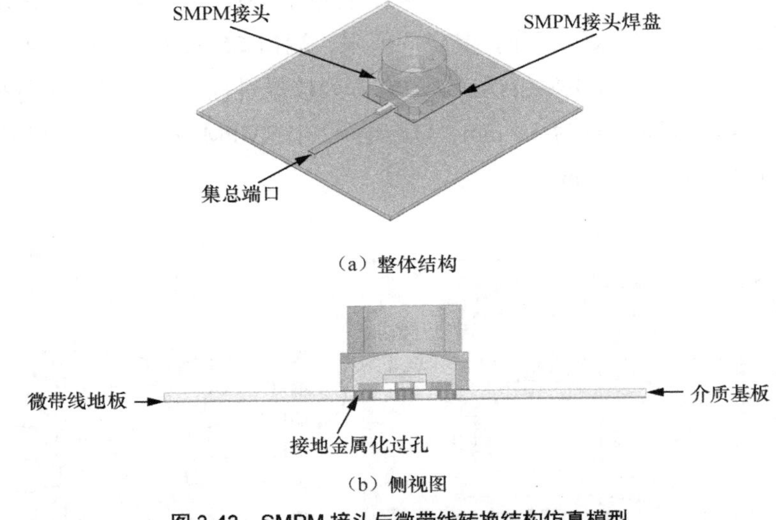

（a）整体结构

（b）侧视图

图 3-43　SMPM 接头与微带线转换结构仿真模型

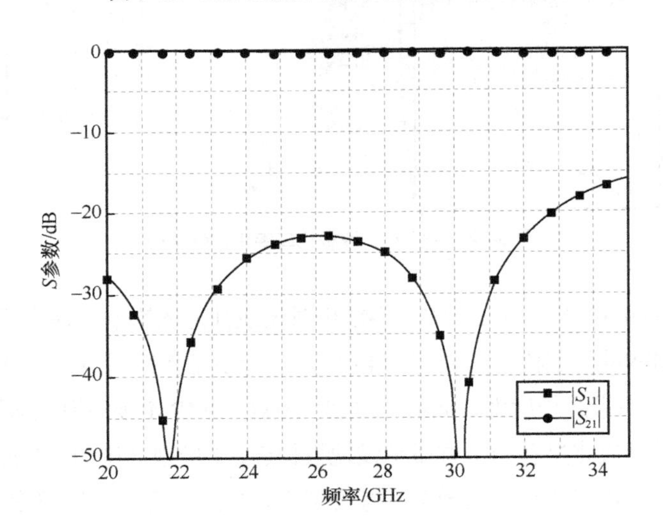

图 3-44　SMPM 接头与微带线转换结构仿真 S 参数曲线

将所设计的 4×4 双极化磁电偶极子天线阵列，使用 HFSS 软件仿真得到阵列端口 S 参数，如图 3-45 所示。由图中曲线可以看出，对于+45°极化端口和−45°极化端口，该天线阵列的−10 dB 反射系数带宽均可覆盖 24.25～29.5 GHz 频段，展现出了较好的匹配性能。

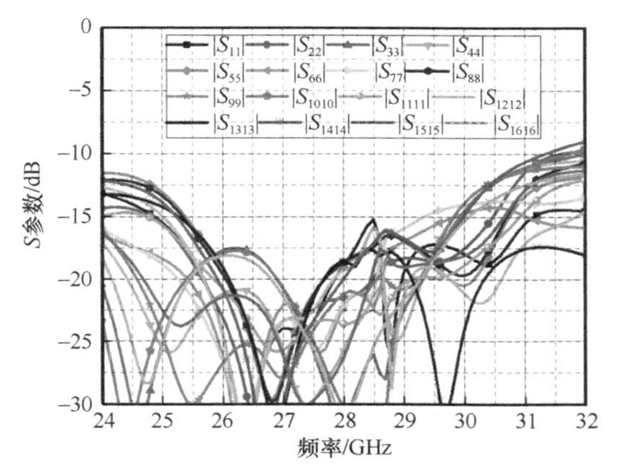

图 3-45　4×4 阵列 *S* 参数仿真数据曲线

通过调整不同端口激励信号的相位，对该天线阵列进行馈电，将天线单元沿 *yoz* 平面按竖列分为 4 组天线阵列，每组中 4 个天线单元激励信号的相位相同，改变每组天线阵列之间相位步进可使天线阵列的方向图主瓣在 *xoz* 平面中进行扫描。图 3-46 展示了 26 GHz 频点处 *yoz* 平面上−45°极化形式下天线阵列的波束扫描图，天线阵列的边射峰值增益为 16.5 dBi，在最大增益下降不超过 3 dB 的条件下，主瓣的扫描角度为±50°，此时的最大增益为 13.7 dBi。

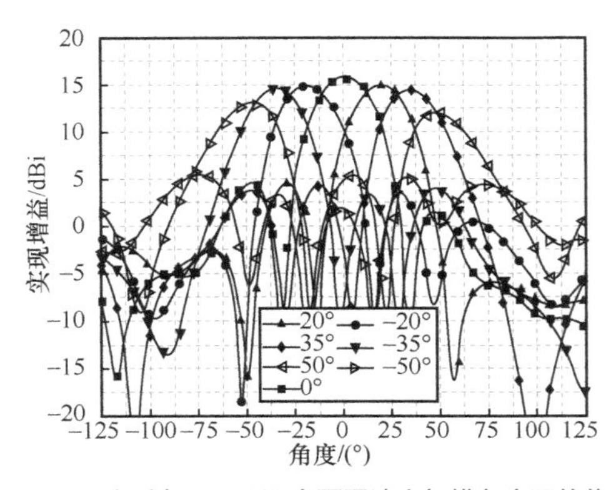

图 3-46　4×4 阵列在 *yoz* 平面内不同波束扫描角度下的仿真方向

3.4.3　天线阵列的加工与测试

采用 PCB 工艺对所设计阵列进行加工，需要对介质基板和黏合层的种类、厚度、层数等进行合理的搭配，同时还要考虑到不同过孔的实现形式。图 3-47 为 PCB 堆叠结构与过孔示意，天线阵列整体为 4 层板结构，针对实际层厚需要对基板和黏合层进行合理搭配，为了实现基板之间的紧密黏合，黏合层均为两张厚度为 0.1 mm 的罗杰斯 RO4450F 介质基析。

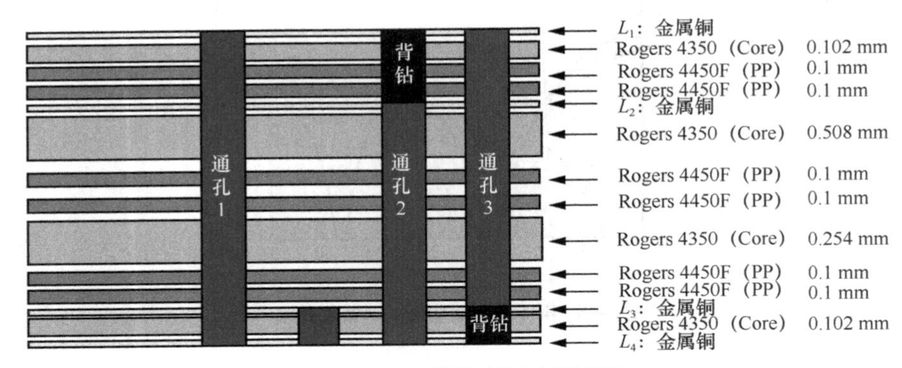

图 3-47 PCB 堆叠结构与过孔示意

该阵列共有 4 种类型的过孔，其中 L_3 与 L_4 之间由金属化盲孔进行电气连接，实现了 SMPM 射频连接器焊盘与天线地板的连接；金属化通孔 1 连接 L_1 与 L_4，实现天线馈电结构与微带馈电网络的连接；金属化通孔 2 连接 L_2 与 L_4，实现天线馈电结构与微带馈电网络的连接，该孔采用背钻工艺，图 3-47 中黑色部分为背钻区域；金属化通孔 3 连接 L_1 与 L_3，实现天线电偶极子与地板的连接，该孔同样采用背钻工艺，所有金属层的材料均为铜，铜厚 1 盎司，L_1 与 L_4 均做沉金工艺处理，所有过孔均采用树脂塞孔表面镀平加工。

加工的 4×4 阵列实物图如图 3-48（a）与图 3-48（b）所示，由于 SMPM 射频连接器尺寸小、焊接难度较大，且排布密集，不可避免地出现焊锡粘连到非焊接区域中的现象，已尽可能减小焊接对测试结果产生的影响。为了验证仿真数据的准确性，对阵列实物进行测试，图 3-48（c）为 S 参数测试场景，由于实际条件所限，测试设备为中电科思仪科技股份有限公司生产的双端口 AV3672B 矢量网络分析仪，测试范围为 10 MHz～26.5 GHz，虽然测试设备最大量程低于天线阵列的最大工作频率，但仍可对阵列的性能进行验证。在 S 参数测试过程中，当对天线阵列的端口进行测试时，其他端口均接 50 Ω 匹配负载，由于阵列具有对称性，仅给出 16 个端口的 S 参数测试结果，另 16 个端口的测试结果与之相同，测试结果如图 3-49 所示，所测试 16 个端口对应的天线−10 dB 阻抗带宽均可覆盖 24～26.5 GHz，虽然无法得到 26.5～29.5 GHz 的 S 参数数据，但从曲线走势来看完全可以覆盖到更高的频段。从图 3-49 中数据，例如$|S_{44}|$、$|S_{22}|$、$|S_{11}|$可知，所对应天线谐振点向低频略微偏移，可能的原因有：不同批次基板介电常数

存在差异；加工过程中金属层蚀刻造成的尺寸公差；天线阵列总剖面高度存在公差；焊接过程造成的影响。

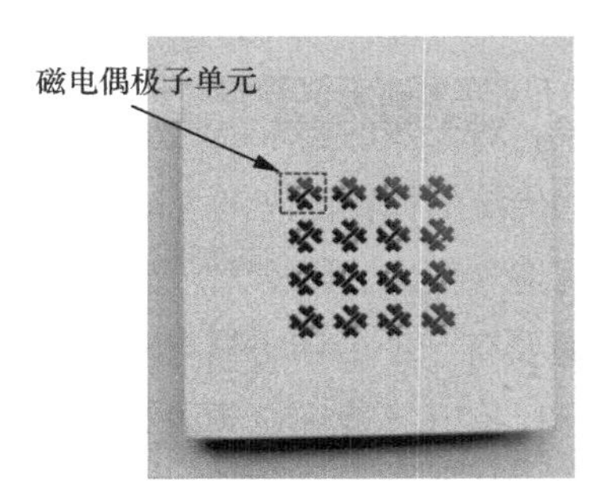

（a）天线阵列实物正面

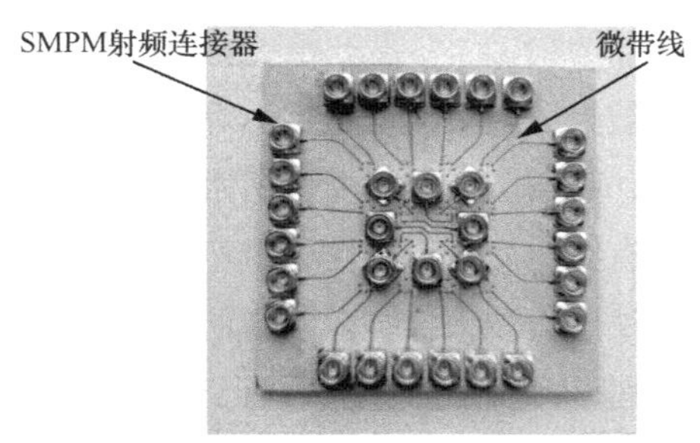

（b）天线阵列实物反面

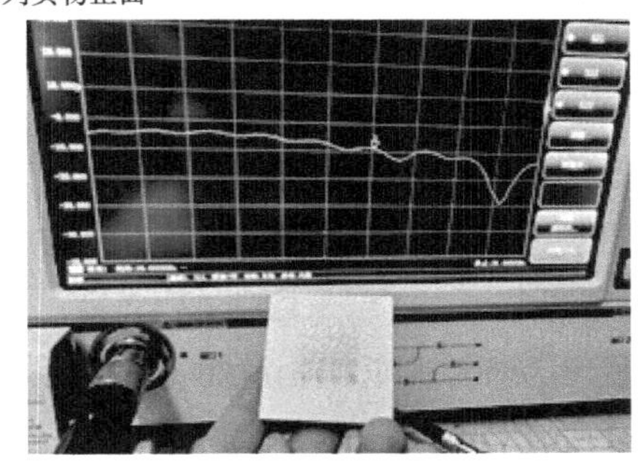

（c）S参数测试场景

图 3-48　天线阵列实物及其测试场景

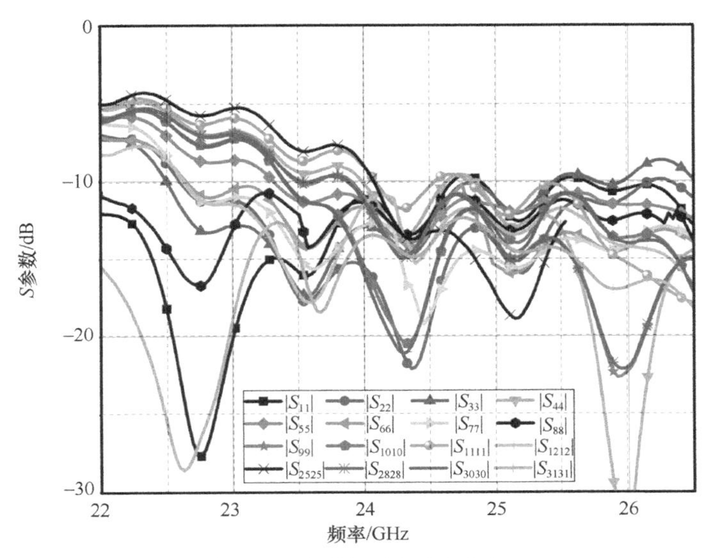

图 3-49　天线阵列实测 S 参数

3.5 透射阵列

随着航天、卫星通信、雷达等领域的迅速发展，对天线的要求也越来越高。在天线家族中，高增益天线主要包括常规的阵列天线和传统的抛物面阵列天线。抛物面阵列天线具有结构简单、工作频带宽等优点，但其制造难度大、体积大，通常采用机械转动的方法进行波束扫描。常规的阵列天线往往需要有一个复杂的馈电网络，因此馈电损失对其影响很大。尽管天线已有100多年的历史，但由于太赫兹频段等新频谱的探索、材料和制造技术的进步以及计算和实验能力的提高，新的天线概念不断涌现。在过去的10到15年中，透射阵列天线引起了人们的极大兴趣，并在为新兴毫米波应用提供高增益、高效率、宽带、低成本和可重构天线方面大受欢迎。它们实现了与电介质透镜类似的功能，并可以在平面介质板（如印刷电路板）上制造，这使得它们重量轻，易于集成，并且适合集成有源器件进行重新配置。随着毫米波技术的发展，人们对天线的频带、增益、方向性和波束等性能提出了越来越高的要求。

透射阵列天线结合了光学和天线阵列理论，为许多无线通信系统提供了一种具有高增益、高辐射效率和多功能辐射性能的低剖面设计解决方案。可重构天线技术就是单个天线结构或几何形状可以在频率、方向图或极化方面重新配置，其在商业无线通信、汽车雷达及生物医学等领域中都有应用。根据可重构天线的功能，可重构天线可分为4种类型：频率可重构天线、方向图可重构天线、极化可重构天线以及混合可重构天线。通过改变天线的结构，可以对天线的频率、波瓣图、极化方式等进行一次或多次的重构。设计可重构天线时，通常会忽视信号生成与处理等复杂环节，而专注于结构设计。作为一种新型的高指向性天线，透射阵列天线结合了反射阵列和相控阵的诸多优点，同时避免了它们的大部分缺点，以其高增益、低成本、低剖面以及实现波束扫描和波束成形的潜力而被广泛应用于卫星通信、遥感成像和雷达系统。将可重构机制与透射阵列相结合，给毫米波天线设计提供了更多的可能性与灵活性。

3.5.1 透射阵列单元的设计

（1）透射阵列单元概况

本设计利用两个PIN二极管实现单元的1 bit可重构特性，天线单元结构如图3-50所示。天线单元尺寸为5.1 mm×5.1 mm（对应29.4 GHz在自由空间中的半波长）。天线由 4 个金属层（从上到下依次为发射层、地板、偏置层和接收层）、两层 CLTE-XT 基板（ ε_r=2.94，$\tan\delta$=0.001 2）和一层黏合板 fastRise FR-27-0045-35（ ε_r=2.72，$\tan\delta$=0.001 5）构成。

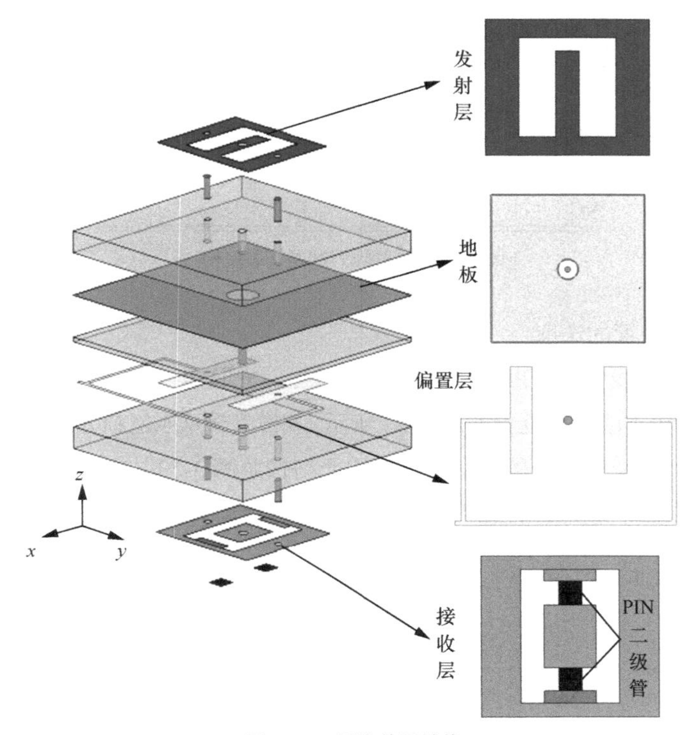

图 3-50　天线单元结构

由图 3-50 可以看出，发射层由开 U 形槽的矩形贴片组成，接收层由矩形开槽贴片和两个 PIN 二极管组成，当其中一个二极管状态为正向偏置时，另外一个二极管保持反向偏置状态。透射阵列的偏置层结构如图 3-51 所示，可以看出，偏置层由偏置线和两个矩形金属片构成，矩形金属片相当于一段四分之一波长的开路线，其作用在于形成射频短路，仅允许直流偏置电流通过，相当于一个带阻滤波器，同时通过两个对称的金属化通孔连接到接收层。另外，偏置层的环结构可能会引入一定值的电容，对整个单元的性能造成一定的影响，这一点在后续仿真验证时值得考虑。

在阵列中，位置不同的单元可能根据阵列需要从不同的位置引出偏置线。因为每个单元的开关状态都需要由一组独立的直流偏置电压决定，所以每个单元都需要引出一根独立的偏置线以实现精确控制，后续研究整个 16×16 阵列，则共需要 256 根偏置线，这个在后面阵列中会着重介绍。

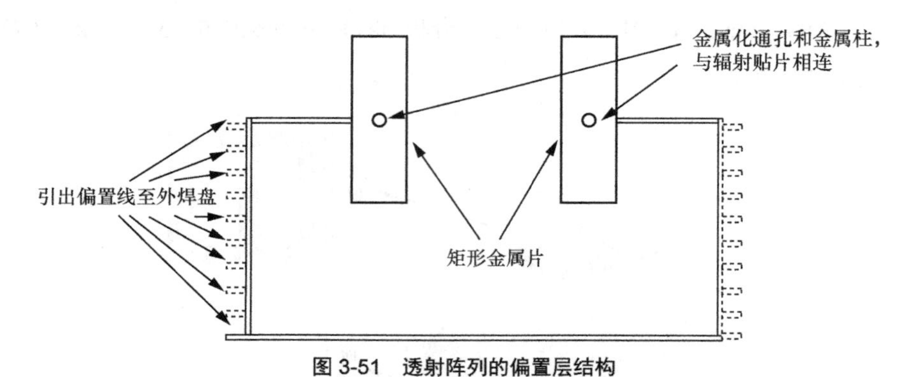

图 3-51　透射阵列的偏置层结构

（2）PIN 二极管的选取

对于可重构天线单元，PIN 二极管的参数提取尤其重要。在该透射天线单元中，PIN 二极管处于接收层，其位置如图 3-52 所示。本模型选取 MACOM MA4AGP907 PIN 二极管，模型中 PIN 二极管的长、宽参数均严格按照图 3-53 中给出的值设定。由于其厚度对仿真结果影响甚微，且加入厚度后仿真速度大幅降低，因此暂时不予考虑。

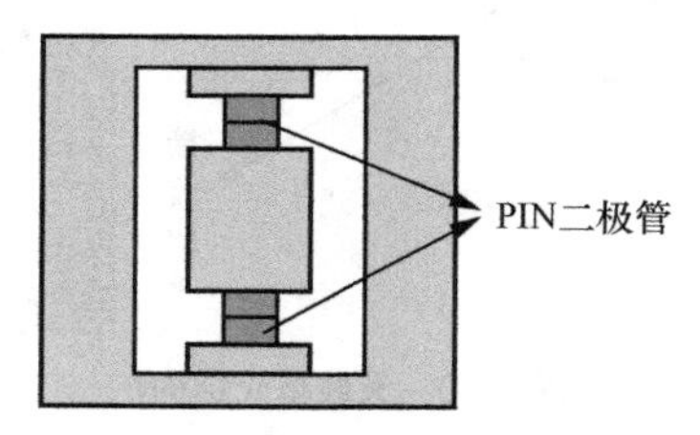

图 3-52　PIN 二极管在模型中的位置

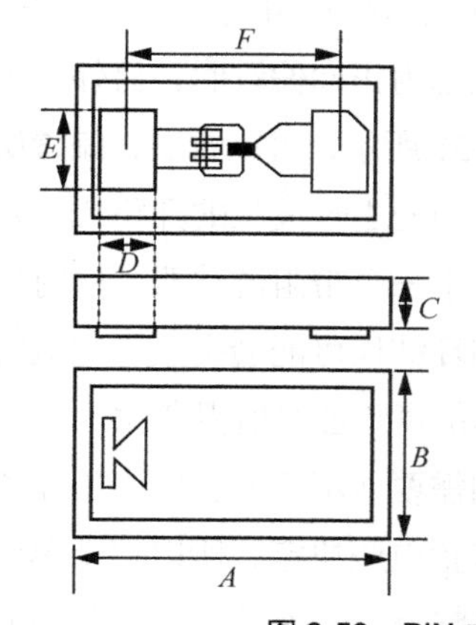

参数	最小值/mm	最大值/mm
A	0.660 4	0.685 8
B	0.342 9	0.368 3
C	0.165 1	0.190 5
D	0.109 2	0.134 6
E	0.172 7	0.185 4
F	0.462 3	0.487 7

图 3-53　PIN 二极管的封装尺寸参数

参考 datasheet 给出的 PIN 二极管导通时插入损耗与频率的关系图，经过调试，在 ADS 中得到较为符合实际的导通状态下的串联 *R-L* 等效电路模型，如图 3-54 所示。图 3-55（a）和（b）分别给出了 ADS 仿真和 datasheet 得到的插入损耗与频率的关系。

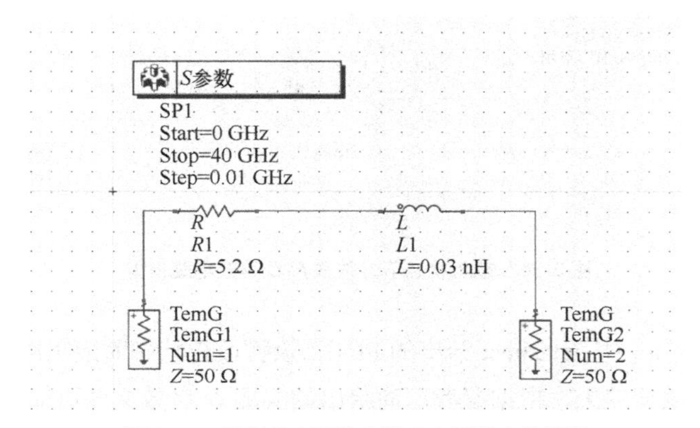

图 3-54　导通状态下的串联 *R-L* 等效电路模型

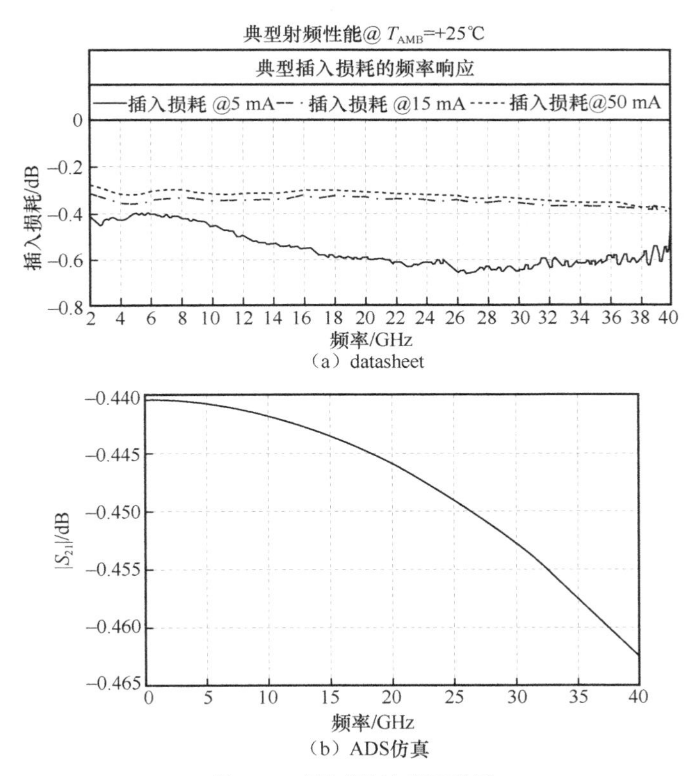

（a）datasheet

（b）ADS仿真

图 3-55　插入损耗与频率关系

同样，在 ADS 中仿真截止状态下的并联 *R-C* 等效电路模型，如图 3-56 所示。

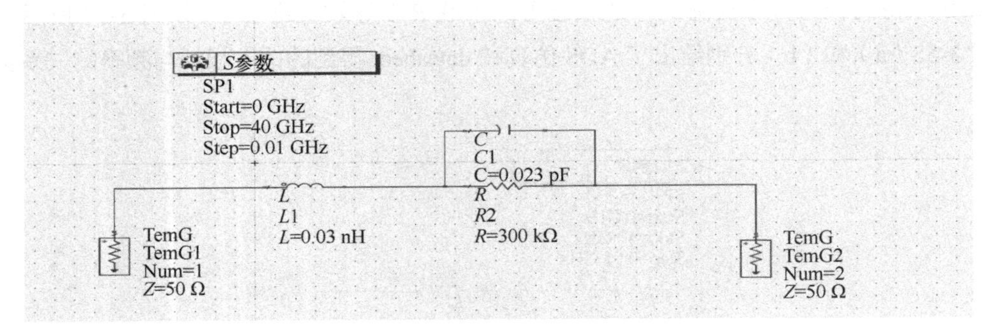

图 3-56 截止状态下的并联 *R-C* 等效电路模型

参考图 3-57（a）中 datasheet 给出的 PIN 二极管截止状态时隔离度与频率的关系，可以看出高频段数据缺失，根据参考厂商给出的实测 *S* 参数文件可知在 28 GHz 频点处隔离度约−8 dB。图 3-57（b）为仿真得到的 PIN 二极管截止状态时隔离度与频率的关系，可以看出与 datasheet 给出的实测数据非常吻合。

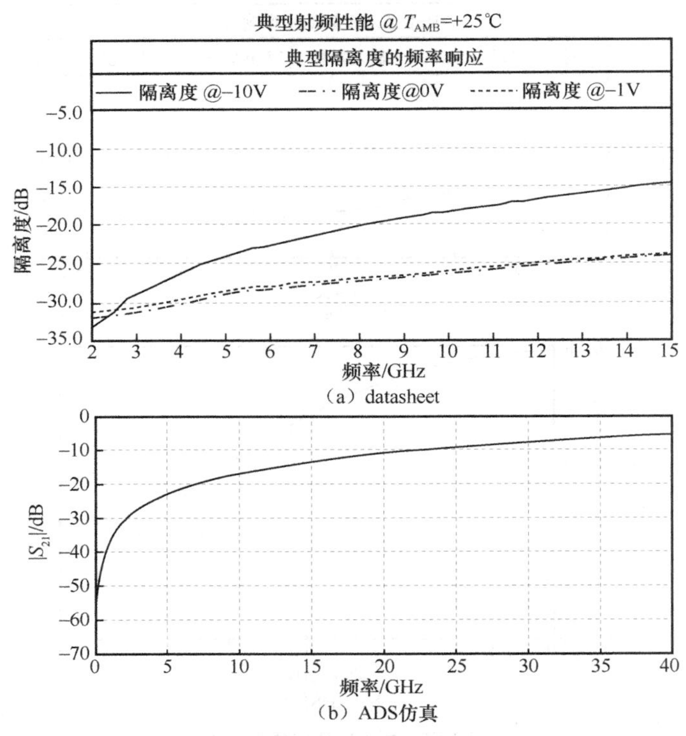

图 3-57 隔离度与频率的关系

（3）带有 PIN 二极管的透射阵列单元仿真结果

采用 HFSS 软件对天线单元进行仿真。利用 Floquet 端口模式激励天线，其中，Floquet 端口 1 在接收层一侧，Floquet 端口 2 在发射层一侧。天线单元四周设为主从边界，从而考虑天线单元的相互耦合，天线单元仿真模型如图 3-58 所示。

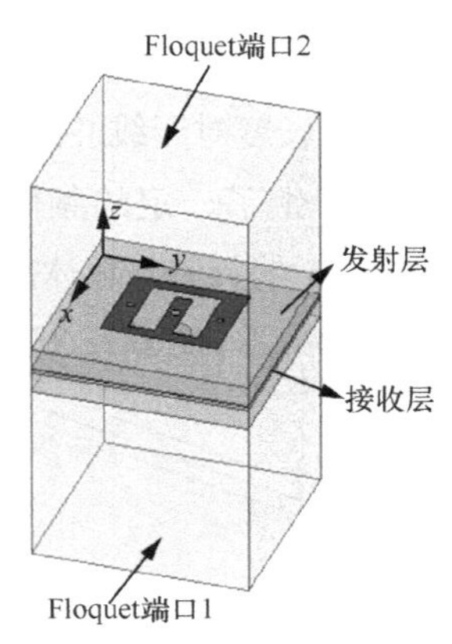

图 3-58　天线单元仿真模型

图 3-59 给出了电磁波垂直入射下天线的反射和传输参数。由图可见，该天线单元端口 1 在频带 27.61～30.85 GHz 内实现反射系数小于−10 dB，在该频段内传输系数介于−1.68 dB 到−0.66 dB 之间。端口 2 在频带 27.80～29.79 GHz 内实现反射系数小于−10 dB，在该频段内传输系数介于−1.11 dB 到−0.66 dB 之间，在 28 GHz 频点处单元的传输系数为−0.79 dB。可见天线单元具有良好的透射性能。

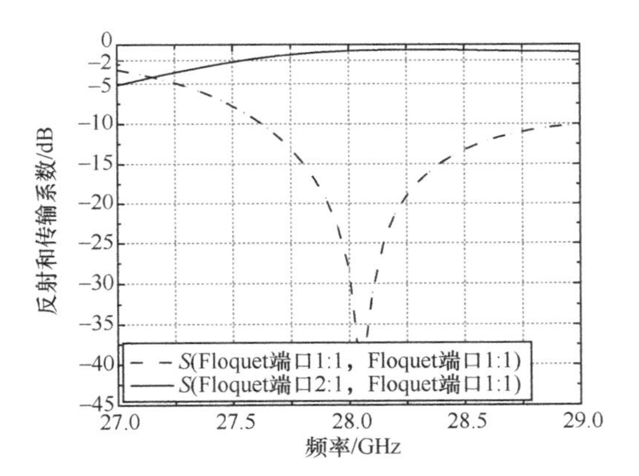

图 3-59　电磁波垂直入射下天线的反射与传输参数

在初步仿真确认天线单元的透射性能之后，建立了一个用于加工验证的天线单元模型，并充分考虑了实际加工问题。图 3-60 为引入 WR28 矩形波导与锥形连接器后的天线单元模型。

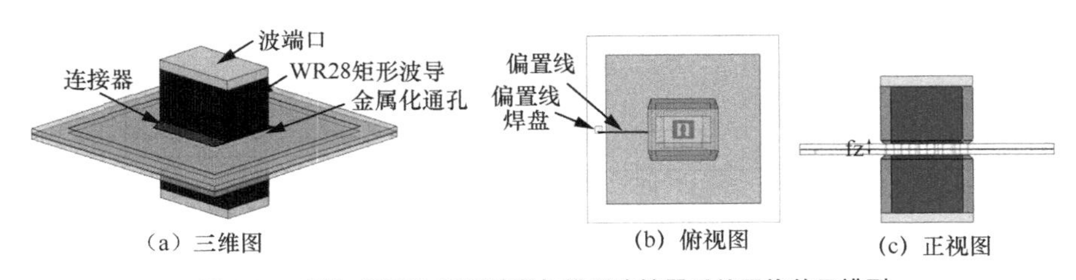

（a）三维图　（b）俯视图　（c）正视图

图 3-60　引入 WR28 矩形波导与锥形连接器后的天线单元模型

研究发现，通过优化连接器的长度，可最大程度地减小阻抗失配。图 3-61 给出了连接器长度对天线性能的影响。研究发现引入波导与连接器后，相比无波导，周期性结构产生了一定的频偏，频偏程度与波导连接器的形状有一定关系，最大产生约 0.7 GHz 的频偏。总体来说，天线单元性能得到了一定验证。

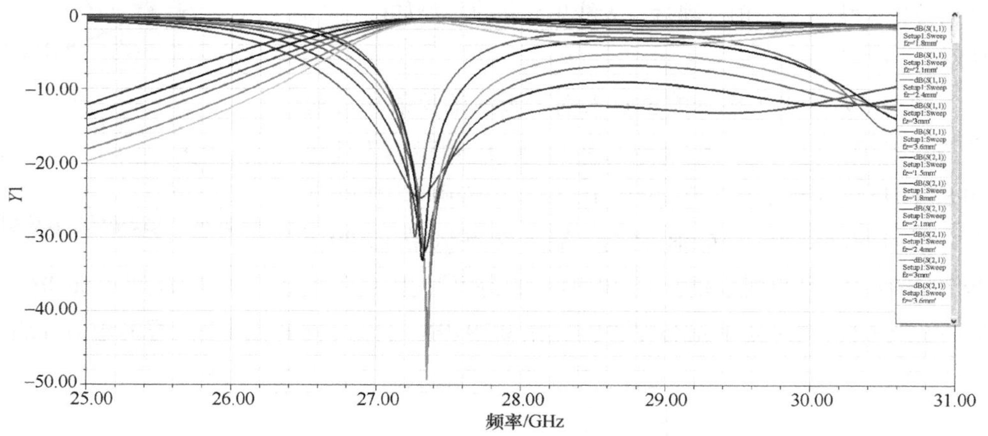

图 3-61　连接器长度对天线单元性能的影响

为了进一步获得不同单元在实际阵列中的真实性能，下面研究电磁波以不同角度斜入射时，天线单元的透射性能。在天线单元四周设置周期边界条件，通过改变 θ 和 φ 的值得到具有不同入射角度和极化模式（TE、TM）的电磁波激励情况。

图 3-62 给出了当 φ=0°，θ 取不同角度时的反射和透射系数。通过研究发现，此时入射角度 θ 在 15°至 75°时天线单元透射性能均好，即使在 θ=75°时也能保持良好的透射系数，但此时工作带宽变窄。

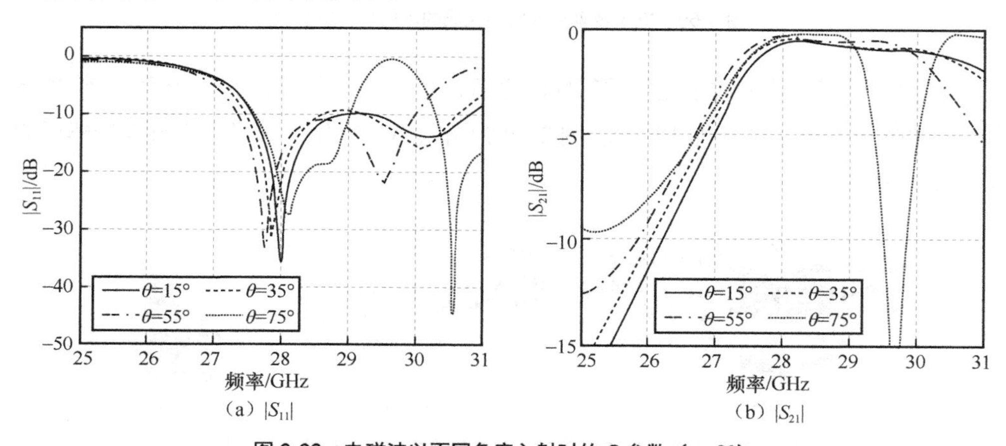

图 3-62　电磁波以不同角度入射时的 S 参数（φ=0°）

图 3-63 给出了当 φ=90°，θ取不同角度时的反射系数和透射系数，可以发现，此时入射角度θ在 15°至 45°时天线单元透射性能较好。而当入射角度θ在 50°以上时，单元的透射性能恶化严重，基本达到了难以接受的程度。

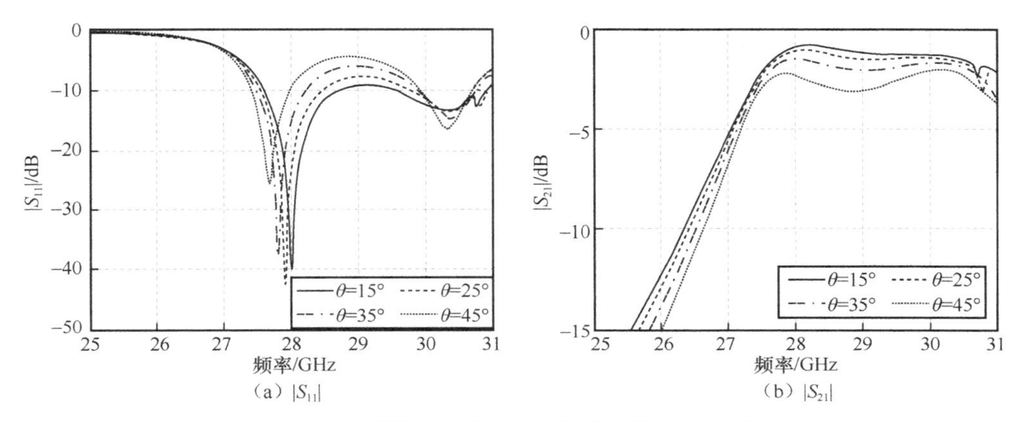

图 3-63　电磁波以不同角度入射时的 S 参数（φ=90°）

3.5.2　透射天线阵列设计

（1）馈源喇叭天线的设计

对透射单元具有一定的研究基础后，转向研究透射阵列。由透射天线阵列的工作原理可知，透射天线阵列由馈源和透射阵列口径面组成。其中，馈源喇叭在整个阵列天线设计过程中极其重要。当天线阵列的焦径比确定后，设计 10 dB 波束宽度代表透射阵面的边缘强度照射要求。

本书中选择 LB-34-10 标准增益喇叭作为透射阵列的初级辐射源，该喇叭的频率范围可覆盖 22～33 GHz 频段。根据技术文档给出的喇叭天线的参数，在 HFSS 软件中建模并对上述喇叭天线进行三维电磁仿真，其天线结构如图 3-64 所示。

喇叭天线的反射系数、远场方向图、远场增益如图 3-65～图 3-67 所示。

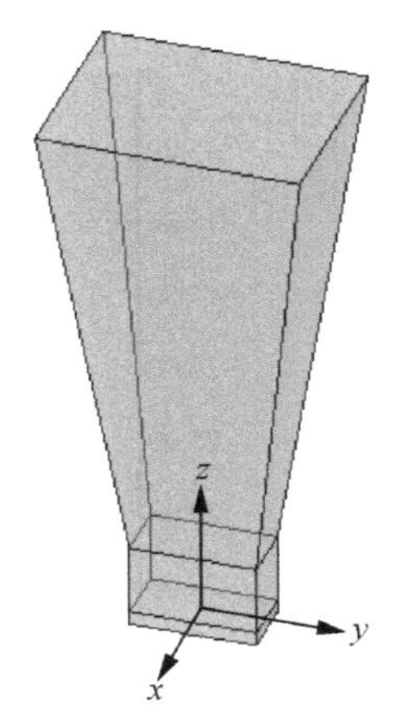

图 3-64　馈源喇叭天线结构

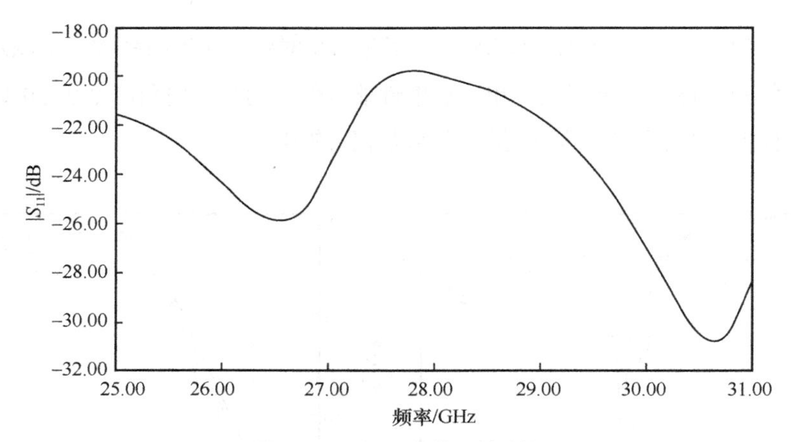

图 3-65　喇叭天线的反射系数

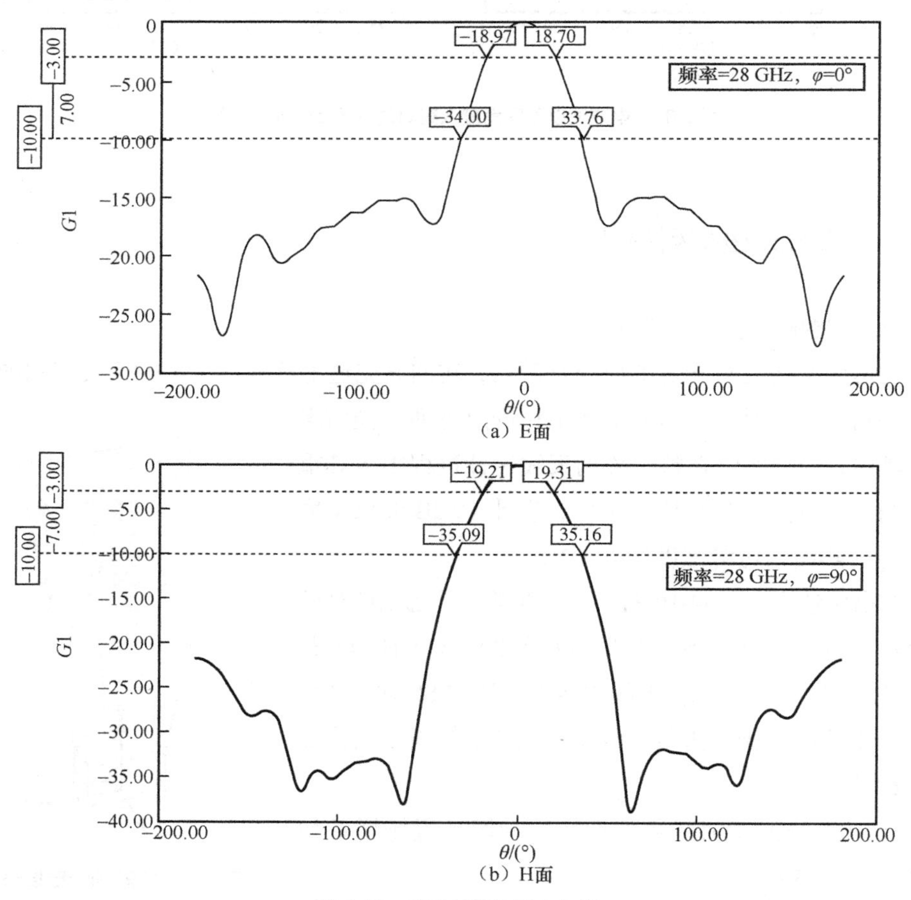

图 3-66　喇叭天线远场方向图

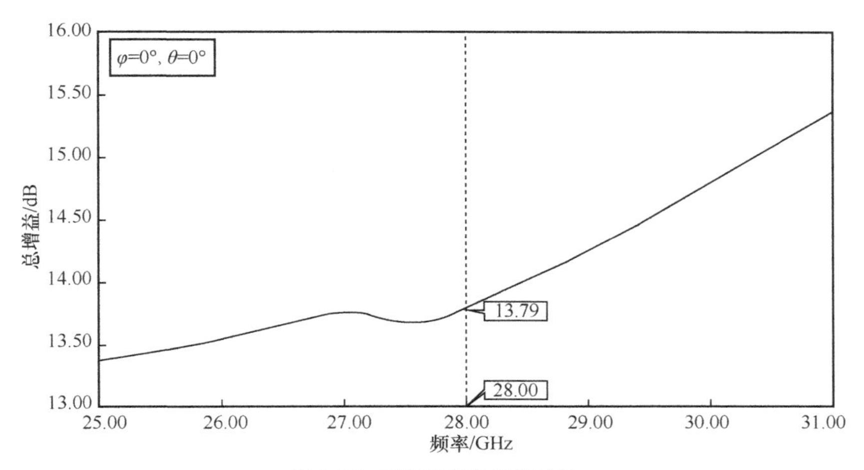

图 3-67 喇叭天线的远场增益

从图 3-67 可以看出，天线在工作频率 28 GHz 以及周围频带内阻抗匹配较好。从天线的 E 面和 H 面辐射方向图发现：E 面 3 dB 波束宽度为 37.7°，10 dB 波束宽度为 67.6°；H 面 3 dB 波束宽度为 38.5°，10 dB 波束宽度为 70.3°。天线在 28 GHz 频点处增益值为 13.79 dB，同时可以看出天线在主瓣范围内满足旋转对称特性，满足设计对馈源的要求。

（2）透射阵列相位补偿计算

透射阵列口径面由很多有规律地印刷在平面介质基板的辐射单元组成，当喇叭馈源辐射的电磁波经过空气介质到达口径面时，由于传输到各个单元的路径不同，因此各个单元接收的入射波相位不同，使电磁能量不能聚集在一起，天线的增益降低。平面透射阵列通过调节口径面各个单元的相位，对由路径造成的入射相位差进行补偿，使入射电磁波通过口径面在另一侧形成同相的高增益波束。

前面已经完成了馈源的设计以及阵列的建模工作，下面主要研究阵列的相位补偿。透射阵列的工作原理如图 3-68 所示，S_1 代表馈源到口径面中心天线的距离，此距离一般为到整个阵列单元的最短距离，S_2 代表馈源到阵列中任意一个单元的距离，ΔS 为这两个距离的差值，即由路程差导致的相位差，该差值为需要补偿的部分。

口径面上任意一个单元的电场相位为

$$\varphi(x_i, y_i) = -k_0(\boldsymbol{r}_i\hat{r}_0) = -k_0 x_i \sin\theta_0 \cos\varphi_0 - k_0 y_i \sin\theta_0 \sin\varphi_0 \tag{3-13}$$

其中，(x_i, y_i)为阵列上第 i 个单元的坐标位置，(θ_0, φ_0)代表天线主波束方向单位矢量的指向角度。

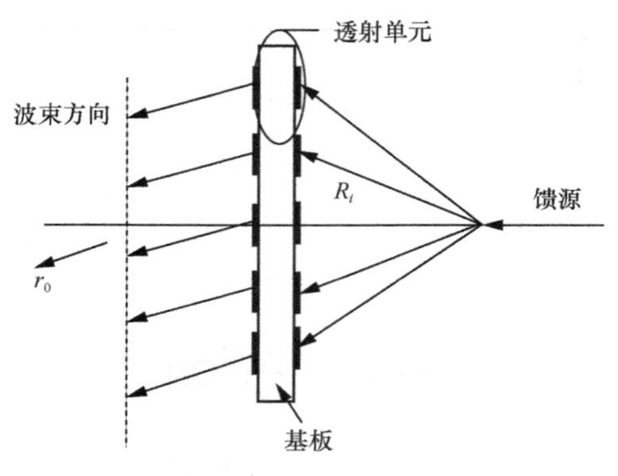

（a）阵列辐射过程

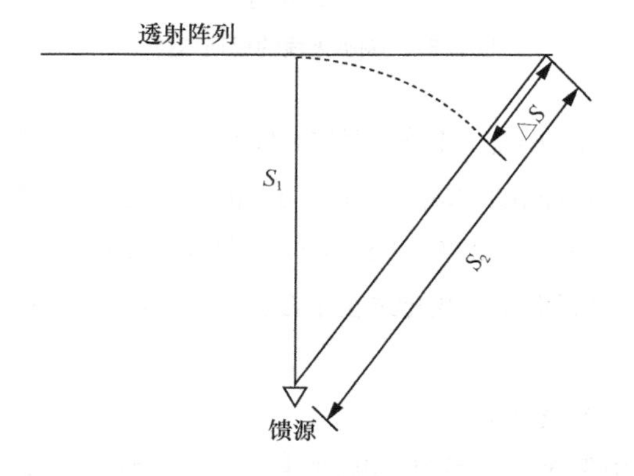

（b）空间相位延迟

图 3-68　透射阵列工作原理

若馈源天线的位置坐标为（x_0, y_0, z_0），则 R_i 可表示为

$$R_i = \sqrt{(x_i - x_0)^2 + (y_i - y_0)^2 + (z_0)^2} \tag{3-14}$$

那么口径面上任意一个单元需要补偿的相位为

$$\varphi_i(x_i, y_i) = k_0(R_i - x_i \cos\varphi_0 \sin\theta_0 + y_i \sin\varphi_0 \sin\theta_0) \tag{3-15}$$

式（3-15）即为平面透射天线阵列中补偿相位的通用表达式。

为满足设计需要，在透射阵面上横轴和竖轴上的单元数目均为 16 个，总的单元数目为 256 个。由馈源喇叭的−10 dB 波束宽度以及阵面尺寸 D 则可以计算出喇叭天线的焦距 $F = D/$（2×tan（69.97/2））=58.3 mm，透射阵列焦径比 F/D=0.7。

图 3-69 和图 3-70 给出了透射天线阵列 E 面和 H 面相扫不同角度各个单元所需要

的补偿相位。深色表示阵列中单元的所需的补偿相位为 0°，浅色表示阵列中单元所需的补偿相位为 180°。

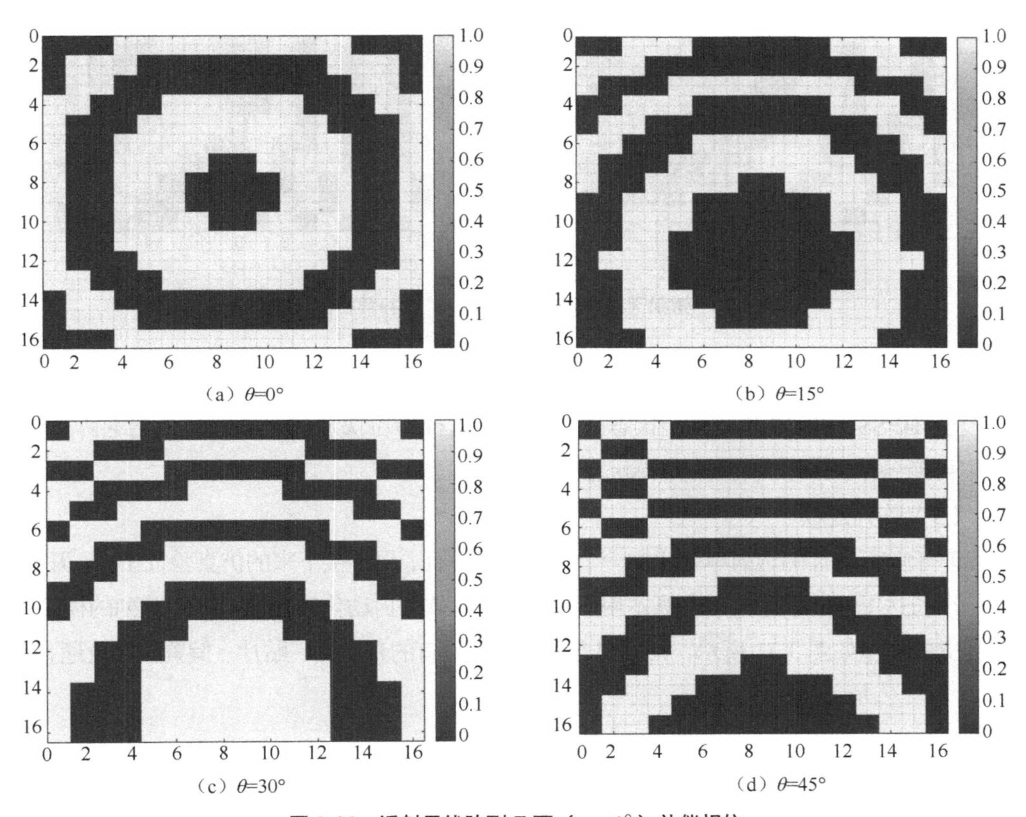

（a）θ=0°　（b）θ=15°

（c）θ=30°　（d）θ=45°

图 3-69　透射天线阵列 E 面（$\varphi=0°$）补偿相位

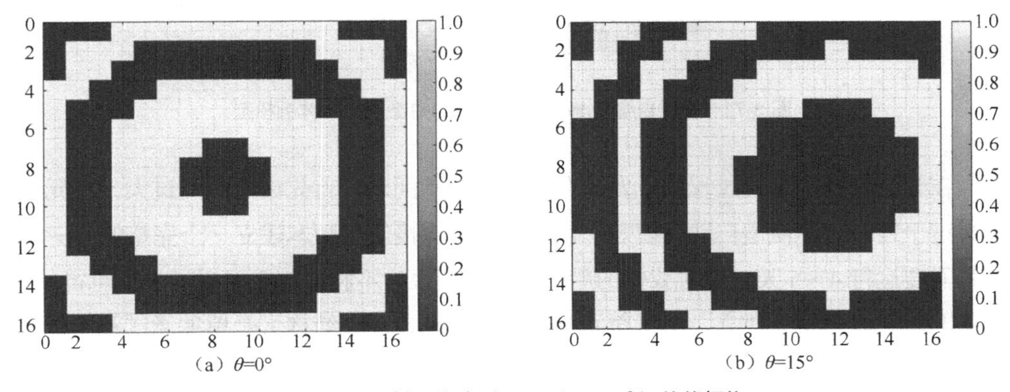

（a）θ=0°　（b）θ=15°

图 3-70　透射天线阵列 H 面（$\varphi=90°$）补偿相位

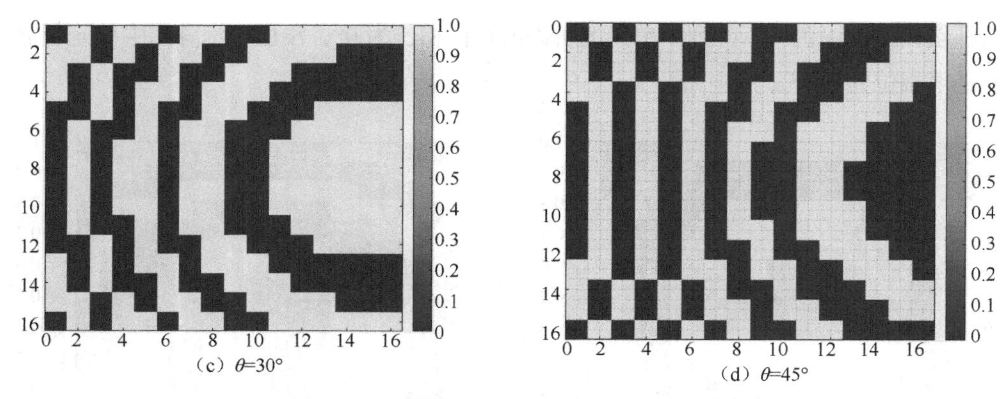

（c）θ=30°　　（d）θ=45°

图 3-70　透射天线阵列 H 面（$\varphi = 90°$）补偿相位（续）

得出各个单元所需的补偿相位后，将所需的补偿相位导出，然后通过编程实现用于改变 HFSS 软件中各个单元状态的新脚本，这样即可快速在下面建立的透射阵列模型中更新各个 PIN 二极管的开关状态。

（3）阵列建模

基于前面设计的透射单元建立一个 16×16 的阵列，用于接下来的仿真验证工作。开发了一个长达 1 936 行的 Python 脚本用于控制 HFSS 软件自动化建立该 16×16 阵列的模型，所建立的模型如图 3-71 所示，模型包含了单元中所有的介质层、贴片、偏置线以及通孔。

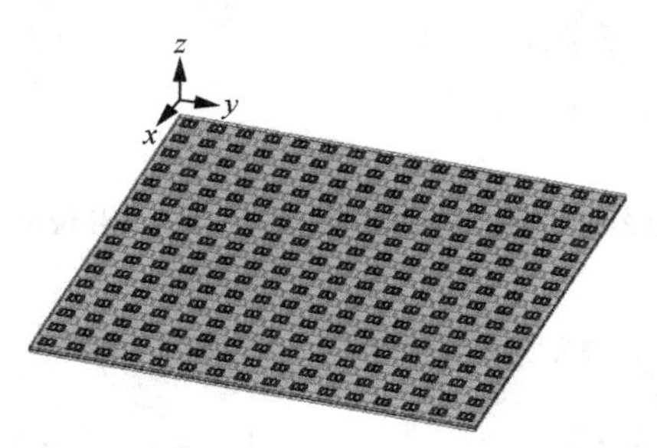

图 3-71　使用自编 Python 脚本建立的完整 16×16 阵列模型

在整个阵列的建模过程中，发现存在着严重的问题。首先由于阵列过大，单元的结果过于复杂，即使是自动建模效率也极低，若直接使用脚本建立一个完整的 16×16 阵列需要运行 4～5 天，这对我们的后续工作开展极为不利，甚至可以说是不可行的。其次即便完成模型的建立，由于单元结构较为复杂，每个结构又是单独通过基本结构的尺寸变换、布尔加减、平移、旋转等操作所建立的，进行整体模型的打开、修改、保存等操作极为卡顿，几乎无法对其进行编辑和修改。模型如此复杂，后续的仿真工作也几乎不可行，因此必须对阵列模型进行简化，以方便后续工作。

首先从天线单元结构问题着手考虑。在天线单元的多层结构中，最复杂、参数数量最多的部分是偏置层，然而偏置层对单元的性能影响应该是最小的，因此考虑先通过仿真去掉天线单元偏置层的模型，从而清楚偏置层对单元性能的影响有多大。若影响不大，则在阵列仿真中去掉所有单元的偏置层，这样可大大简化模型，缩短利用脚本建立模型的时间。

去掉偏置线的天线单元模型（透视图）如图 3-72 所示。可以看出，天线由 3 层金属层（从上到下依次为发射层、地板和接收层）构成。

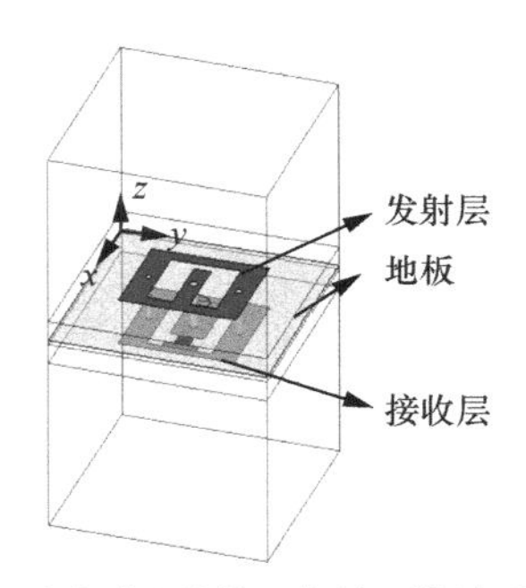

图 3-72　去掉偏置线的天线单元模型（透视图）

图 3-73 为原始模型与去掉偏置线模型的 S 参数对比。可以发现去掉偏置线后出现了极为微小的频偏，因此去掉偏置线对单元性能影响不大，在阵列仿真中可以先去掉偏置线进行仿真。

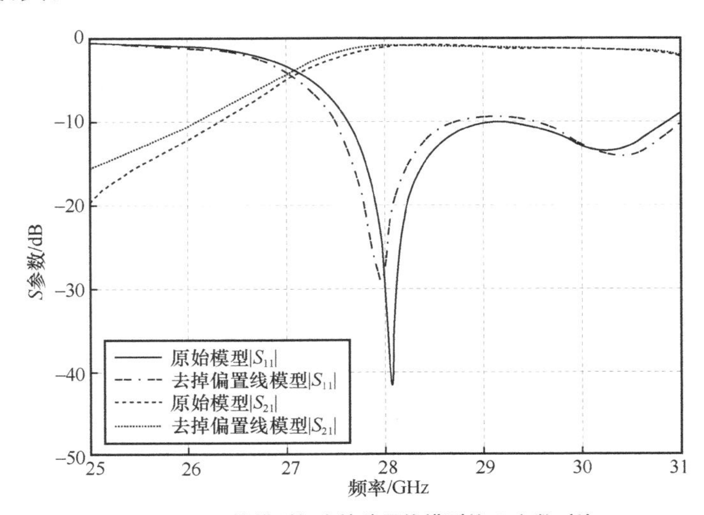

图 3-73　原始模型与去掉偏置线模型的 S 参数对比

另外，可以从脚本建模入手考虑另一种简化模型的方法。脚本建模是将所有单个物理模型分别建立再进行加减、平移、旋转等操作，操作数量极大。对于如此复杂的模型我们可以仅将需要传入参数控制的部分使用 Python 脚本建立，其他固定部分使用常规的手动复制、移动等操作建立，这样可以大大节省建模时间。

图 3-74 为将开关部分使用脚本控制建模，尝试建立了一个 4×4 的开关阵列，仅用了十几秒的时间。其他部分可以通过手动建模快速高效实现。

图 3-74 简化的另一种思路：只用脚本控制建模需要变化的部分

同时阵列仿真时可删掉所有单元的偏置层进行仿真，这样可大大简化模型，缩短阵列仿真时间。

（4）阵列设计与仿真结果

下面研究未加偏置线的透射阵列。该透射阵面上沿 x 轴和 y 轴的单元数目均为 16 个，总的单元数目为 256 个。馈源喇叭采取正馈的方式，喇叭的等效相位中心距离透射阵面焦距 F 58.3 mm，采用 FE-BI 边界仿真，透射阵列天线的整体结构如图 3-75 所示。

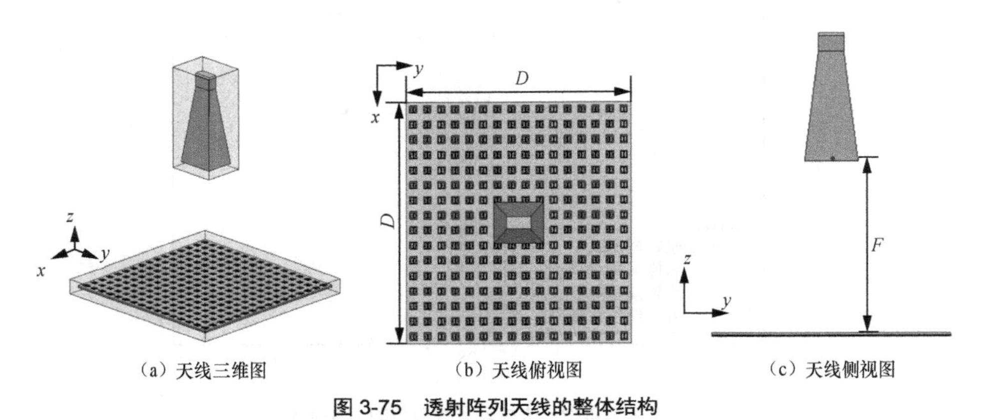

图 3-75 透射阵列天线的整体结构

图 3-76 给出了阵列 E 面相扫不同角度方向图。当 θ=0°时，阵列天线最大辐射方向为 0°，俯仰角误差为 0°，阵列天线在工作频率处的最大增益值为 20.19 dB，副瓣电平值为 13.96 dB。当 θ=15°时，阵列天线最大辐射方向为 15°，俯仰角误差为 0°，阵列天线在工作频率处的最大增益值为 21 dB，副瓣电平值为 15 dB。当 θ=30°时，阵列天线最大辐射方向为 30°，俯仰角误差为 0°，阵列天线在工作频率处的最大增益值为 20.57 dB，副瓣电平值为 11.76 dB。当 θ=45°时，阵列天线最大辐射方向为 47°，俯仰角误差为 2°，阵列天线在工作频率处的最大增益值为 19.26 dB，副瓣电平值为 10.6 dB。

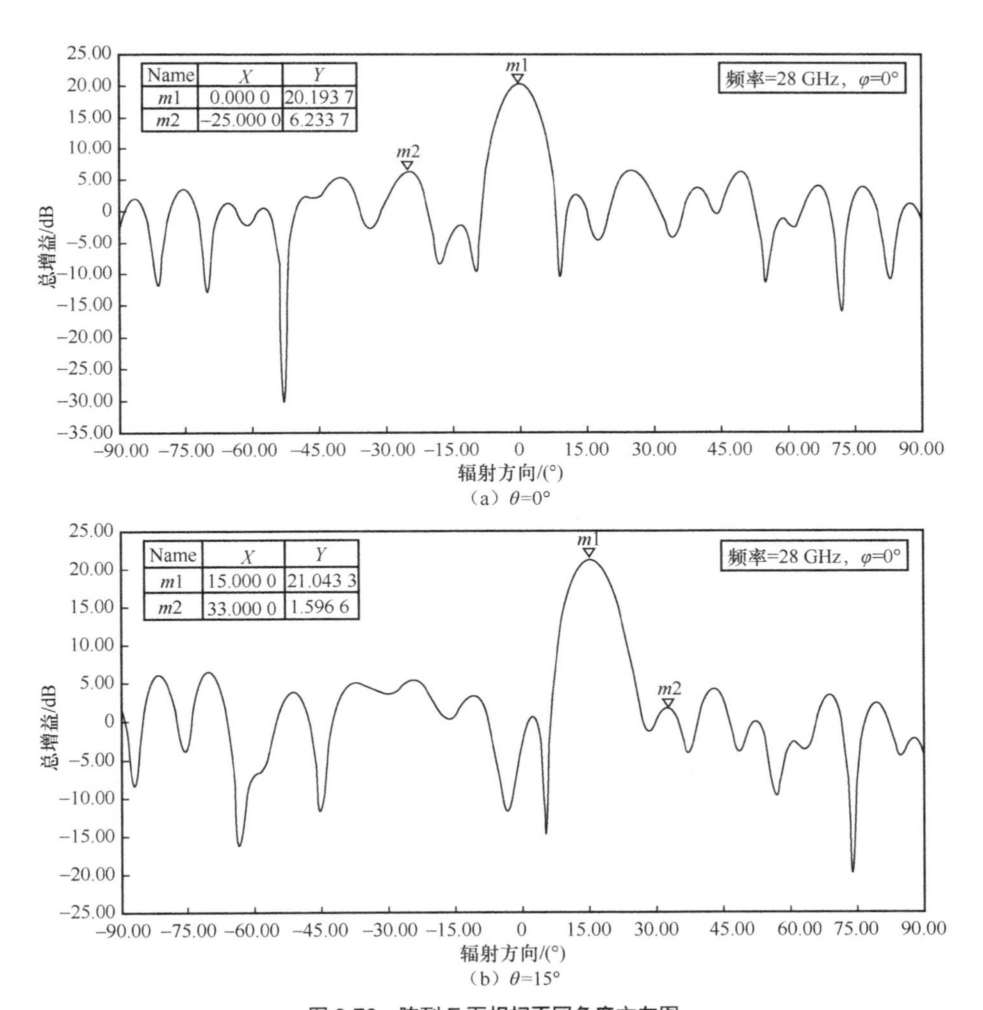

（a）θ=0°

（b）θ=15°

图 3-76　阵列 E 面相扫不同角度方向图

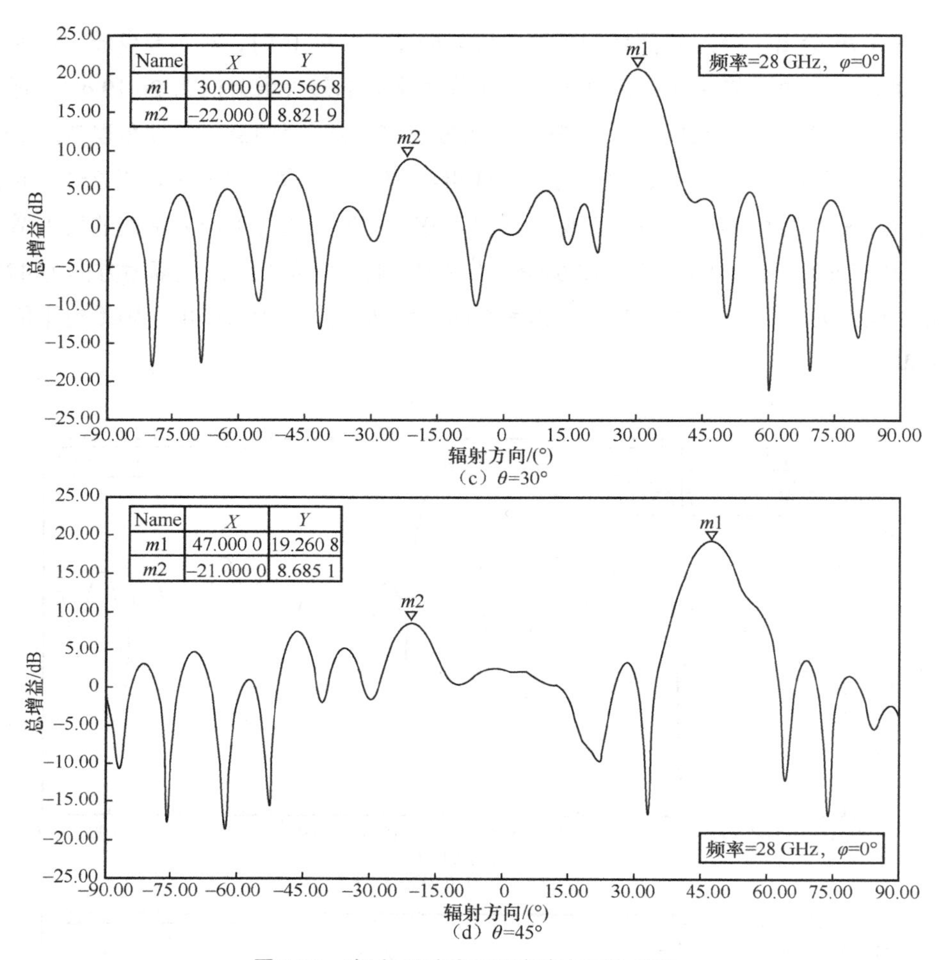

（c）θ=30°

（d）θ=45°

图 3-76 阵列 E 面相扫不同角度方向图（续）

图 3-77 给出阵列 H 面相扫不同角度的辐射方向图。从仿真计算得到的远场增益曲线可知，该透射阵列天线能够实现相扫。当 θ=0°时，阵列天线最大辐射方向为 0°，俯仰角误差为 0°，阵列天线在工作频率处的最大增益值为 20.43 dB，副瓣电平值为 15.36 dB。当 θ=15°时，阵列天线最大辐射方向为 15°，俯仰角误差为 0°，阵列天线在工作频率处的最大增益值为 21.27 dB，副瓣电平值为 14 dB。当 θ=30°时，阵列天线最大辐射方向为 30°，俯仰角误差为 0°，阵列天线在工作频率处的最大增益值为 20.53 dB，副瓣电平值为 14.5 dB。当 θ=45°时，阵列天线最大辐射方向为 47°，俯仰角误差为 2°，阵列天线在工作频率处的最大增益值为 18.44 dB，副瓣电平值为 14.7 dB。

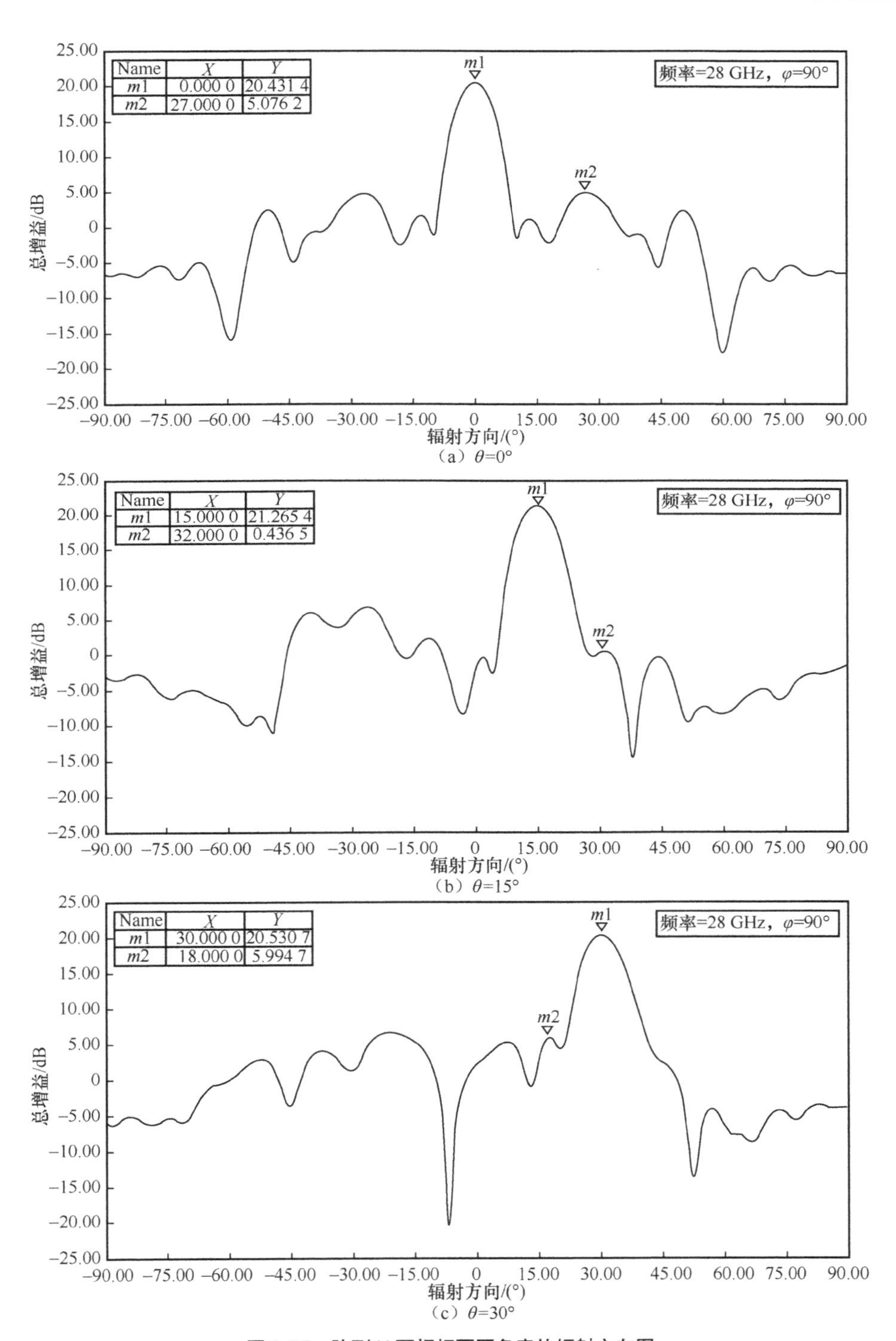

图 3-77　阵列 H 面相扫不同角度的辐射方向图

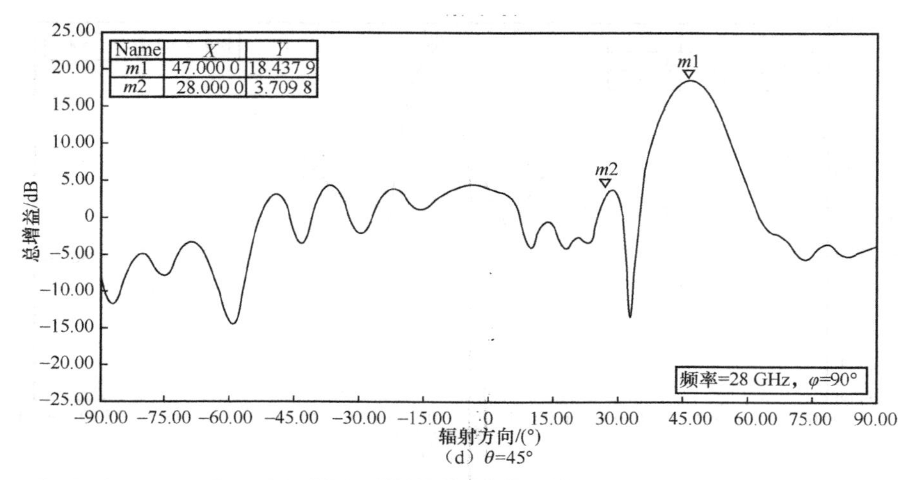

（d）θ=45°

图 3-77　阵列 H 面相扫不同角度的辐射方向图（续）

（5）基于 Matlab 的方向图综合

上一节在 HFSS 软件中 256 个仿真单元的透射阵列，其缺点在于仿真一个频点时间较长，同时对计算机性能要求较高。为了便于后续研究更大阵列以及观察更宽的频段，为促进后续对更大规模阵列的研究以及对更宽频率范围的探索，我们在 Matlab 中研究综合透射阵列方向图的策略，并在 Matlab 环境中迅速生成阵列的方向图，同时支持高效进行参数扫描优化，为透射阵列的深入分析提供了有力的辅助工具。

透射阵列示意如图 3-78 所示。假定馈源的辐射方向图为 $\boldsymbol{H}_{\mathrm{FS}}(\theta,\phi)$，每个单元可以看作两副天线通过由一个二端口网络$[S_n]$表示的移相器或者延时设备连接，其辐射方向图分别为 $\boldsymbol{H}_{1n}(\theta,\phi)$ 和 $\boldsymbol{H}_{2n}(\theta,\phi)$。

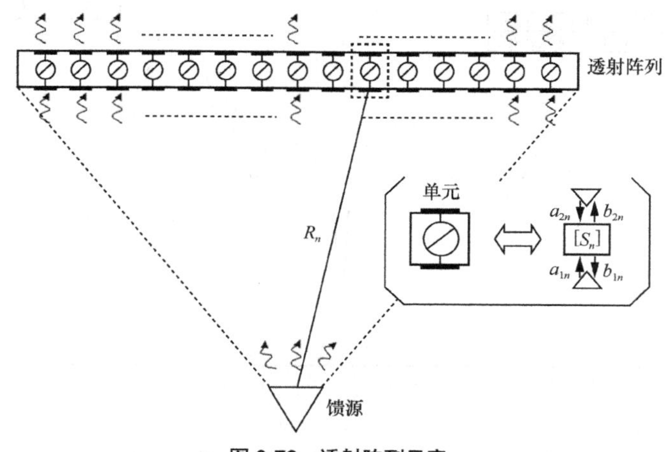

图 3-78　透射阵列示意

假定馈源的输入功率为 P_1，则单元接收的入射波 a_{1n} 由式（3-16）表示

$$a_{1n}=\sqrt{P_1}\frac{\lambda \mathrm{e}^{-\mathrm{j}2\pi R_n/\lambda}}{4\pi R_n}\boldsymbol{H}_{\mathrm{FS}}(\theta_n,\phi_n)\cdot\boldsymbol{H}_{1n}(\theta_n,\phi_n) \tag{3-16}$$

其中，R_n 代表馈源和单元之间的距离。

则透射波 b_{2n} 的计算公式为

$$b_{2n}=S_{21n}a_{1n} \tag{3-17}$$

那么透射阵列的辐射方向图 $\boldsymbol{H}_{\mathrm{TA}}(\theta,\phi)$ 即由各个单元的远场叠加得到，其表达式为

$$\boldsymbol{H}_{\mathrm{TA}}(\theta,\phi)=\sum_n b_{2n}\boldsymbol{H}_{2n}(\theta,\phi) \tag{3-18}$$

单元的移相 $\mathrm{ph}(S_{21n})$ 可以通过入射波相位 $\mathrm{ph}(a_{1n})$ 和出射波相位 $\mathrm{ph}(b_{2n})$ 计算，即

$$\mathrm{ph}(b_{2n})=\mathrm{ph}(a_{1n})+\mathrm{ph}(S_{21n}) \tag{3-19}$$

通常选用线性的相位分布来实现设计的笔形波束天线，此时的天线阵面具有最大的方向性系数。若波束指向为（θ_b，φ_b），则出射波相位为

$$\mathrm{ph}(b_{2n})=-k_0\boldsymbol{r}\boldsymbol{r}_n=-k_0\sin\theta_b\left(x_n\cos\theta_b+y_n\sin\varphi_b\right) \tag{3-20}$$

其中，$\boldsymbol{r}$ 为（θ_b，φ_b）方向的单位向量，$\boldsymbol{r}_n=(x_n,y_n)$ 为第 n 个单元的位置。

进一步可得

$$\mathrm{ph}(S_{21n})=-k_0\boldsymbol{r}\boldsymbol{r}_n=-k_0\sin\theta_b(x_n\cos\theta_b+y_n\sin\varphi_b)-\mathrm{ph}(a_{1n}) \tag{3-21}$$

式（3-19）表明，当阵面单元的传输系数相位满足式（3-19）时，阵面具有指向（θ_b，φ_b）方向的高增益波束。式（3-19）也是计算透射阵面所需移相的基本公式。

由于透射阵列量化的比特位不可能为无穷大，位数长短与单元的复杂度密切相关，因此本设计中需要采用有限位数的移相。因此，通过式（3-19）计算的初始移相还需进一步离散。对于 1 bit 阵列，离散方式采用

$$\mathrm{ph}(S_{21n})_{1\mathrm{bit}}=\begin{cases}0^\circ, & 0^\circ\leqslant \mathrm{ph}(S_{21n})<180^\circ\\ 180^\circ, & 180^\circ\leqslant \mathrm{ph}(S_{21n})<360^\circ\end{cases} \tag{3-22}$$

对于 2 bit 阵列，离散方式采用

$$\mathrm{ph}(S_{21n})_{2\mathrm{bit}}=\begin{cases}0^\circ, & 0^\circ\leqslant \mathrm{ph}(S_{21n})<90^\circ\\ 90^\circ, & 90^\circ\leqslant \mathrm{ph}(S_{21n})<180^\circ\\ 180^\circ, & 180^\circ\leqslant \mathrm{ph}(S_{21n})<270^\circ\\ 270^\circ, & 270^\circ\leqslant \mathrm{ph}(S_{21n})<360^\circ\end{cases} \tag{3-23}$$

透射阵列方向图综合步骤框图如图 3-79 所示。

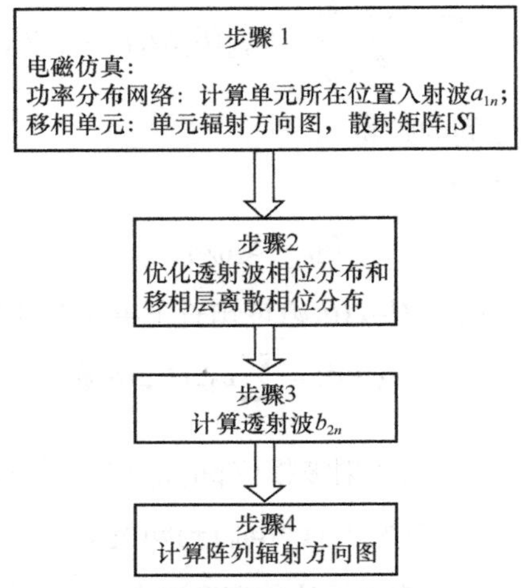

图 3-79 透射阵列方向图综合步骤框图

图 3-80 和图 3-81 分别给出了透射阵列 E 面和 H 面相扫不同角度利用 Matlab 与 HFSS 仿真得到的对比辐射方向图。

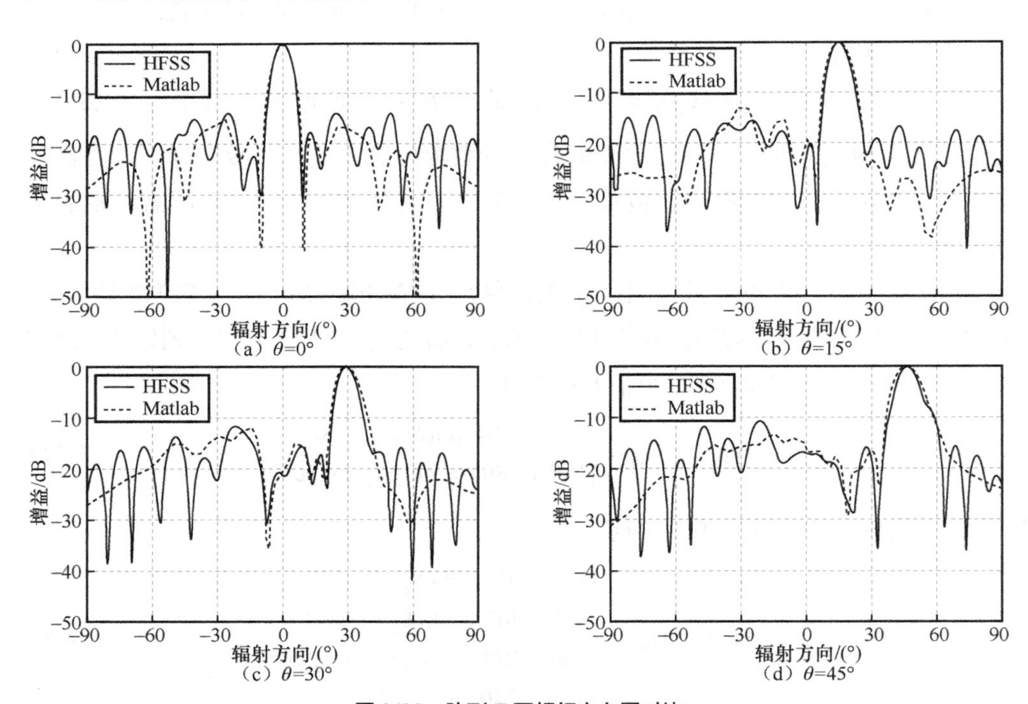

图 3-80 阵列 E 面相扫方向图对比

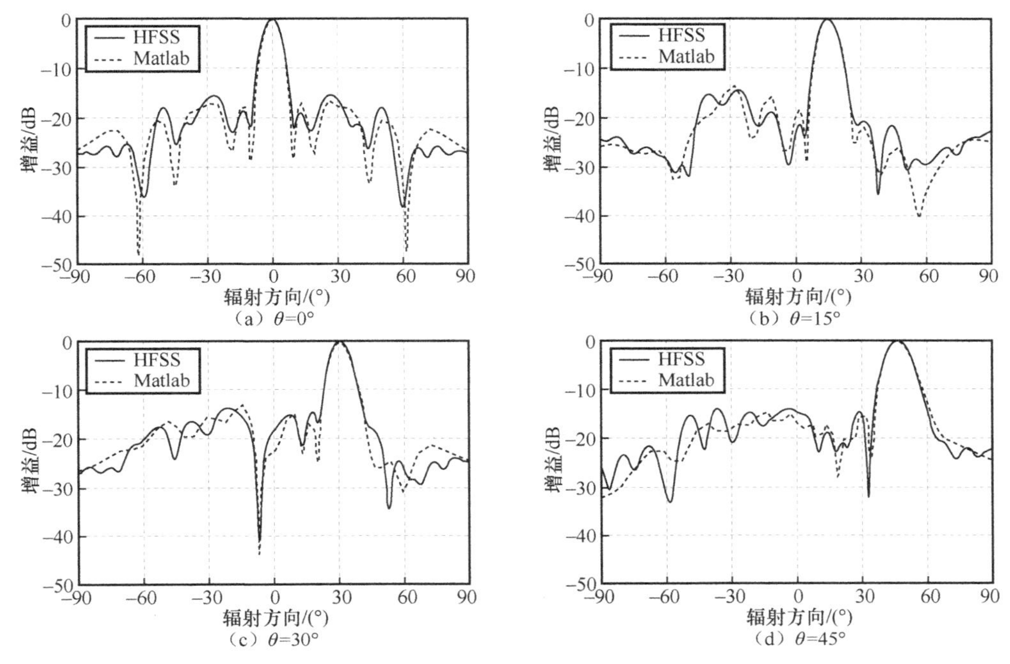

（a）θ=0°　（b）θ=15°　（c）θ=30°　（d）θ=45°

图 3-81　阵列 H 面相扫方向图对比

（6）加偏置线阵列设计与仿真结果

天线阵面共包含 256 个单元，因此天线阵列共有 256 路输出信号，输出信号通过软排线插座与波控板相连，因此天线阵面加工时需要预留柔性印刷电路（FPC）插座，这样实测时波控板和天线阵面即可通过软排线插座相接。图 3-82 给出所采用的 FPC 连接器参考图，可知该连接器共有 70 路输出信号，其中包含 4 根接地信号。

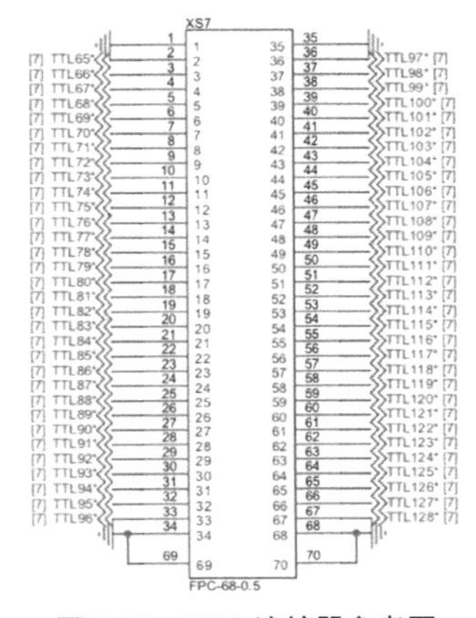

图 3-82　FPC 连接器参考图

由于天线阵列共有256路输出信号，因此可利用4个FPC软排线插座完成配置。带偏置线阵列三维模型如图3-83所示，天线阵面左右两边预留为偏置线的插口，左右分别为128根控制线和数根地线。

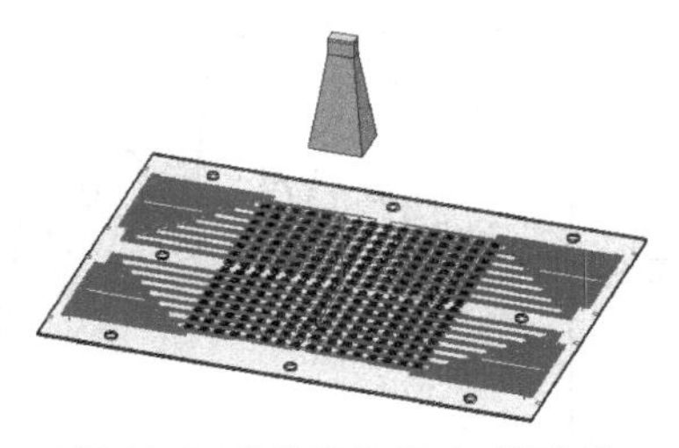

图3-83　带偏置线阵列三维模型

相比于未加偏置线阵列，该阵列每个单元均引出一根独立的偏置线以实现精确控制，其俯视图如图3-84所示。可以看出，由于空间的限制，偏置线的布线位置分为两层，分别为接收层和偏置层。其中，前4个单元引出的偏置线处于偏置层，后4个单元引出的偏置线处于接收层，接收层和偏置层通过金属柱相连。

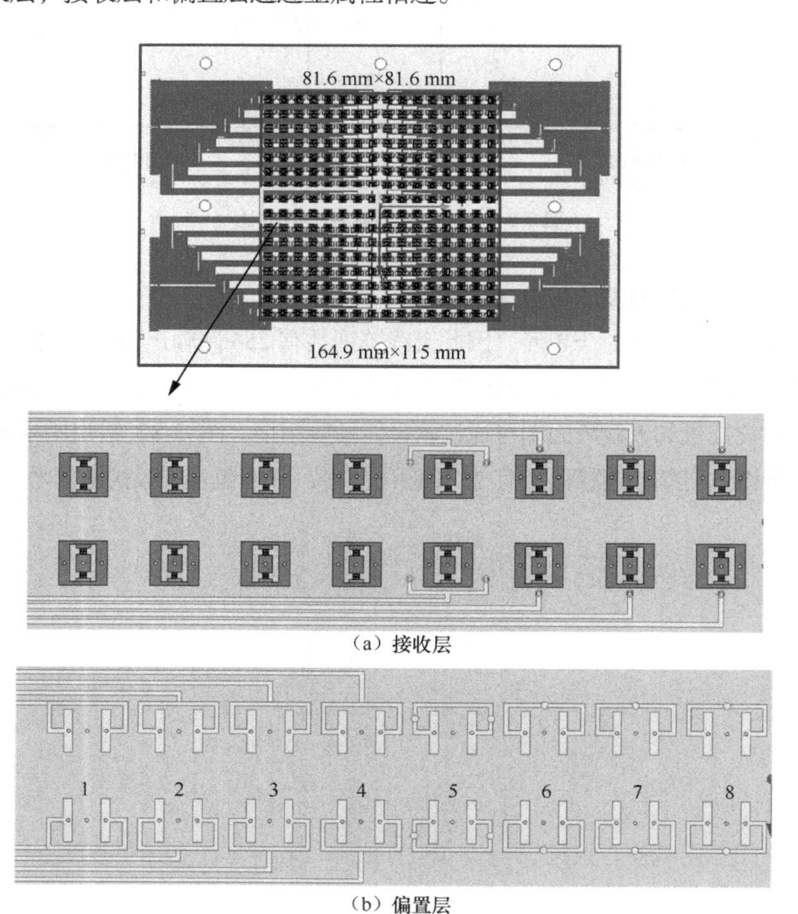

（a）接收层

（b）偏置层

图3-84　带偏置线阵列俯视图

为了便于观察，图 3-85 给出了整体阵列的四分之一部分（8×8 阵列）示意。可以看出，由于每个单元均引出一根独立的偏置线至天线阵列两侧，这相当于每个单元增加了 8 条偏置线（在接收层放置 4 条，在偏置层放置 4 条）。

图 3-86 为 28 GHz 时 φ=0°、θ=0°辐射方向图的远场增益曲线。可以看出，28 GHz 方向图与未加偏置线相比增益明显降低。考虑到加工工艺，上述阵列天线偏置线的线宽设计为 0.25 mm，由于每个单元均引出一根独立的偏置线至天线阵列两侧，对应到每个单元即相当于增加了 8 条偏置线，可能是线宽太宽导致偏置线与单元之间产生耦合效应，从而导致阵列增益急剧下降。

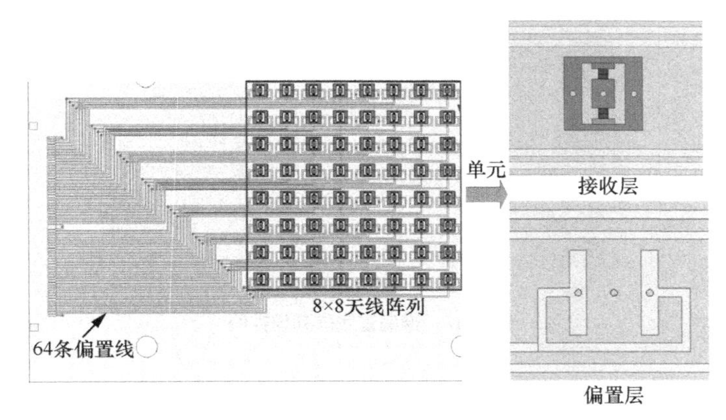

图 3-85　带偏置线阵列四分之一示意

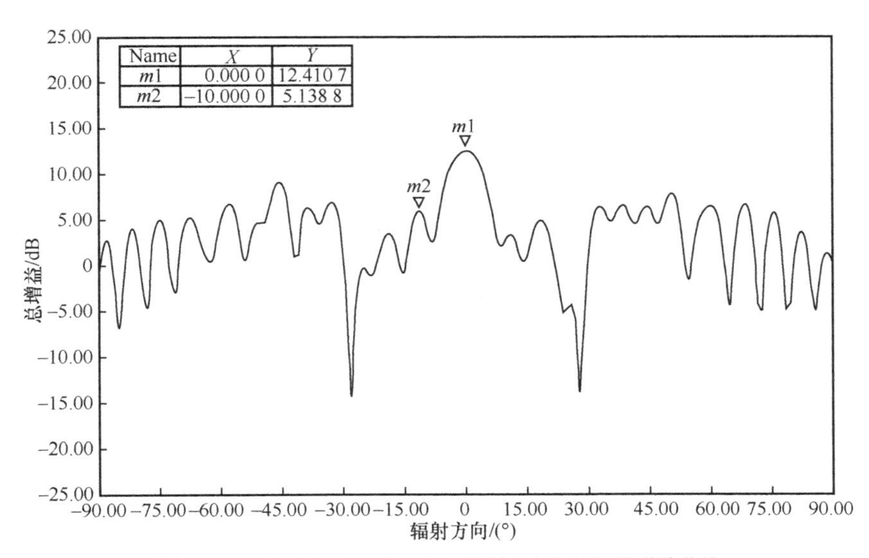

图 3-86　28 GHz 时 φ=0°、θ=0°辐射方向图的远场增益曲线

下面将偏置线的线宽设计为 0.1 mm，带偏置线阵列俯视图如图 3-87 所示。

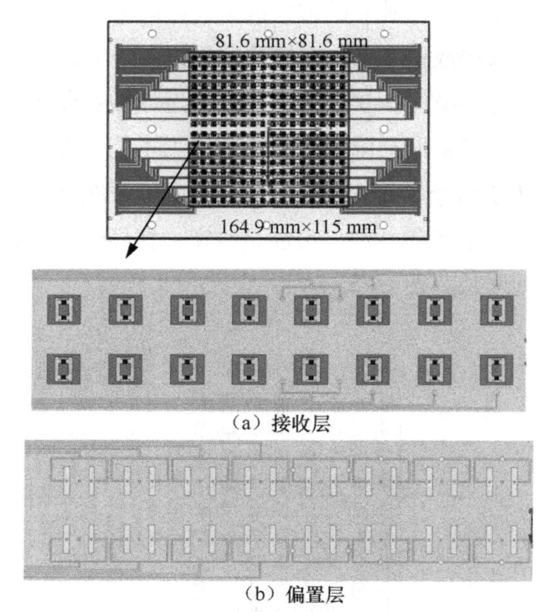

（a）接收层

（b）偏置层

图 3-87　带偏置线阵列俯视图

图 3-88 给出了偏置线的线宽为 0.1 mm 时阵列的四分之一部分示意。

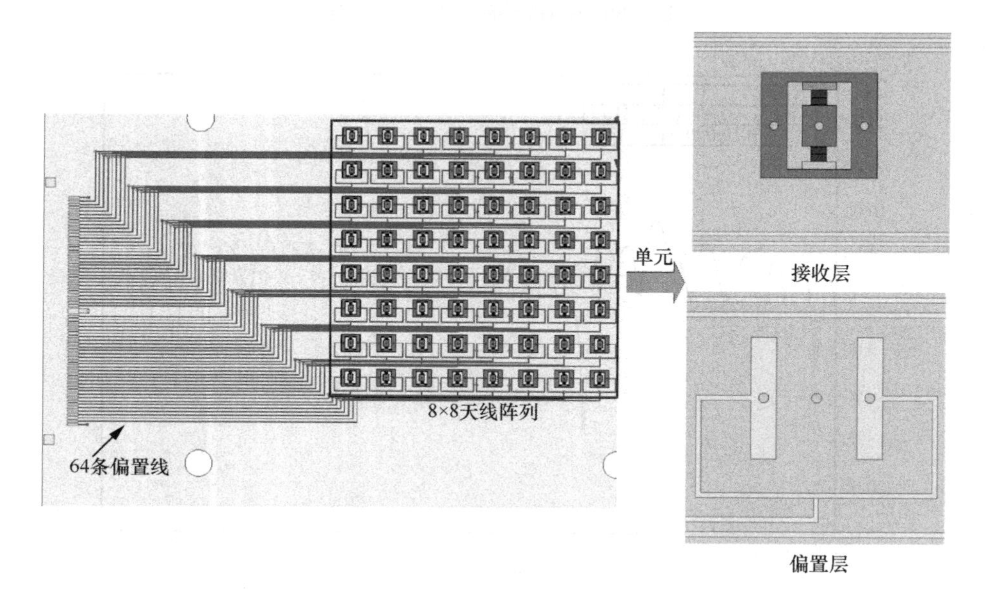

图 3-88　偏置线的线宽为 0.1 mm 时阵列的四分之一部分示意

图 3-89 给出了带偏置线阵列 E 面相扫不同角度辐射方向图。可以看出，该透射阵列天线能够实现相扫。当 θ=0°时，阵列天线最大辐射方向在 0°，俯仰角误差为 0°，阵列天线在工作频率处的最大增益值为 20.15 dB，副瓣电平值为 15.38 dB。当 θ=15°时，阵列天线最大辐射方向在 15°，俯仰角误差为 0°，阵列天线在工作频率处的最大增益值为 21.39 dB，副瓣电平值为 15.35 dB。当 θ=30°时，阵列天线最大辐射方向在 30°，俯仰角误差为 0°，阵列天线在工作频率处的最大增益值为 20.43 dB，副瓣电平值为 11.82 dB。当 θ=45°时，阵列天线最大辐射方向在 47°，俯仰角误差为 2°，阵列天线在工作频率处的最大增益值为 19.18 dB，副瓣电平值为 10.81 dB。

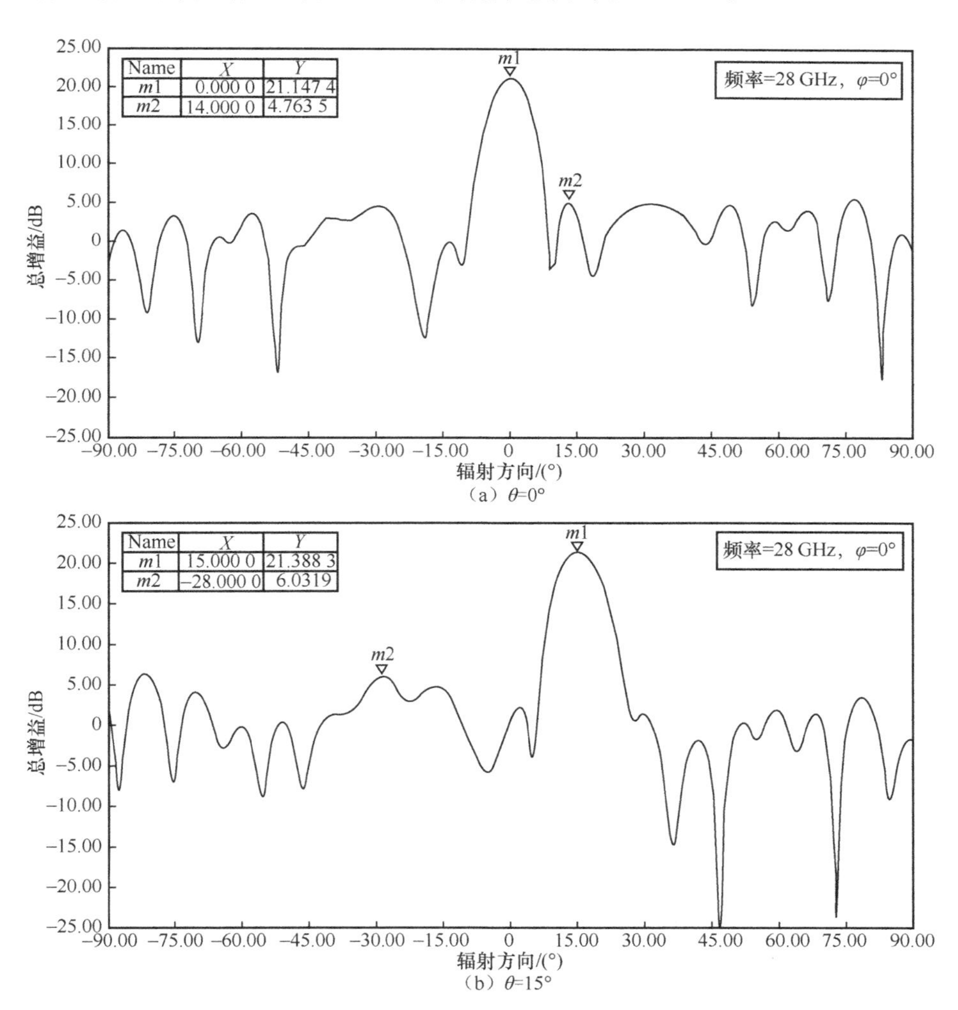

（a）θ=0°

（b）θ=15°

图 3-89　带偏置线阵列 E 面相扫不同角度辐射方向图

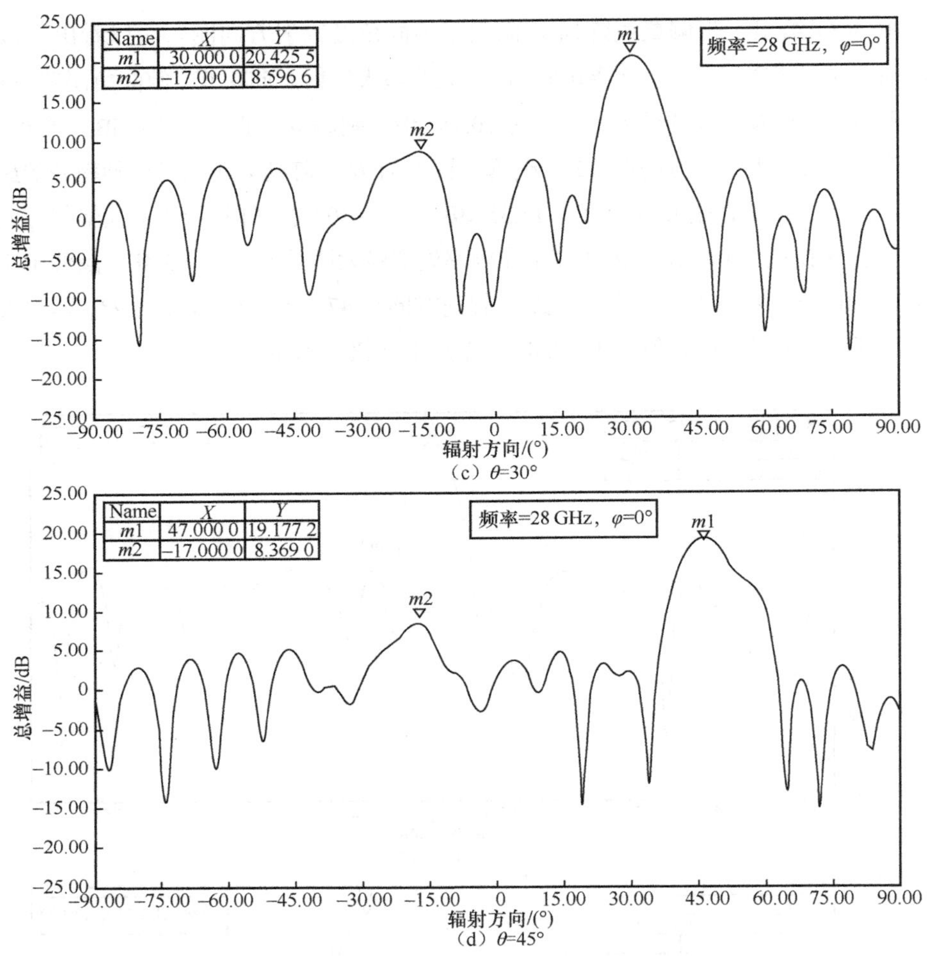

（c）θ=30°

（d）θ=45°

图 3-89　带偏置线阵列 E 面相扫不同角度辐射方向图（续）

图 3-90 给出带偏置线阵列 H 面相扫不同角度的辐射方向图。可以看出，该透射阵列天线能够实现相扫。当 θ=0°时，阵列天线最大辐射方向在 0°，俯仰角误差为 0°，阵列天线在工作频率处的最大增益值为 21.29 dB，副瓣电平值为 16.77 dB。当 θ=15°时，阵列天线最大辐射方向在 15°，俯仰角误差为 0°，阵列天线在工作频率处的最大增益值为 21.50 dB，副瓣电平值为 15.02 dB。当 θ=30°时，阵列天线最大辐射方向在 30°，俯仰角误差为 0°，阵列天线在工作频率处的最大增益值为 20.23 dB，副瓣电平值为 12.52 dB。当 θ=45°时，阵列天线最大辐射方向在 46°，俯仰角误差为 1°，阵列天线在工作频率处的最大增益值为 19.02 dB，副瓣电平值为 13.17 dB。

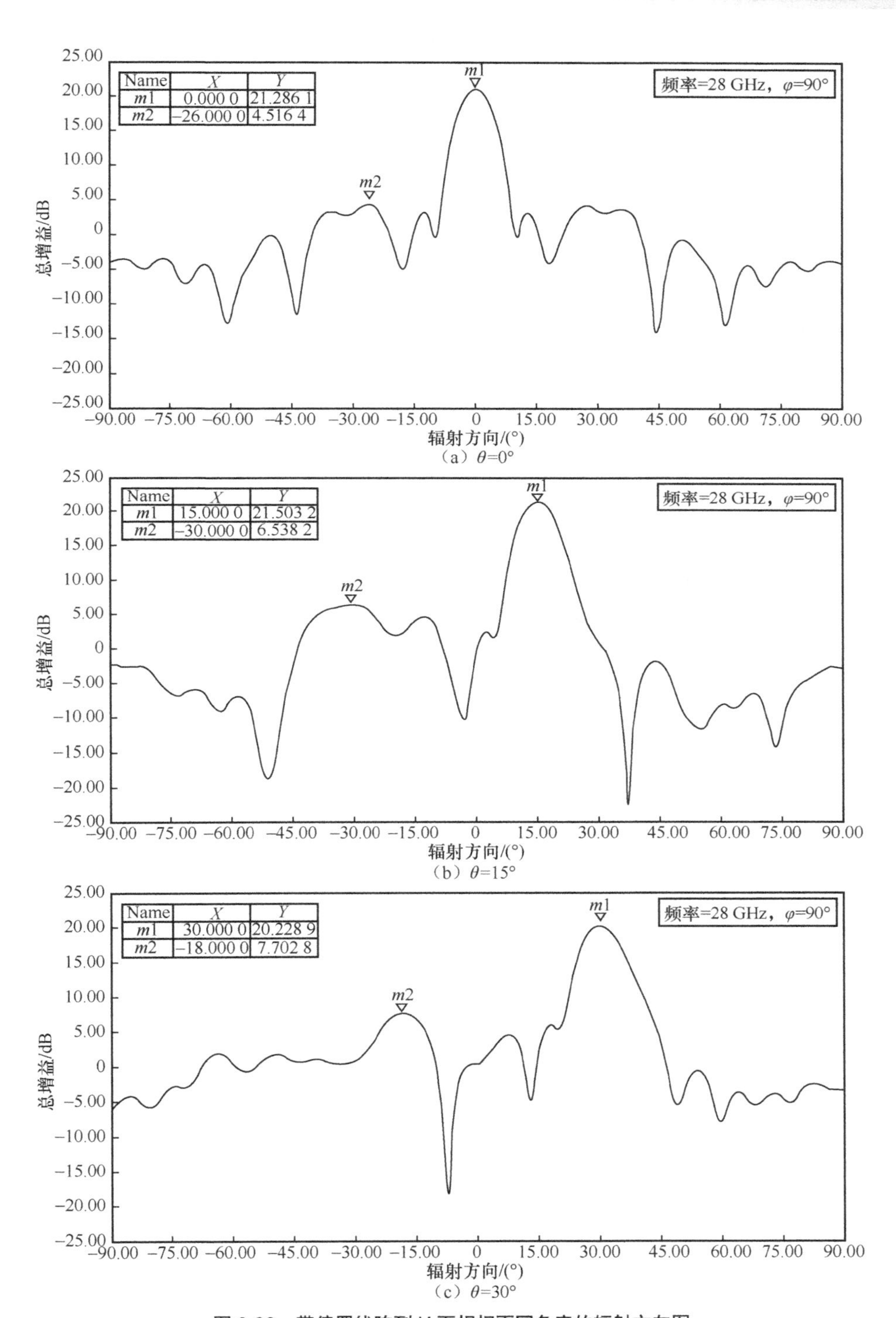

图 3-90　带偏置线阵列 H 面相扫不同角度的辐射方向图

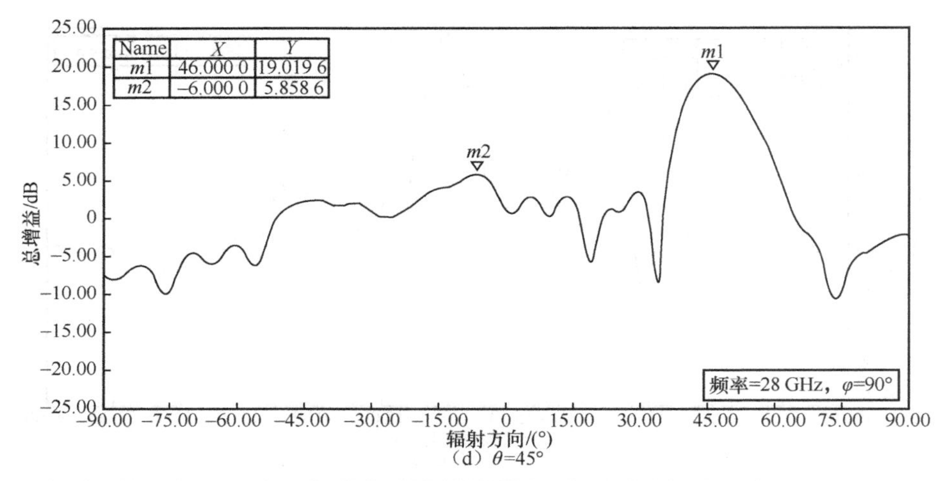

（d）θ=45°

图 3-90　带偏置线阵列 H 面相扫不同角度的辐射方向图（续）

3.6　缝隙阵列

3.6.1　波导缝隙天线阵列

为了提高天线的方向性，可在波导的同一壁上按一定规律开设多条尺寸相同的缝隙，形成波导缝隙天线阵列。波导缝隙天线阵列可分为谐振式缝隙阵列和非谐振式缝隙阵列。

（1）谐振式缝隙阵列

谐振式缝隙阵列的特点是相邻缝隙间距为 $\lambda_g/2$（宽边横缝的间距为 λ_g，但这种缝隙阵列一般不用），各缝隙同相激励，波导末端配置短路活塞。常用的两种谐振式缝隙阵列包括宽边纵缝和窄边斜缝，其几何结构如图 3-91 所示。

由于缝隙间距为 $\lambda_g/2$，电磁波在传播过程中，相邻的两个缝隙会有 180°的相位差。为了保证所有缝隙同相激励以构成缝隙阵列，应当采取措施，使相邻的缝隙再获得 180°的附加相移。因此，对于宽边纵缝形式的缝隙阵列，相邻缝隙交替地分布在波导宽边中线的两侧，这是因为中线两侧的横向电流反向，可产生 180°的附加相移；对于窄边斜缝形式的缝隙阵列，采用缝隙交替倾斜的方法，使激励获得附加的 180°相移。对于谐振式缝隙阵列，当工作频率改变（即不处于中心频率）时，缝隙间距不再是 $\lambda_g/2$，不能保持各缝隙的同相激励，导致方向图畸变，而且天线的阻抗匹配恶化。因此，这类缝隙阵列是窄带的。

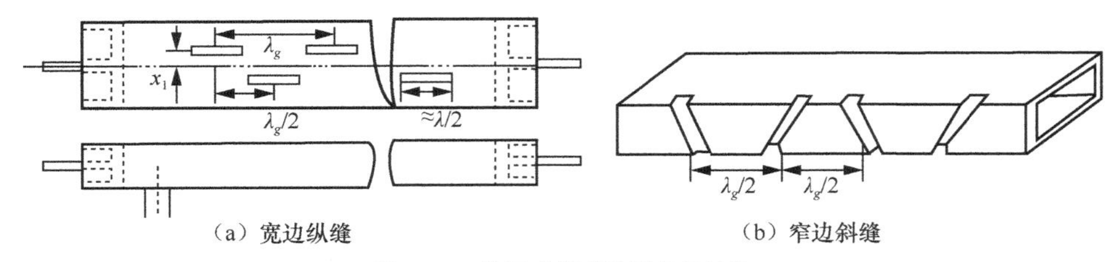

（a）宽边纵缝　　（b）窄边斜缝

图 3-91　谐振式缝隙阵列几何结构

以上两种缝隙阵列的等效电路模型均是并联式导纳。相邻缝隙的间距为 $\lambda_g/2$，因此从一端馈电的输入电导等于 N 个缝隙的电导之和，即

$$g_{\text{in}} = \sum_{i=1}^{N} g_i \tag{3-24}$$

为了保证输入阻抗匹配，要求 $g_{\text{in}} = 1$。同时忽略缝隙互耦影响，则有

$$g_i = Ka_i^2 \tag{3-25}$$

其中，a_i 为缝隙 i 的相对激励幅度，K 为常数。根据所需的各缝隙相对振幅分布情况（即 a_i 的值），并结合式（3-24）和式（3-25），可求出 K 的值，进而得到 g_i 的值。再根据缝隙电导计算公式，可求得各缝隙的相对位置（对于宽边纵缝，是偏离中线位置 x_1；对于窄边斜缝，则是倾斜角度）。

（2）非谐振式缝隙阵列

非谐振式缝隙阵列的特点是缝隙间距大于或小于 $\lambda_g/2$，或小于 λ_g（对于宽边横缝），波导末端采用匹配负载。在这类缝隙阵列中，波导中近似传播行波，天线能够在较宽的频带上保持良好的匹配。天线阵列的各缝隙不同相激励，具有线性相差。因此，天线阵列的方向图主板偏离缝隙面法向。

下面讨论非谐振式缝隙阵列的导纳求解方法。缝隙阵列中的缝隙间存在互耦效应，而互耦会影响各个缝隙的等效导纳。因此，在求解缝隙阵列的导纳时，需要考虑互耦效应。这里利用功率传输法来分析缝隙阵列的导纳计算方法，非谐振式波导缝隙阵列的等效电路示意如图 3-92 所示，图中 y_L=1，为波导末端匹配负载的归一化电导。各符号定义如下：

$y_i = g_i + \mathrm{j}b_i$——第 i 个缝隙的归一化导纳；

$y_i^+ = g_i^+ + \mathrm{j}b_i^+$——第 i 个缝隙右侧向负载看去的归一化导纳；

$y_i^- = g_i^- + \mathrm{j}b_i^-$——第 i 个缝隙左侧向负载看去的归一化导纳；

p_{ri}——第 i 个缝隙的辐射功率；

p_i^+——第 i 个缝隙右侧向负载传输的功率；

p_i^-——第 i 个缝隙左侧向负载传输的功率。

其中，缝隙导纳是考虑缝隙间互耦后的等效导纳，以上功率均指有功功率。

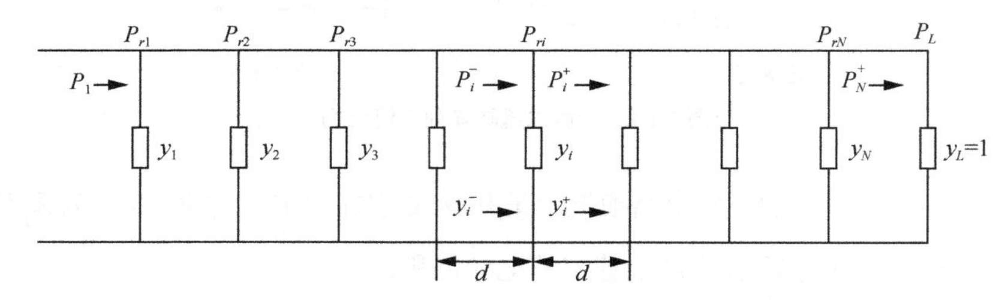

图 3-92　非谐振式波导缝隙阵列的等效电路示意

由等效电路可知，第 i 个缝隙的归一化电导为

$$g_i = \frac{p_{ri}}{p_i^+} g_i^+ \tag{3-26}$$

将式（3-26）转换为两个因子的乘积可得

$$g_i = G_i g_i^+ \to G_i = \frac{p_{ri}}{p_i^+} \tag{3-27}$$

当 N 较大，且考虑波导处于行波状态时，有 $g_i^+ = 1$，则可推出

$$g_i = G_i \tag{3-28}$$

波导具有很低的损耗，当波导较短时，可忽略传播损耗。当波导很长时，传播损耗往往不能忽略掉。因此，为了考虑更为一般的情形，下面展示波导损耗不能忽略的情况下 G_i 的计算方法。

假设波导的衰减常数为 α，则波导内电磁波经过距离 d 后的衰减倍数为

$$A = \mathrm{e}^{-2\alpha d} \tag{3-29}$$

根据等效电路，对第 i 个缝隙有

$$p_i^+ = A^{i-1}(p_1 - \sum_{j=1}^{i} p_{rj} A^{-j+1}) \tag{3-30}$$

其中，i=1,2,3,…,N，N 为缝隙总个数。

将式（3-30）代入式（3-27）可得

$$G_i = \frac{p_{ri} A^{-i+1}}{p_1 - \sum_{j=1}^{i} p_{rj} A^{-j+1}} \tag{3-31}$$

假设各缝隙的相对激励幅度已知（由缝隙阵列的辐射特性所确定），且表示为 $a_1, a_2, \cdots, a_n$，而各缝隙的辐射功率的比值与相对激励幅度的平方呈正比。同时，定义天线的辐射效率为 η_a，则有

$$\eta_a = \frac{\sum_{j=1}^{N} p_{rj}}{p_1} \tag{3-32}$$

把式（3-32）代入式（3-31），得

$$G_i = \frac{p_{ri} A^{-i+1}}{\frac{1}{\eta_a}\sum_{j=1}^{N} p_{rj} - \sum_{j=1}^{i} p_{rj} A^{-j+1}} = \frac{a_i^2 A^{-i+1}}{\frac{1}{\eta_a}\sum_{j=1}^{N} a_j^2 - \sum_{j=1}^{i} a_j^2 A^{-j+1}} \tag{3-33}$$

由于相对幅度分布已知（即 $a_1, a_2, \cdots, a_n$ 已知），因此对于给定的天线效率 η_a，通过式（3-33）可推导出 G_i，再根据式（3-27）得到第 i 个缝隙的等效电导值 g_i。再根据缝隙电导值计算公式，推算出缝隙的位置（对于宽边纵缝，是偏离中线位置；对于窄边斜缝，则是倾斜角度）。

同时需要注意的是，计算出的 g_i 值不应过大，即不超过某最大值 $g_{\max}$。这是因为：使缝隙对波导为弱耦合，这时波导内主模占优势，且近于行波工作状态；太大的缝隙电导值可能无法实现。一般取 $g_{\max}$ 为 $0.1 \sim 0.2$。若计算出的电导值超过 $g_{\max}$，则考虑减小 η_a 的值重新计算。

天线输入端的驻波比（即天线的阻抗匹配）与缝隙间距 d 有关。根据天线和馈线匹配的要求，d 一般是略大于或者略小于 $\lambda_g / 2$。这里通过分析反射系数来计算驻波比。从天线末端起逐个计算每个缝隙后的反射系数，且变换到缝隙前，即可得到输入端的反射系数。对于非谐振式缝隙阵列，末端是已匹配的（即 $\varGamma_L = 0$），推导出的输入端反射系数为

$$\varGamma_{\text{in}} = \frac{\sum_{i=1}^{n} \frac{1}{2}(g_i + \mathrm{j} b_i) \mathrm{e}^{-\mathrm{j}\gamma i d}}{1 + \sum_{i=1}^{n} \frac{1}{2}(g_i + \mathrm{j} b_i)} \tag{3-34}$$

频率变化时，式（3-34）的指数部分也会变化，而且单个缝隙的导纳也要变化。不过，频率变化不大时，导纳变化也很小，对输入端的反射系数影响较小，可以假设为常数，从而可认为反射系数只随着分子的指数变化。若假定所有导纳为常数，则有

$$\Gamma_{\text{in}}=\frac{\frac{n}{2}(g_i+\mathrm{j}b_i)\mathrm{e}^{-\mathrm{j}\gamma(n+1)d}}{\frac{n}{2}(g_i+\mathrm{j}b_i)}\frac{\sin(\gamma nd)}{\sin(\gamma d)} \tag{3-35}$$

（3）波导缝隙阵列的方向图与方向性

波导缝隙阵列的方向图可用方向图乘积定理给出，即缝隙单元的方向图与阵因子的乘积。假定各缝隙等幅激励，则通过 z 轴与缝隙平面垂直的平面内

$$F(\theta)=Bf_1(\theta)\frac{\sin\left(\frac{n}{2}(kd\sin\theta-\beta)\right)}{\sin\left(\frac{1}{2}(kd\sin\theta-\beta)\right)} \tag{3-36}$$

其中，B 为归一化因子，n 为缝隙个数，θ 是射线与缝隙平面法线的夹角，$f_1(\theta)$ 为单个缝隙的方向图函数。其中，单个波导缝隙的方向图可引用理想缝隙天线的结果，即

$$f_1(\theta)=\begin{cases}\dfrac{\cos(kl\sin\theta-\cos(kl))}{\cos\theta}, & \text{纵缝}\\ \text{常数}, & \text{横缝}\end{cases} \tag{3-37}$$

对于波导缝隙天线阵列的方向性系数，在工程上可按照下式近似求得（其中 n 为缝隙个数）

$$D=3.2n \tag{3-38}$$

3.6.2 毫米波波导缝隙天线阵列设计实例

上一节给出了波导缝隙阵列的一般设计方法，从缝隙阵列结构以及分析方法可看出，上述缝隙阵列都是线阵，且激励端口在缝隙阵列的一侧（端馈）。在实际应用中，通常是通过功分馈电网络将若干个线阵组成缝隙面阵。图 3-93 是单层结构端馈电波导缝隙面阵[1]。每一个缝隙线阵由单个波导管组成，在波导管宽边沿着传播方向开设一系列纵缝，且纵缝交替排列在波导中线两侧。该缝隙线阵与上一节所示的缝隙阵列类似，因此可采用上述分析方法进行设计。该面阵由 16 个线阵组成，因此，设计一分十

六的功分器对 16 个线阵进行馈电，如图 3-93（a）所示，在缝隙阵列的一侧利用 T 形接头进行功分器的设计。图 3-93（b）是该面阵在 H 面的辐射方向图，即沿着线阵波导管传播方向。可以看出，只有在中心频率时，主瓣处于线阵中心法线方向，而偏离中心频率的主瓣则不处于中心法线方向，即有一定的偏转角度。这是因为只有在中心频率时，缝隙间距是半个波长，此时各缝隙是同相激励。为了解决这个问题，可以对缝隙线阵采用中间馈电[2]，如图 3-94（a）所示。此时每个波导管上的缝隙线阵可以看作由两个对称的端馈缝隙线阵组成，由图 3-94（b）可知，所有频点处的方向图主瓣都处于中心法线位置。串馈缝隙阵列的阻抗带宽与行波工作的波导管的电长度呈反比（由馈电端口沿着行波传播方向的波导管长度），这种现象称为长线效应。

文献[2]的中间馈电可以减少长线效应，但效果不明显，其带宽还是较窄。为了提高阻抗带宽，文献[3]提出了一种新型的馈电方法来进一步减少长线效应，即并联馈电方法。并联馈电分为全并联馈电和部分并联馈电。图 3-95 显示了几种部分并联馈电的单层波导缝隙阵列结构。整个天线口径分为 2 个单元、4 个单元和 16 个单元。相比中间馈电的缝隙阵列，4 个单元和 16 个单元阵列中每个单元中的辐射波导的长度分别缩减 1/2 和 1/4，且在两个维度上减小了长线效应，从而可以提高天线的阻抗带宽。图 3-96 对比 3 种馈电方式的方向性，其中两个 C 点之间的频带范围表示中间馈电缝隙阵列的方向性大于 40 dB，两个 B 点之间的频带范围表示 4 个单元缝隙阵列的方向性大于 40 dB，两个 A 点之间的频带范围表示 16 个单元缝隙阵列的方向性大于 40 dB。可见，采用部分并联馈电后，天线的工作带宽增加了，且天线口径分得越细，工作带宽越宽。

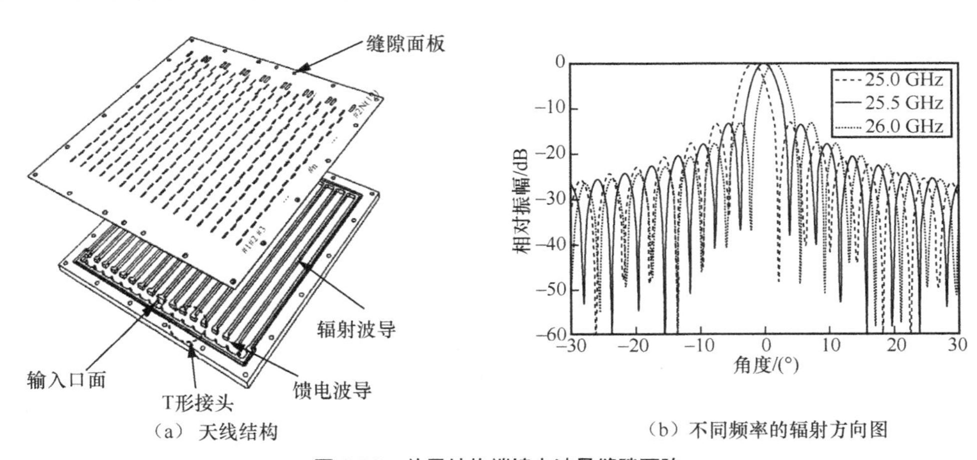

（a）天线结构　　（b）不同频率的辐射方向图

图 3-93　单层结构端馈电波导缝隙面阵

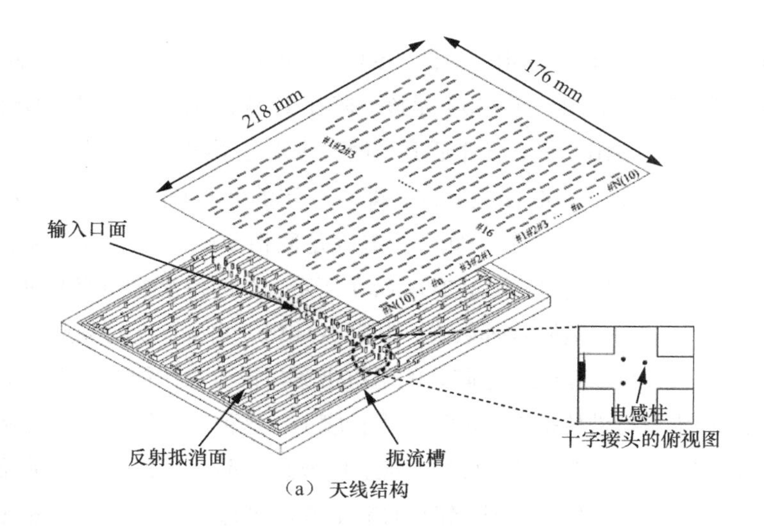

（a）天线结构

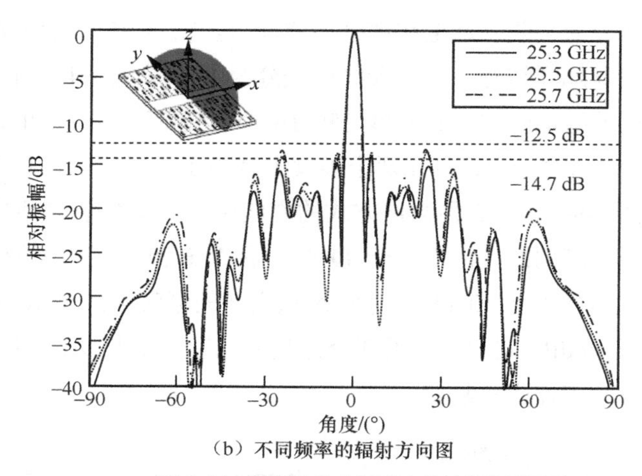

（b）不同频率的辐射方向图

图 3-94　单层结构中间馈电的波导缝隙面阵

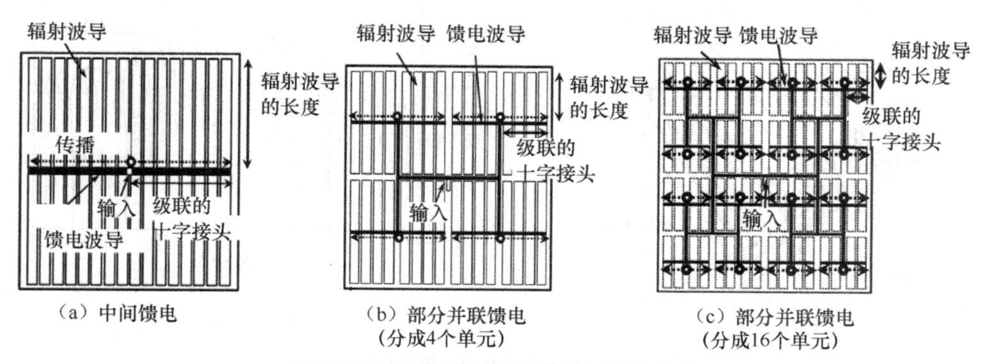

（a）中间馈电　（b）部分并联馈电（分成4个单元）　（c）部分并联馈电（分成16个单元）

图 3-95　部分并联馈电的单层波导缝隙面阵

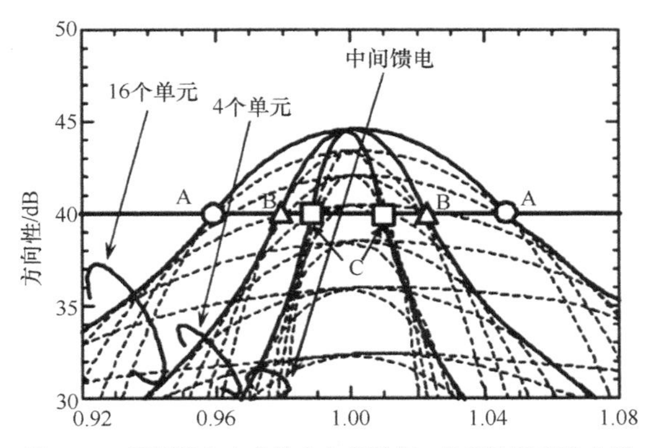

图 3-96　不同馈电方式的方向性随归一化频率的变化曲线

文献[4]设计了一款可用于车载雷达与通信的高增益低副瓣毫米波缝隙阵列天线。77 GHz 车载雷达已经被广泛应用于自动驾驶。对于远距离自动驾驶车载雷达，探测范围一般可达 200 m。同时，为了提高探测精度，波束带宽要求在 2°～5°，另外，需要天线具有低副瓣性能来降低副瓣所带来的干扰。车载通信系统一般采用毫米波技术来减小天线尺寸以及提高增益，比如 E-band。高增益低副瓣 32×64 毫米波背腔缝隙阵列如图 3-97 所示。

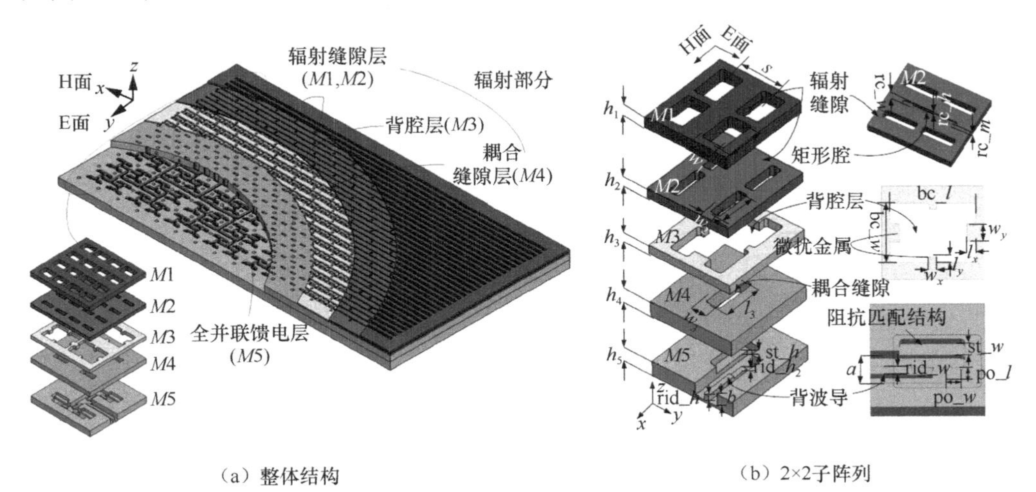

（a）整体结构　　　　（b）2×2子阵列

图 3-97　高增益低副瓣 32×64 毫米波背腔缝隙阵列

第 1 层和第 2 层是具有不同缝隙尺寸的辐射缝隙层，可提高天线的工作带宽。第 3 层是背腔层，第 4 层是耦合缝隙层，用于激励腔体，第 5 层是基于脊波导结构的全并联馈电层。这里利用泰勒分布设计方法实现低副瓣性能，因而在馈电层中，利用

图 3-98（a）所示的不等幅功分器，实现所需的缝隙单元的幅度分布，基于泰勒分布的阵列幅度分布情况如图 3-98（b）所示。最终测量结果显示，该毫米波 32×64 阵列可实现 13%的阻抗带宽（覆盖 71～81 GHz），其最大增益高达 39.4 dBi，E 面和 H 面的波束宽度分别为 2°和 1.1°，E 面和 H 面的副瓣抑制分别大于 19 dB 和 24 dB，交叉极化优于−36 dB。测量结果如图 3-99 所示。

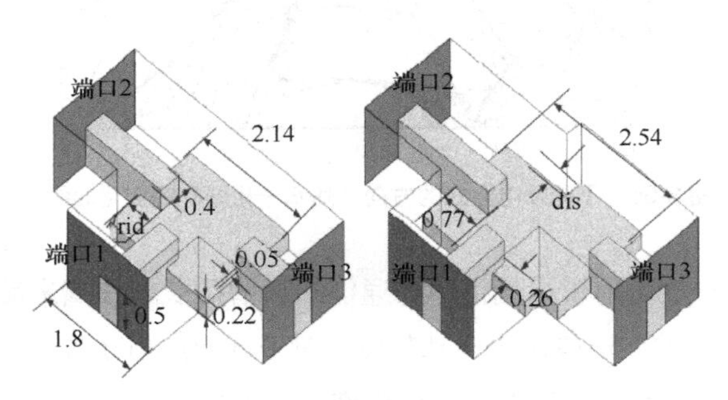

（a）不等幅功分器结构

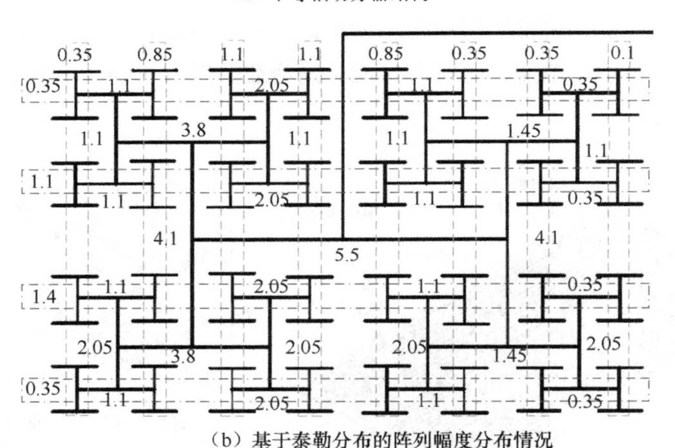

（b）基于泰勒分布的阵列幅度分布情况

图 3-98　幅度控制

波导结构具有很低的损耗，特别在设计毫米波阵列天线上有很多优势。波导缝隙阵列在加工时需要分成若干个模块，不同模块间需要保持良好的电气接触。由于毫米波频段的波长很小，对加工精度提出了很高的要求，因此毫米波波导缝隙阵列具有一定的加工难度。为了解决这个问题，文献[5]提出一种新型的间隙波导传输线结构。周期排列的金属销钉采用电磁带隙结构，对特定频段的电磁波具有良好的衰减作用。这种结构不需要上下金属板的良好电气接触，大大降低了加工难度。基于间隙波导的毫米波缝隙阵列天线如图 3-100 所示，该结构可在 75～118 GHz 形成一个阻带。因此，当该结构进行周期排列时，可等效为磁壁，则电磁波被限制在周期性金属销钉包围的波导段内。

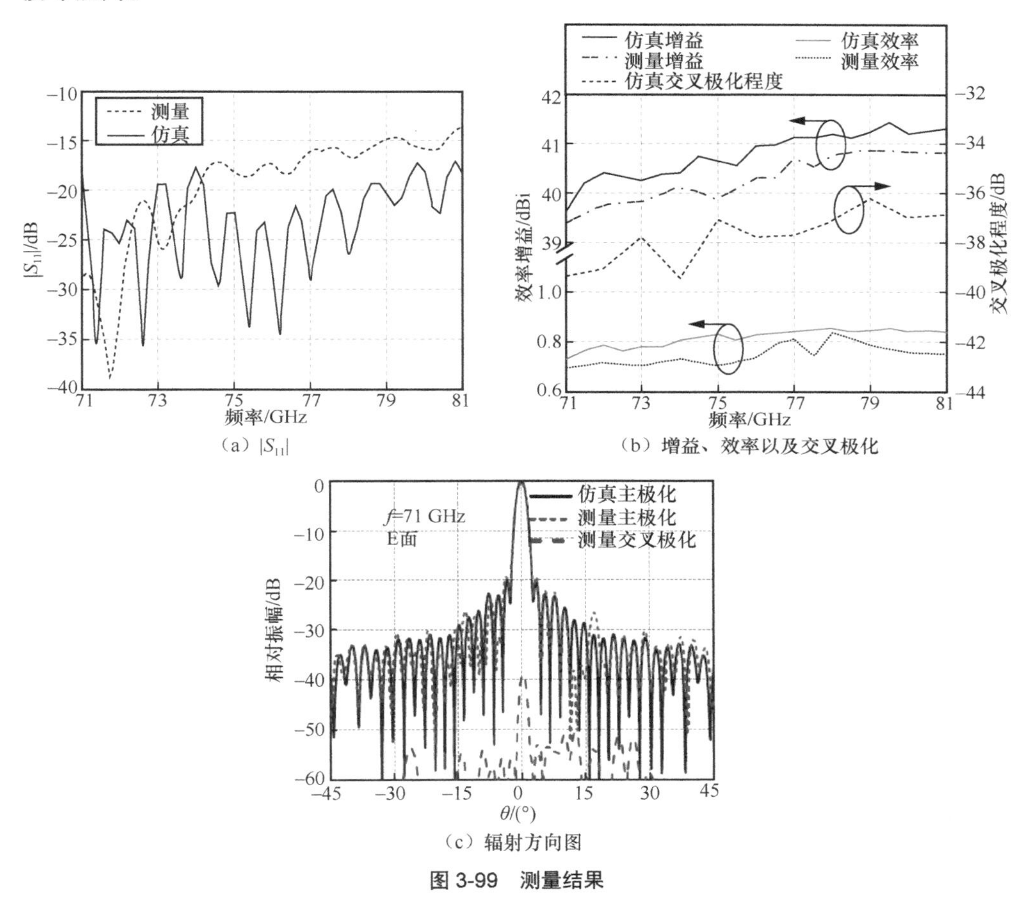

（a）$|S_{11}|$　　（b）增益、效率以及交叉极化

（c）辐射方向图

图 3-99　测量结果

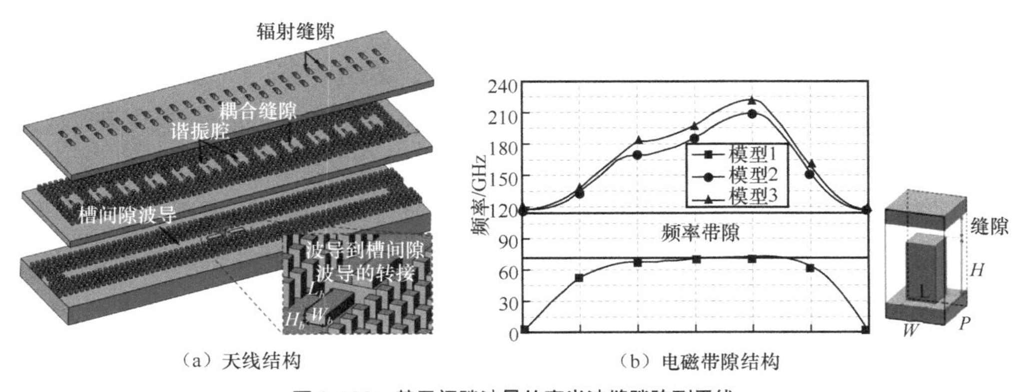

（a）天线结构　　（b）电磁带隙结构

图 3-100　基于间隙波导的毫米波缝隙阵列天线

该缝隙阵列可通过调整耦合缝隙偏离波导中线位置的距离来控制耦合缝隙的激励幅度，如图 3-101 所示，从而进一步控制顶层辐射缝隙单元的激励幅度。根据此方法，再利用泰勒分布可设计低副瓣缝隙阵列天线。图 3-102 所示的测量结果显示，该缝隙阵列可实现 91.6～94.4 GHz 的工作带宽，且 E 面的副瓣抑制大于 25 dB。

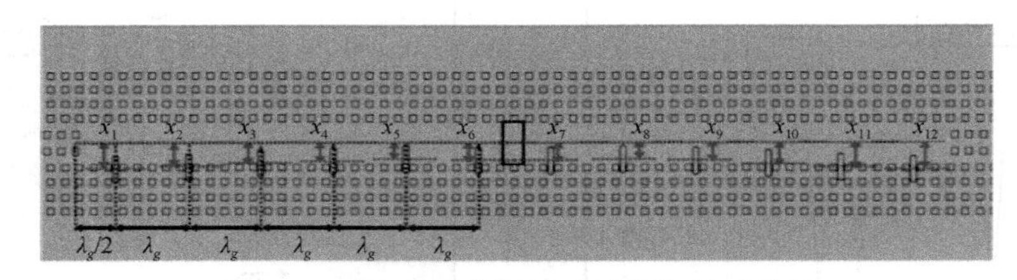

图 3-101　基于位置偏移的耦合缝隙激励幅度控制

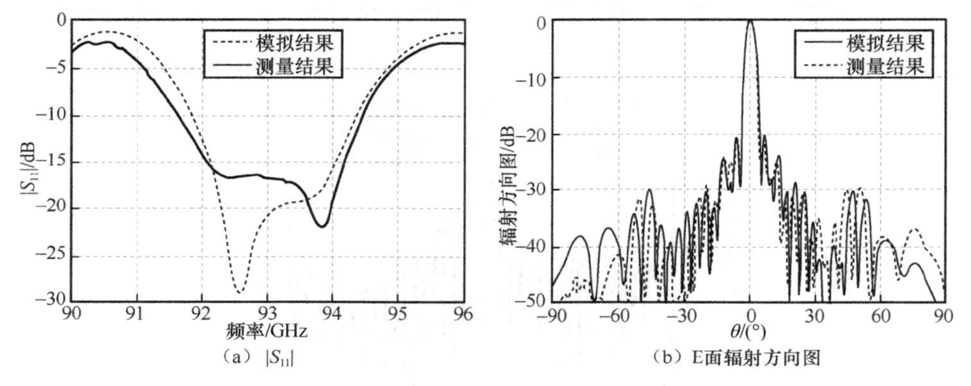

（a）$|S_{11}|$　　（b）E面辐射方向图

图 3-102　测量结果

卫星通信属于远距离通信，信号在传输过程中的路径损耗很大，这就要求无线通信系统中的天线具有高功率容量，此种天线通常采用金属波导结构进行设计，而且一般设计在高频段，比如毫米波频段。另外，为了克服信号传输过程中的多径效应和极化损耗，卫星通信系统的天线较多采用圆极化天线。文献[6]设计了一款基于脊波导的宽带圆极化缝隙阵列。为了产生圆极化波，采用旋转相位馈电。此种圆极化天线具有 4 个辐射单元，相邻单元之间的激励相位相差 90°。为了实现圆极化阵列的设计，采用了多级旋转相位的馈电方法，其结构如图 3-103 所示。该圆极化阵列采用如图 3-104（a）所示的 2×2 子阵列，该子阵列由底部的缝隙所激励，同时该子阵列作为旋转馈电圆极化天线中的一个辐射单元。基于多级旋转馈电结构以及辐射单元，形成了如图 3-104（b）所示的圆极化阵列，其测量结果如图 3-105 所示。结果显示，该 8×8 圆极化阵列可实现 22% 的工作带宽（轴比小于 3 dB，$|S_{11}|$小于−10 dB），最高增益 23.5 dBi。

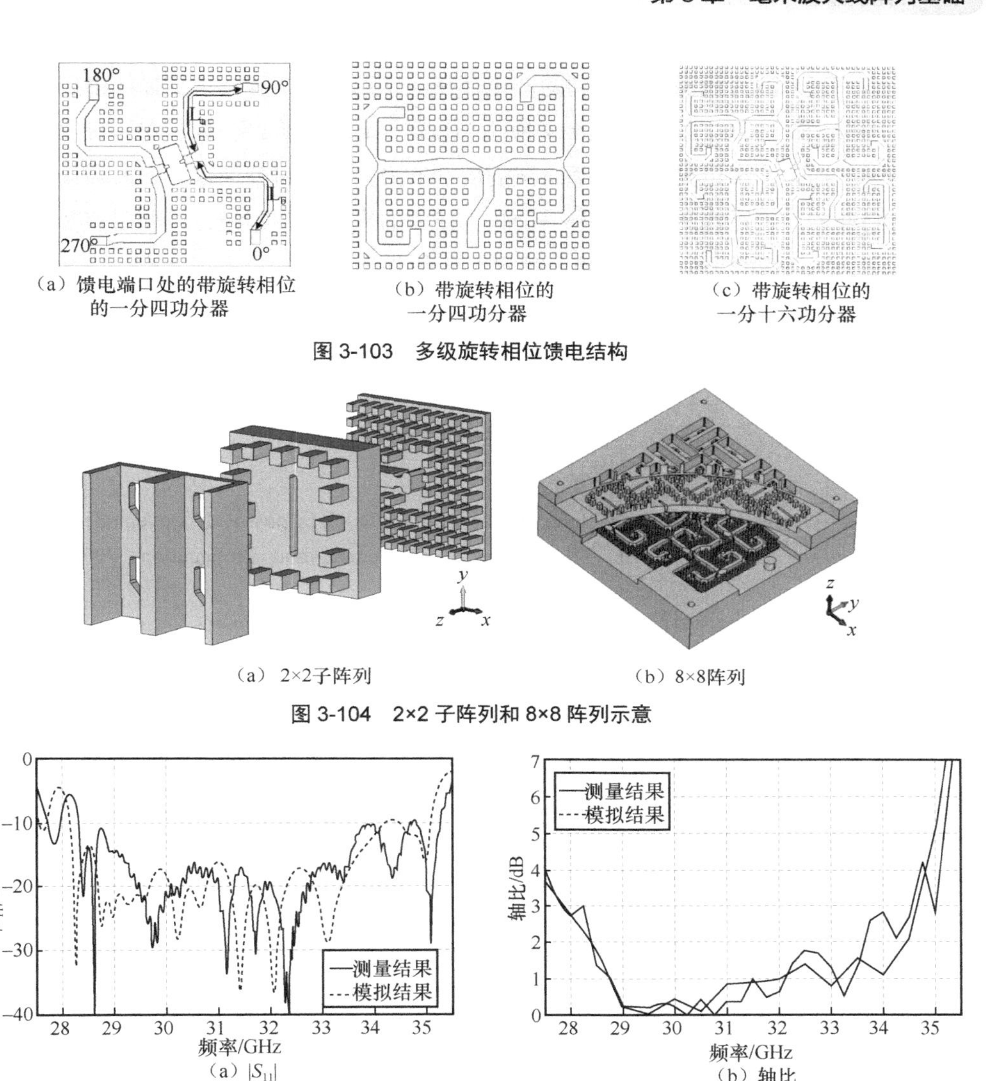

（a）馈电端口处的带旋转相位的一分四功分器　（b）带旋转相位的一分四功分器　（c）带旋转相位的一分十六功分器

图 3-103　多级旋转相位馈电结构

（a）2×2子阵列　（b）8×8阵列

图 3-104　2×2 子阵列和 8×8 阵列示意

（a）$|S_{11}|$　（b）轴比

图 3-105　测量结果

3.7　本章小结

本章介绍了毫米波天线的潜在应用场景以及多种毫米波阵列天线的分析与设计方法。毫米波天线在未来移动通信（基站侧、终端侧等）、卫星通信、雷达系统、雷达通信一体化、无线传感等领域有着广泛的应用。考虑到毫米波波长短、空间传播损耗大等特点，毫米波天线通常以阵列的形式存在。本章对可实现波束扫描的相控阵技术（包括一维扫描、二维扫描）及其相关应用领域做了详细的介绍。通过对传统相控阵扫描能力进行提升，可以大幅提高毫米波的覆盖能力，这在将来毫米波的多场景部署中是非常必要的。可重构透射阵列是一种较为新型的平面透镜天线，可利用多种工艺在平面实现，是当前的一个研究热点，对此本章也进行了详细介绍，并给出了设计实例。最后，本章介绍了缝隙阵列的设计方法，并通过相关设计实例加深读者对缝隙阵列的理解。

参考文献

[1] HIROKAWA J, ANDO M. Sidelobe suppression in 76 GHz post-wall waveguide-fed parallel-plate slot arrays[J]. IEEE Transactions on Antennas and Propagation, 2000, 48(11): 1727-1732.

[2] PARK S, TSUNEMITSU Y, HIROKAWA J, et al. Center feed single layer slotted waveguide array[J]. IEEE Transactions on Antennas and Propagation, 2006, 54(5): 1474-1480.

[3] ANDO M, TSUNEMITSU Y, ZHANG M, et al. Reduction of long line effects in single-layer slotted waveguide arrays with an embedded partially corporate feed[J]. IEEE Transactions on Antennas and Propagation, 2010, 58(7): 2275-2280.

[4] QIN L T, LU Y L, YOU Q C, et al. Millimeter-wave slotted waveguide array with unequal beamwidths and low sidelobe levels for vehicle radars and communications[J]. IEEE Transactions on Vehicular Technology, 2018, 67(11): 10574-10582.

[5] KILDAL P S, ALFONSO E, VALERO-NOGUEIRA A, et al. Local metamaterial-based waveguides in gaps between parallel metal plates[J]. IEEE Antennas and Wireless Propagation Letters, 2009, 8: 84-87.

[6] AKBARI M, FARAHBAKHSH A, SEBAK A R. Ridge gap waveguide multilevel sequential feeding network for high-gain circularly polarized array antenna[J]. IEEE Transactions on Antennas and Propagation, 2019, 67(1): 251-259.

第 4 章

毫米波天线阵列进阶

本章讨论毫米波阵列的进阶设计技巧及系统级应用。在阵列性能改善与提升方面，主要介绍毫米波的宽角扫描技术和阵列的宽带化技术；在毫米波系统方面，主要介绍毫米波全双工系统。

4.1 宽角扫描阵列天线影响因素分析

在现阶段的宽角扫描天线研究中，主要聚焦在对单元方向图的研究，通过各种方式提升单元方向图的波束宽度，但是忽略了天线阵因子作用的提升，以及单元间的耦合等效应。当单元数目逐渐增加的时候，阵因子和耦合的作用会越发凸显。宽波束的单元在组阵后，相邻的天线会存在干扰问题，会对天线单元的方向图产生很大的影响，因此，本节从对阵因子和阵中单元方向图的研究出发，推导出影响宽角扫描的关键性因素，并给出了具体的原理论证。

等间距均匀直线阵列如图 4-1 所示。

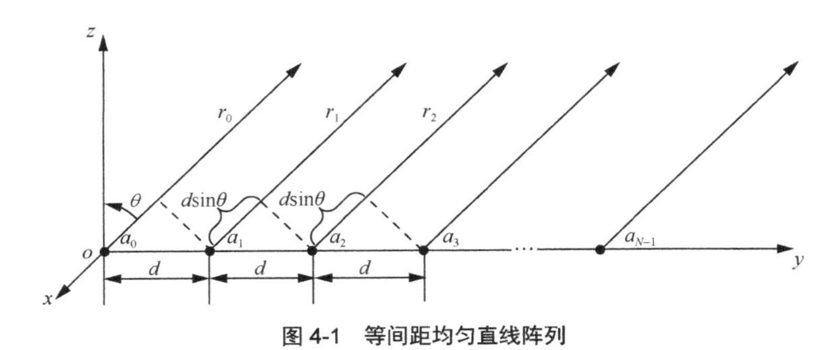

图 4-1　等间距均匀直线阵列

根据方向图乘积定理，影响天线阵列方向图的因素主要有两个方面，包括阵因子和阵中天线单元的方向图。首先分析阵因子，如图 4-1 所示，一维线阵方向沿着 y 轴，辐射方向为 z 轴。

$$E = \frac{e^{-jkr}}{r} f_0(\theta,\varphi) U_a(\theta) \tag{4-1}$$

其中，$f_0(\theta,\varphi)$ 是阵中天线单元的辐射方向图，当阵列在沿着 y 轴组阵时，沿着 y 轴方向的辐射方向图的波宽是宽角扫描的重要影响因素，根据上述分析，其远区辐射场表达式为

$$U_a(\theta) = \sum_{n=0}^{N-1} I_n e^{jknd(\sin\theta - \sin\theta_s)} \tag{4-2}$$

其中，N 代表天线数，k 是波数，d 是两个天线单元间的距离，设阵列天线最大辐射方向为 θ_s。经过推导后，就可以获得阵因子的方向性系数 D_a 为[1]

$$D_a = \frac{N}{1 + 2\sum_{n=1}^{N-1}\left(1 - \frac{n}{N}\right)\frac{\sin(nkd)\cos(nkd\sin\theta_s)}{nkd}} \tag{4-3}$$

以八单元天线阵列为例，图 4-2 说明了八单元天线阵列的阵因子的方向性系数 D_a 与天线单元间距离 d 及最大波束扫描角 θ_s 的关系。

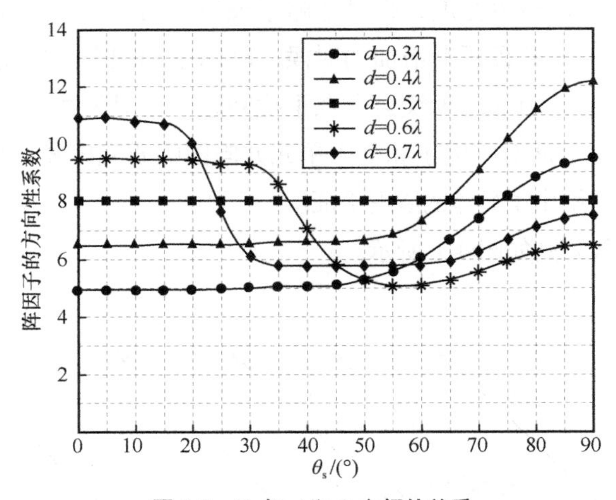

图 4-2　D_a 与 d 和 θ_s 之间的关系

从图 4-2 中可以看出，当天线阵列扫描到大角度时，对于 d 取值不同的天线阵列而言，当 d 逐渐减小时，其阵因子的方向性系数 D_a 会逐渐变大，具体变化趋势

为当阵列在大角度波束扫描时，随着 d 的减小（d=0.4λ 时），天线阵列会在大角度扫描时呈现出最大的阵因子的方向性系数 D_a 。这就表示 d=0.4λ 时，天线阵列在做大角度扫描时具有良好的方向性。从图 4-2 中也可以得出，极致地减小阵列天线单元的间距并不能提升阵列的扫描角度，反而会减小天线阵列的法向增益，且会使阵列天线的耦合进一步恶化。

通过上面的分析可以发现，即使是当 d=0.4λ 时，也会使阵列天线具有较大的耦合，这为宽角扫描天线阵列如何消除耦合的设计带来了难题。综上所述，毫米波天线技术的宽角扫描的实现主要包括 3 个方面：

（1）当天线单元间距小（$d<0.5\lambda$）时，特别是 $d\approx0.4\lambda$ 时，天线阵列在做大角度扫描时具有很强的方向性；

（2）采用有效方法展宽阵中天线单元的辐射方向图；

（3）面对天线单元间距过小的问题，采用有效方法消除耦合。

4.2　电磁带隙的分析与设计

由于电磁带隙结构在天线单元方向图展宽、耦合调控等方面起到了非常重要的作用，因此在讨论阵列宽角扫描技术之前，我们首先讨论电磁带隙的设计和优化。

4.2.1　AMC 和 EBG 特性分析

与理想电导体（PEC）不同，理想磁导体（PMC）具有对入射平面波同相反射的特性。当作为天线的反射面时，入射波与反射波的场强会发生同相叠加，上半空间的辐射特性被明显增强，形成了新型的低剖面天线。但是自然界中并不存在具有理想磁导体特性的材料，直到 1999 年，美国 UCLA 研究学者 Sievenpiper 等[2]在研究蘑菇状电磁带隙结构时，发现该结构具有高阻抗表面的电磁特性，在特定频率范围内具有很高的阻抗特性，能够对入射平面波产生同相反射特性，与理想磁导体类似，因此，这种结构又被称为人工磁导体（AMC）。需要区别的是，只有蘑菇状 EBG 和共面紧凑型电磁带隙结构（UC-EBG）才具有带隙特性，而方块形 AMC 结构只具有同相反射特性。电磁带隙常见的结构如图 4-3 所示，这些结构具有更高的设计自由度，特别是便于对 EBG 的电感参数进行调整，从而可以实现更好的设计效果。

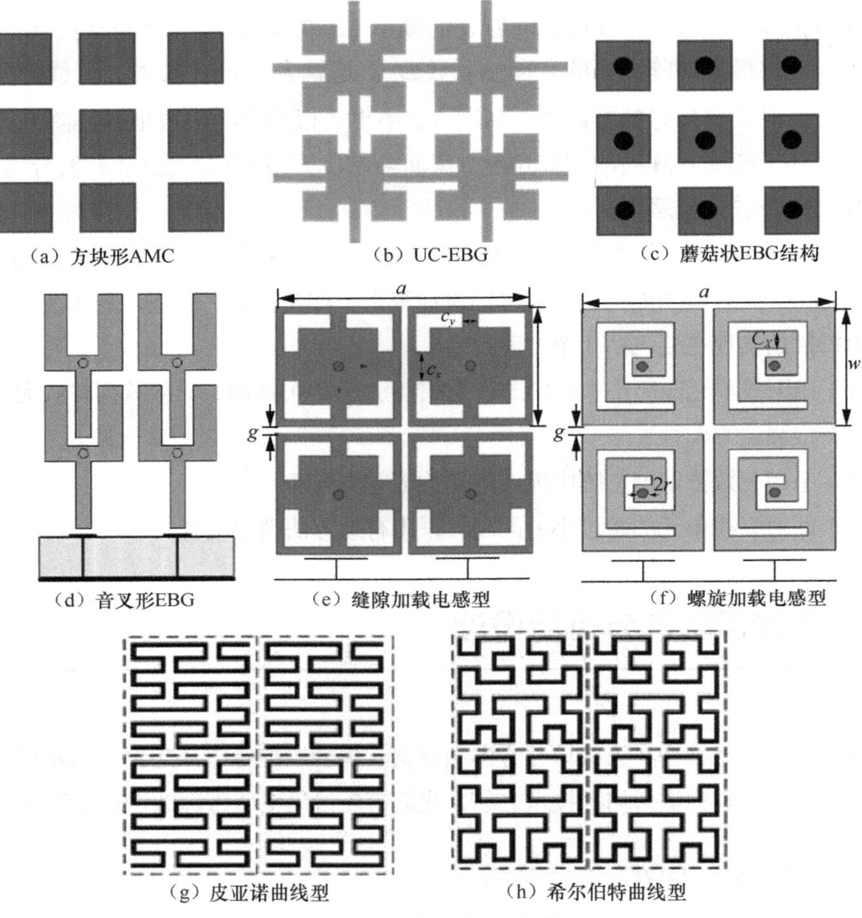

图 4-3　电磁带隙常见的结构

4.2.1.1　同相反射特性

以方块形 AMC 结构为例来解释其同相反射特性。首先来分析 AMC 结构的表面阻抗，假定 AMC 结构位于 *yoz* 平面，平面波沿着 *x* 轴负方向垂直入射到 AMC 结构表面，平面波的垂直入射示意如图 4-4 所示。

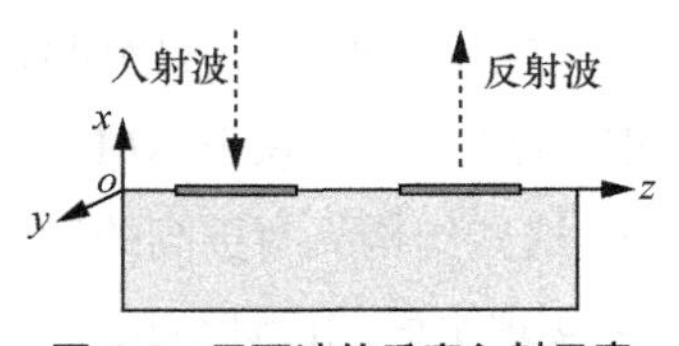

图 4-4　平面波的垂直入射示意

可以得到 AMC 表面的特性阻抗

$$Z_{\mathrm{s}}=\frac{E_z}{H_y} \tag{4-4}$$

当入射波到 AMC 表面时会产生一个反射波，如果用 i 表示入射波，r 表示反射波，则可以得到叠加的场

$$E(x)=E_{\mathrm{i}}\mathrm{e}^{-\mathrm{j}kx}+E_{\mathrm{r}}\mathrm{e}^{\mathrm{j}kx} \tag{4-5a}$$

$$H(x)=H_{\mathrm{i}}\mathrm{e}^{-\mathrm{j}kx}+H_{\mathrm{r}}\mathrm{e}^{\mathrm{j}kx} \tag{4-5b}$$

在 x=0 处其表面阻抗可以表示为

$$Z_{\mathrm{s}}=\frac{E(x=0)}{H(x=0)} \tag{4-6}$$

由电场和磁场的关系可以得出空间波阻抗 η，则入射波与反射波的相位差 $\varPhi$（反射相位）可表示为

$$\varPhi=\mathrm{Im}\left\{\mathrm{In}\left(\frac{E_{\mathrm{r}}}{E_{\mathrm{i}}}\right)\right\}=\mathrm{Im}\left\{\mathrm{In}\left(\frac{Z_{\mathrm{s}}-\eta}{Z_{\mathrm{s}}+\eta}\right)\right\} \tag{4-7}$$

当表面阻抗 $Z_{\mathrm{s}}\ll\eta$ 时，$\varPhi$=±180°，此时该表面可以看作理想电表面；当表面阻抗 $Z_{\mathrm{s}}\gg\eta$ 时，$\varPhi$ 接近 0°，此时该表面可以看作理想磁表面；对于 AMC 结构，当入射波的频率接近谐振频率时，其表面阻抗远大于空间波阻抗，则反射相位接近 0°，具有与理想磁表面一样的零相位反射特性[3]。同时也规定 $\varPhi$ 在−90°到+90°之间的频段为 AMC 的同相反射相位频段。具体的建模及仿真如下。

（1）第一步需要确定所需要的 AMC 或 EBG 结构，将其在电磁仿真软件 HFSS 中建模，并设置主从边界条件，顶层设置激励，在电磁仿真软件 HFSS 中 EBG 的建模方法如图 4-5 所示。

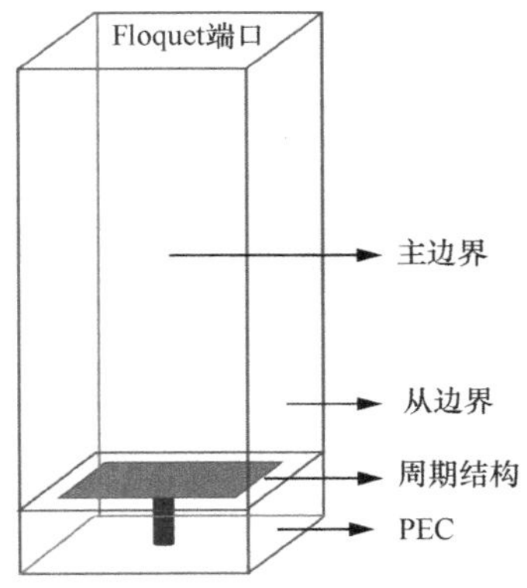

图 4-5　在电磁仿真软件 HFSS 中 EBG 的建模方法

需要注意的是，底层介质基板的板材和厚度一旦确定，放置在所需要的应用条件下也要保持一致，这里就需要注意到后续加工问题，尽量设置为加工的标准厚度。包裹介质基板的空气盒子周围设置主从边界条件，顶层设置激励，空气盒子的高度约为介质基板厚度的 6 倍（0.25λ～0.5λ）。

（2）第二步在 HFSS 中设置驱动求解，得出 EBG 单元加周期边界获得的同相反射特性曲线如图 4-6 所示，注意这里只展示了−20°到 20°的相位，相位特性和前面所讲的一致。

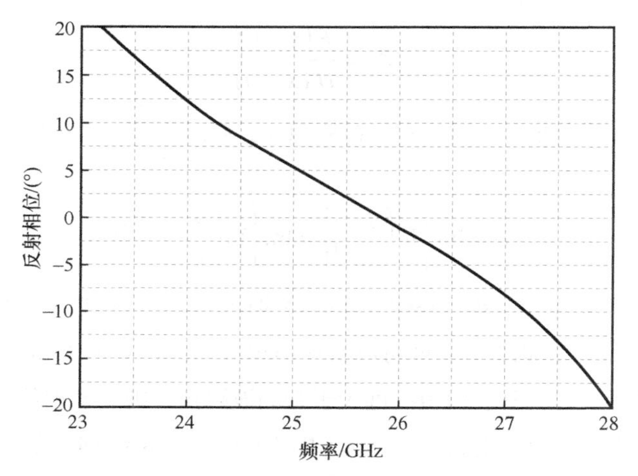

图 4-6 EBG 单元加周期边界获得的同相反射特性曲线

4.2.1.2 电磁带隙特性

带隙特性为 EBG 结构的主要特性之一，下面通过等效电路来分析其表面阻抗的谐振特性。这里以蘑菇状 AMC 结构为例，图 4-7 和图 4-8 给出了 EBG 和 UC-EBG 结构的等效电路，同时和图 4-9 所示的 AMC 结构的等效电路进行对比。

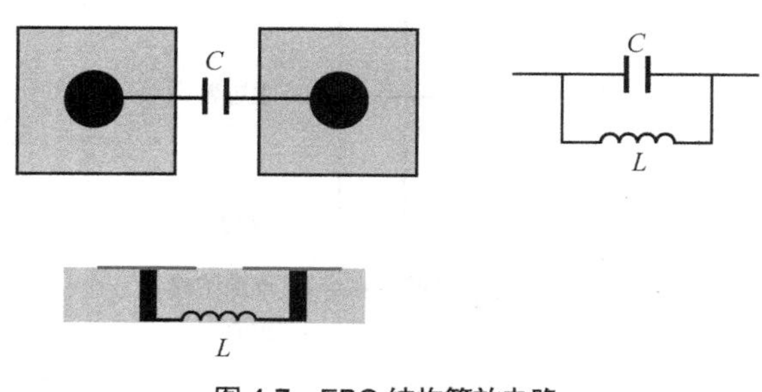

图 4-7 EBG 结构等效电路

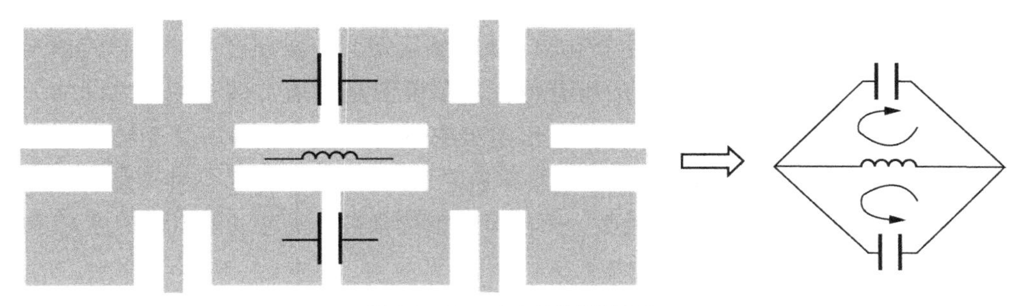

图 4-8 UC-EBG 结构等效电路

蘑菇状 EBG 结构和 UC-EBG 结构具有相似的等效电路，其表面的特性阻抗和结构的谐振频率可以表示为

$$f=\frac{1}{2\pi\sqrt{LC}},Z_{\mathrm{s}}=\frac{\mathrm{j}\omega L}{1-\omega^{2}LC} \tag{4-8}$$

对于方块形 AMC 结构，由于金属柱对 AMC 结构的阻抗特性影响不大，其等效电路与蘑菇状 AMC 结构类似，如图 4-9 所示。这里等效电容 C 由金属贴片之间缝隙提供，等效电感由地板提供，蘑菇状 EBG 和 UC-EBG 结构具有相同的表面阻抗和反射相位特性。与蘑菇状 EBG 和 UC-EBG 结构不同的是，方块形 AMC 结构的上层金属贴片表现为容性，不支持 TM 波传播，而下层的地板表现为感性，支持 TM 波传播，因此对 TM 波没有抑制作用，不具有表面波带隙特性[3]。三者的同相反射特性基本一致。

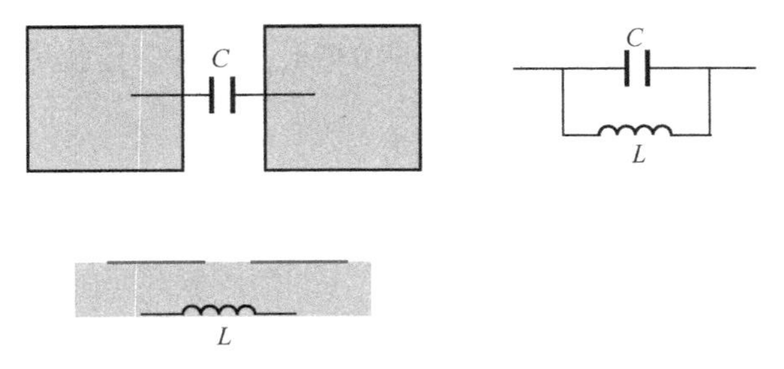

图 4-9 AMC 结构的等效电路

4.2.1.3 色散模式法分析 EBG 带隙特性

计算 EBG 结构的色散特性较常规的方法是采用色散模式法。色散模式法只

需要对 EBG 结构的一个单元进行仿真模拟，然后定义布里渊区中的所有传播矢量，就可以获得整个周期结构的所有特征。色散图是传播常数与频率之间的关系曲线，基本上表示的是一种材料在给定频率下有多大的相移。由于波导内允许波以二维传播，其传播常数可写为矢量值 $\boldsymbol{\beta} = \boldsymbol{x}k_x + \boldsymbol{y}k_y$，在无损耗情况下，相位常数$\boldsymbol{\beta}$=$\boldsymbol{k}$，通常$\beta$是频率$\omega$的函数，一旦得到相位常数，就可以得到相速度$V_{\rm P}$和群速度$V_{\rm g}$为

$$V_{\rm P} = \frac{\omega}{\beta},\ V_{\rm g} = \frac{{\rm d}\omega}{{\rm d}\beta} \tag{4-9}$$

对于在介质板或 EBG 结构中传播的表面波，通常很难给出波数 k 的表达式，必须求解本征值方程或者进行全波模拟才能确定波数。需要指出的是，一个本征值方程的解不一定是唯一的，也就是说，在同一频率下可能存在几个不同的传播常数，每一个都是一个特定的模式，β与ω的关系也经常被绘制出来，成为色散图。关于周期性结构，如 EBG，表面波的场分布也是周期性的，其相位延迟由波数 k 和周期 p 确定。因此，每个表面波模态都可以划分为无穷级数的空间谐波。在这里，我们假设传播方向是 x 方向。虽然这些空间谐波具有不同的相速度，但它们具有相同的群速度。此外，因为单个谐波不满足周期结构的边界条件，这些空间谐波不可能独自存在。当它们的总和符合边界条件后，才会被认为是等价的模式[4]。

另一个重要的发现是色散曲线$k_x(\omega)$沿 k 轴也具有周期性，周期为 $2\pi/p$。所以，我们只需要绘制一个周期内的色散关系，即$0 \leqslant k_{xn} \leqslant \dfrac{2\pi}{p}$，这就是所谓的布里渊三角区。其中布里渊三角区的二维正方形区域为

$$0 \leqslant k_{xn} \leqslant \frac{2\pi}{p_x},\quad 0 \leqslant k_{yn} \leqslant \frac{2\pi}{p_y} \tag{4-10}$$

色散模型和布里渊三角区如图 4-10 所示。

将该结构放置于主从边界条件内，并配置 HFSS 的本征模式进行求解可以得出 EBG 结构的色散图，这里以 0～40 GHz 的 EBG 结构为例，得到 EBG 结构前两阶弗洛凯模式的色散曲线如图 4-11 所示。

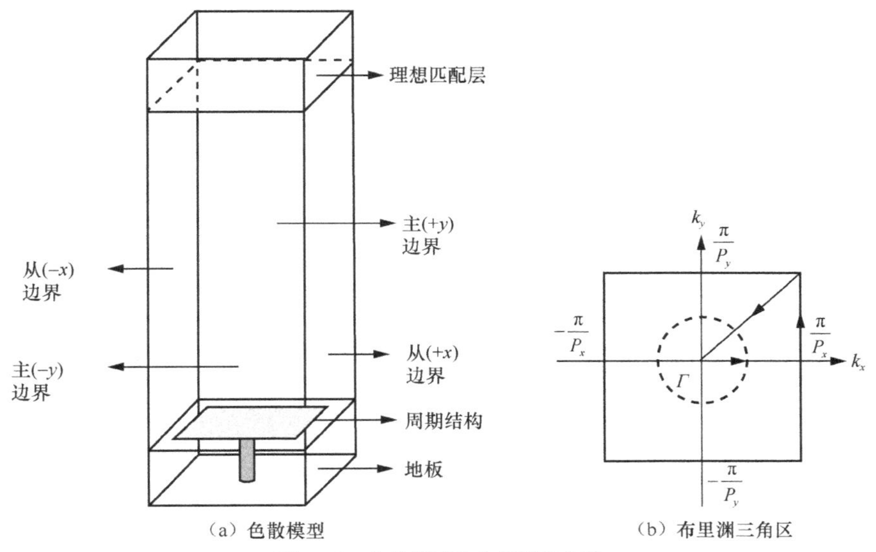

（a）色散模型　　　　（b）布里渊三角区

图 4-10　色散模型和布里渊三角区

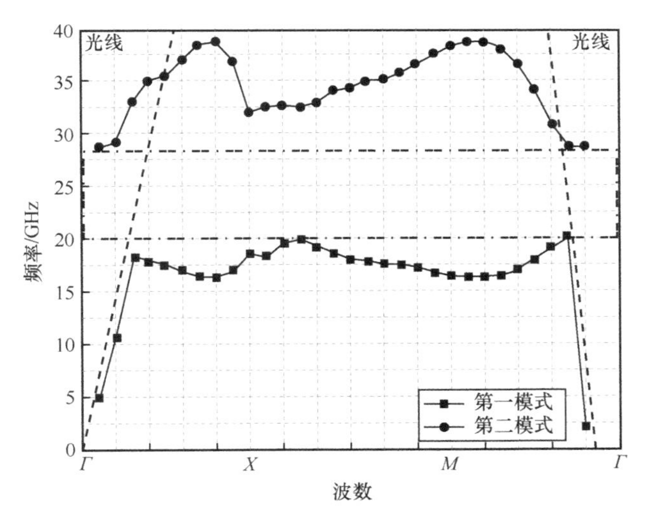

图 4-11　EBG 结构前两阶弗洛凯模式的色散曲线

色散模式具体包括以下 3 点：

$$
\begin{aligned}
&\Gamma\!: k_x = 0, k_y = 0 \\
&X\!: k_x = \frac{2\pi}{(w+g)}, k_y = 0 \\
&M\!: k_x = \frac{2\pi}{(w+g)}, k_y = \frac{2\pi}{(w+g)}
\end{aligned}
\tag{4-11}
$$

需要说明的是，这里的 w、g 为方块形 EBG 结构的长和两个 EBG 单元的间距。从图 4-10 可以看出水平轴沿图 4-10（b）中布里渊三角区边界变化，由于几何形状的对称性，正方形布里渊区域中的其他三角区部分将具有相同的传播常数行为。在 FDTD 模拟中，将特定的波数（k_x,k_y）作为本征频率，在水平轴上对 k_x 和 k_y 的 30 种不同组合进行仿真，当入射波为表面波时（$k_x^2+k_y^2 \leqslant k_0^2$，$k_z$ 为纯虚数），EBG 结构表现出一个频率带隙，表面波不能通过该频率带隙传播任何入射角和偏振态，提取表面波的谐振频率，将两种模式的表面波频率绘制在图 4-11 中，色散图从 Γ 开始，到 X 然后到 M 并返回到 Γ。其中的第一模式主要为 TM 波，第二模式主要为 TE 波，在 20～28 GHz 间形成了一个带隙结构。对于 AMC 结构而言，图 4-12 给出了 AMC 前两阶弗洛凯模式的色散图。

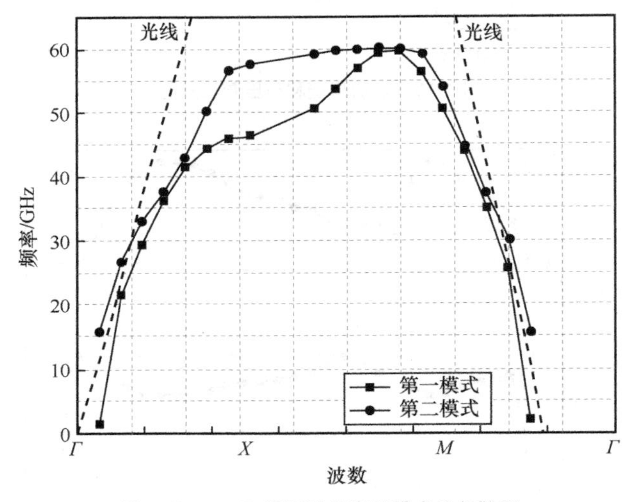

图 4-12　AMC 前两阶弗洛凯模式的色散图

需要说明的是，图 4-12 只给出了两种模式的表面波，根据上述分析，表面波存在多种模式，但从该图中可以知道 AMC 结构不存在带隙结构。

4.2.2　AMC 和 EBG 结构特性的应用

4.2.2.1　同相反射特性（AMC 和 EBG 结构共有特性）

同相反射特性的主要用途是降低天线的剖面。在谐振点附近，AMC 或 EBG 表面能够发生同相反射。在天线设计中，若使用普通金属板作为反射面（如图 4-13 所示），因为表面波在此表面上产生的是反相反射，所以，为了解决这一问题同时保证反射能量与天线辐射的能量一起增加，其金属板与天线之间的间隔须保证为 $\lambda/4$，这就导致了天线尺寸相对较大。当选用 AMC 或 EBG 作为反射板时，它将直接产生同相反射，EBG 与天线之间的间隔将会小于 $\lambda/4$，能够有效降低反射面与天线之间的距离，实现小型化的性能。

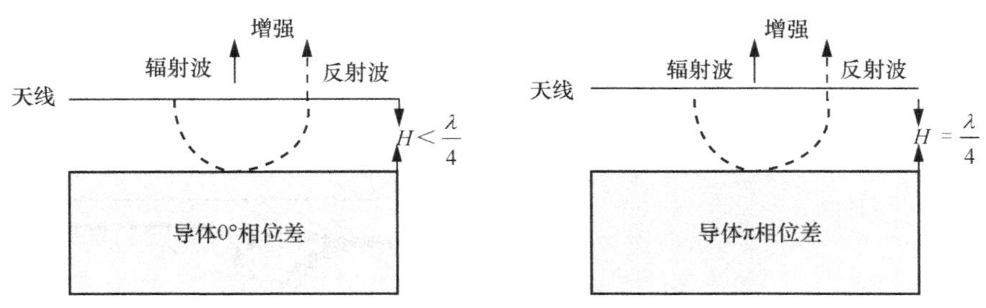

图 4-13　利用同相反射特性进行低剖面设计

4.2.2.2　与电偶极子结合展宽单元方向图（AMC 或 EBG）

当 AMC 和 EBG 位于反射相位零点附近时，此时的 AMC 或 EBG 结构和介质基板以及地板等效为磁壁，如果顶层放置的天线为电偶极子，此时根据镜像原理会得到一个宽波束的单元方向图，这就为宽角扫描理论提供了一个思路。镜像原理分析过程如图 4-14 所示。

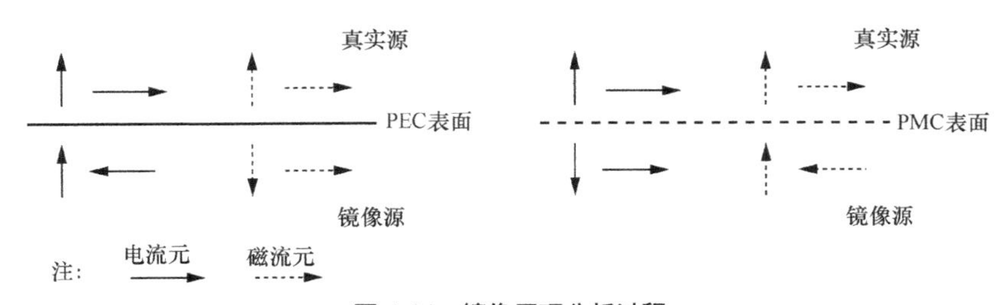

图 4-14　镜像原理分析过程

4.2.2.3　带隙特性（EBG）

EBG 结构具有带隙特性，将其放置在两个天线单元之间，可以有效地抑制表面波，从而降低天线单元间的耦合，波端口激励模拟周期性结构的阻带和微带悬浮法模拟周期性结构带阻特性分别如图 4-15 和图 4-16 所示。

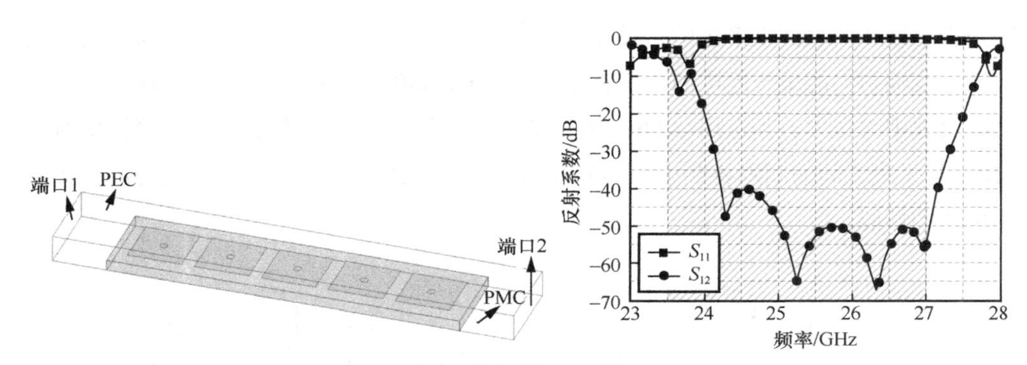

图 4-15　波端口激励模拟周期性结构的阻带

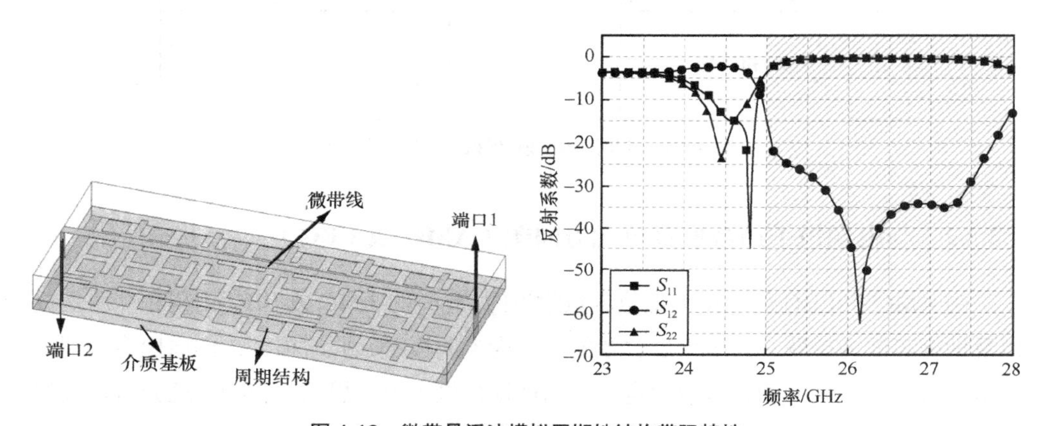

图 4-16　微带悬浮法模拟周期性结构带阻特性

根据需求设置合适的 EBG 结构放置到 HFSS 驱动求解即可，相应的阻带如图 4-15 和图 4-16 对应的右图所示，无论是蘑菇状 EBG 还是 UC-EBG 均可以实现带内良好的带阻特性。

4.3　基于电磁带隙技术的 5G 毫米波的宽角扫描天线阵列

4.3.1　基于 EBG 地板的单极化毫米波宽角扫描阵列

4.3.1.1　EBG 结构的同相反射特性及 EBG 毫米波天线阵列基本设计

为了展宽单元方向图，引入 EBG 结构作为天线单元的地板结构，为了更精确地分析 EBG 结构的工作原理，并考虑介质损耗、空气等因素对谐振频率的影响，使用电磁仿真方法对其进行分析，所设计的 EBG 结构单元相对于 X 极化和 Y 极化的反射相位如图 4-17 所示。反射相位的过零点表示其工作的中心频率，而±90°之间的相位决定 EBG 结构的工作带宽。从图 4-17 中可以看出，它在 X 极化和 Y 极化中都具有较宽的频带。

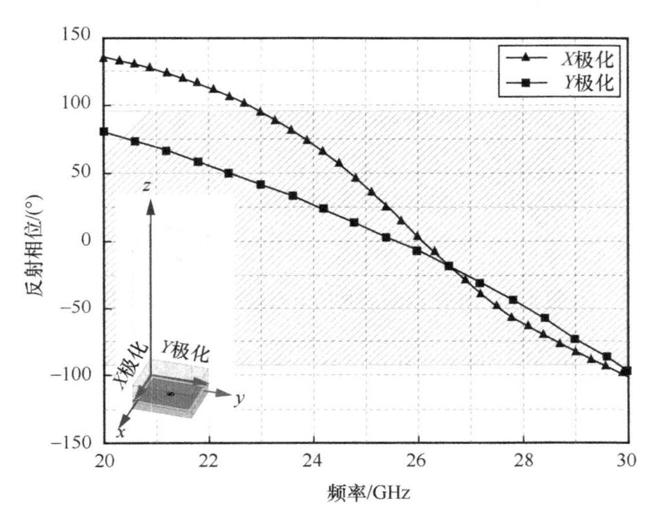

图 4-17　所设计的 EBG 结构单元相对于 X 极化和 Y 极化的反射相位

由等效介质理论可以得知，所设计的 EBG 结构可以被等效为一个表面阻抗为 Z_s 的面。此处假设电磁波垂直地照射到某一物体的表面时，其表面对应的阻抗为 Z_s，根据菲涅耳定律，η 为自由空间的波阻抗，表面的反射系数 Γ 可表示为

$$|\Gamma| = \left|\frac{Z_s - \eta}{Z_s + \eta}\right| \tag{4-12}$$

在共振频率附近，Z_s 趋于无穷大，使得 EBG 结构表面的反射系数 $\Gamma \approx 1$。因此，当 EBG 表面等效于理想磁壁时，反射波和入射波的相位几乎相同。根据镜像理论[5]，EBG 表面可以有效改善天线的辐射特性并拓宽其辐射方向图。具有 EBG 接地的 E 形贴片天线的俯视图如图 4-18 所示，两个天线单元和 EBG 结构的具体参数见表 4-1。

为了验证 EBG 结构是否可以有效地提升天线单元的匹配性能并展宽其辐射方向图，图 4-19 中展示了 H 面（yoz 面）中的 3 种不同结构的单元辐射方向图：

（1）基于正常 PEC 地板结构的 E 形贴片天线单元；

（2）基于所提出的 EBG 地板结构的 E 形贴片天线单元；

（3）基于正常 PEC 地板结构的矩形贴片天线单元。

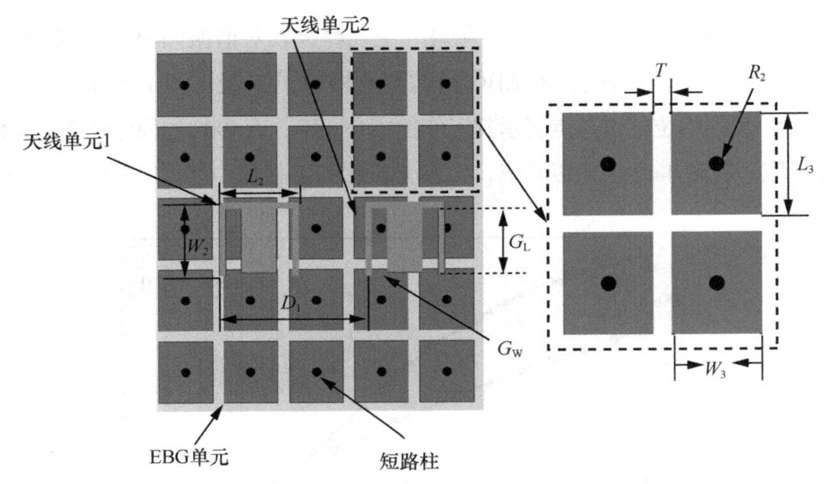

图 4-18　具有 EBG 接地的 E 形贴片天线的俯视图

表 4-1　两个天线单元和 EBG 结构的具体参数

参数	L_2	L_3	G_L	W_2
尺寸/mm	2.5	0.2	2.2	2.4
参数	W_3	G_W	T	D_1
尺寸/mm	1.7	0.5	0.36	4.6

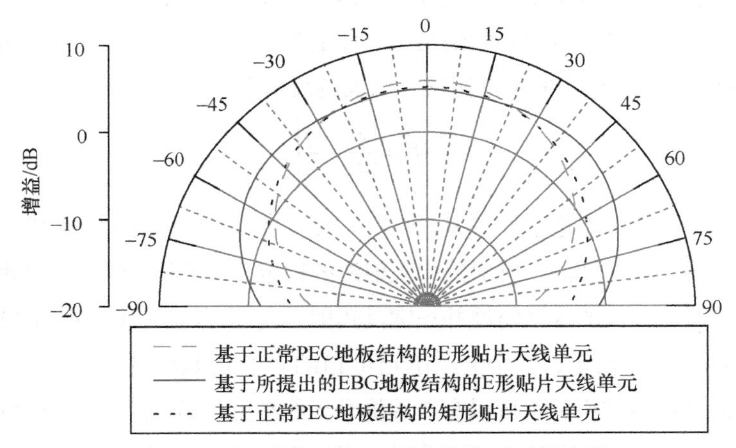

图 4-19　H 面中的 3 种不同结构的单元辐射方向图

3 种不同结构的天线单元都已调整到其最佳匹配和辐射条件，以便进行公平比较。可以观察到，无 EBG 地板结构和有 EBG 地板结构的 E 形贴片单元辐射方向图的峰值增益分别为 5.2 dBi 和 4.9 dBi，而其 HPBW 分别为 101°和 143°。当基于 EBG 地板结构的 E 形贴片天线单元与基于正常 PEC 地板结构的矩形贴片天线单元进行比较时，峰值增益基本相同，但是其 HPBW 宽了 46°。从图 4-20 中还可以得出结论，由于 EBG 地板结构的引入，所设计的天线单元具有更好的阻抗带宽。

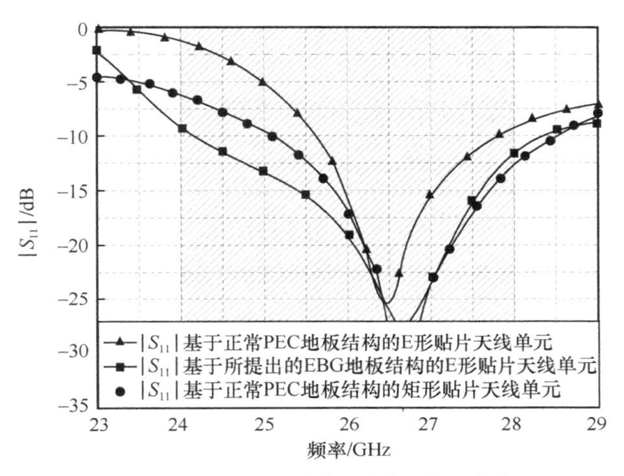

图 4-20　仿真 E 形贴片天线单元的 S 参数

此外，天线 E 形贴片两侧的间隙能够微调单元的匹配性能。如图 4-21 和图 4-22 所示，通过调整间隙的长度 G_L 和宽度 G_W，能够对天线单元匹配的实部和虚部进行调整，完成优化调整后，天线单元最终能够覆盖 24.5～27.5 GHz 的整个毫米波频带。

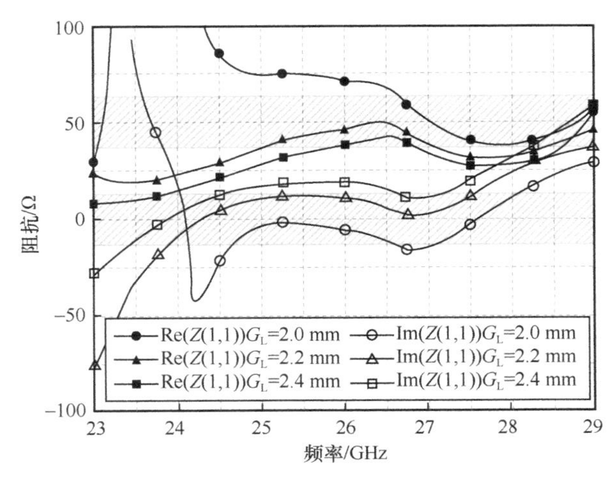

图 4-21　天线单元 1 相对于不同间隙长度的匹配阻抗的实部和虚部

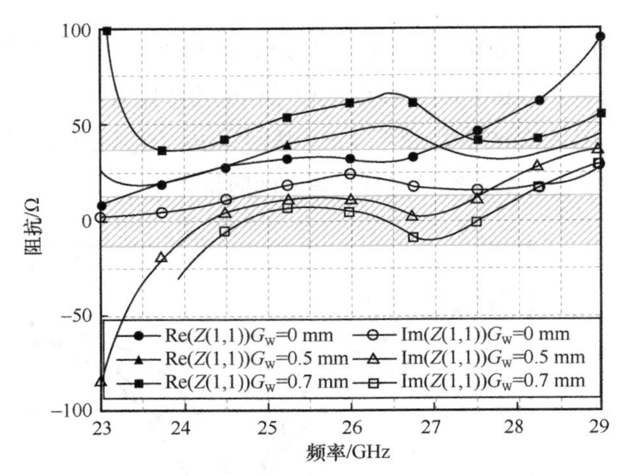

图 4-22　天线单元 1 相对于不同间隙宽度的匹配阻抗的实部和虚部

4.3.1.2　EBG 结构的表面波带隙特性及其电路分析

成功展宽天线单元的辐射方向图后，下一步是处理由天线单元间距过小导致的单元之间的耦合问题。为了验证所提出的 EBG 接地在减少互耦方面的有效性，我们采用了直接传输法[6]进行分析，采用直接传输法对所提出的 EBG 结构的仿真模型如图 4-23 所示。该模型由一对在 *xoy* 平面上的理想电壁和在 *xoz* 平面上的理想磁壁构成的双端口波导组成。EBG 结构位于波导管的中央。在该配置中，可以仿真获得 EBG 结构的反射和透射特性，并将其绘制在图 4-24 中。在 24～27.5 GHz 的频带内，由于 EBG 结构的带阻特性，电磁波沿 *x* 方向的传播被抑制。因此，可以隔绝表面波，并有效降低其耦合能量[7]。

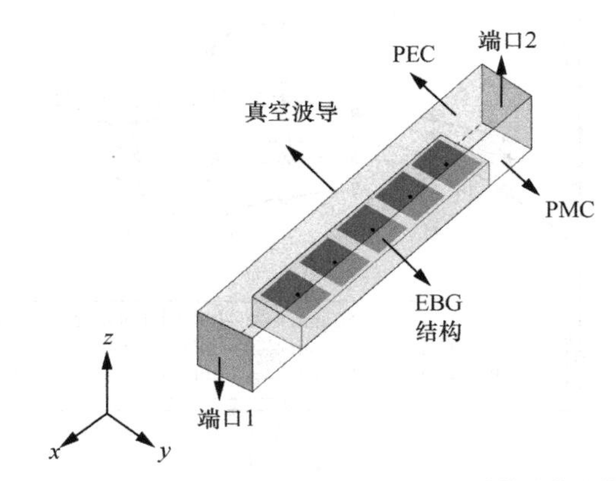

图 4-23　采用直接传输法对所提出的 EBG 结构的仿真模型

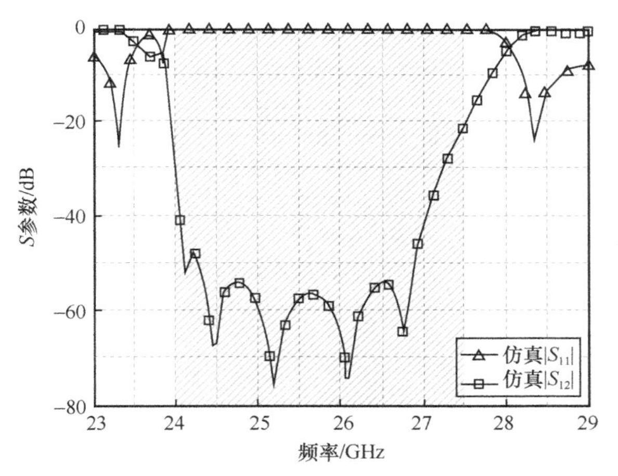

图 4-24　直接传输法模型的仿真 S 参数

为了更好地揭示具有 EBG 结构的天线阵列的基本工作原理，本节还提取了具有 EBG 结构的天线阵列的两个天线单元的等效电路模型，并与 HFSS 中的仿真模型进行了比较。根据文献[8-10]中的四单元电路拓扑，贴片天线的宽带等效电路模型可以表示为并联 R_a、L_a、C_a 和 C_b 电路，其中 C_b 用于拟合仿真天线单元的高次模。耦合电容 C_c、C_d 和 L_c 等效为两个贴片天线之间的原始耦合，Z_f 等效为仿真馈线的损耗，EBG 结构和天线之间的耦合也可以用两个耦合电容 C_s 来近似，整个 EBG 结构可以等效于四单元电路拓扑。表 4-2 给出了图 4-25 中所示等效电路模型中的具体参数，还给出了所设计天线结构每一部分大致对应的等效电路，并表示在图中作为参考。

表 4-2　电路模型中的具体参数

参数	L_a	L_e	L_c	C_a	C_b	C_s
数值	0.061 nH	0.014 nH	0.151 nH	0.330 pF	4.849 pF	7.397 pF
参数	C_e	C_f	C_c	C_d	R_a	R_e
数值	0.030 pF	7.397 pF	3.851 pF	0.296 pF	50.000 Ω	2.234 Ω

由 ADS 中的等效电路模型和 HFSS 中的仿真模型计算的 S 参数的对比分别如图 4-26 和图 4-27 所示。在感兴趣的频带内，S 参数幅度和相位的一致性表明等效电路模型与仿真模型保持了很高的一致性，所以使用所提出的等效电路模型能有效地增加分析 EBG 结构带阻特性的手段。

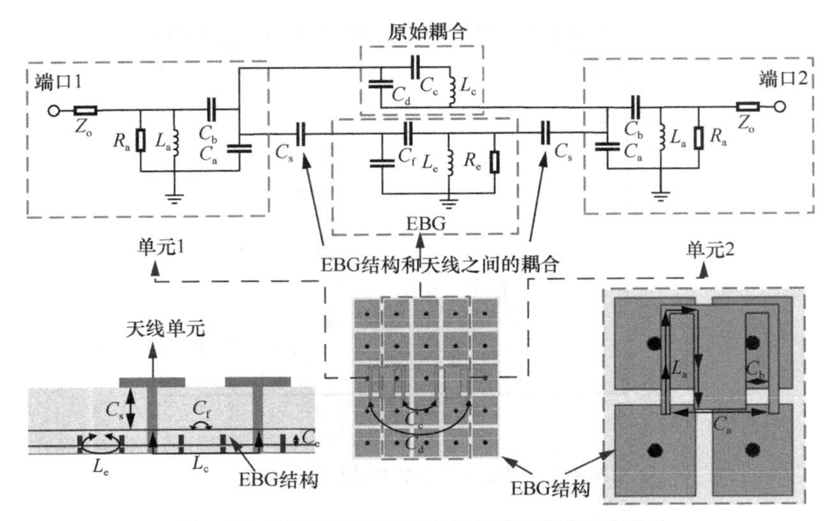

图 4-25　两个基于 EBG 结构的天线的等效电路模型

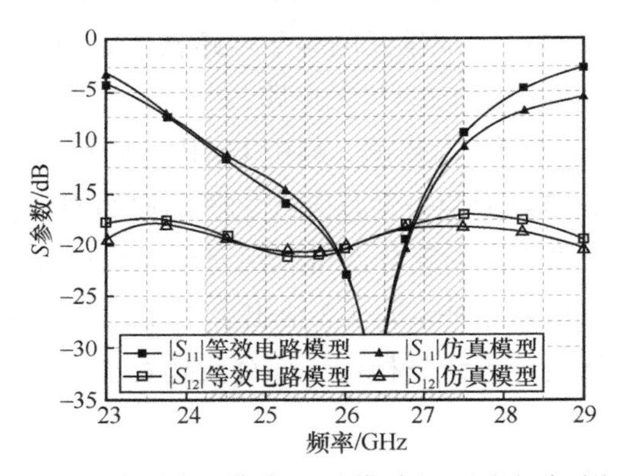

图 4-26　等效电路模型和仿真模型的 S 参数幅度对比

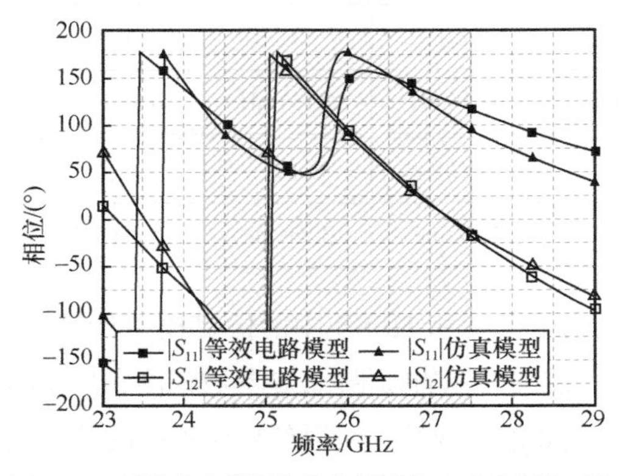

图 4-27　等效电路模型和仿真模型的 S 参数相位对比

为了分析 EBG 结构对天线匹配和隔离的影响，在图 4-28（a）和（b）中进行了天线结构的灵敏度分析。通过改变 EBG 结构的相对高度，可以移动天线的整个工作频带。此外，如图 4-28（c）和（d）所示，通过改变天线单元在 EBG 结构上的相对位置，阵列可以具有更好的匹配和隔离性能。同时由于毫米波天线设计对结构的敏感性需求，可以从图中看出 0.1 mm 的加工误差对天线的匹配性能都将产生较大的影响，这对 PCB 的加工精度提出更高的要求，其中 5 行 EBG 结构的设计是为了使其具有更高的周期性而牺牲了一些空间，以确保天线阵列具有最佳的匹配和波束扫描性能。

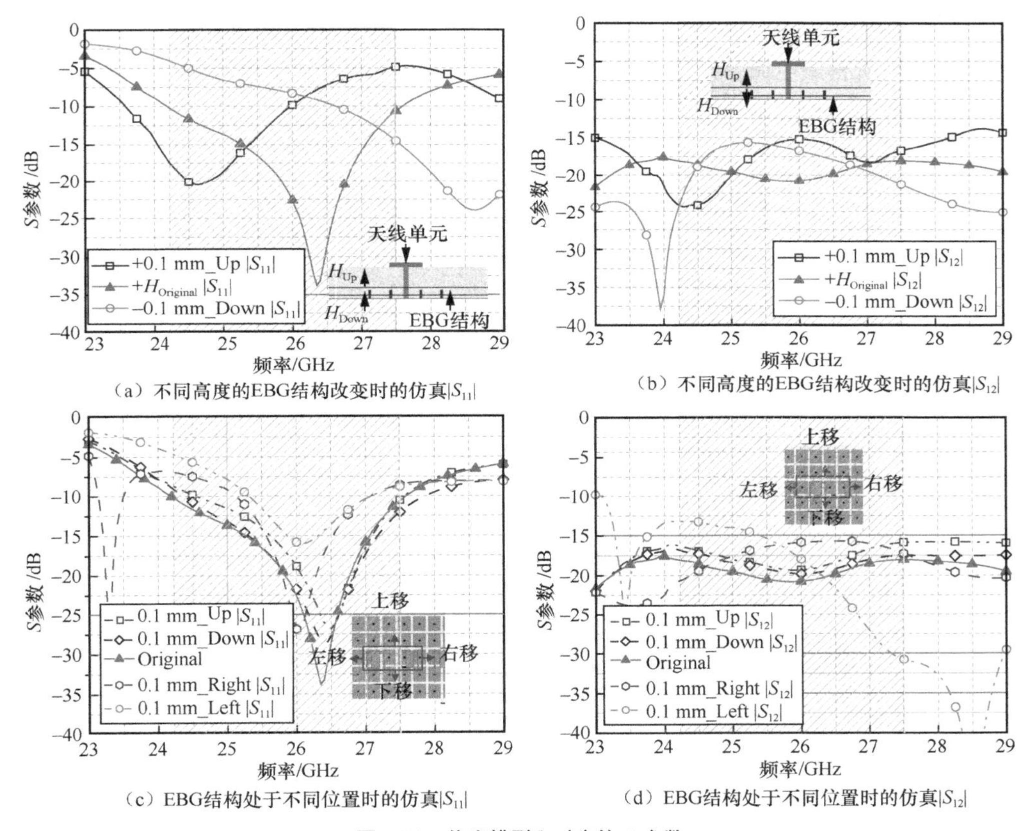

（a）不同高度的EBG结构改变时的仿真$|S_{11}|$　（b）不同高度的EBG结构改变时的仿真$|S_{12}|$

（c）EBG结构处于不同位置时的仿真$|S_{11}|$　（d）EBG结构处于不同位置时的仿真$|S_{12}|$

图 4-28　仿真模型和对应的 S 参数

4.3.1.3　基于 EBG 结构的毫米波天线阵列设计

基于前一节的分析与仿真结果，本节提出一个基于 EBG 结构的八单元毫米波天线阵列。整个八单元毫米波天线阵列的俯视图和爆破图分别如图 4-29（a）和（b）所示。图 4-29（c）展示了设计的天线阵列的底层布局图（预留出了安装小型 SMP

（SMPM）接头的焊盘）。由于毫米波测量中使用的小型 SMP 接头的尺寸与天线本身相当，因此 SMPM 接头的封装外形将影响地板 2 的完整性（如图 4-29（b）所示）。因此，为了减少辐射泄漏并避免干扰天线阵列的馈电线路，设计并构建了两个带有金属化过孔的地板，如图 4-29（b）所示，使用了 8 个馈电探针用于为天线单元馈电。此外，在接地层 1 和接地层 2 之间总共设计有 130 个金属化短路过孔，以使得两层地板之间保持良好的电气接触。此外，黏合层 1 和 2 用于黏合这些多层介质基板。设计中的介质基板 1、2 和 3 均为罗杰斯 RO4003（ε_r=3.35，tan δ=0.002 7），而黏合层选择罗杰斯 RO4450F（ε_r=3.5，tan δ=0.004）。所设计天线阵列的底层布局图如图 4-29（c）所示，天线单元的所有馈电微带线的长度被设计为等长等宽，这对于平衡所有相关频率的损耗和馈电相位的响应至关重要。八单元天线阵列的具体参数见表 4-3。

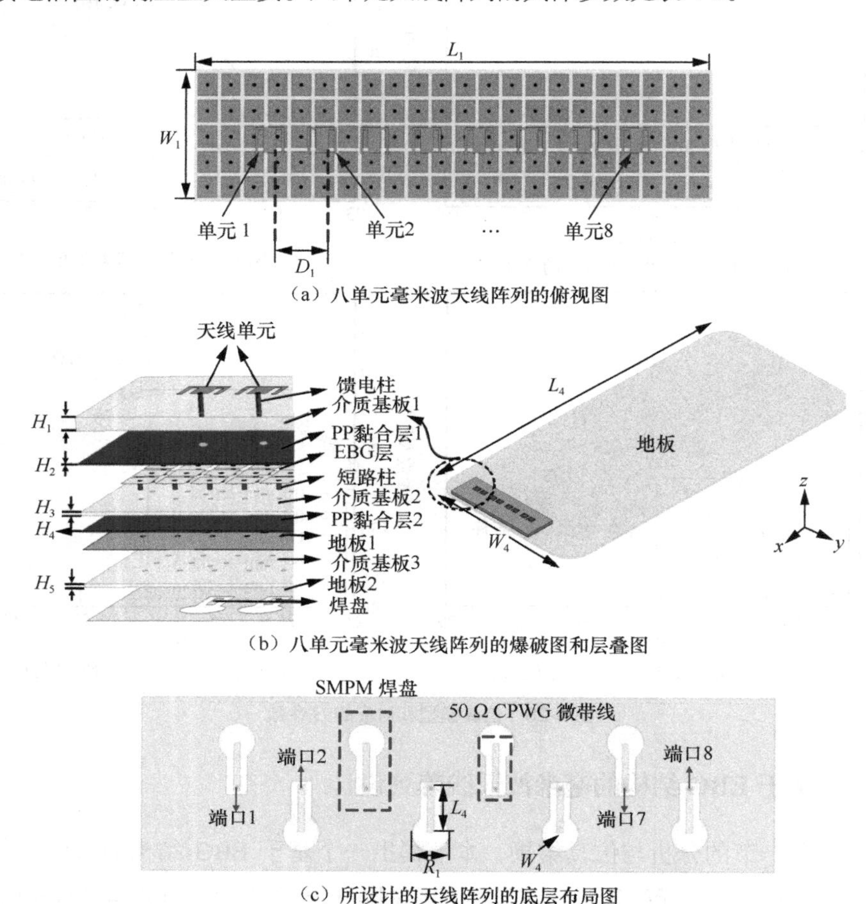

（a）八单元毫米波天线阵列的俯视图

（b）八单元毫米波天线阵列的爆破图和层叠图

（c）所设计的天线阵列的底层布局图

图 4-29　八单元毫米波天线阵列的结构

表 4-3　八单元毫米波天线阵列的具体参数

参数	L_1	W_1	D_1	H_1	H_2
数值/mm	47.6	12.5	4.6	0.813	0.101
参数	H_3	H_4	H_5	R_1	L_4
数值/mm	0.203	0.101	0.203	2.78	3.45

为了验证仿真的正确性，整个天线阵列采用了多层 PCB 技术进行加工和实测，同时加工了具有 EBG 结构和普通地板（PEC）结构（即不具有 EBG 结构）的两款天线阵列。其中，具有 EBG 结构的天线阵列和不具有 EBG 结构的普通天线阵列具有与图 4-30（a）所示的相同的单元间距。具有 EBG 结构的天线阵列中的 SMPM 接头经过了旋转设计，这样可以避免 CPWG 微带线和过孔接触到 EBG 结构从而造成短路。此外，为了公平地进行比较，两个天线阵列的 CPWG 微带线的长度设置为等长。

S 参数测量使用了双端口 Keysight N5225A 网络分析仪。在测量过程中，当天线阵列的两个端口进行测试时，其他 6 个端口用 50 Ω 的 SMPM 负载进行连接，如图 4-30（b）所示。具有 EBG 结构和不具有 EBG 结构的天线阵列的仿真和 *S* 参数测量分别如图 4-31 和图 4-32 所示。具有 EBG 结构的天线阵列可以覆盖 24.2 ~ 27.5 GHz 的频带，其单元间的隔离度在整个工作频带内超过 17 dB，如图 4-31 所示。不具有 EBG 结构的天线阵列覆盖 25.5 ~ 27 GHz 的频带，与具有 EBG 结构的天线阵列相比，其带宽相对较窄。此外，它在工作频段的隔离度远远低于具有 EBG 结构的天线阵列，两单元之间的隔离度约为 10 dB，相比而言，在天线匹配性能方面，具有 EBG 结构的天线阵列的带宽提升了 120%，隔离度提升了 70%，证明了 EBG 结构对天线匹配隔离性能改善的有效性。

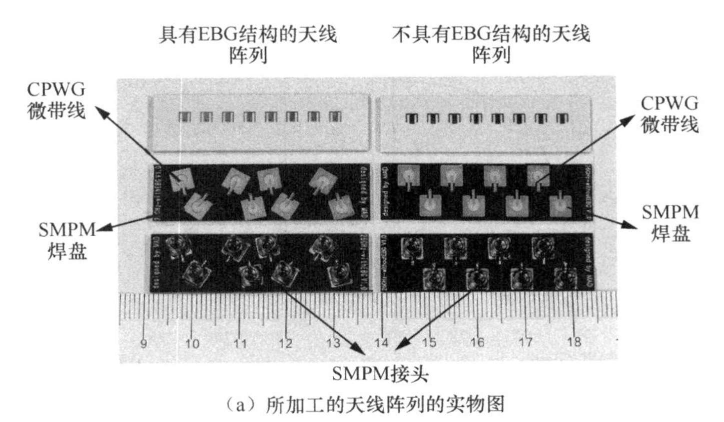

（a）所加工的天线阵列的实物图

图 4-30　天线实物及其测试环境

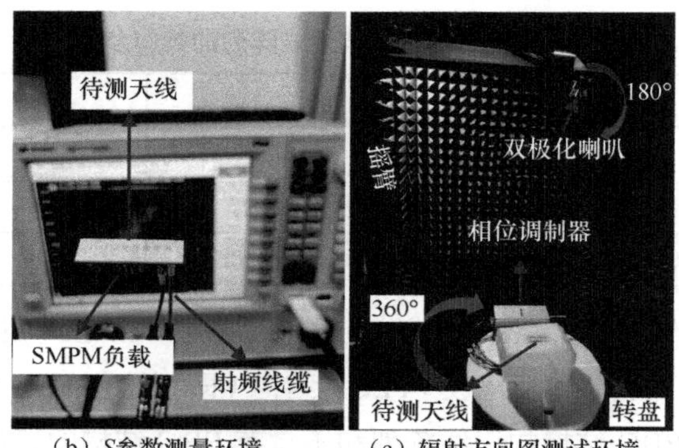

（b）S参数测量环境　　（c）辐射方向图测试环境

图 4-30　天线实物及其测试环境（续）

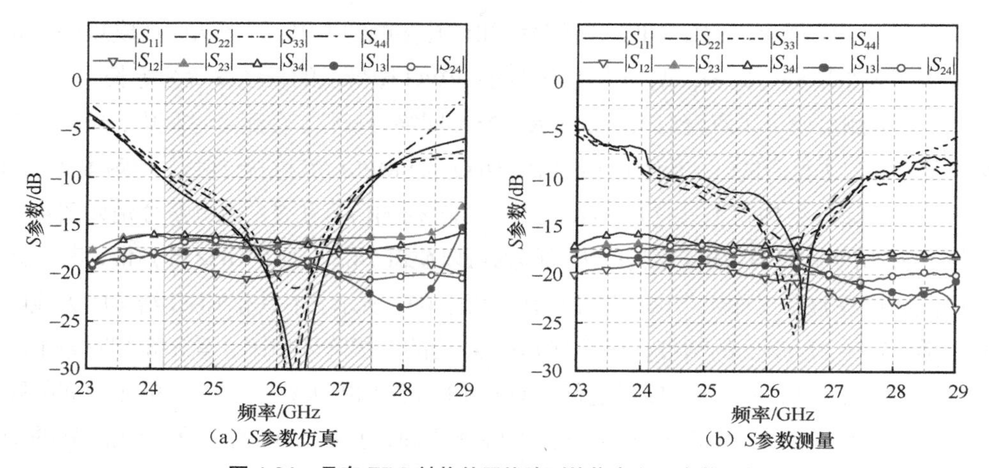

（a）S参数仿真　　（b）S参数测量

图 4-31　具有 EBG 结构的天线阵列的仿真和 S 参数测量

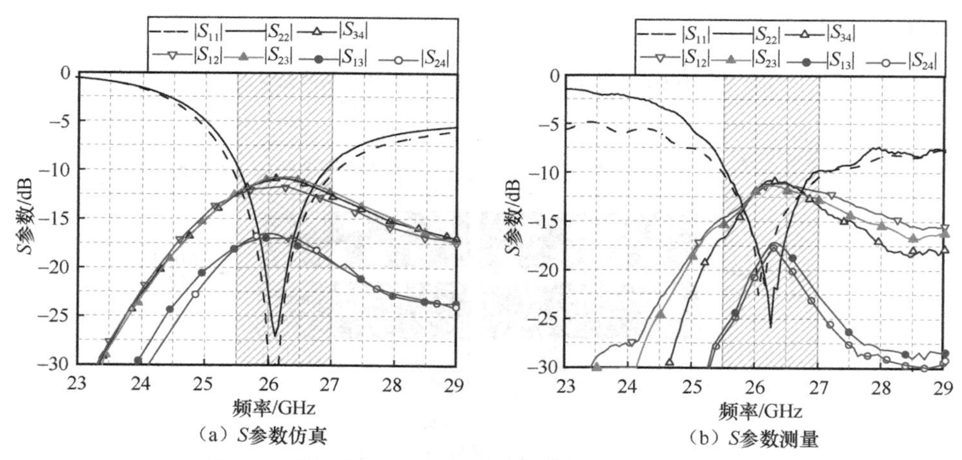

（a）S参数仿真　　（b）S参数测量

图 4-32　不具有 EBG 结构的天线阵列的仿真和 S 参数测量

4.3.1.4　天线阵列的相扫及波束覆盖特性分析

波束扫描能力是 5G 移动终端中毫米波天线阵列的一个关键指标。具有 EBG 结构的天线阵列满足宽角扫描的 3 个重要要求：宽辐射方向图、单元间距小和较高隔离度。接下来将通过仿真和测量验证所提出天线阵列的波束扫描性能。

天线阵列的波束扫描仿真在电磁仿真软件 HFSS 中进行，测量在西安朗普达通信科技有限公司所开发的毫米波移动测试系统 LMD-MTS-112 中进行，借助稜研科技 TMYTEK 的相位调制器 BBox One，辐射方向图的测试环境如图 4-30（c）中所示。图 4-33 和图 4-34 比较了具有 EBG 结构的天线阵列和其对应的普通地板（不具有 EBG 结构）的天线阵列主平面的 2D 波束控制能力，包括仿真和测量结果。还应注意，正/负方向的天线阵列的波束控制特性（+/−）以及扫描角度是对称的，因此仅对其中一个方向进行了比较。从图 4-33（a）和图 4-34（a）可以清楚地看出，所提出的具有 EBG 结构的天线阵列的峰值增益比对应的普通阵列的峰值增益高 2.6 dBi，且具有 EBG 结构的天线阵列在该方向上的扫描角比对应阵列的扫描角提升了至少 15°（以 3 dB 扫描损耗计），实现了±75°的宽角扫描范围。此外，当对应普通地板的天线阵列的扫描波束在 60°以上时，阵列方向图的副瓣电平迅速增加至 5.2 dBi，而具有 EBG 结构的天线阵列在 75°的波束下的副瓣电平不超过 0 dBi。波束扫描的测量辐射方向图如图 4-33（b）和图 4-34（b）所示。测量结果与电磁仿真结果保持了一致性，与仿真结果相比，其显示的增益差值小于 0.4 dBi。

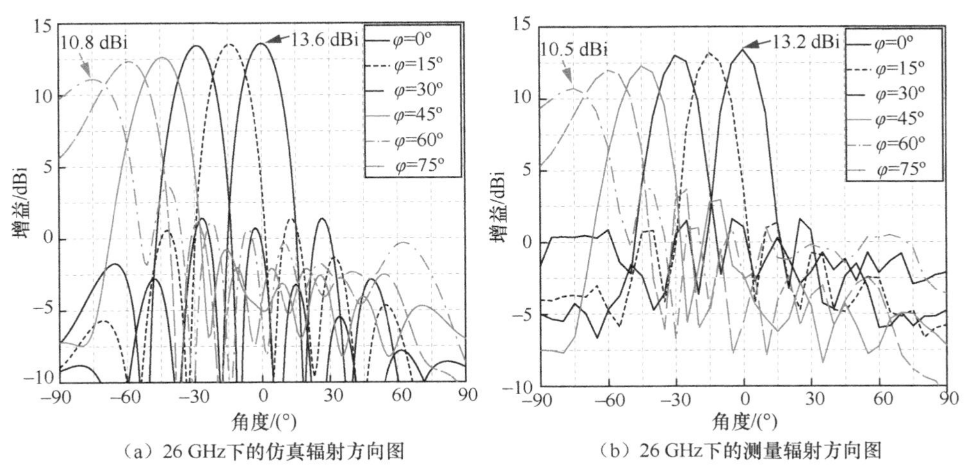

（a）26 GHz下的仿真辐射方向图　（b）26 GHz下的测量辐射方向图

图 4-33　θ=90°平面内具有 EBG 结构的天线阵列的二维波束扫描方向图

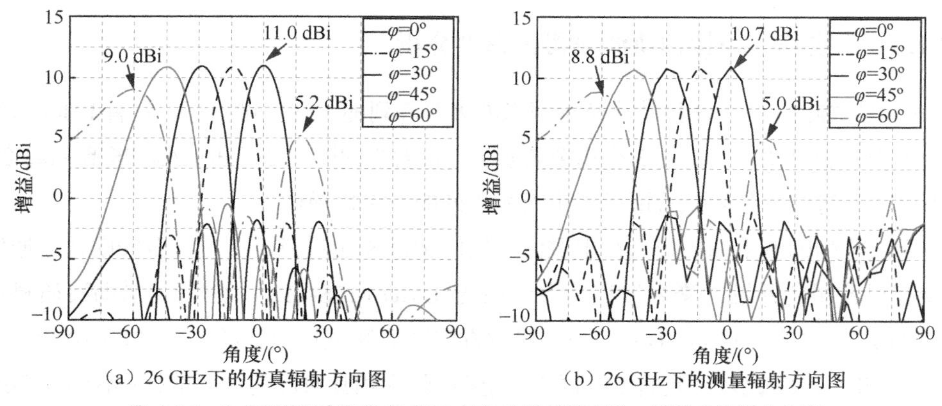

（a）26 GHz下的仿真辐射方向图　（b）26 GHz下的测量辐射方向图

图 4-34　θ=90°平面内不具有 EBG 结构的天线阵列的二维波束扫描方向图

为了更直观地感知波束扫描能力，图 4-35 显示了具有 EBG 结构的天线阵列在 0°～75°的不同波束扫描角度下的仿真 3D 辐射方向图。在图 4-36 中，我们绘制了不具有 EBG 结构的天线阵列和具有 EBG 结构的天线阵列在不同波束扫描角度下的峰值增益。EBG 结构的带阻特性，使得在阵列的法线方向上，具有 EBG 结构的天线阵列的增益增加了约 2.6 dBi，最大波束扫描角也增加约 15°。

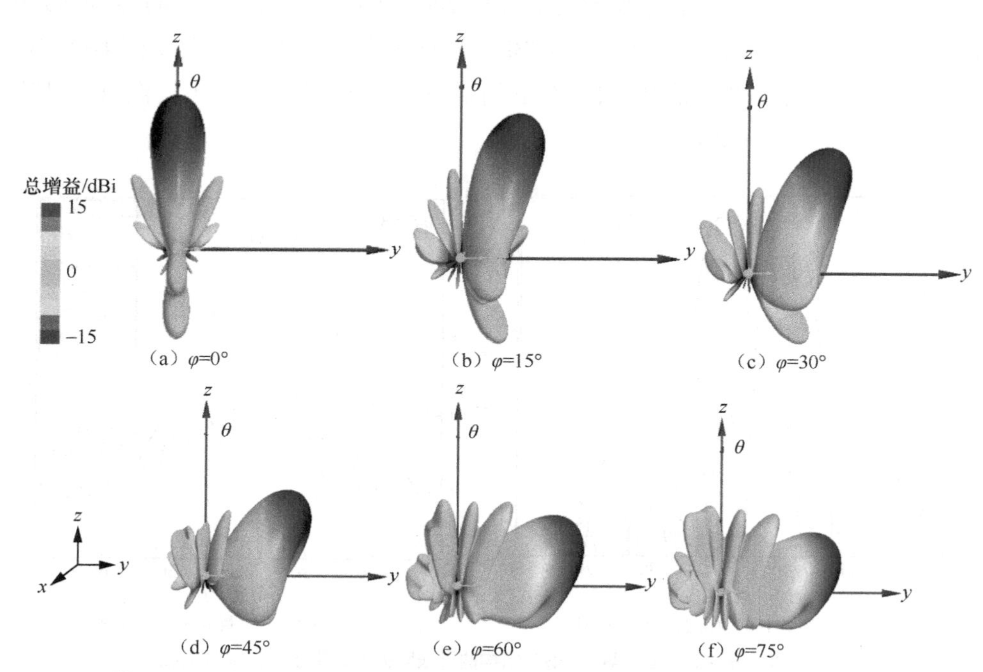

（a）φ=0°　（b）φ=15°　（c）φ=30°　（d）φ=45°　（e）φ=60°　（f）φ=75°

图 4-35　具有 EBG 结构的天线阵列在不同波束扫描角度下的仿真 3D 辐射方向图

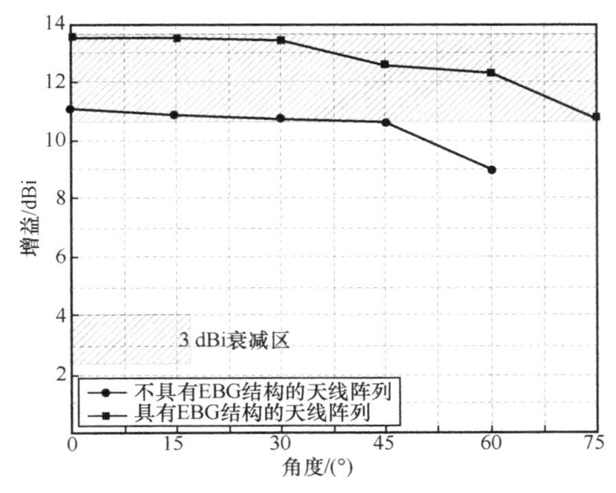

图 4-36　具有和不具有 EBG 结构的天线阵列在不同扫描角度下的峰值增益比较

根据 3GPP 第 16 号决议，为了更好地量化所设计的具有 EBG 结构的天线阵列的波束覆盖能力，我们还研究了其在设备基板上不同位置放置时的覆盖效率，具有 EBG 结构的天线阵列在手机上的布局及天线阵列的波束覆盖效率如图 4-37 所示，其中波束覆盖效率定义为

$$\eta_{C}=\frac{\text{覆盖立体角}}{\text{最大覆盖立体角}\ (4\pi)} \tag{4-13}$$

最大覆盖立体角通常选择为 4π，以评估阵列在整个球体中天线阵列的扫描能力。从图 4-37 可以看出，双天线阵列配置优于单天线阵列配置的整体波束覆盖效率，而对于所有双天线阵列配置，可以观察到其中 50%的波束覆盖效率优于 7 dBi。

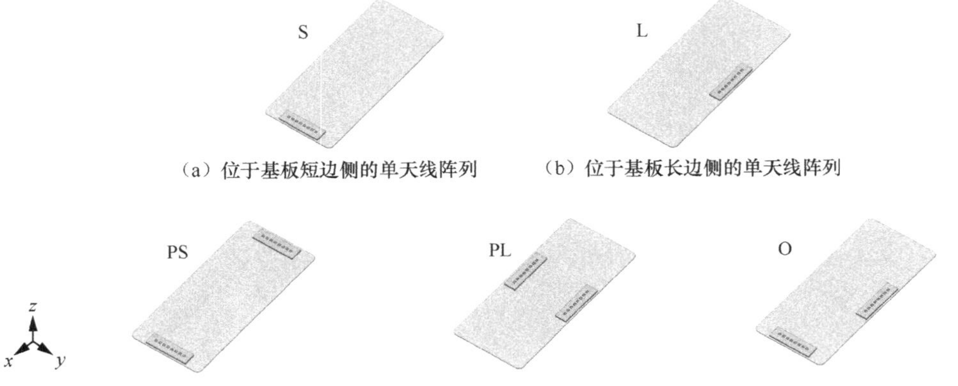

（a）位于基板短边侧的单天线阵列　（b）位于基板长边侧的单天线阵列

（c）位于基板短边侧的双天线阵列　（d）位于基板长边侧的双天线阵列　（e）位于两个相邻侧的双天线阵列

图 4-37　基于 EBG 结构的天线阵列在手机上的布局及天线阵列的波束覆盖效率

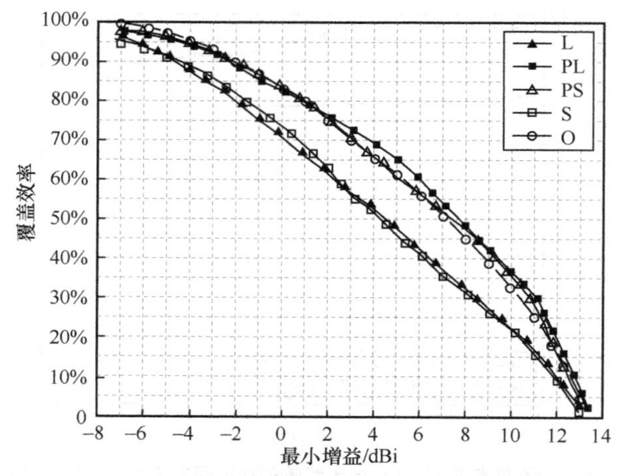

（f）位于手机基板不同位置时所提出的天线阵列的波束覆盖效率

图 4-37 基于 EBG 结构的天线阵列在手机上的布局及天线阵列的波束覆盖效率（续）

波束覆盖的重要性也可以从工业解决方案中体现出来，例如高通公司的毫米波模块 QTM 052/525。该模块的带宽为 800 MHz，包括频带 n258、n260 和 n261，尺寸为 19.03 mm×4.81 mm×1.7 mm，覆盖能力为±45°。使用两个 QTM 模块只能实现 180°的空间覆盖，难以满足 5G 移动通信的要求，因此高通公司建议在一部通信设备中至少安装 3 个 QTM 模块，以实现 270°左右的空间覆盖，移动终端设备中使用的毫米波模块及其对应的波束扫描示意如图 4-38 所示。但是如果使用本书中提出的基于 EBG 结构设计的毫米波天线阵列，仅需两个就可以实现 300°的空间覆盖。

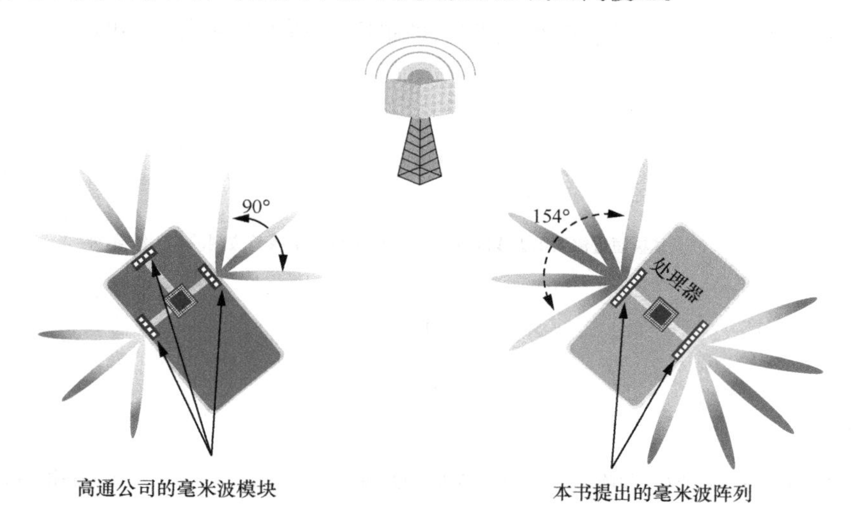

图 4-38 移动终端设备中使用的毫米波模块及其对应的波束扫描示意

4.3.2　基于 UC-EBG 结构的双极化毫米波宽角扫描阵列

双极化天线设计可减少收发电波的极化失配，进而改善用户的通信体验；双极化的天线设计也有助于多输入多输出的数据传输运作，从而提升通信的传输速度，同样达到更优的用户无线体验，所以在大多数场景下单极化天线已经不太能满足日常需要。为了解决这个问题，本节在基于 UC-EBG 结构单极化一维线阵天线的基础上，采用±45°极化馈电，通过将 UC-EBG 结构单元旋转 45°，并通过镜像原理来完成一维线阵双极化宽角扫描阵列天线的设计。天线阵列在中心频点处都可以实现±75°的波束扫描性能，且天线阵列的峰值增益分别为 12.2 dBi 和 12.5 dBi，具有较好的增益水平，同时能覆盖 5G 毫米波所需要的 24.25～27.5 GHz 频段。

4.3.2.1　双极化天线单元设计

双极化天线单元的设计采用第 3 章天线单元类似的结构。根据上述的分析，本书所设计的天线单元要在±45°方向的天线表面电流近似等效为电偶极子的形式。为了满足基于上述分析的天线形式，将双极化天线的十字形结构换成方向贴片切角的形式，根据第 3 章的分析，十字形结构不参与天线单元的辐射，所以将十字形结构替换不会改变辐射性能。将 0°和 90°的极化模式改变为±45°极化的模式，双极化天线单元结构示意如图 4-39 所示。

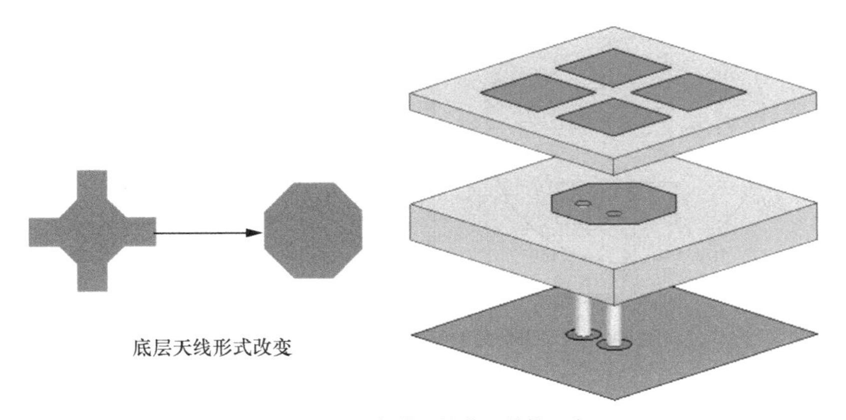

图 4-39　双极化天线单元结构示意

为了验证所设计双极化天线单元的性能参数，对所设计的天线单元进行了仿真分析，仿真分析采用 HFSS 软件进行，如图 4-40 为所设计的双极化天线单元的 S 参数，图示的结果为设计的最优状态，天线单元覆盖 24.3～27.6 GHz 的毫米波频段，天线端口间具有较好的隔离性能。

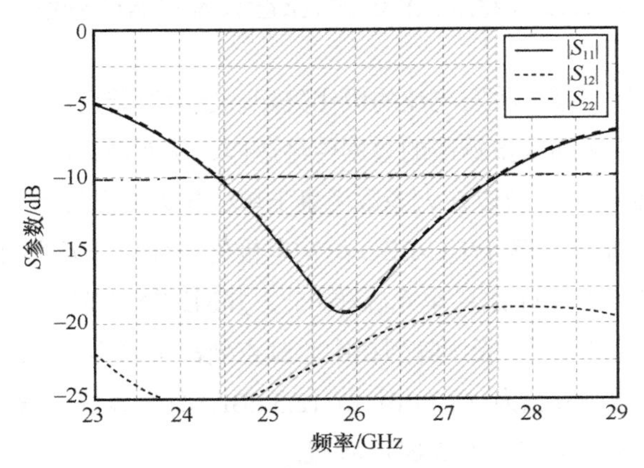

图 4-40 双极化天线单元 S 参数

图 4-41 给出了 26 GHz 处的归一化交叉极化辐射方向图，天线单元的峰值增益为 6.5 dBi。图 4-41（a）为天线单元在 26 GHz 时的−45°极化激励时的归一化交叉极化辐射方向图，交叉极化大于 20 dB。图 4-41（b）为天线单元在 26 GHz 时的+45°极化激励时的归一化交叉极化辐射方向图，交叉极化大于 20 dB。

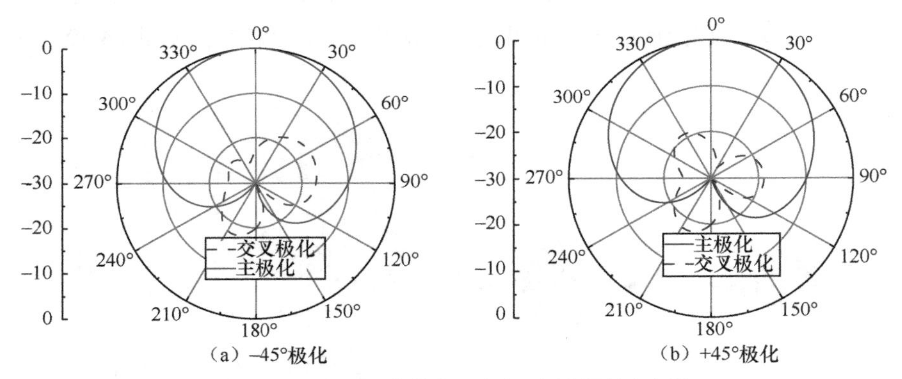

（a）−45°极化　（b）+45°极化

图 4-41 26 GHz 处的归一化交叉极化辐射方向图

根据上述的分析，UC-EBG 结构整体旋转了 45°，为了能够使阵中天线单元的辐射方向图展宽，这里需要天线的表面电流在不同极化下近似为电偶极子电流模式。图 4-42 为所设计的天线单元在不同极化下的表面电流分布，可以看出，在不同极化馈电下，在±45°方向下天线表面的电流类似电偶极子形式，这样就可以在双极化下运用镜像原理来实现宽角扫描。

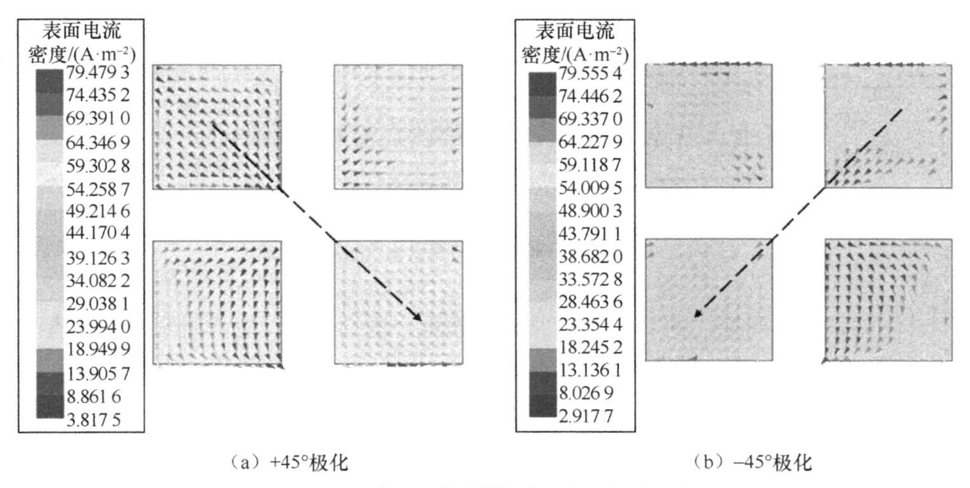

（a）+45°极化　　（b）−45°极化

图 4-42　单元天线不同极化下表面电流分布

4.3.2.2　UC-EBG 结构和双极化天线阵列的分析

基于 UC-EBG 结构的双极化天线阵列如图 4-43 所示，与第 3 章双极化天线原理类似，其中顶层天线通过底层天线的辐射产生所需要的电流，顶层采用 4 个贴片放置在介质基板上，用于改变原电流的模式，减少端口间的耦合，抵消底层天线电流，使之匹配到需要的谐振点，底层天线采用方向贴片切角设计。两层天线均放置在 RO4350b 介质板上，底层天线放置在本书所设计的介质基板 2 上，然后与馈电结构连接，馈电结构依次通过介质基板 2、周期性的 UC-EBG 结构、介质基板 3，最终与地板相连接。

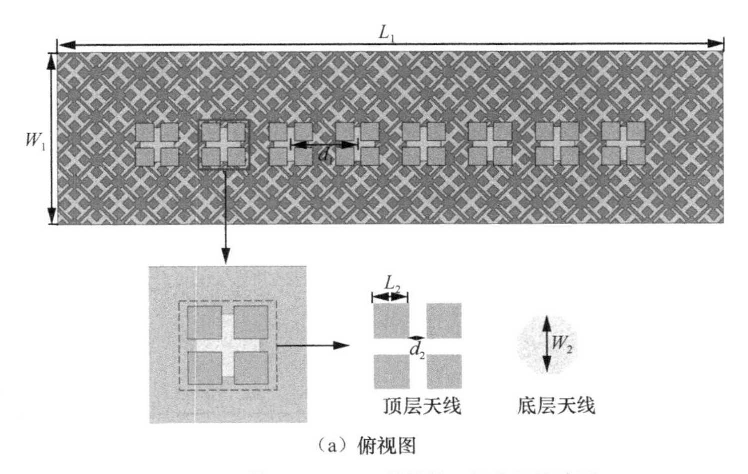

（a）俯视图

图 4-43　基于 UC-EBG 结构的双极化天线阵列

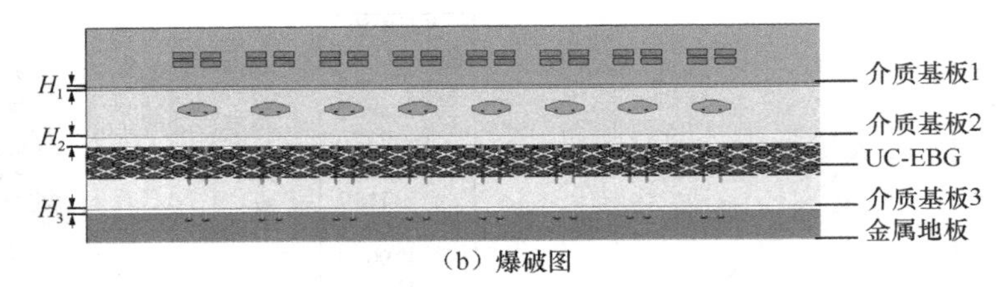

（b）爆破图

图 4-43　基于 UC-EBG 结构的双极化天线阵列（续）

首先将采用的周期性的 UC-EBG 结构调整至合适的尺寸，使得周期性的紧凑型单层电磁带隙结构单元的零相位点位于所设计天线的中心频点上，然后将结构旋转 45°，使所设计的天线电流在±45°方向近似为电偶极子，这样就可以运用镜像原理来展宽阵中单元方向图。UC-EBG 结构如图 4-44 所示。在图 4-44（c）中给出所设计的 UC-EBG 结构的反射相位曲线，在 26 GHz 附近为零相位点，±90°的相位决定了所设计的 UC-EBG 结构的工作带宽，可以看出在 Y 极化下可以覆盖 22～27.5 GHz 频带，具有较宽的带宽。UC-EBG 结构和 UC-EBG 结构双极化天线阵列的详细参数见表 4-4。

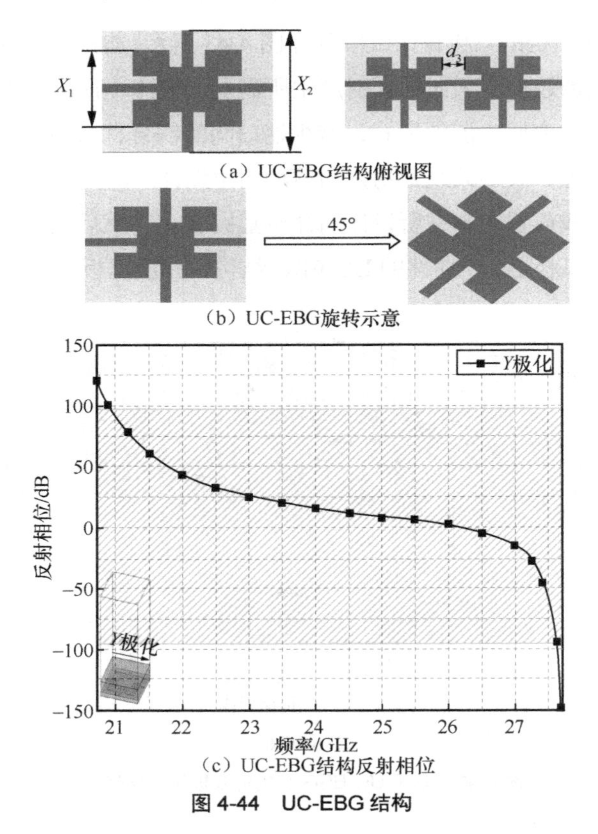

（c）UC-EBG结构反射相位

图 4-44　UC-EBG 结构

表 4-4　UC-EBG 结构和 UC-EBG 结构双极化天线阵列的详细参数

参数	L_1	L_2	W_1	W_2	d_1	d_2
数值/mm	45.8	1.16	13	2.6	4.6	0.48
参数	d_3	X_1	X_2	H_1	H_2	H_3
数值/mm	0.25	1.8	2.3	0.168	0.338	0.168

在毫米波天线的设计过程中有 5 个重要设计标准，要求所设计的天线具有小尺寸、高增益、双极化辐射、较宽的空间覆盖能力和宽频带等特点，这些要求将会在所设计的天线阵列中体现。宽角扫描天线还应该满足单元间具有较小的间距、高隔离度和宽辐射方向图，根据前面对于阵因子间距的分析，天线单元间的间距设计在 0.4λ，采用 UC-EBG 结构，可以很好地抑制表面波，降低阵列天线单元间的耦合。

具体的仿真分析在 HFSS 软件中进行，阵列天线的 S 参数如图 4-45 所示，在 $|S_{11}| < -10$ dB 情况下，天线阵列的带宽可以覆盖 n258 频带；在 $|S_{21}| \leqslant -15$ dB 情况下，天线阵列基本满足在−15 dB 以下具有较宽的带宽和较好的隔离性能。

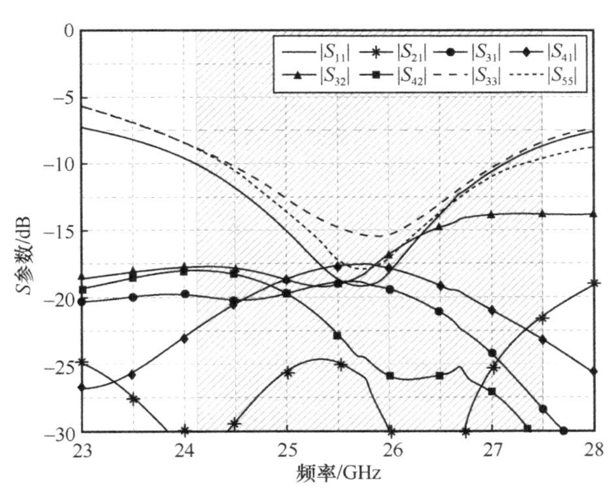

图 4-45　阵列天线的 S 参数

接下来对天线阵列的波束扫描性能进行仿真分析，图 4-46 为所设计天线阵列在 26 GHz 的波束扫描性能，需要注意的是由于天线扫描性能在正负方向上具有高度的一致性，这里只给出一侧的波束扫描性能。从图中可以看出，在+45°极化情况下，峰值的最大增益为 12.4 dBi，当天线阵列扫描到−75°时，天线阵列的增益降低了 1.9 dBi；在−45°极化情况下，峰值的最大增益为 12.2 dBi，当天线阵列扫描到−75°时，天线阵列的增益降低了 1.4 dBi。当最大增益下降 3 dBi 时，由于副瓣电平数值增大，虽然扫描数值可以达到±80°，但并不能作为有效的扫描性能，因此综合来看，所设计的天线阵列在±75°范围内具有较高的增益和较好的扫描性能。

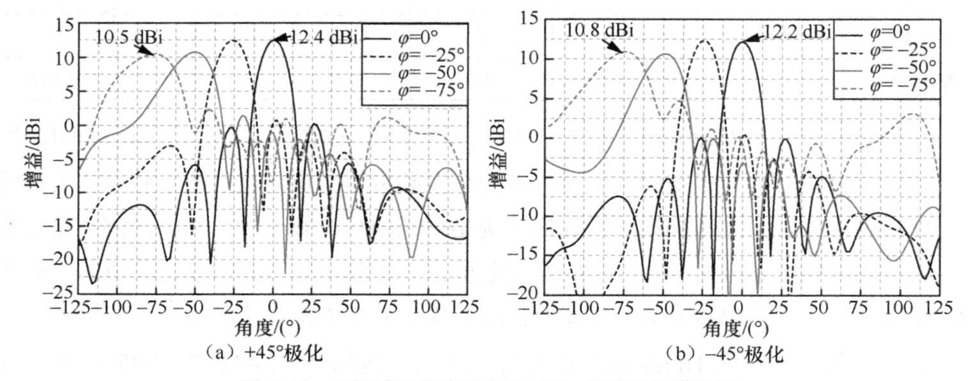

（a）+45°极化　（b）−45°极化

图 4-46　所设计天线阵列在 26 GHz 的波束扫描性能

为了更清楚地看到所设计天线阵列的波束扫描能力，图 4-47 给出了基于 UC-EBG 结构的双极化天线阵列在 26 GHz 不同极化和扫描角度下的三维辐射方向图。

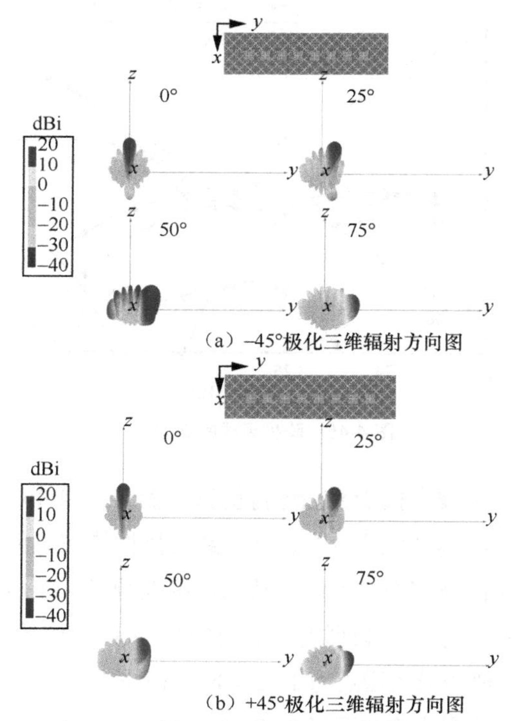

（a）−45°极化三维辐射方向图

（b）+45°极化三维辐射方向图

图 4-47　基于 UC-EBG 结构的双极化天线阵列在 26 GHz 不同极化和扫描角度下的三维辐射方向图

4.3.2.3　天线阵列的测试和性能分析

为了更直观地看出理论设计的结果，对天线阵列进行了实测，天线采用多层 PCB 工艺加工，基于 UC-EBG 结构的一维线阵双极化宽角扫描阵列天线的加工实物图如图 4-48 所示，天线的加工尺寸和仿真尺寸基本吻合。

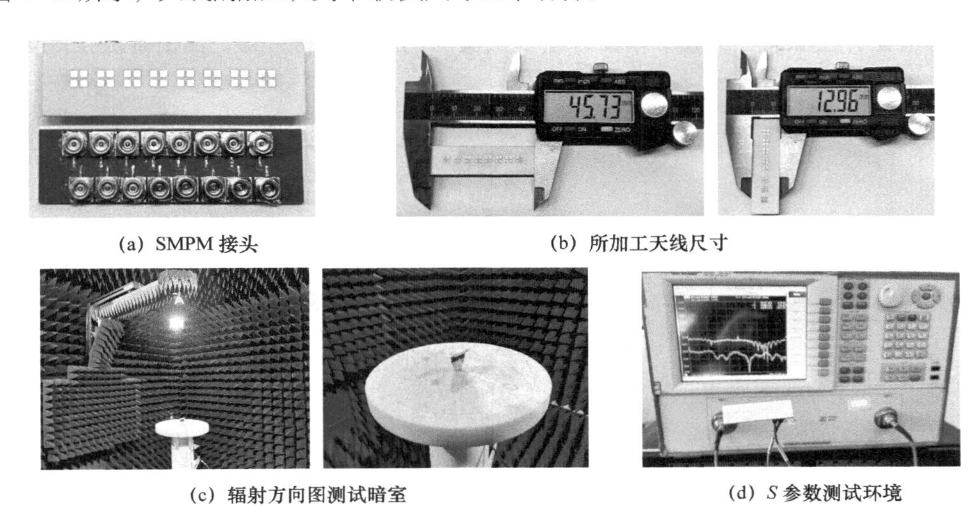

(a) SMPM 接头　(b) 所加工天线尺寸

(c) 辐射方向图测试暗室　(d) S 参数测试环境

图 4-48　基于 UC-EBG 结构的一维线阵双极化宽角扫描阵列天线的加工实物图

S 参数的测量使用了双端口的 Keysight N5225A 矢量网络分析仪，测试环境如图 4-48（d）所示，为了测试的准确性，对于不连接线缆的端口要增加仿真设置所需要的 50 Ω 负载。天线阵列的实测 S 参数如图 4-49 所示，可以看出，在$|S_{11}| < -10$ dB 的情况下，带宽覆盖 24.25 ~ 27.5 GHz，与仿真结果对比，没有发生严重的频偏；在$|S_{21}|$、$|S_{32}|$、$|S_{41}|$、$|S_{42}|$都小于−15 dB 的情况下，测试结果显示在 24.25 ~ 27.5 GHz 频带内都小于−15 dB，和仿真结果基本一致。S 参数的测试数据在频带内抖动较大，主要是因为在使用矢量网络分析仪时，扫描频点数设置过大，导致曲线抖动较为激烈。同时在毫米波频段，加入的电缆较长。另一个原因是所设计的天线采用 PCB 工艺加工，UC-EBG 层在加工时存在一定的尺寸误差，由于毫米波对于尺寸的变化过于敏感，PCB 加工无法保证准确的加工精度，会使所设计的天线对比仿真结果有偏差，但整体性能符合仿真结果。

天线阵列的辐射方向图的测量是在微波暗室中进行的，为了得到天线阵列的波束扫描辐射方向图，还需要借助 TMYTEK 的毫米波相位调制器进行，阵列天线波束扫描暗室测试环境如图 4-50 所示。毫米波波束成形区 BBox 实物图如图 4-51 所示，所使用的 BBox 可以覆盖 24.25 ~ 27.5 GHz 的频带宽度，将测试天线与 BBox 的 4×4 波束成形端口连接，网线接入端口用于连接所需要的个人 PC 端进行对待测天线的调幅，射频线缆接入端口连接微波暗室的测试设备。需要注意的是，在使用 BBox 前需要对系统进行矫正，使所使用的 BBox 满足所需要的测试环境，包括 BBox 系统里的增益补偿和辐相角度，增益补偿根据实际的损耗进行补偿，辐相调控按照仿真需求进行。

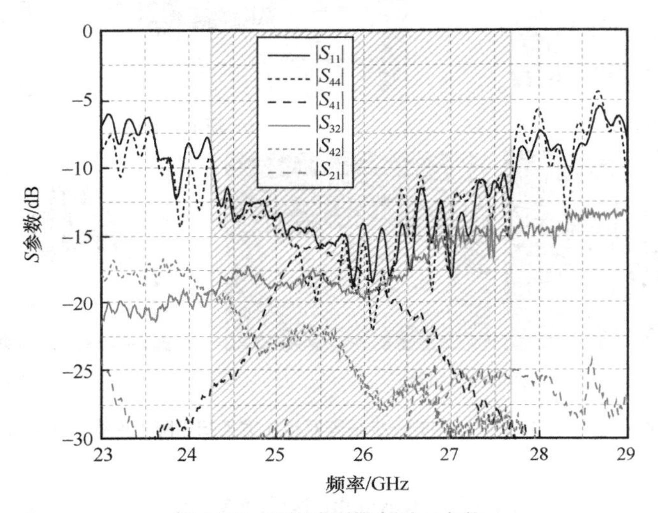

图 4-49 天线阵列的实测 S 参数

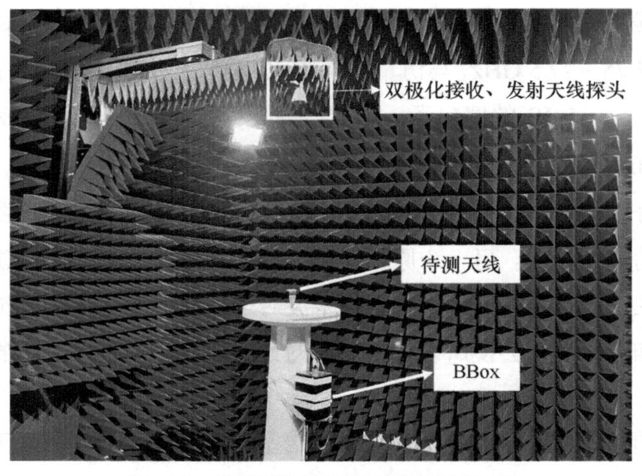

图 4-50 阵列天线波束扫描暗室测试环境

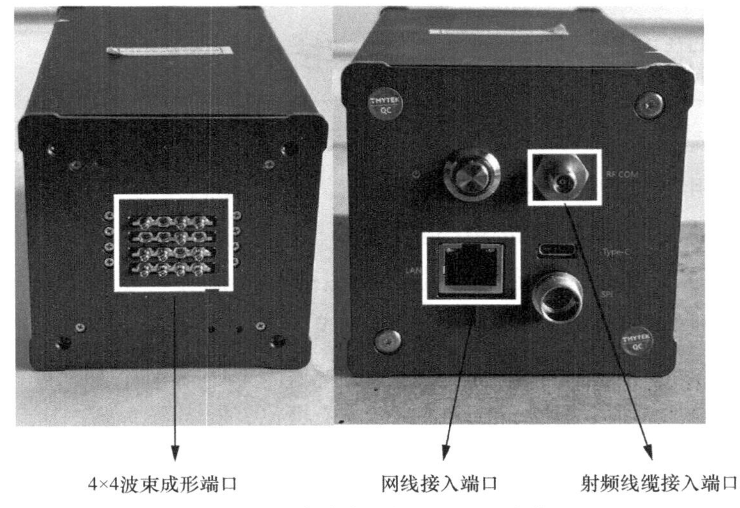

图 4-51　毫米波波束成形区 BBox 实物图

图 4-52（a）为在 26 GHz 时−45°极化激励下的波束扫描测试图，测试结果显示和基于 AMC 结构的单极化宽角扫描阵列天线损耗相似，这里不再进行讨论。可以从图 4-52（a）中看出，在最大增益下降 3 dBi 的情况下，阵列天线可以实现±75°的波束扫描性能。图 4-52（b）为在 26 GHz 时+45°极化激励下的波束扫描测试图，在最大增益下降 3 dBi 的情况下，阵列天线可以实现±75°的波束扫描性能。需要注意的是，这里的理论扫描角度并没有按照最大增益下降 3 dBi 的标准，在−45°极化激励时，再扫描到 75°时，波束的第一副瓣已经升高，这样会对天线的实际性能产生影响，为了更符合现阶段的商用，这里只测试了可以接受的最大扫描范围。

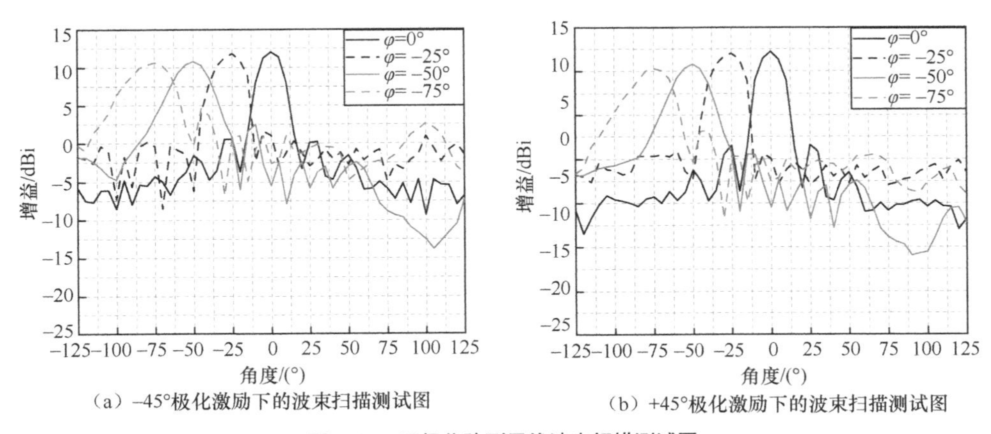

（a）−45°极化激励下的波束扫描测试图　（b）+45°极化激励下的波束扫描测试图

图 4-52　双极化阵列天线波束扫描测试图

4.4 超宽带紧耦合及宽角匹配层技术

天线按照组成形式分为单天线与阵列天线。一般情况下，以单天线形式便可完成收发任务。阵列天线是单天线按照一定排布规律组成的天线系统，与单天线相比，阵列天线具有更强的方向性和增益。通过馈电网络对每个辐射单元的馈电相位进行调节控制，便可得到具有波束扫描功能的相控阵天线。

随着应用场景和需求的增加，对相控阵天线提出了越来越高的要求。相控阵天线需要具有超宽带、大角度扫描、高增益、低交叉极化、低剖面、低副瓣等特性[11-12]。由于扫描角与阵元间距的关系限制[13]，在进行大角度扫描时，需要较近的单元间距。但当天线距离较近时，天线间的耦合又将剧增，这个问题一直限制着传统宽带相控阵天线大角度扫描的发展。

依照阵元间耦合的大小，天线阵列可以分为传统弱耦合超宽带阵列和紧耦合阵列。

传统弱耦合超宽带阵列天线，通常以超宽带天线单元为基础，按照特定的拓扑结构进行延展来形成大规模阵列。天线单元尺寸影响最低工作频率，天线单元间距将影响阵列的无栅瓣扫描范围（与高频有关）和耦合强度。因此，传统的弱耦合超宽带阵列天线需要在带宽和波束扫描范围之间进行博弈。此外，为了避免波束在高频扫描时出现栅瓣，传统的弱耦合阵列需要小的单元间距，因此横向尺寸受到限制。基于此种情况，低频的谐振效果只能通过牺牲纵向高度来获取，这使得传统的弱耦合超宽带阵列天线存在高剖面的问题。

与传统的弱耦合超宽带阵列对互耦的处理思路不同，紧耦合阵列天线将从根本上避免上述问题。单元间的互耦通常会恶化传统阵列的性能，而紧耦合阵列通过在阵元之间加载耦合电容，使得低频的感性电抗被抵消，从而将工作带宽向低频扩展。紧耦合阵列天线的阵元间距一般略小于 $\lambda_H/2$（λ_H 是最高工作频率在自由空间中的波长），符合±60°域内无栅瓣扫描的理论要求，从根本上避免了大角度扫描时出现栅瓣。总的来讲，紧耦合阵列天线阵元距地板的高度与低频无关，低剖面特性、易于与平台共形等方面的优势与相控阵雷达发展方向非常契合，这都使得紧耦合阵列持续受到关注。

1965 年，Wheeler[14]提出连续电流片阵列的概念，并利用在平面紧密排列的理想偶极子构成了连续电流片阵列的理想模型，进而推导出这样的结论：在自由空间中，连续电流片具有无限大的阻抗带宽，并且其表面阻抗为纯实数。从连续电流片的角度，天线阵列分成以下两类：连接天线阵列和紧耦合偶极子阵。

4.4.1　天线阵列设计

4.4.1.1　连接天线阵列

2003 年，Hansen[15]在利用有限元法对连接阵上的电流进行仿真分析时发现，当偶极子单元的长度小于或等于 0.1λ 时，天线阵列上的电流几乎恒定，这与 Wheeler 提出的连续电流片概念十分接近。2009 年，Neto 等[16]提出了在自由空间中长槽天线阵，长槽天线阵可等效为磁偶极子连接阵，从而实现了无限大电流片这一概念。该天线阵的带宽为 5∶1（0.4～2 GHz），其剖面高度仅为 0.1λ_l（λ_l为自由空间最低工作频率对应的波长）。2005 年，Neto 等[17]通过计算无限大长槽天线阵的格林方程得出结论：自由空间中无限大长槽天线阵具有无限大的工作带宽，而有限大长槽天线阵的工作带宽则因为金属地板的存在而变窄。2006 年，Lee 等[18]设计了加载金属地板的长槽天线阵，该天线阵剖面高度为 1/8λ_l。与自由空间相比，天线阵加入金属地板后的带宽仅为 4.1∶1（150～650 MHz）。为减小金属地板对带宽的影响，2008 年，Lee 等[19]设计了加载铁氧体地板的 11×11 单极化长槽天线阵，实现了 10∶1（200～2 000 MHz）的带宽，同时剖面高度仅为 0.05λ_l。然而，有耗铁氧体材料的使用会造成 2～3 dB 的增益损失，阵列总重量也大大增加。

2013 年，Cavallo 等[20]设计了宽带大角度扫描以及低交叉极化的连接偶极子阵。馈电结构为宽带环形巴伦。巴伦结构既可以进行阻抗变化，还可以抑制共模谐振。天线阵带宽为 1.7∶1（3～5 GHz），剖面高度为 0.23λ_l，有源电压驻波比小于 2.5，所有方位面的扫描角度均为 45°。

2014 年，Cavallo 等[21]对单层和多层人造电介质层（ADL）进行分析并建立了等效电路模型，发现作为匹配层的 ADL 具有提升天线扫描角度的能力。2016 年，该团队设计了加载多层 ADL 匹配层的单极化宽带大角度扫描的平面连接槽阵[22]，采用微带-槽线的宽带巴伦馈电结构，馈电结构附近的金属柱用以抑制共模。该阵列带宽为 2.2∶1（6.5～14.5 GHz），剖面高度为 0.23λ_l，有源电压驻波比小于 2，所有方位面扫描角度均为 50°。

2018 年，在此基础上，Cavallo 等[23]设计了多层 ADL 匹配层的双极化宽带宽角扫描平面连接槽阵。馈电结构依旧采用微带-槽线组合。与先前不同的是，阵列中阵元的激励幅度呈余弦分布，以减小边界截断效应。天线阵带宽为 2.5∶1（6～15 GHz），剖面高度为 $0.22\lambda_l$，有源电压驻波比小于 3.1，E 面和 H 面扫描角度分别为 80°和 60°。但是，多层 ADL 匹配层存在设计复杂、加工成本高以及高剖面的问题。

背腔式连接天线阵列是实现宽带大角度扫描的另一种形式，这是由低频时馈线的谐振点与高频时槽的谐振点接近导致的[24]。2018 年，杨仕文团队[25]设计了宽带大角度扫描的背腔式连接天线阵列，寄生条用来产生新的谐振点，使天线的带宽得到拓展。天线阵带宽为 1.6∶1（7.45～11.65 GHz），剖面高度为 $0.22\lambda_l$，有源电压驻波比小于 2.5，所有方位面扫描角度均为 70°。

4.4.1.2 紧耦合偶极子阵

2000 年，Munk[26]在对频率选择表面（Frequency Selective Surface，FSS）研究时发现，偶极子单元间距小到一定程度时，会出现超宽带现象。同时在偶极子间加载耦合电容，偶极子对地的感性电抗会被抵消，获得了比连接阵更宽的带宽。为了与连接阵进行区别，将邻近偶极子单元间加载耦合电容的天线阵称为紧耦合偶极子阵。

在紧耦合阵列的设计中，连接同轴线和天线的馈电网络的设计也至关重要。馈电网络不仅需要提供宽带平衡的输出电流，还需要在超宽频带内实现阻抗变化以及不引起额外的共模谐振。2003 年，Munk 等[27]设计了双极化紧耦合偶极子阵。馈电网络由外置巴伦、双同轴线和电屏蔽装置组成。外置巴伦产生的差分信号通过同轴线馈给偶极子，电屏蔽装置是为了避免 E 面扫描时产生共模谐振，然而，电屏蔽装置妨碍了天线的模块化设计。天线阵带宽为 9∶1（2～18 GHz），剖面高度为 $0.1\lambda_l$，在 E 面和 H 面扫描角可达到 45°。

为解决上述非平面馈电结构复杂的问题，Vouvakis 教授团队[28]提出了平面超宽带模块化天线（PUMA）阵列。该方案采用同轴馈电，通过在偶极子单元合适位置引入短路销钉来抑制共模谐振，无须使用复杂的馈电巴伦结构，便于利用多层 PCB 技术进行模块化大规模装配和维修。天线阵带宽为 3:1（7～21 GHz），剖面高度为 $0.19\lambda_l$，有源电压驻波比小于 2.8，在所有方位面扫描角可以达到 45°。

巴伦馈电结构具有平衡电流和阻抗变换的双重作用。虽然同轴馈电可以简化结构，但采用巴伦馈电的紧耦合偶极子阵，在宽带大角度扫描方面依然存在更优表现。2013 年，Kasemodel 等[29]设计了采用宽带环形混合器馈电的紧耦合偶极子阵。印刷在地板上的宽带环形混合器提供平衡电流输出，平行双线实现振子与环形器间的阻抗匹配，球形和碗状非对称偶极子相互嵌套以形成耦合电容。为了更好地抑制共模，天线单元与地板的间距被减小。天线带宽为 1.6：1（8 ~ 12.5 GHz），剖面高度约为 $1/7\lambda_l$，有源电压驻波比小于 2，E 面和 H 面扫描角度分别为 70°和 60°。

2013 年，Doane 等[30]提出利用集成 Marchand 巴伦馈电的紧耦合偶极子阵。该阵列使用了双单元布阵方案，E 面间距减小的同时将紧耦合偶极子单元的输入阻抗减半，再利用 Marchand 巴伦使得偶极子两臂电流平衡，实现了偶极子与巴伦馈电结构的集成化设计。天线阵带宽为 7.4：1（0.68～5.0 GHz），剖面高度为 $0.1\lambda_l$，有源电压驻波比小于 2.65，所有方位面扫描角度均为 45°。

2016 年，Yetisir 等[31]设计了加载 FSS 匹配层的紧耦合偶极子阵。该天线依然使用 Marchand 巴伦进行馈电，但是在地板背后加载了 18 阶阻抗变换的微带传输线，同时使用 FSS 取代了介质匹配层，有效提升了天线宽带宽角扫描性能。天线阵带宽为 6.1:1（0.5～3.1 GHz），剖面高度为 $0.12\lambda_l$，有源电压驻波比小于 3.2，E 面和 H 面扫描角分别为 75°和 60°。在此基础上，Zhong 等[32]于 2019 年设计了加载两层 FSS 匹配层的双极化紧耦合阵。该天线阵列带宽为 9：1（2 ~ 18 GHz），E 面和 H 面扫描角均为 60°，但在 H 面进行 60°扫描时，天线阵列匹配变差，有源电压驻波比甚至达到了 6。

渐变微带巴伦因结构简单和良好的宽带平衡输出，也被用于紧耦合偶极子阵的设计中。2019 年，Bah 等[33]设计了具有高品质因子低剖面的紧耦合偶极子阵。印刷在介质基板两侧的不等臂十字形结构被作为宽角匹配层，10.2 的高介电常数基板被用来缩减巴伦馈线长度。天线阵列带宽为 5.5：1（0.8～4.38 GHz），剖面高度为 $0.088\lambda_l$，有源电压驻波比小于 2，E 面和 H 面扫描角度分别为 70°和 55°。

在连接天线阵列中使用的微带-槽线的巴伦馈电结构，也被应用在紧耦合偶极子阵的设计中。2019 年，王秉中团队[34]设计了利用微带-槽线巴伦馈电的紧耦合偶极子阵。槽线与天线间的渐变结构用来改善天线单元的阻抗匹配，双面单层 FSS 匹配层用来提升 H 面扫描性能。天线阵列带宽为 5.1：1（0.75～3.85 GHz），剖面高度为 $0.12\lambda_l$，有源电压驻波比小于 3，E 面和 H 面扫描角度分别为 70°和 60°。2021 年，该团队又设计了多层渐变 FSS 匹配层的紧耦合偶极子阵[35]，进一步提升 H 面的扫描性能。天线阵列带宽为 5：1（1～5 GHz），剖面高度为 $0.2\lambda_l$，有源电压驻波比小于 3，所有方位面扫描角度均为 70°。

紧耦合阵列这一概念并不局限于偶极子阵，其阵列单元还可以采用其他形式，如螺旋天线[36]、微带贴片天线[37]、维瓦尔第天线[38]等，同样可以实现更宽的带宽。紧耦合阵列天线具有超宽带、宽角扫描、低剖面、易共形等特点。

4.4.1.3 紧耦合阵列的基础理论

Munk[39]在研究如何提升带宽和扫描范围时，增强了天线单元间的互耦，通过在单元之间构造电容连接，抵消了金属地面产生的影响，实现了拓宽相控阵带宽的作用。同时发现在天线上方加载多层不同介电常数的介质块，可以大幅度增加相控阵天线的扫描角度。Wheeler[14]提出了类似连续电流片阵列天线的思想，但是不含馈电结构和金属地板。

本节将利用紧耦合偶极子阵的等效电路模型来分析其宽带工作原理。图 4-53 是自由空间中位于金属地板上方的无限大紧耦合偶极子阵。天线阵列距离地板的高度为 h，偶极子单元长度为 L，天线阵列沿 x 和 y 方向的距离周期分别为 D_x 和 D_y。

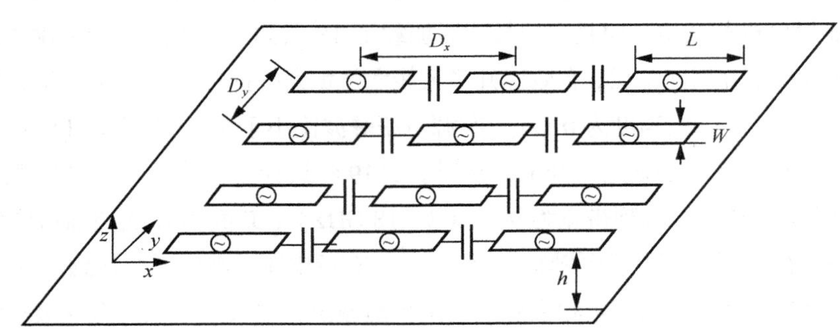

图 4-53 位于金属地板上方的无限大紧耦合偶极子阵

位于金属地板上方的无限大紧耦合偶极子阵天线的 xoz 截面结构如图 4-54（a）所示，等效电路模型[39]如图 4-54（b）所示。偶极子的电感为 L，邻近单元间的耦合电容为 C，偶极子可表示为 L 和 C 的串联电路，则偶极子电抗为

$$\mathrm{j}X_D = \mathrm{j}\omega L + 1/(\mathrm{j}\omega C) \tag{4-14}$$

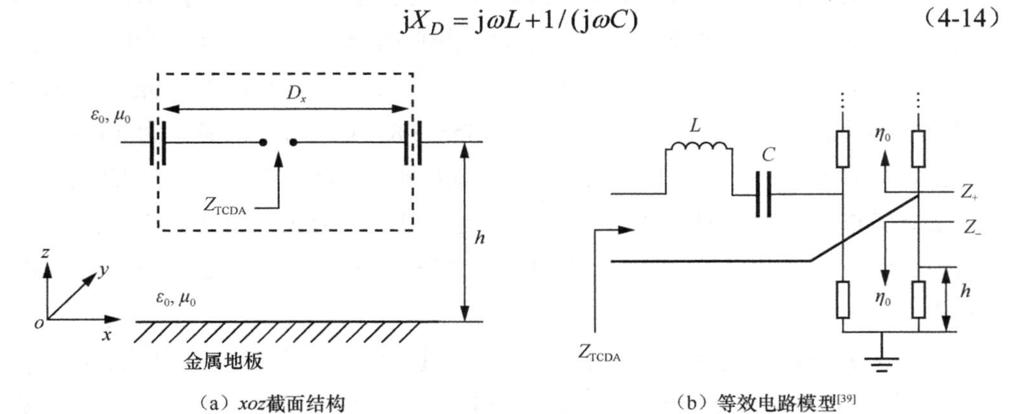

（a）xoz截面结构　（b）等效电路模型[39]

图 4-54 位于金属地板上方的无限大紧耦合偶极子阵天线

由于天线阵列所处的空间为自由空间，因此阻抗 $Z_+ = \eta_0$，从天线端口看向短路金属地板一侧的阻抗记为 Z_-，根据传输线理论有

$$Z_- = \mathrm{j}\eta_0 \tan(\beta h) \tag{4-15}$$

其中，β 为自由空间传播常数，计算可得

$$Z_+ \,\|\, Z_- = \eta_0 \,\|\, (\mathrm{j}\eta_0 \tan(\beta h)) = \mathrm{j}\eta_0 \tan(\beta h) / (1 + \mathrm{j}\eta_0 \tan(\beta h)) \tag{4-16}$$

考虑到天线阵距地板的高度 h 一般为 $\lambda/4$（λ 为自由空间中心频率对应的波长），那么从中心频率往低频 f_l 移动时，$h < \lambda_{f_l}/4$（λ_{f_l} 为自由空间中低频 f_l 对应的波长），此时 $Z_+ \| Z_-$ 呈感性；从中心频率往高频 f_h 移动时，$h > \lambda_{f_h}/4$（λ_{f_h} 为自由空间中高频 f_h 对应的波长），此时 $Z_+ \| Z_-$ 呈容性。

由式（4-14）和式（4-16）可得天线单元的辐射阻抗为

$$Z_{\mathrm{TCDA}} = Z_+ \,\|\, Z_- + \mathrm{j}X_D = Z_+ \,\|\, Z_- + \mathrm{j}\omega L + 1/(\mathrm{j}\omega C) \tag{4-17}$$

从式（4-17）可得，$\mathrm{j}X_D$ 在低频时为容性，在高频时为感性，这与 $Z_+ \| Z_-$ 在低频和高频的结果正好相反，这使得 $Z_+ \| Z_-$ 与 $\mathrm{j}X_D$ 之和（即天线单元的辐射阻抗 Z_{TCDA}）几乎为纯实数，从而使得紧耦合偶极子阵拥有宽的阻抗带宽。从以上分析可得，在邻近偶极子之间添加耦合电容，能够有效地抵消低频时来自地板的电感，可将天线阵列的工作带宽向低频扩展。

4.4.1.4　偶极子阵天线单元辐射阻抗的分析

天线单元的辐射阻抗在天线阵列的设计中具有重要作用，原因如下：单元阻抗影响馈电网络的设计，理想情况下，馈电网络的输出阻抗和天线单元的辐射阻抗共轭匹配；互耦导致天线单元阻抗的变化会降低阵列扫描性能；在阵列扫描过程中，天线单元的辐射阻抗也会随之变化。

1965 年，Wheeler[14]提出了虚拟的连续电流片阵列模型。该文献将整个口径平面分解为边长为 a 的正方形辐射单元，每个单元内分布着长度为 L 的电偶极子天线。Wheeler 提出的虚拟的无限大电流片阵列如图 4-55 所示。

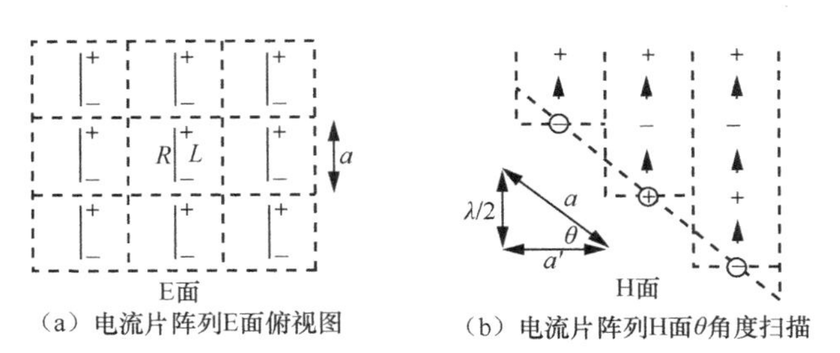

（a）电流片阵列E面俯视图　（b）电流片阵列H面θ角度扫描

图 4-55　Wheeler 提出的虚拟的无限大电流片阵列

根据 Wheeler 的计算，边射时，可得到每个天线单元的辐射电阻为

$$R_0 = \eta_0 L^2 / a^2 \tag{4-18}$$

其中，η_0 为自由空间波阻抗。

当每个单元进行一定角度的扫描时，在不考虑偶极子的辐射特性时，其辐射电阻为

$$R = \frac{\eta_0 L^2}{a^2 \cos\theta} \tag{4-19}$$

式（4-19）表示当扫描角度变化时，辐射电阻会发生变化，即辐射电阻与平面波在口径上的投影为 $\cos\theta$ 关系。由此可以推导电偶极子在 E 面和 H 面扫描时的辐射阻抗分别为

$$R_E / R_0 = (F_e(\theta))^2 / \cos\theta = \cos\theta \tag{4-20}$$

$$R_H / R_0 = (F_h(\theta))^2 / \cos\theta = 1/\cos\theta \tag{4-21}$$

R_E 和 R_H 分别表示天线单元在 E 面和 H 面扫描时的辐射电阻，R_0 表示天线单元边射时的辐射电阻，$F_e(\theta)$为天线单元 E 面方向图，$F_h(\theta)$为天线单元 H 面方向图。考虑到天线单元为一般偶极子，可得 $F_e(\theta)=\cos\theta$，$F_h(\theta)=1$。即单元在 E 面扫描时的电阻呈现 $\cos\theta$ 变化，H 面呈现 $1/\cos\theta$ 的变化。

片状偶极子单元（单极化）的天线阵列如图 4-56 所示，偶极子的长度为 L，宽度为 W。

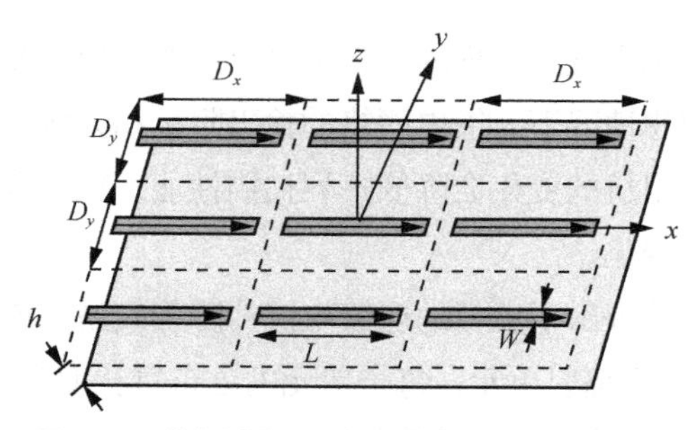

图 4-56　片状偶极子单元（单极化）的天线阵列

当不考虑金属地板时，对偶极子的表面电流进行傅里叶级数展开，从而推导出空间中偶极子阵总的电流分布，再用弗洛凯理论[40]将总电流写成弗洛凯级联的形式。假设天线阵列与地面的距离为 h，最初的辐射场与地面反射的辐射场之和则是每个弗洛凯模式的辐射电场。通过计算天线辐射的复功率 P 与天线表面电流 I^2 之比，就可以得到无限大偶极子阵在不同扫描角度时的辐射阻抗 Z_s 为[41]

$$Z_s = R_s + jX_s \tag{4-22}$$

$$R_s = \frac{\eta}{\pi^2 D_x D_y} H_{00} G_0^2 F_0^2 \sin^2(k_{z00} h) \tag{4-23}$$

$$X_s = \frac{\eta}{2\pi^2 D_x D_y} (H_{00} G_0^2 F_0^2 \sin^2(2k_{z00} h)) - \sum_{m \to -\infty}^{\infty}{}' \sum_{n \to -\infty}^{\infty}{}' H_{mn} G_m^2 F_n^2 \tag{4-24}$$

其中，Σ' 表示不包含 0 项，其他参数如下

$$H_{00} = \frac{1-(\sin\theta_0 \cos\varphi_0)^2}{\cos\theta_0} \tag{4-25}$$

$$H_{mn} = \frac{(\sin\theta_0 \cos\varphi_0 + \frac{m}{D_x})^2 - 1}{\sqrt{(\sin\theta_0 \cos\varphi_0 + \frac{m}{D_x})^2 + (\sin\theta_0 \cos\varphi_0 + \frac{m}{D_y})^2 - 1}} \tag{4-26}$$

$$G_m = \frac{\cos\left(k_0\left(\sin\theta_0 \cos\varphi_0 + \frac{m}{D_x}\right)\frac{l}{2}\right)}{1-\left(k_0\left(\sin\theta_0 \cos\varphi_0 + \frac{m}{D_x}\right)\frac{l}{\pi}\right)^2} \tag{4-27}$$

$$F_m = \frac{\cos\left(k_0\left(\sin\theta_0 \cos\varphi_0 + \frac{n}{D_y}\right)\frac{l}{2}\right)}{1-\left(k_0\left(\sin\theta_0 \cos\varphi_0 + \frac{n}{D_y}\right)\frac{l}{\pi}\right)^2} \tag{4-28}$$

为了直观地展示阻抗变化，当频率 f_0=10 GHz，L=0.495λ_0，W=0.006 7λ_0，D_x=0.5λ_0，D_y=0.5λ_0，h=0.25λ_0 时，根据式（4-22）可以得出在大角度扫描时偶极子天线阵列 E 面、H 面和 D 面阻抗的实部和虚部曲线，如图 4-57 所示。

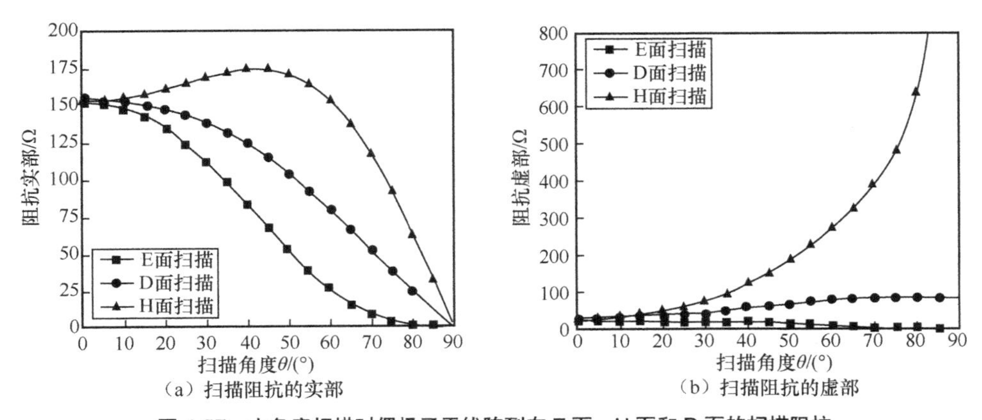

图 4-57　大角度扫描时偶极子天线阵列在 E 面、H 面和 D 面的扫描阻抗

当偶极子天线阵列不扫描时，输入阻抗为 150 Ω 左右，随着扫描角度的增加，阻抗实部逐渐减小到 0 Ω。当偶极子天线阵列在 E 面扫描时，随着扫描角度的增加，阻抗虚部逐渐减小。当偶极子天线阵列在 D 面扫描时，随着扫描角度的增加，阻抗虚部会逐渐增加到 100 Ω 左右。当偶极子天线阵列在 H 面扫描时，阻抗虚部会随着扫描角度的增加而增加。在 H 面进行大角度扫描时，阻抗的虚部会非常大，这会导致天线匹配困难。

4.4.1.5 紧耦合阵列面临的挑战

针对紧耦合阵列的分析主要依靠两种方法：一是等效电路分析方法；二是基于频域格林函数的解析方法。等效电路分析方法可以清晰地理解紧耦合偶极子阵的工作原理，但是准确度较低。基于频域格林函数的解析方法能够准确地分析出大多数紧耦合阵列，但依旧存在一些特殊的紧耦合阵列，解析方法分析的准确度较低。

由于阻抗变换器需要将同轴线的 50 Ω 变换到紧耦合天线的 150 Ω 左右，因此需要同时考虑非平衡转平衡、超宽带、剖面高度、结构复杂程度、重量、体积和易于集成等诸多问题。目前直立式紧耦合阵列主要有两种类型的阻抗变换器：共面带线+微带线的组合，以及类似维瓦尔第天线槽线馈电+微带线的组合。然而，阻抗变化器的高剖面限制了紧耦合天线的应用场景。

对于平面化超宽带紧耦合阵列，单层或多层介质加载是提升阵列宽角匹配的主要方案。然而，使用单层介质层加载的扫描角度难以突破±45°；采用多层介质层加载的扫描角度难以突破±60°，同时会增加阵列成本和重量。因此，针对平面化紧耦合阵列需要提出更加有效的宽角匹配技术。对于直立式紧耦合阵列，介质层及超表面加载的方案存在集成度较差的问题；FSS 加载的方案可在高集成度的情况下提升阵列的宽角匹配性能，但目前仍缺乏有效的分析设计方法。

当前针对超宽带阵列的宽角扫描研究均从阻抗匹配的角度入手，没有直接扩展阵列扫描角度的方案。因此，目前亟须提出扩展超宽带阵列扫描角度的新技术和新视角，从而有效降低阵列扫描时的增益波动。

4.4.2 天线的阻抗匹配

阵列天线可以实现高增益、低副瓣、波束扫描和波束成形，被广泛应用于 5G 无线通信系统中。相比于单天线，阵列天线具有多个天线单元，可以通过调控每个单元的相位来改变波束指向，实现波束扫描，如果同时对幅度和相位进行控制，还可以实现低副瓣和波束成形的功能，具有更高的设计自由度。

目前阵列天线可以较容易地实现小角度（例如±30°～±40°）波束扫描。在许多应用中，例如在卫星通信和一些雷达天线中，可能需要±70°以上的扫描范围。当阵列扫描到大角度时（≥±45°）往往会伴随着增益和极化纯度的下降，同时，对于阵列天线，在阵列间距较大时，大角度扫描时会出现栅瓣，使阵列增益急剧下降，而阵列间距减小又会导致天线间耦合增大，相控阵天线的有源输入阻抗会随着扫描角度变化而变化，导致天线在宽角扫描时阻抗失配，甚至出现扫描盲区。另外，阵列中的表面波也可能会导致扫描盲区，使某一扫描角度下天线的波束完全对消，无法辐射。因此，实现具有大角度扫描范围、高增益的天线有重要研究意义，而改善阵列天线大角度扫描时的阻抗失配，扩大扫描角度范围，是目前亟须研究的一个技术难题。

传统的阻抗匹配技术主要在天线单元馈线端进行匹配，但这种方式难以补偿在大角度扫描时出现的失配问题，因此宽角阻抗匹配技术随之出现。宽角阻抗匹配主要是用在阵列天线的上方放置介质层、超表面或者透镜的方式实现大扫描角度范围的天线匹配。基于传统介质的宽角阻抗匹配技术是将薄的平面介质层平行放置于阵列天线上方进行匹配[42]，然而这种方法对扫描盲区的影响并不显著，无法改善盲区。近几年，在阵列上方使用超表面层改善宽角扫描匹配的方法已得到证实[43-46]，然而超表面往往有一定的带宽限制。在天线上方放置合适的介质罩或介质透镜[47-52]同样能实现宽角匹配的效果，且没有带宽限制，虽然其整体结构的尺寸较大，但是通过一定的优化设计可以实现较低剖面的同时达到宽角匹配效果，是目前实现宽角匹配的有效方案之一。

4.4.2.1　超表面匹配

将相位梯度超表面曲面罩放置在天线阵列上方是增加相控阵天线扫描范围的简单有效的方法[43]。该方法采用相位梯度无源超表面偏转来自阵列口面的入射射线，射线被偏转的角度与超表面引入的相位不连续变化的横向梯度呈正比，由广义斯涅尔定律可得

$$\frac{\partial}{k\partial s}\Phi(\hat{k}_i,s)=\sin\gamma_i-\sin\gamma_0 \tag{4-29}$$

式中，$\Phi(\hat{k}_i,s)$ 为相位梯度超表面引入的相位，γ_i 和 γ_0 分别为射线入射和出射时与法线的夹角。图 4-58 给出了阵列和相位梯度超表面的几何形状以及从阵列口面上对应 x' 点处的射线跟踪分析示意，即可以通过控制超表面引入的相位梯度来实现对入射射线不同角度的偏转。

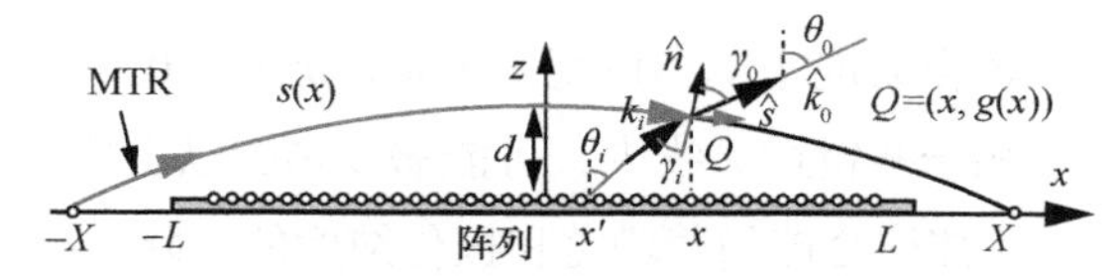

图 4-58　阵列和相位梯度超表面的几何形状以及从阵列口面上对应 x'点的射线跟踪分析[33]

若原始阵列最大扫描角度范围为±θ_0，当超出这个扫描范围时，会出现有源阻抗失配。为了将扫描范围扩大到±θ_1，超表面需实现如图 4-59 所示的偏转。这里假设天线单元是等幅线性相位激励，即发出的射线近似平行，以实现最大增益。

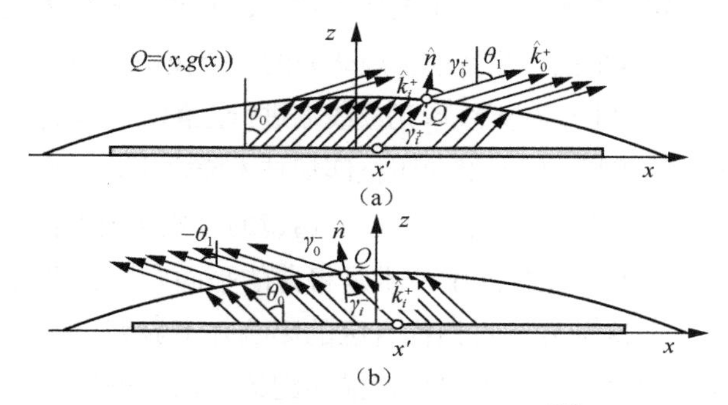

图 4-59　加超表面后角度偏转示意[43]

在实际设计中，对于不同的入射，会有不同的偏转，导致出射的射线向不同方向散射，对增益产生影响，因此除了控制超表面的梯度还需对相控阵单元激励的振幅和相位进行调整设置，在保持增益的前提下，实现扫描角度扩展。

图 4-60 为基于相位梯度超表面罩与阵列激励的振幅和相位的预失真相结合实现的高性能扫描阵列，将扫描角度从原来的 θ_0=±40°拓展到了 θ_1=±70°。

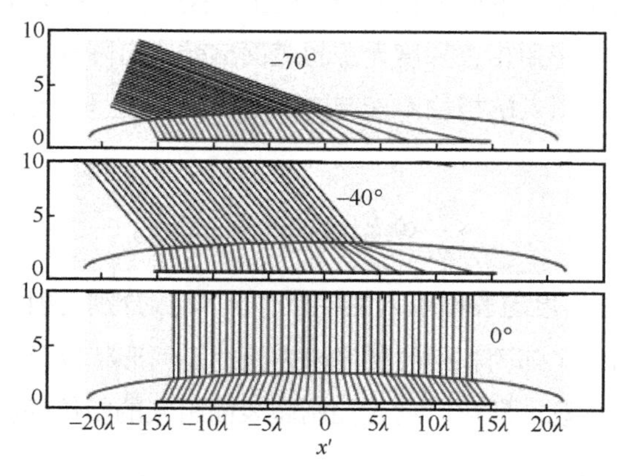

图 4-60　扫描角度从 θ_0 = ±40°拓展到 θ_1 = ±70°示意[43]

将由开口谐振环（SRR）组成的超薄超表面放置在天线上方，加载超表面的偶极子阵俯视图如图 4-61 所示，也可以从空间匹配的角度改善偶极子相控阵的扫描特性[46]。加载超表面的偶极子阵侧视图及对应的传输线模型如图 4-62 所示，超表面通过对大角度扫描时阵列变化的阻抗进行补偿，使 E 面和 H 面的扫描范围分别增加了 16°和 10°。

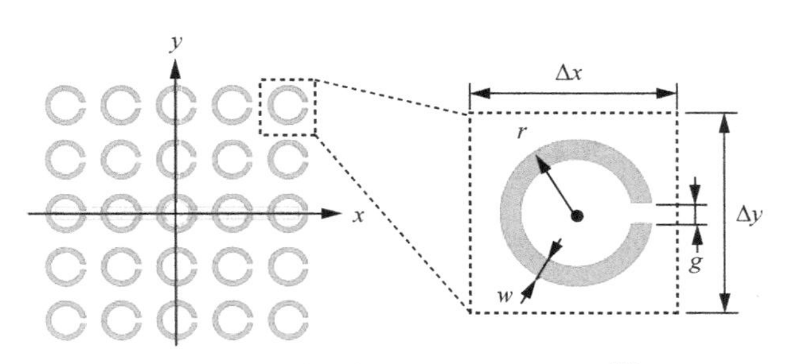

图 4-61　加载超表面的偶极子阵俯视图[46]

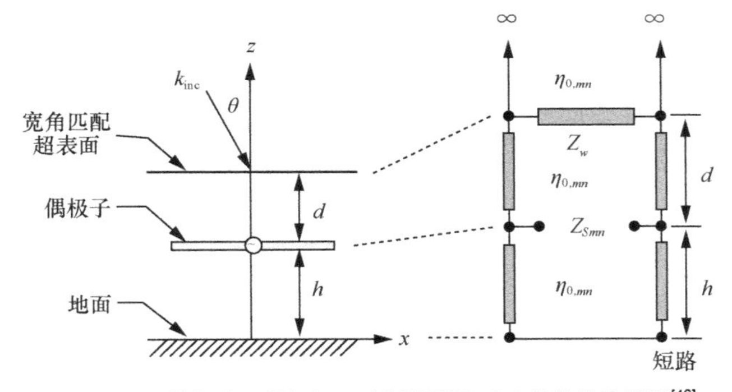

图 4-62　加载超表面的偶极子阵侧视图及对应的传输线模型[46]

4.4.2.2　透镜匹配

介质透镜实现宽角阻抗匹配主要是利用介质罩引入一定的相位分布，对入射射线进行偏折[37]，在介质透镜的情况下，由介质罩引入的相位变化是通过空气-介质界面的折射和射线在介质透镜材料内传播而产生的相位差来实现的。在介质透镜天线中，天线阵列辐射光束的最大值方向和阵列单元激励相位以及介质罩的相位分布有关。当介质透镜的相位分布和形状确定时，波束的方向只能通过调整阵列单元相位分布来实现，即每动态改变一个扫描角度，阵列单元的激励相位也要随之改变。文献[47]中设计的介质罩天线的结构示意如图 4-63 所示，其中介质罩的性能主要与其高度和选用材料的介电常数有关。

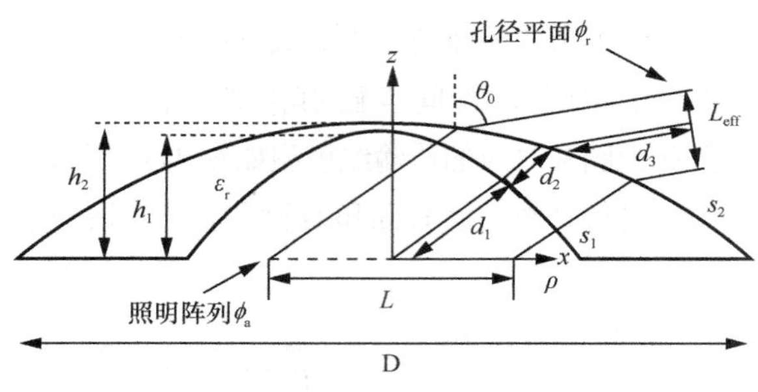

图 4-63 介质罩天线的结构示意[47]

通常采用射线跟踪法对介质罩天线进行分析，在 0°和 80°扫描时，加入介质罩后阵列的有效尺寸与原阵列尺寸对比如图 4-64 所示。通过选用介质透镜合适的高度与介电常数，可以使 80°扫描时加入介质罩的有效口径增大，从而增大大角度扫描时的方向性，缺点就是在 0°扫描时，由于介质透镜的聚焦作用，有效口径有所降低。与传统的相控阵天线相比，加介质透镜后，相控阵天线的方向性略微降低，但大角度扫描性能显著提升，并且在未加入透镜时，在不同主平面的扫描性能是不同的，而加入介质透镜后使得不同扫描平面天线的方向性趋于一致。

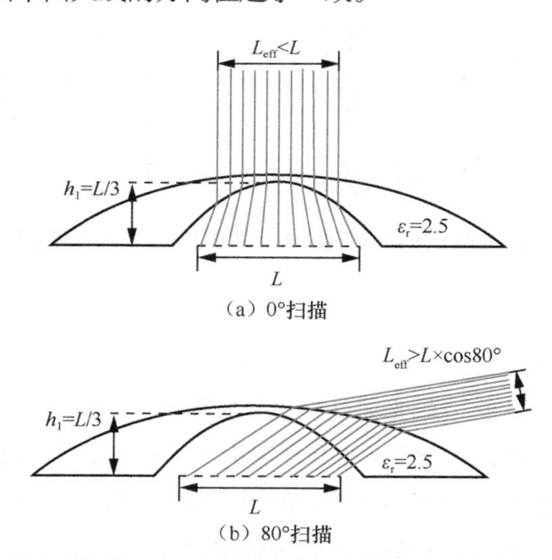

图 4-64 不同角度扫描下，加入介质罩后阵列的有效尺寸与原阵列尺寸对比[37]

文献[48]中提出了用折射率梯度变化的透镜实现宽角匹配的方案，将折射率梯度透镜置于缝隙耦合馈电的相控阵天线上方。透镜天线原理如图 4-65（a）所示，折射率梯度透镜可看作由 3 部分结构组成，结构 I 起源于球形龙勃透镜，可将球面波转化为平面波，对称透镜的横截面在图 4-65（b）中给出，为了实现高方向性，透镜的介电常数通常从中心层向最外层逐层递减。此外，透镜的层数由设计目标决定，如果所需的扫描角度较大，则层数应更多，以带来可靠的折射，图 4-65（b）中每个结构设计了 3 层或 4 层，实现了±58°的扫描范围。

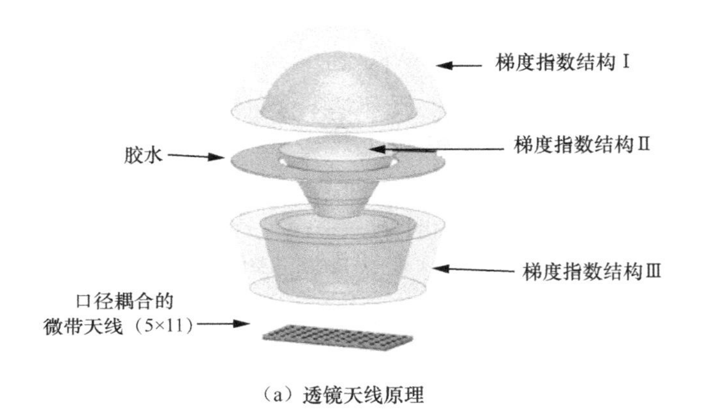

（a）透镜天线原理

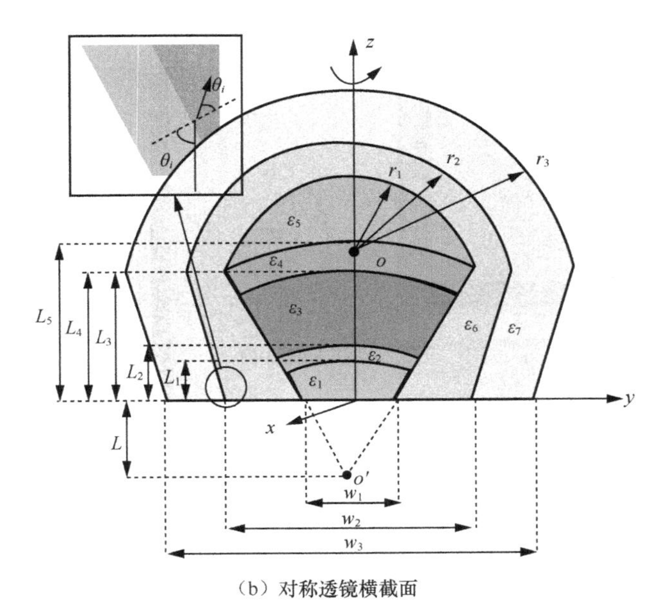

（b）对称透镜横截面

图 4-65　透镜天线原理和对称透镜横截面

此外，用于实现阵列大角度扫描的透镜种类较多，用于一维广角波束扫描的基于半球形透镜的相控天线[49]如图 4-66 所示，其中透镜由内外两层介质组成，并以传统的半球形透镜为基础，在其上通过增加或减少椭圆圆柱使其性能得到优化。图 4-67 为用多层平面透镜实现大角度范围扫描示意[50]，平面透镜在保证大角度范围的同时，还可增强阵列天线的增益。

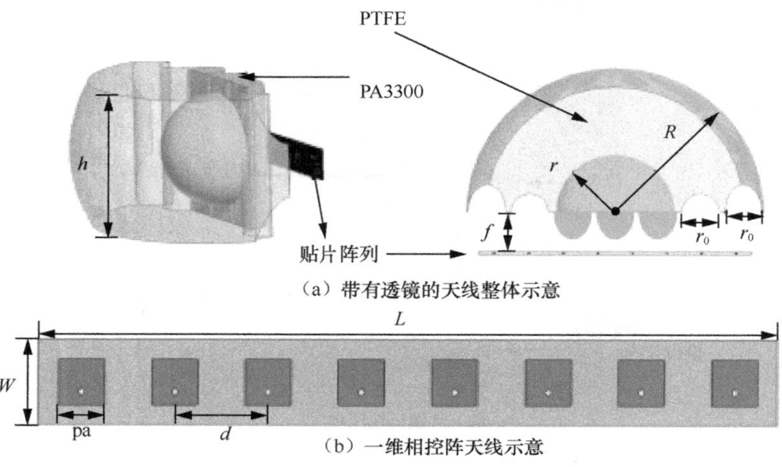

（a）带有透镜的天线整体示意

（b）一维相控阵天线示意

图 4-66　用于一维广角波束扫描的基于半球形透镜的相控天线[49]

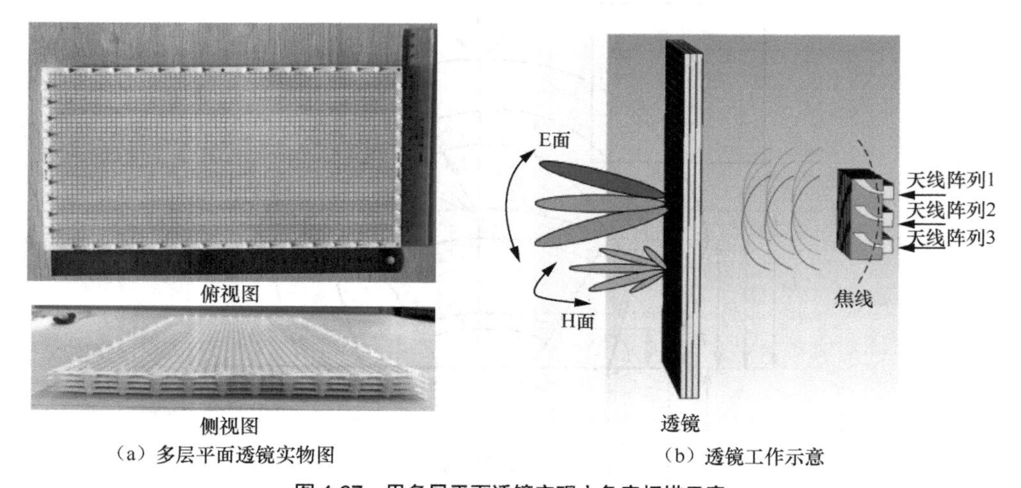

（a）多层平面透镜实物图　　（b）透镜工作示意

图 4-67　用多层平面透镜实现大角度扫描示意

在阵列上方加载透镜或超表面是目前提出的实现阵列宽角匹配、改善大角度扫描时增益衰减问题较为有效的方案，根据不同的应用场景和应用要求，可选择适合的透镜与超表面结合阵列激励幅度相位预失真进行设计研究与算法优化，实现具有大角度扫描范围的阵列天线。

4.5 毫米波全双工技术

4.5.1 全双工技术概述

近几十年来，由于通信链路数据速率的提高，带内全双工（IBFD）无线电变得越来越重要。更有效地运用有限的频谱资源来提升数据传输速度和系统容量，一直是无线通信领域不断探索的问题。现有的移动通信系统中，因技术上的制约[1]，在发射（Tx）和接收（Rx）通道之间会产生大量的自干扰（SI），这对实现 IBFD 带来了重大挑战。自干扰消除（SIC）技术，适用于数字、模拟和天线领域，是减轻 SI 的有效手段。IBFD 天线作为防御 SI 的初始防线，大大减轻了模拟和数字领域后续 SIC 技术的压力和复杂性。时分双工（TDD）、频分双工（FDD）和全双工分配示意如图 4-68 所示。

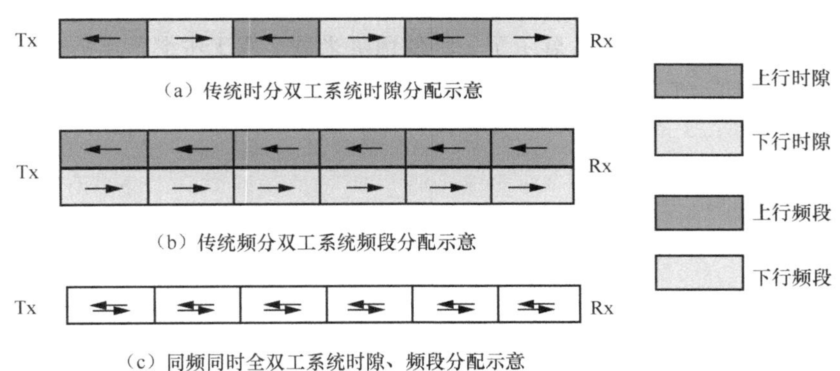

（a）传统时分双工系统时隙分配示意

（b）传统频分双工系统频段分配示意

（c）同频同时全双工系统时隙、频段分配示意

图 4-68 时分双工、频分双工和全双工分配示意

双工通信技术主要通过两种模式实现信号的稳定传输：TDD 和 FDD。这两种模式均是双工通信技术中的关键组成部分，共同确保了信号的稳定与高效传输。在 FDD 模式中，利用不同的频率进行发送与接收，达到了防止信号干扰的效果。而 TDD 可在同一个频谱上通过不同的时隙进行发送和接收，其上行和下行传输无法同时进行，上下行之间需要转换间隔。TDD 无须对称频谱资源，可灵活设置上下行资源比例，适配非对称的业务需求，但是上下行转换会带来额外的传输等待时延，上行资源在时域上不连续也会造成上行覆盖受限。

IBFD 相较于传统的时分双工和频分双工半双工方式，在时间和频谱资源的利用上更为高效，理论上可使频谱利用效率提升一倍。全双工通信面临无线通信系统中的自干扰问题，即发射信号会传播到接收系统中，也就是说发射系统的信号会耦合到接收系统当中，因此全双工系统需较好的隔离度才能保证发射端和接收端彼此不会相互干扰，能够同时有效地进行信号的发射与接收。但是在实际使用的过程中，受周围存在的树木以及其他建筑物的影响，整个全双工天线系统的隔离度发生恶化，达不到真正的指标要求。按照 3GPP 的标准，目前需要在空口实现超过 90 dB 的隔离度，这对天线设计非常具有挑战性。

4.5.2 全双工技术在毫米波中继器上的应用

相对于低频率的射频通信，毫米波无线通信的一个主要问题是信号衰减过大，这种高频段的信号衰减限制了无线连接的距离。为了扩展网络覆盖范围，提高连接裕度，可以在传输源和目标中间增加中继节点，在恶劣环境下也能够提供稳定的连接。然而，传统的中继节点使用分频或分时的方式实现双工，导致频谱使用效率低下，而且网络时延较高。图 4-69 展示了一种使用毫米波全双工中继节点的方式来扩展无线网络的连接距离，相对于现用的半双工，频谱利用率明显增高，并且大大降低了网络时延。

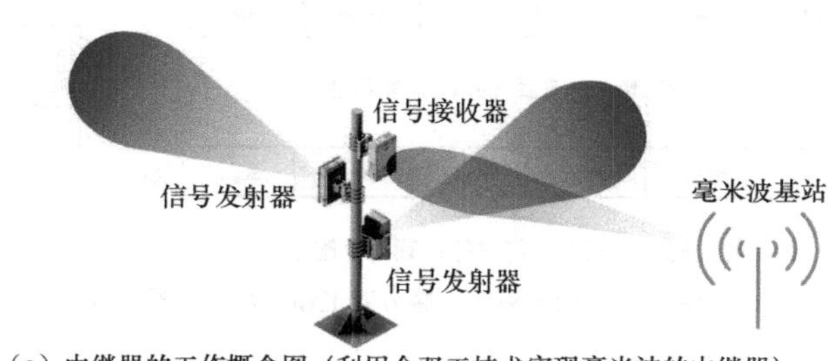

（a）中继器的工作概念图（利用全双工技术实现毫米波的中继器）

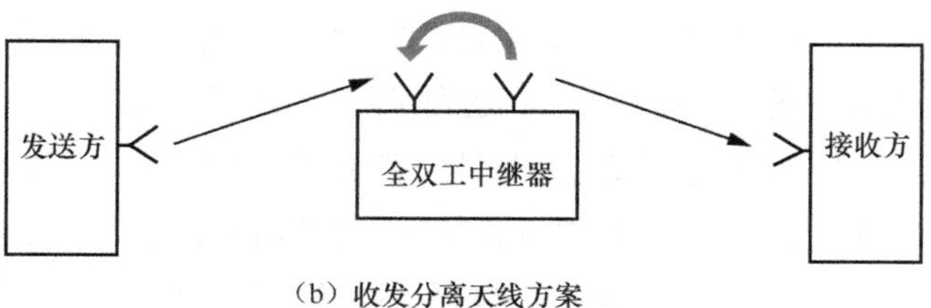

（b）收发分离天线方案

图 4-69　基于毫米波的中继器方案

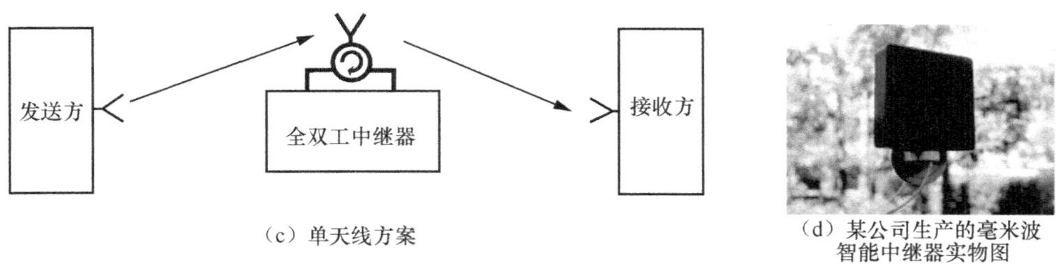

（c）单天线方案

（d）某公司生产的毫米波智能中继器实物图

图 4-69 基于毫米波的中继器方案（续）

通过在毫米波的发射阵列和接收阵列之间添加一系列的金属隔离结构（图 4-70），可以使得发射和接收天线阵列各波束间的隔离度在整个 26～26.8 GHz 频段内提升至约 80 dB。外场试验表明，通过毫米波全双工技术，吞吐率将比传统的 TDD 模式提升 84%，效果明显。由于毫米波的窄波束特性，它比 Sub-6 GHz 更容易实现全双工组网及自干扰消除[53]。

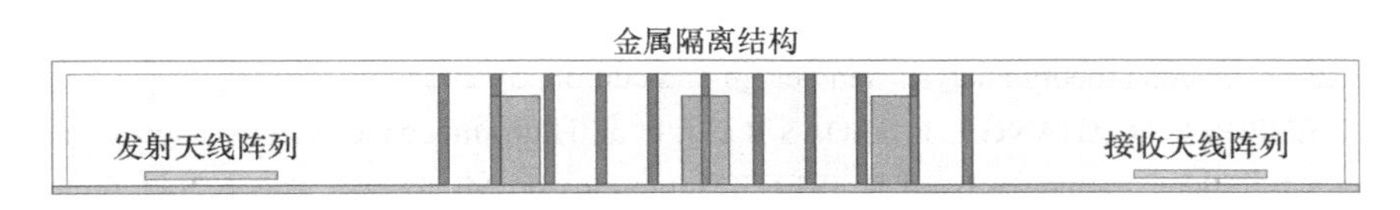

（a）收发阵列之间添加金属隔离结构示意

（b）含有金属隔离结构的全双工样机

图 4-70 收发阵列之间添加金属隔离结构示意和含有金属隔离结构的全双工样机

4.6 本章小结

本章聚焦于毫米波天线阵列的优化设计与新型设计，着重关注阵列性能瓶颈的突破。宽角扫描技术是对扫描覆盖范围极限的突破，通过展宽扫描角度至 75°以上，有效扩展了毫米波的覆盖能力，节约了覆盖成本。这一技术无论是在 5G 毫米波 FR2 频段还是在低轨卫星地面终端、地面站都有巨大的应用潜力。进一步地，通过对紧耦合技术的研究，探讨了毫米波阵列的宽带化技术，以及在此基础上的宽角匹配层设计，为毫米波和其他频段的天线阵列融合设计提供了一定的理论和技术基础。最后，讨论了毫米波全双工天线系统的一些挑战及其解决方案，展示了一些应用实例。

参考文献

[1] HERE D. Antenna theory analysis and design 2nd edition[Z]. 2024.

[2] SIEVENPIPER D, ZHANG L J, BROAS R F J, et al. High-impedance electromagnetic surfaces with a forbidden frequency band[J]. IEEE Transactions on Microwave Theory and Techniques, 1999, 47(11): 2059-2074.

[3] 宋春艳. 周期性结构及其在天线上的应用[D]. 西安: 西安电子科技大学, 2018.

[4] 刘辉. 新型电磁带隙结构的研究及在天线中的应用[D]. 青岛: 山东科技大学, 2019.

[5] WANG R, WANG B Z, DING X, et al. Planar phased array with wide-angle scanning performance based on image theory[J]. IEEE Transactions on Antennas and Propagation, 2015, 63(9): 3908-3917.

[6] YANG F, RAHMAT-SAMII Y. Electromagnetic band gap structures in antenna engineering[M]. Cambridge: Cambridge University Press, 2009.

[7] COCCIOLI R, YANG F R, MA K P, et al. Aperture-coupled patch antenna on UC-PBG substrate[J]. IEEE Transactions on Microwave Theory and Techniques, 1999, 47(11): 2123-2130.

[8] AL R G. Microstrip antenna design handbook[M]. Boston, MA: Artech House, 2001.

[9] BALANIS C A. Advanced engineering electromagnetics, 2nd Edition[M]. Wiley and Sons, 2013.

[10] SIMPSON T L. A wideband equivalent circuit electric dipoles[J]. IEEE Transactions on Antennas and Propagation, 2020, 68(11): 7636-7639.

[11] HOLTER H, CHIO T H, SCHAUBERT D H. Experimental results of 144-element dual-polarized endfire tapered-slot phased arrays[J]. IEEE Transactions on Antennas and Propagation, 2000, 48(11): 1707-1718.

[12] HOLLAND S S, VOUVAKIS M N. The planar ultrawideband modular antenna (PUMA) array[J]. IEEE Transactions on Antennas and Propagation, 2012, 60(1): 130-140.

[13] MAILLOUX R. Phased array antenna handbook[Z]. 1993.
[14] WHEELER H. Simple relations derived fom a phased-array antenna made of an infinite current sheet[J]. IEEE Transactions on Antennas and Propagation, 1965, 13(4): 506-514.
[15] HANSEN R C. Current induced on a wire: implications for connected arrays[J]. IEEE Antennas and Wireless Propagation Letters, 2003, 2: 288-289.
[16] NETO A, CAVALLO D, GERINI G, et al. Scanning performances of wideband connected arrays in the presence of a backing reflector[J]. IEEE Transactions on Antennas and Propagation, 2009, 57(10): 3092-3102.
[17] NETO A, LEE J J. "Infinite Bandwidth" long slot array antenna[J]. IEEE Antennas and Wireless Propagation Letters, 2005, 4: 75-78.
[18] LEE J J, LIVINGSTON S, KOENIG R, et al. Compact light weight UHF arrays using long slot apertures[J]. IEEE Transactions on Antennas and Propagation, 2006, 54(7): 2009-2015.
[19] LEE J J, LIVINGSTON S, NAGATA D. A low profile 10: 1 (200–2000 MHz) wide band long slot array[C]//Proceedings of the 2008 IEEE Antennas and Propagation Society International Symposium. Piscataway: IEEE Press, 2008: 1-4.
[20] CAVALLO D, NETO A, GERINI G, et al. A 3- to 5-GHz wideband array of connected dipoles with low cross polarization and wide-scan capability[J]. IEEE Transactions on Antennas and Propagation, 2013, 61(3): 1148-1154.
[21] CAVALLO D, SYED W H, NETO A. Closed-form analysis of artificial dielectric layers: Part I: properties of a single layer under plane-wave incidence[J]. IEEE Transactions on Antennas and Propagation, 2014, 62(12): 6256-6264.
[22] SYED W H, CAVALLO D, THIPPUR SHIVAMURTHY H, et al. Wideband, wide-scan planar array of connected slots loaded with artificial dielectric superstrates[J]. IEEE Transactions on Antennas and Propagation, 2016, 64(2): 543-553.
[23] CAVALLO D, SYED W H, NETO A. Connected-slot array with artificial dielectrics: a 6 to 15 GHz dual-pol wide-scan prototype[J]. IEEE Transactions on Antennas and Propagation, 2018, 66(6): 3201-3206.
[24] AWIDA M H, KAMEL A H, FATHY A E. Analysis and design of wide-scan angle wide-band phased arrays of substrate-integrated cavity-backed patches[J]. IEEE Transactions on Antennas and Propagation, 2013, 61(6): 3034-3041.
[25] XIA R L, QU S W, YANG S W, et al. Wideband wide-scanning phased array with connected backed cavities and parasitic striplines[J]. IEEE Transactions on Antennas and Propagation, 2018, 66(4): 1767-1775.
[26] MUNK B A. Frequency Selective Surfaces[M]. New York: Wiley, 2000.
[27] MUNK B A, TAYLOR R, DURHARN T, et al. A low-profile broadband phased array antenna[C]//Proceedings of the IEEE Antennas and Propagation Society International Symposium. Digest. Held in conjunction with: USNC/CNC/URSI North American Radio Sci. Meeting (Cat. No.03CH37450). Piscataway: IEEE Press, 2003: 448-451.
[28] HOLLAND S S, SCHAUBERT D H, VOUVAKIS M N. A 7–21 GHz dual-polarized planar ul-

trawideband modular antenna (PUMA) array[J]. IEEE Transactions on Antennas and Propagation, 2012, 60(10): 4589-4600.

[29] KASEMODEL J A, CHEN C C, VOLAKIS J L. Wideband planar array with integrated feed and matching network for wide-angle scanning[J]. IEEE Transactions on Antennas and Propagation, 2013, 61(9): 4528-4537.

[30] DOANE J P, SERTEL K, VOLAKIS J L. A wideband, wide scanning tightly coupled dipole array with integrated balun (TCDA-IB)[J]. IEEE Transactions on Antennas and Propagation, 2013, 61(9): 4538-4548.

[31] YETISIR E, GHALICHECHIAN N, VOLAKIS J L. Ultrawideband array with 70° scanning using FSS superstrate[J]. IEEE Transactions on Antennas and Propagation, 2016, 64(10): 4256-4265.

[32] ZHONG J N, JOHNSON A, ALWAN E A, et al. Dual-linear polarized phased array with 9: 1 bandwidth and 60° scanning off broadside[J]. IEEE Transactions on Antennas and Propagation, 2019, 67(3): 1996-2001.

[33] BAH A O, QIN P Y, ZIOLKOWSKI R W, et al. A wideband low-profile tightly coupled antenna array with a very high figure of merit[J]. IEEE Transactions on Antennas and Propagation, 2019, 67(4): 2332-2343.

[34] HU C H, WANG B Z, WANG R, et al. Ultrawideband, wide-angle scanning array with compact, single-layer feeding network[J]. IEEE Transactions on Antennas and Propagation, 2020, 68(4): 2788-2796.

[35] HU C H, WANG B Z, GAO G F, et al. Conjugate impedance matching method for wideband and wide-angle impedance matching layer with 70° scanning in the H-plane[J]. IEEE Antennas and Wireless Propagation Letters, 2021, 20(1): 63-67.

[36] ALWAN E A, SERTEL K, VOLAKIS J L. A simple equivalent circuit model for ultrawideband coupled arrays[J]. IEEE Antennas and Wireless Propagation Letters, 2012, 11: 117-120.

[37] IRCI E, SERTEL K, VOLAKIS J L. An extremely low profile, compact, and broadband tightly coupled patch array[J]. Radio Science, 2012, 47(03): 1-13.

[38] ELSALLAL W, WEST J B, WOLF J, et al. Charateristics of decade-bandwidth, Balanced Antipodal Vivaldi Antenna (BAVA) phased arrays with time-delay beamformer systems[C]//Proceedings of the 2013 IEEE International Symposium on Phased Array Systems and Technology. Piscataway: IEEE Press, 2013: 111-116.

[39] MUNK B A. Finite Antenna Arrays and FSS[M]. New York: Wiley, 2003.

[40] BHATTACHARYYA A K. Floquet modal functions in phased array antennas: floquet analysis, synthesis, BFNs, and active array systems[M]. John Wiley & Sons, Inc., 2006.

[41] HANSEN R C. Phased Array Antennas[M]. New York: Wiley, 1998.

[42] MAGILL E, WHEELER H. Wide-angle impedance matching of a planar array antenna by a dielectric sheet[J]. IEEE Transactions on Antennas and Propagation, 1966, 14(1): 49-53.

[43] BENINI A, MARTINI E, MONNI S, et al. Phase-gradient meta-dome for increasing grating-lobe-free scan range in phased arrays[J]. IEEE Transactions on Antennas and Propagation,

2018, 66(8): 3973-3982.
[44] MONTI A, VELLUCCI S, BARBUTO M, et al. Quadratic-gradient metasurface-dome for wide-angle beam-steering phased array with reduced gain loss at broadside[J]. IEEE Transactions on Antennas and Propagation, 2023, 71(2): 2022-2027.
[45] SILVESTRI P F, CHIUSOLO L, CIFOLA R, et al. Design of metamaterial based wide angle impedance matching layers for active phased arrays[C]//2015 9th European Conference on Antennas and Propagation (EuCAP). Piscataway: IEEE Press, 2015: 1-5.
[46] CAMERON T R, ELEFTHERIADES G V. Analysis and characterization of a wide-angle impedance matching metasurface for dipole phased arrays[J]. IEEE Transactions on Antennas and Propagation, 2015, 63(9): 3928-3938.
[47] GANDINI E, SILVESTRI F, BENINI A, et al. A dielectric dome antenna with reduced profile and wide scanning capability[J]. IEEE Transactions on Antennas and Propagation, 2021, 69(2): 747-759.
[48] QU Z S, QU S W, ZHANG Z, et al. Wide-angle scanning lens fed by small-scale antenna array for 5G in millimeter-wave band[J]. IEEE Transactions on Antennas and Propagation, 2020, 68(5): 3635-3643.
[49] LIU K N, YANG S W, QU S W, et al. Phased hemispherical lens antenna for 1-D wide-angle beam scanning[J]. IEEE Transactions on Antennas and Propagation, 2019, 67(12): 7617-7621.
[50] HU Y, HONG W, YU C, et al. A digital multibeam array with wide scanning angle and enhanced beam gain for millimeter-wave massive MIMO applications[J]. IEEE Transactions on Antennas and Propagation, 2018, 66(11): 5827-5837.
[51] TOLIN E, LITSCHKE O, BRUNI S, et al. Compact extended scan range antenna array based on rotman lens[J]. IEEE Transactions on Antennas and Propagation, 2019, 67(12): 7356-7367.
[52] YI H, QU S W, NG K B, et al. 3-D printed millimeter-wave and terahertz lenses with fixed and frequency scanned beam[J]. IEEE Transactions on Antennas and Propagation, 2016, 64(2): 442-449.
[53] YU B, QIAN C, LEE J, et al. Realizing high power full duplex in millimeter wave system: design, prototype and results[J]. IEEE Journal on Selected Areas in Communications, 2023, 41(9): 2893-2906.

第 5 章

毫米波天线和器件的加工工艺及制造技术

各种毫米波器件在毫米波系统中设计功能不同，结构形式有差别，相应的制造技术也不相同。目前，毫米波器件制造的方法非常多。以从材料到产品的实现过程中的工件体积变化特征为主要分类标准，可以将制造技术分为减材制造、等材制造和增材制造三大类。减材制造是工件制造过程中逐步去除材料的工艺，代表的有数控铣削加工、印制电路板（PCB）加工等；等材制造是工件体积受制造过程影响较小的工艺，代表的有精密焊接、近净成形等；增材制造过程与减材制造过程相反，是基于“离散-堆积”的原理进行材料累加的铺层、打印等的工艺，代表的有电铸成形、三维打印等。下面分别介绍其中几种最常用的毫米波器件加工工艺。另外，由于毫米波频段波长较短，天线和射频前端通常采用无源及有源的集成工艺来实现，本章的后半部分将着重介绍几种典型的毫米波集成工艺。

5.1 机械加工及表面处理

传统波导器件的加工通常依赖计算机数控（CNC）技术，即通过铣削的办法从一块金属材料上切割出特定的形状。CNC 技术成熟，用这种技术加工的波导器件往往能达到与仿真结果非常接近的性能。如图 5-1 所示，CNC 技术是一种减材制造技术，根据计算机辅助设计（CAD）模型，利用各种高速旋转的切削工具将材料从金属或塑料块中铣除，以制造出所需的器件。当材料从工件上铣除时，刀具的几何形状会被转移到被加工件上，即无论使用多小的切削工具，采用 CNC 技术加工的器件，其内角总是有一个圆形倒角。为了避免由于铣刀在高速旋转时产生颤动而降低精度，铣刀的切割深度一般不超过其直径的 2～3 倍。在切割材料时，铣刀需要直接从工件上方接近工件，铣刀接触不到的部位不能使用 CNC 技术加工，CNC 技术也就很难加工暗槽和曲面等结构。因此工程师在设计器件时需要考虑 CNC 技术带来的各种几何结构限制，这不利于工程师发挥自己的想象力，设计出性能更优的器件。为了突破这种限制，工程师在设计利用 CNC 技术加工的毫米波器件时，通常采用将器件分成多片加工再装配的模式，以保证波导器件内部结构能够被顺利加工。下面介绍几个基于 CNC 技术的毫米波器件加工实例。

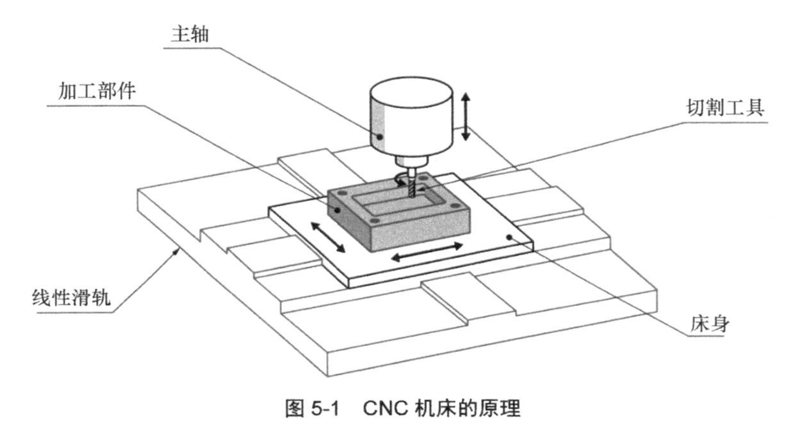

图 5-1　CNC 机床的原理

目前，国内 CNC 铣削技术误差能够小于±10 μm，国际上有些 CNC 工艺误差甚至达到±2.5 μm，并且能够制造出高达 100 GHz 的毫米波器件，被研究人员广泛应用于毫米波器件制造中。图 5-2 为一种简单的同轴变换波导器件[1]，采用数控铣削进行加工，铣刀加工不到的内腔拐角区域（圆角≤0.2 mm）采用插削或电火花等方式清角，无损伤去毛刺后整体用电镀处理。该方法非常成熟，但对于小口径、变截面的复杂腔体，存在切削让刀、去毛刺和电镀难等共性问题。文献[2]针对馈电缝隙数控切削存在的让刀现象和扰度现象，建议尽可能缩短刀长，采用高转速、小切削量、快进给的切削参数，应用粗/精加工分开的工艺路线，以满足单个缝隙精度±0.02 mm、角度公差±1′的设计要求。针对去毛刺的难题，文献[3]采用超声波方法实现铝合金毫米波波导器件无损伤去毛刺，而黄铜材料塑性较高，毛刺与基体附着力强，超声去毛刺效果较差。文献[4]研究了高压水柱去毛刺方法，实现了毛刺完全去除，腔体锐边保持完好，毛刺去除效率比手工方法提高近 40 倍。为了保证小口径波导内腔能够获得均匀的镀层，文献[5]分析了影响镀层质量的主要因

图 5-2　同轴变换波导器件

素，并结合表面处理过程控制、添加辅助阳极、改进电镀工艺等措施提出了新电镀工艺，大大提高了波导的耐蚀性能和传输性能。图 5-3 给出了利用 CNC 技术加工的工作在 40.5～43.5 GHz 的 24×24 单元的波导缝隙阵列天线[6]，该天线阵列分为两层，上层为辐射波导，由辐射缝隙组成 4×4 的子阵列，下层为馈电波导，通过耦合缝隙对上层波导进行馈电。下层采用 T 形结组成一分十六的并联馈电网络，可以方便实现等幅同相馈电，提高带宽。该天线采用机械铣削工艺进行加工，通过金属螺钉连接上下层，与单层天线相比结构更为简单紧凑。但是这种连接方式会产生较多的能量泄漏，增大反射系数，降低天线的辐射效率。实测带宽为 5.5%（VSWR > 2.0），辐射效率为 51%，最大增益为 33.8 dBi，副瓣电平为−12 dB。

图 5-4 给出了利用 CNC 技术加工的毫米波双极化圆锥喇叭天线，该天线由 4 个部件组成，包括：喇叭口、脊体、匹配块和法兰盘。采用机械铣削工艺进行加工，通过金属螺钉连接各个部件。同时在加工脊体时，在馈电端口相对的脊体底部开一个小孔，这样在天线调试的时候可以观测到探针伸入的距离，有利于对天线进行测试调节。实测工作频段为 18～40 GHz（VSWR<2.5），端口隔离度小于−20 dB。

（a）馈电网络

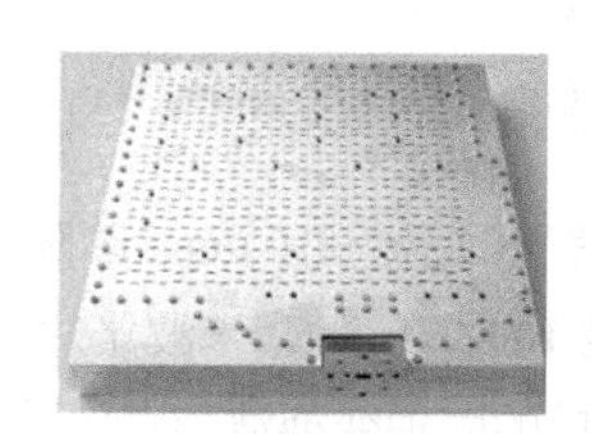

（b）天线阵列

图 5-3　利用 CNC 技术加工的工作在 40.5～43.5 GHz 的 24×24 单元的波导缝隙阵列天线

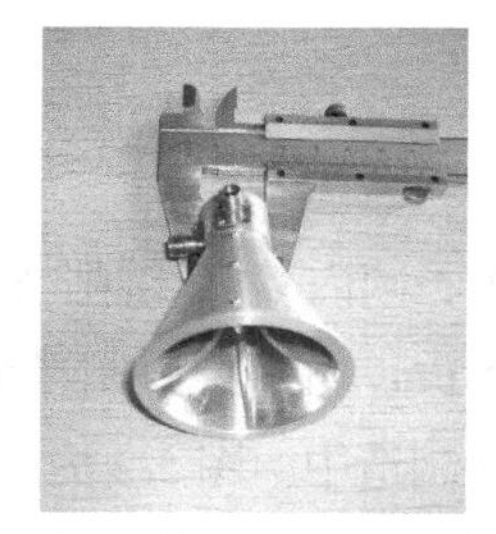

图 5-4　利用 CNC 技术加工的毫米波双极化圆锥喇叭天线

5.2　3D 打印-金属/介质打印

3D 打印技术是一种新兴的加工技术，通过逐层堆叠材料来制造目标模型。其工作原理是在计算机的控制下，读取三维模型信息，并将其分解成有限数量的二维截面。随后，使用打印材料逐层打印这些截面，最终将所有打印层堆叠并融合为一个完整的实体。这种技术实现了从数字设计到实体模型的直接转化。随着计算机、自动控制、材料科学等技术的飞速发展，3D 打印技术变得越来越成熟。同时，可用于 3D 打印的材料种类不断增加，许多工艺也被纳入 3D 打印技术的范畴。在业界，有多种方式对 3D 打印技术进行分类，其中目前较为流行的是根据工艺使用的基准技术进行划分。这种分类体系综合考虑了多个关键因素，包括但不限于激光技术的应用、打印工艺的具体类型、目标材料的性质，以及打印机喷射机制等。下面主要介绍比较成熟的、应用比较广泛的 3D 打印技术。

（1）立体光固化成形（Stereo Lithography Apparatus，SLA）技术

SLA 技术是全球首个快速成形技术，由 3D Systems 公司的工程师 Charles Hull 在 1988 年创造。SLA 技术是当前应用最广泛的快速成形技术之一，可以制造高精度、高复杂度的聚合物零件。

图 5-5 展示了 SLA 打印系统的工作原理。该技术利用低功率、高度聚焦的 UV 激光器来逐层追踪液态光敏聚合物桶中的三维物体横截面。在激光追踪的过程中，聚合物发生固化，多余的区域保留为液体状态。一层完成后，平整刀片在表面上移动，使其光滑，然后将平台下降，距离等于层厚度（通常为 0.002～0.003 英寸（1 英寸=2.54 cm）），然后在上一层之上形成新的一层，重复此追踪和平滑过程，直到构建完成。完成后，将零件抬高到桶上方并排空多余的聚合物。后续通常采用表面擦拭或冲洗的方式进一步清理零件，以彻底去除残留的聚合物，确保成品的洁净度和精度。在某些情况下，将零件放入 UV 烤箱中以进行最终固化。一旦最终固化完成，支撑结构会被切除，然后对表面进行抛光、打磨或其他加工，从而使 SLA 打印的物件表面变得光滑。SLA 技术通常使用液体光敏聚合物材料，例如某些热塑性塑料。

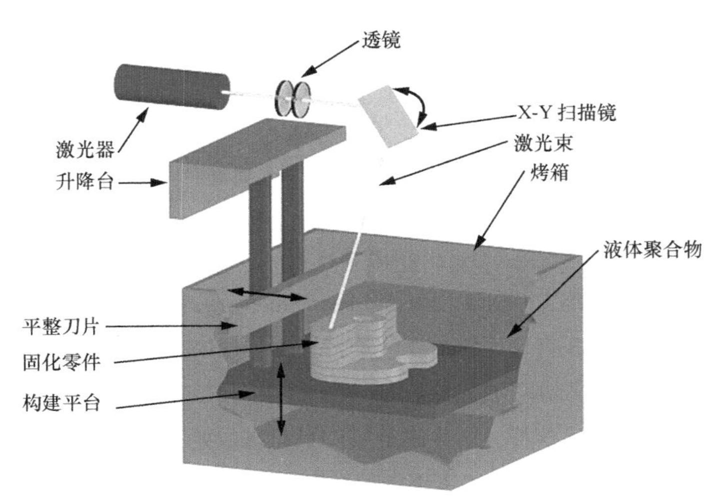

图 5-5　SLA 打印系统的工作原理

（2）激光选区烧结（Selective Laser Sintering，SLS）技术

图 5-6 显示了 SLS 打印系统的工作原理，其与 SLA 技术有类似的工作方式。SLS 技术使用移动的激光束将粉末状的聚合物和/或金属复合材料进行追踪，并选择性地烧结成三维零件的连续横截面。与其他快速原型制造技术类似，这些零件是在一个平台上构建的，该平台的高度等于正在建造的层的厚度。在 SLS 过程中，粉末会被沉积在每个固化层的顶部，并进行烧结。粉末保持在高温下，在激光照射时更容易熔化。对于金属复合材料，SLS 工艺会使用聚合物黏合剂材料围绕着钢粉（直径约为 100 μm）进行固化，形成零件。随后，零件会被放入温度超过 900 ℃的炉中，将聚合物黏合剂烧掉，并用青铜进行渗透，以提高零件的密度。燃烧和渗透的过程通常需要约一天的时间，然后进行二次机械加工和精加工。由于 SLS 技术在精度、分辨率和台阶等方面的改进，对于二次机械加工和精加工的需求已经大幅减少。另外，SLS 打印系统的处理速度相对较快，主要适用于聚合物类的材料，例如玻璃纤维尼龙、金属复合材料等。

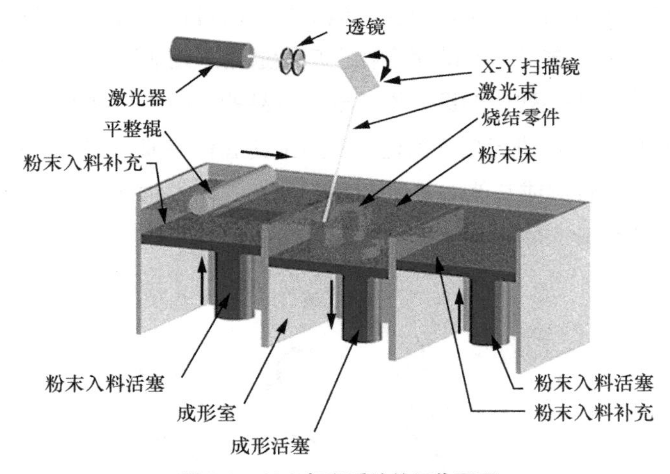

图 5-6　SLS 打印系统的工作原理

（3）直接金属激光烧结（Direct Metal Laser Sintering，DMLS）

图 5-7 展示了 DMLS 打印系统的工作原理。对 DMLS 技术的开发始于 1994 年。使用 DMLS 技术时，高功率激光束扫描不含黏合剂或助熔剂的金属粉末（直径约 20 μm），将其完全熔化。这样，所生成的零件具有与原始材料相似的性能，无须使用聚合物黏合剂，也无须进行燃烧和渗透步骤。相比之下，通过 DMLS 技术制造的部件密度可达 95%，而 SLS 技术通常只能达到约 70%。DMLS 技术与 SLS 技术相比的另

一个优势在于，它使用了更薄的层（因为粉末直径更小），因此具有更高的细节分辨率。这使得 DMLS 技术能够制造出更为复杂的零件结构。通常，DMLS 技术用于制造快速模具、生物医学植入物以及能在高温环境中使用的航空航天产品的零件。该打印系统使用的材料主要包括合金钢、铝等。

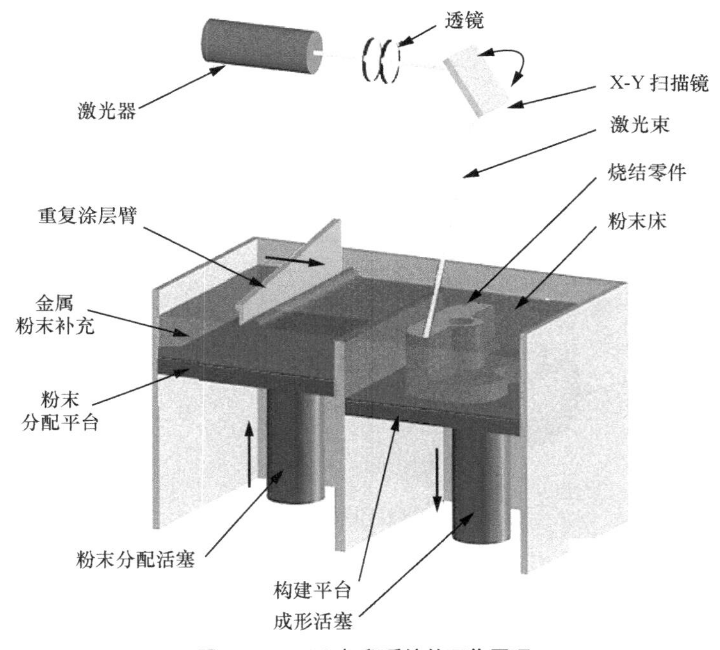

图 5-7　DMLS 打印系统的工作原理

（4）熔丝沉积成形（Fused Deposition Modeling，FDM）技术

FDM 技术的应用非常广泛，FDM 打印系统的工作原理如图 5-8 所示。在使用 FDM 打印系统时，打印机的内部加热组件将打印材料的温度精确控制在熔点附近，并利用计算机控制下的喷头挤出材料来构建模型，这个过程类似于手工制作蛋糕时挤压奶油制作花朵等。类似挤压奶油时需要控制力度以获得所需形状一样，FDM 技术也存在类似的挑战。如果控制不到位，可能无法获得期望的形状。这也是 FDM 打印机对机械要求较高的原因。此外，FDM 打印机的喷头大小也会显著影响打印效果，喷头直径通常在 0.005～0.013 英寸。喷头直径越小，加工精度越高。FDM 技术可用于制造各种尺寸的器件，从小尺寸到大尺寸均适用。FDM 打印系统的处理速度相对较慢，并且成形后的物件表面可能会较为粗糙。FDM 打印系统主要使用的材料包括丙烯腈-丁二烯-苯乙烯（ABS）塑料、熔模铸造蜡等。

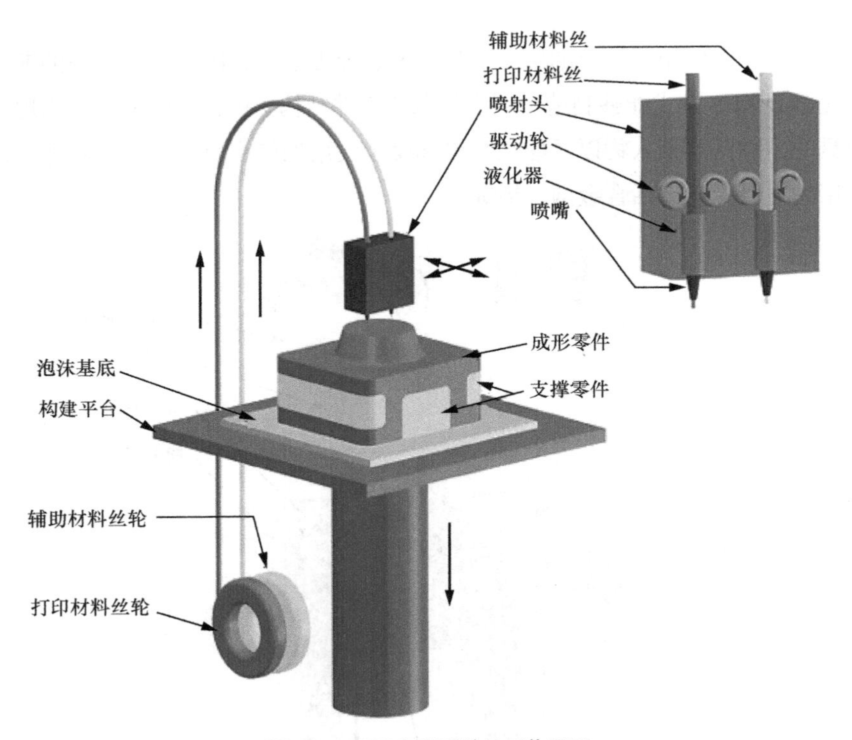

图 5-8　FDM 打印系统的工作原理

（5）三维打印（Three-Dimensional Printing，3DP）技术

3DP 技术的打印过程与 SLS 技术类似，不同之处在于 3DP 打印机的喷墨打印头使用液体黏合剂来黏合材料，而不是使用激光来烧结材料，如图 5-9 所示。3DP 技术在一定程度上受到材料选择的限制（包括金属或陶瓷粉末），但相对于其他增材制造工艺而言，其价格较为经济实惠。3DP 技术具有快速构建物件的优势，通常每分钟可以完成 2～4 层的构建。相对于其他增材制造工艺，3DP 技术在精度、表面光滑度和零件强度方面略显不足，因此它通常用于快速原型制作或概念模型制作。3DP 系统首先通过活塞和平整滚筒提升粉末供应，这个平整滚筒将一薄层粉末分配到构建腔室的顶部。接下来，多通道喷墨打印头将液体黏合剂沉积到粉末床的目标区域。黏合剂使得粉末区域黏合在一起，形成零件的一层，而剩余未被黏合的独立粉末可以在构建过程中支撑零件。在构建完一层后，构建平台会降低，并添加平整的新粉末层，然后再次进行打印。完成零件成形后，可以刷去松散的支撑粉，并取出零件。为了增强所打印零件的强度和表面光滑度，使用 3DP 技术打印的零件通常会被浸入密封胶中进行处理。

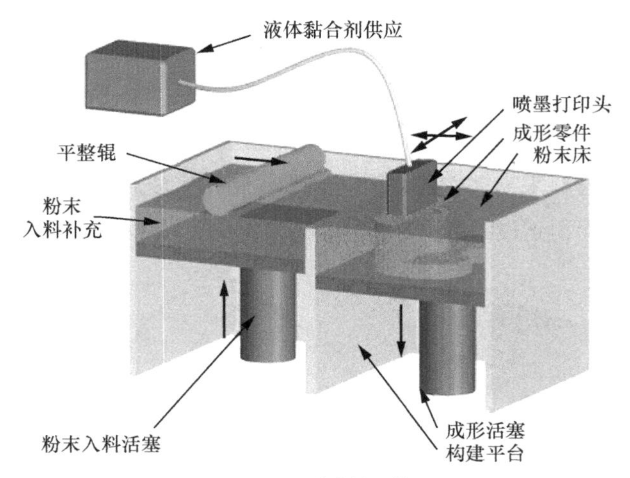

图 5-9　3DP 系统的工作原理

（6）喷墨打印技术

喷墨打印技术是一种基于 2D 打印机的增材制造技术，它使用喷射技术将微小的墨水滴沉积到纸张上。在增材制造过程中，喷墨打印技术采用热塑性和蜡质材料的熔融状态来取代传统的墨水。这些材料在喷射时会迅速冷却和固化，从而形成零件的一层，因此，这个过程通常被称为热相变喷墨打印。喷墨打印技术具有出色的准确性，所制造的零件表面光滑度高，但也存在一些局限性，比如制造速度较慢、材料选择有限以及零件易碎。喷墨打印的主要应用领域是原型制作，尤其是形状和配合测试。此外，它还被用于一些高精度产品的制造，如珠宝、医疗设备等。图 5-10 展示了由 Solidscape 公司开发的喷墨打印机的工作原理。该过程首先将构造材料（热塑性）和支撑材料（蜡）以熔融状态保存在两个加热容器中。这些材料被分别送入喷墨打印头，该打印头在 *XOY* 平面内移动，并将微小的液滴喷射到所需位置，以形成零件的一层。构造材料和支撑材料会在喷射后迅速冷却和固化。在一层完成后，铣削头会在整个层上移动，以平滑表面。铣削过程中产生的颗粒被收集器吸走。随后，构建平台会降低，并且零件与蜡支撑材料一起完成，以便进行下一层的构建。在每一层上重复这个过程，完成零件后，可以将零件取出并将蜡支撑材料融化。

（7）聚合物喷射（PolyJet，PJ）技术

PJ 技术是一种结合了喷墨印刷和 SLA 技术的增材制造工艺，其工作原理如图 5-11 所示。在 PJ 技术中，构建每一层的方法类似于喷墨打印，其中喷墨打印头阵列被用来沉积细小液滴的构建材料和支撑材料，从而形成零件的每一层。不过，与 SLA 技术类似，构建材料在沉积后可以通过紫外灯进行固化。因此，有时将使用的光敏聚合物称

为光敏聚合物喷墨印刷。PJ 技术的优点在于所制造的零件具有非常高的精度和表面光滑度。与 SLA 技术相比，PJ 技术在特征细节和材料特性方面稍逊一筹。与喷墨打印一样，PJ 技术最常见的是用于形状和配合测试的原型制作。在 PJ 技术中，使用单独的打印头沉积蜡载体材料来支撑构建材料。当零件制作完成后，这些蜡载体材料可以通过融化来移除，从而得到最终的打印零件。

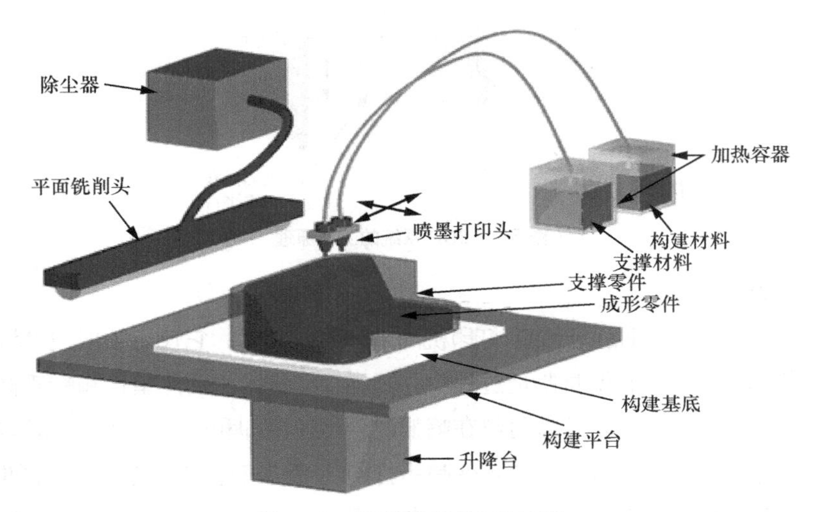

图 5-10　喷墨打印机的工作原理

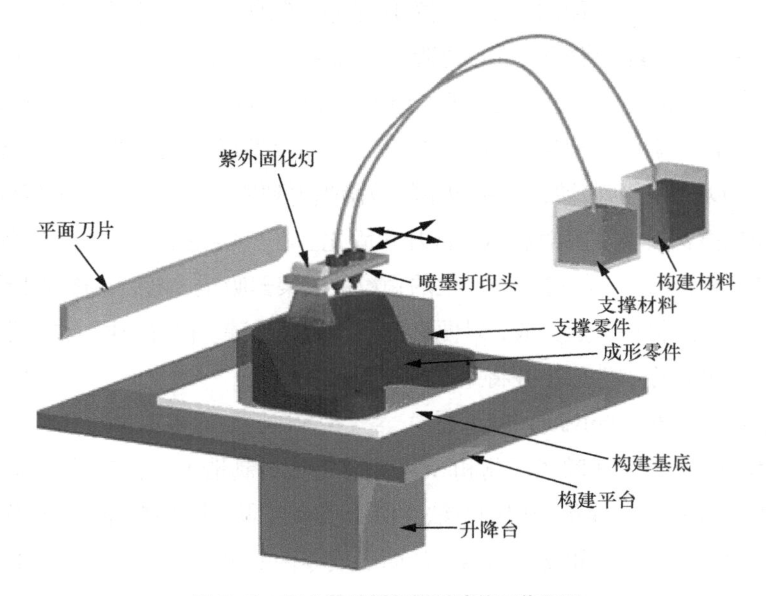

图 5-11　聚合物喷射打印系统的工作原理

（8）分层实体制造（Laminated Object Manufacturing，LOM）技术

LOM 技术的打印系统已经进入商业应用领域，并被广泛应用。图 5-12 展示了 LOM 打印系统的工作原理。该技术的主要组件包括一个进给结构，该结构将薄片移动，并且使用加热辊将这些薄片逐层黏合在一起。在构建过程中，使用激光处理来切割出每一层的轮廓。每次切割完成后，构建平台下降的深度等于薄板的厚度（通常为 0.002～0.020 英寸）。重复上述过程，直到构建出目标模型。需要注意的是，在切割完成一层后，多余的材料会保留在原位，以在构建过程中支撑零件的结构。LOM 技术的加工速度较快，但所制造的物件表面相对较粗糙。因此，LOM 技术常用于对物件表面光滑度要求不高的场景，以及一些结构相对简单的物件制造中。

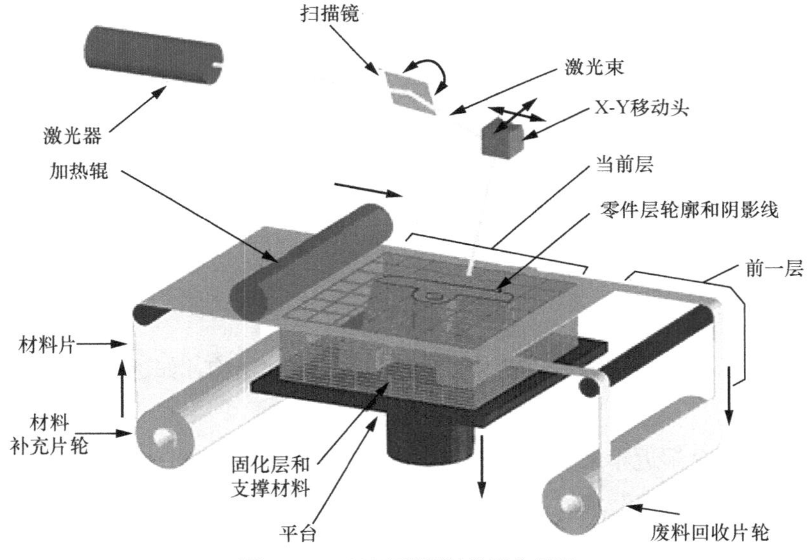

图 5-12　LOM 打印系统的工作原理

（9）电子束熔融（Electron-Beam Melting，EBM）技术

EBM 技术在工艺过程中需要在极高的真空条件下进行，因此，该打印技术对于真空系统的要求也相当高，不仅需要满足高真空度要求，还需要保证在组件更换时有足够大的抽速。

EBM 技术的工艺流程涉及多个组件，包括电子束枪、电子束柱、制造室等。工艺的大致流程如下：电子束枪中的钨丝被加热至约 2 500 ℃，在真空环境下发射出电子；这些电子经过电磁体的加速，通过电子束柱中的透镜组，被聚焦投射到制造室中的金属粉末表面；金属粉末颗粒在电子束的作用下升温，被选择性地熔化一层；工作台移

动一层，粉末床通过储粉仓重新铺设一层金属粉末，然后再次通过电子束进行熔融加工；组件在粉末床上一层一层地堆积成形，全部完成后取出，去除多余粉末；最后，经过各种表面处理，最终完成成形的零件。电子束熔融技术可以实现高熔点、高活性材料的复杂几何形状成形。在真空条件下操作不仅可以防止材料中产生气泡，使打印部件的材料分布均匀，还可以有效防止金属材料的氧化。这使得 EBM 技术在制造高性能、高质量金属零件方面具有重要的应用价值。

必须强调的是并非所有的 3D 打印工艺都适用于制造微波/毫米波器件，且制造不同类型/不同工作频段的器件需要采用不同的 3D 打印工艺，而选择采用哪一种打印机主要取决于具体的应用需要，如器件的工作频段决定了采用打印机的分辨率（层厚），器件对温度/机械强度的需求限制了打印机所能使用的材料等。目前看来，文献中报道的毫米波器件的 3D 打印模式大致有以下两种。

（a）金属打印

可以直接用金属 3D 打印机打印出纯金属器件，再对其内表面进行抛光，或者先用非金属 3D 打印机制造出器件的 3D 结构，然后对结构表面（一般是内表面，即影响电磁波激励与传播的部分）进行金属化，这样的器件其射频性能和用纯金属材料制造的器件是类似的。

（b）介质打印

直接用 3D 打印纯介质（一般为低损耗介质）几何结构，如透镜天线、介质滤波器等。

下面将具体介绍近年来基于 3D 打印技术的微波毫米波器件，文献[7-9]报道了多种采用“直接金属打印”模式制造的毫米波波导器件，如图 5-13 所示，这些器件可以采用 EBM、SLM 或 SLS 打印机加工。这类打印机采用高能激光将原材料的微细颗粒（通常为塑料、金属、陶瓷或玻璃的粉末）熔融并逐层叠加厚度，典型层厚为 20～50 μm。该工艺在使用金属材料打印后所成形的射频器件可直接获得金属化效果，但其表面光滑度较差，且普遍使用的合金材料的电导率远低于铜、银和金，这将显著增大毫米波器件的射频损耗。

文献[10-11]报道了多种采用“非金属打印+表面金属化”模式制造的毫米波波导器件，如图 5-14 所示，这些器件可以采用 SLA 或 FDM 打印机加工。SLA 工艺的一个突出优势在于分辨率和表面光滑度高，能够实现较高的加工精度，有利于打印波纹、腔体和沟道等复杂结构。而 FDM 打印机通过将熔融的塑料类聚合物从喷头中挤出构建物体结构。该工艺的分辨率受到喷头直径的限制，通常喷头直径远大于 SLA 工艺中采用的激光束直径，所以该工艺的分辨率（典型值为 0.1～0.2 mm）普遍低于 SLA。

（a）Ku频段喇叭天线

（b）E频段波导带通滤波器（SLM）

（c）4×4 巴特勒矩阵（SLS）

图 5-13　直接金属 3D 打印毫米波器件

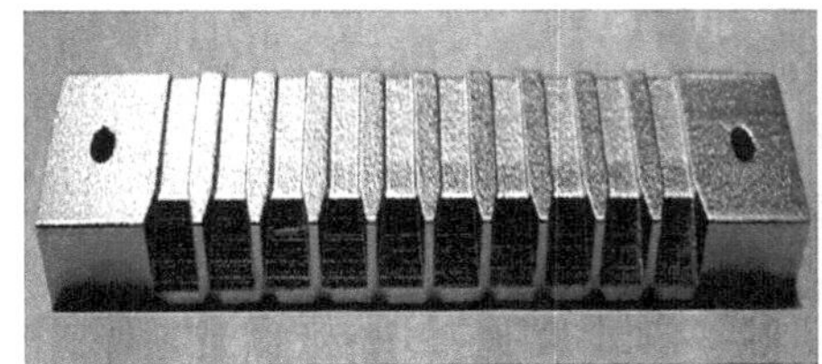

（a）Ka频段宽带喇叭天线阵列（SLA）

（b）Ku频段波纹圆锥喇叭天线（FDM）

图 5-14　采用“非金属打印+表面金属化”模式制造的毫米波波导器件

文献[12-14]报道了多种采用“直接介质打印”模式制造的毫米波波导器件，如图 5-15 所示，这些器件可以采用 SLA、FDM 或喷墨打印机加工，常用的材料分别为低损耗的陶瓷、ABS 塑料或光敏树脂。其中，喷墨是一种从多个喷头中滴出液态光敏树脂聚合物（以及支撑材料）并用紫外线逐层固化的 3D 打印工艺，其成形原理与 FDM 工艺类似，但使用的是类似 SLA 工艺的原材料。喷墨工艺分辨率高，也适用于打印尺寸精细的器件。

（a）8×8单片矩形介质谐振腔天线阵列（SLA）

（b）X频段龙勃透镜（喷墨打印机）

（c）X频段波导负载（FDM）

图 5-15　基于“直接介质打印”模式制造的毫米波波导器件

综上所述，SLA、FDM、SLS（SLM）和喷墨打印工艺目前均能有效实现微波/毫米波无源波导器件中复杂结构的快速制造，降低加工成本，缩短加工周期，但这些技术各自存在一定的局限性，在实际使用中应该综合考虑。

5.3 毫米波无源集成技术与工艺

5.3.1 LTCC 技术简介

低温共烧陶瓷（Low Temperature Co-fired Ceramics，LTCC）技术是一种无源集成及混合电路封装技术，其将陶瓷粉制成的精密的生瓷带，通过激光打孔、微孔注浆、印刷等工序制备所需电路，将无源器件（电阻、电容、电感、滤波器、天线等）封装于多层布线基板中，并与有源器件共同集成为一个完整的电路系统，有效地提高了电路、系统的封装密度与可靠性[15]。LTCC 可以实现毫米波电路的三维布局及连接，在其基材上设计空腔、制作厚膜电阻电容和表面贴装元器件及其他芯片，因此特别适合微波毫米波前端实现高集成度设计，如图 5-16 所示。

图 5-16　一套完整的 LTCC 模组示意

LTCC 的工艺流程主要为浆料配置、流延成形、冲裁、打孔、通孔填充、内电极印刷、叠层、等静压、切割、排胶、烧结、电极制作、烧结外电极、电镀等。在进行 LTCC 加工之前，需要进行材料的准备。首先制作陶瓷浆料，并将配好的浆料通过流延制成厚度均匀、致密且有韧性的生瓷带，之后开始 LTCC 的制作过程，如图 5-17 所示。具体如下。

① 首先生瓷带会被切割成为标准的 8 英寸×8 英寸或 12 英寸×12 英寸的生瓷片。

② 之后进行的流程就是打孔，通常采用机械或激光打孔设备，在指定的坐标位置上打孔，与此同时还可以制作一些任意形状的空腔。

③ 在此之后，利用填孔设备，将之前打的孔进行金属化，即灌满导电银浆。

④ 然后就可以在生瓷片上进行相关的线路和图案印刷，配合高质量的网版，现在的 LTCC 工艺可以实现 100 μm 的线宽，更高级的工艺甚至可以实现 50 μm 的线宽。

⑤ 印刷完毕后，将多层印刷好图案的生瓷片进行叠层和压合。叠层的过程通常利用已经在生瓷片上预先打好的定位孔辅助定位。

⑥ 共烧是整个 LTCC 制作工序成败的关键，产品经过升温、排胶、烧结、降温，将生磁变为熟磁。

⑦ 后处理通常包括后烧、芯片键合、打线、贴片、光刻、电极印刷等过程。

⑧ 划片也可在共烧前进行，主要是将生瓷片切割成单个的器件，可采用砂轮或者激光进行。

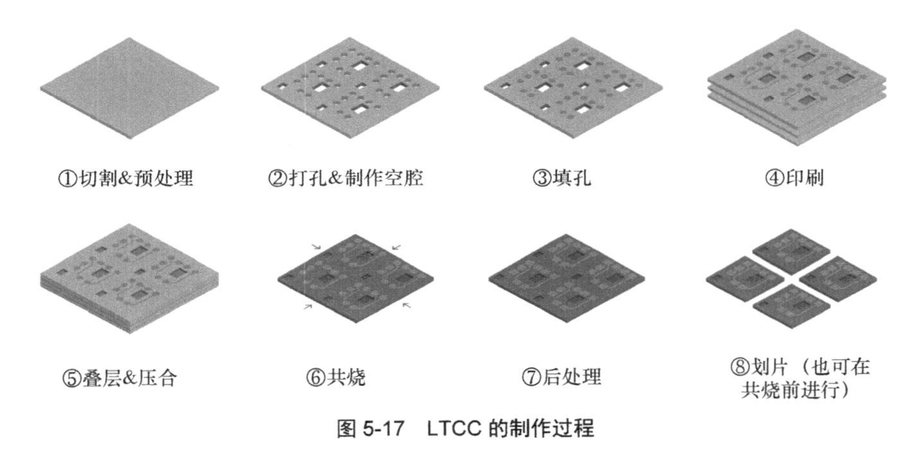

图 5-17　LTCC 的制作过程

LTCC 多层电路结构示意如图 5-18 所示。LTCC 技术具有自身独特的优势，具体如下。

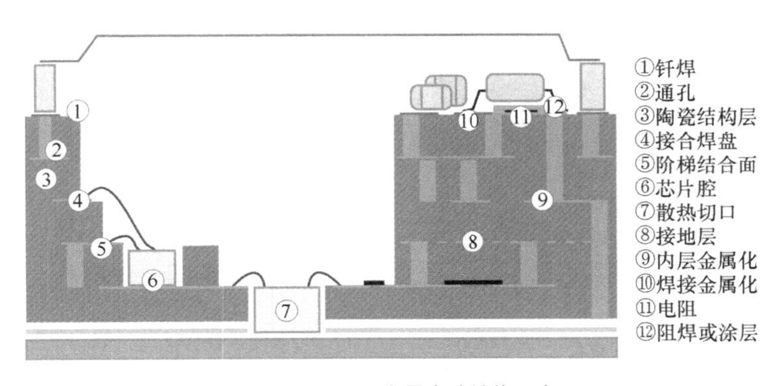

图 5-18　LTCC 多层电路结构示意

（1）LTCC 技术兼具了高温共烧陶瓷技术和厚膜技术的优点，如单次烧结成形、烧结温度低、低介电损耗、厚度可调及高分辨率等。

（2）LTCC 技术采用内层埋入无源部分的形式，提供了表面更多的空间结合有源部分，组装密度提高，生产效率提高，可靠性也相应地提高了，此外，通过大面积地设计实现良好的接地特性，进一步获得了较好的高频特性。

（3）LTCC 技术温度特性好，导热性较传统 PCB 电路更优。

（4）LTCC 技术生产方式的不连续使得需要在每次共烧前对布线进行检查，利于提高基板质量和成品率，降低成本。

（5）LTCC 技术中接线距离缩短，实现了小尺寸封装并减小了信号时延。

5.3.2 毫米波 LTCC 集成技术应用的现状

在多层的实现技术方面，叠层的 PCB 工艺在被不断研究，其中液晶聚合物（LCP）技术以及 LTCC 技术颇具吸引力，LCP 是一种新型热塑性材料，这种具有柔性特质的材料利于多层板的封装；而 LTCC 技术工艺成熟度高、稳定性高、高介电常数基板利于系统小型化的特点使其利于实现高性能的系统封装。LTCC 技术通过大量的叠层及垂直结构中灵活的通孔设计大大降低射频模块的尺寸，具有显著的优势。射频连通与馈电在实现上主要有射频信号的穿墙连接以及焊接的方式，球栅阵列（BGA）倒装焊、针栅阵列（PGA）表面贴装、电磁耦合表面贴装以及载体式的金丝键合的封装形式。国外实现了基于 LCP 技术的 120～140 GHz 的封装天线阵列模块[16]，如图 5-19 所示，并实现了 200 GHz 以上的单元封装与测试。

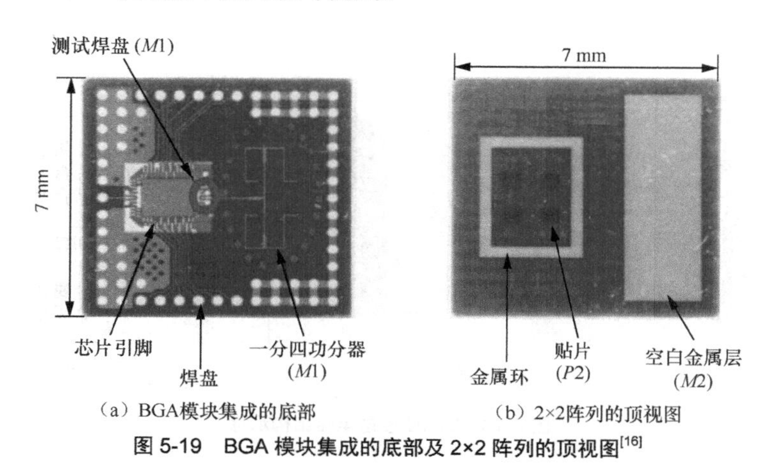

（a）BGA模块集成的底部　　（b）2×2阵列的顶视图

图 5-19　BGA 模块集成的底部及 2×2 阵列的顶视图[16]

图 5-20 展示了采用 LTCC 技术和 BGA 工艺的完整射频模块，通过使用多层技术，无源元件、片外匹配网络、嵌入式滤波器和天线可以很容易地直接集成到小外形封装

（Small Outline Package，SOP）板上，顶部和底部基板分别专用于射频前端模块的接收机和发射机模块。

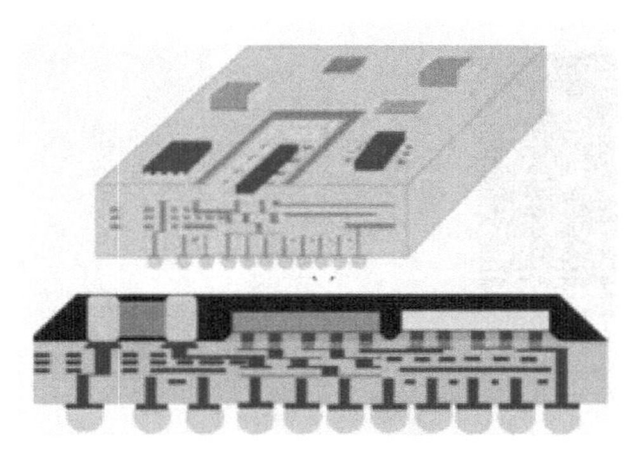

图 5-20 采用 LTCC 技术和 BGA 工艺的完整射频模块

目前国内毫米波集成主要采用多芯片平面微带集成电路技术，采用复合材料软基片或陶瓷基片作为无源元件及传输线衬底，在组装工艺上，采取微组装工艺进行毫米波多芯片贴片及键合的组装设计，并利用上下腔体结构实现电磁屏蔽。

我国也实现了基于 LTCC 技术的毫米波射频前端的设计，图 5-21 是以国产 LTCC 材料为基础设计的一款单通道 T/R 组件，组件内部埋置集成微流道用于功放芯片快速散热。我们在组件及微流道设计仿真、基板制造加工和膜层化镀改性方面进行了研究，对组件进行了装配和测试。结果显示，采用我国自主研发的 LTCC 材料制作的单通道 T/R 组件工艺指标合格，装配适应性良好，微流道散热高效，主要电性能指标满足要求。该国产 LTCC 材料实用性良好，具有明确的工程应用前景。

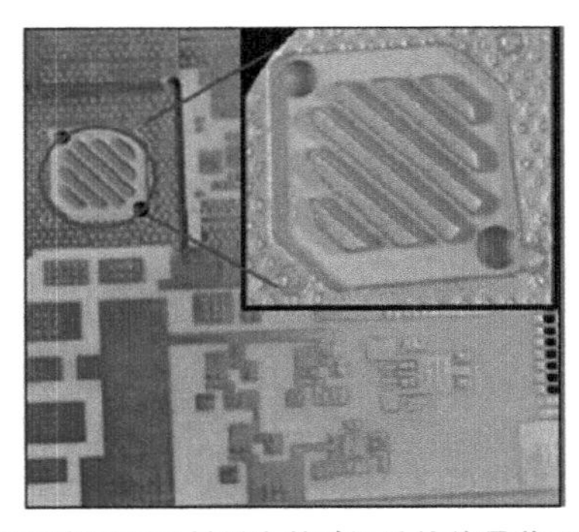

图 5-21 以国产 LTCC 材料为基础设计的单通道 T/R 组件示意

在封装天线的设计方面，2010 年，IBM 公司也提出了一种完整的封装天线（AiP）

设计方案[17]。如图 5-22 所示，将 16 个微带天线单元集成封装并通过倒装焊技术和芯片相连，此方案同样基于 LTCC 工艺。

图 5-22　IBM 公司提出的 AiP 设计方案[17]

针对高性能的毫米波系统的多频点、大带宽、多极化以及多通道等新的需求，采用具有灵活多层封装特性的叠层 PCB 技术、LTCC 技术或两者相结合的方式进行封装设计，在陶瓷基板或者多层 PCB 的内部放置无源元件，在表面进行贴装，对于封装天线模块进行叠层设计，使之符合多频点、大带宽的应用需求，建立适合紧凑毫米波封装天线阵列的低损耗型传输线并利用叠层有效排布，使之满足多极化、多通道的需求。LTCC 射频模块示意如图 5-23 所示。

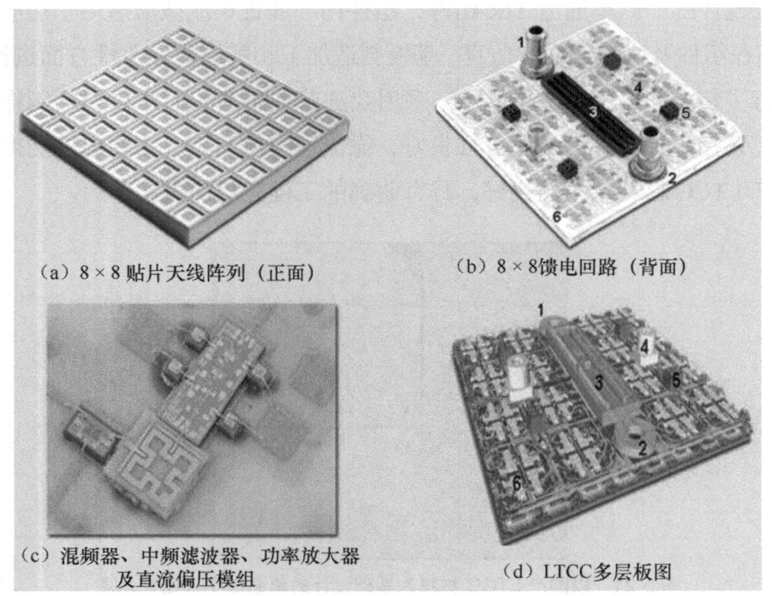

（a）8 × 8 贴片天线阵列（正面）

（b）8 × 8馈电回路（背面）

（c）混频器、中频滤波器、功率放大器及直流偏压模组

（d）LTCC多层板图

图注：1−冷凝液入口；2−冷凝液出口；3−中频连接器；4−SMP 接头；5−直流部分；6−馈电回路。

图 5-23　LTCC 射频模块示意

5.3.3　毫米波 LTCC 的材料

LTCC 微带贴片天线设计的第一步是选取合适的介质基片，在考虑材料的选取时，主要选择的标准是相对介电常数、损耗、品质因数、天线尺寸、耐热性与可加工性等。带宽更宽、辐射性能更好、效率更高等性能要求天线的尺寸越大越好，而选取高介电常数的材料可以使得天线的尺寸得到缩小。常用的 LTCC 材料的介电常数在 5 到 10 之间，并且这些材料的电特性在温度变化时，性能保持良好。表 5-1 中给出了一些常用的 LTCC 材料及其电性能的对比。

表 5-1　常用的 LTCC 材料及其电性能的对比

LTCC 基板供应商	成分/产品名	ε_r	Q 值或损耗角正切
Ferro（ESL）	41110	4.2	0.003 7（@3 GHz）
Tektronix	MgO CaO Silicate + Al_2O_3	5.8	0.001 6
Kyocera	GL-530	4.9	0.000 6
Murata（村田）	BaO- $b_2O_3-Al_2O_3-CaO-SiO_2$	6.1	0.000 7
Ferro	A6	6.5	0.005
Emca	T8800	7.2	0.002
Dupont	951（$Al_2O_3+CaZrO_3+$Glass）	7.8	0.003 3
Dupont	943	7.5	0.002
Herancus	CT 2000	9.1	0.001
Motorola	T2000	9.1	0.003

从表 5-1 中可以看出，这些材料的损耗角正切都保持在较好的范围内，可以看到 Dupont-951、Emca-T8800 和 Dupont-943 是满足中等介电常数和低损耗角正切约束的材料，而 Dupont-951 也满足了许多机械加工的要求，如弯曲强度、弹性量等，其相对介电常数为 7.8，损耗角正切为 0.003 3，该材料也是 40 GHz 以下常用的毫米波板材。

5.3.4　IPD 工艺

在硅基上的集成无源器件（Integrated Passive Devices，IPD）技术，能够实现很高的电容密度，并可以实现很高集成度的微波毫米波无源功能网络，如图 5-24 所示。IPD 的制造流程是与传统硅基工艺兼容的，如图 5-25 所示。

图 5-24 来自 3DGS 公司的 5G GaN 功放的输入输出匹配电路

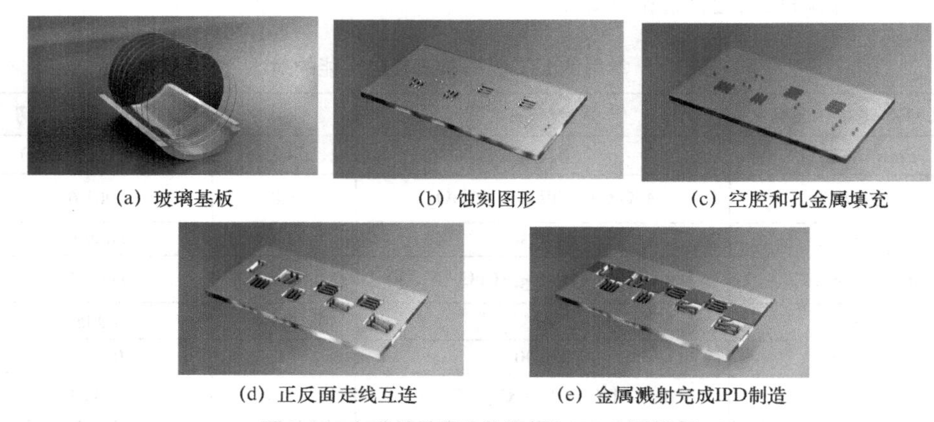

(a) 玻璃基板　(b) 蚀刻图形　(c) 空腔和孔金属填充

(d) 正反面走线互连　(e) 金属溅射完成IPD制造

图 5-25 与传统硅基工艺兼容的 IPD 制造流程

5.4 毫米波常见的 RFIC 工艺

5.4.1 常见的毫米波有源前端基本架构

毫米波技术使得 5G 在速度、时延等性能上表现优异，为移动通信、室内 Wi-Fi 等应用场景提供了新的解决方案。除了地面通信，毫米波在卫星通信领域同样大放异彩。SpaceX 公司的星链系统就是基于毫米波开发业务并运营的，采用了 Ka/Ku 频段进行通信，能够与 5G 技术形成互补。在雷达领域，与红外、激光、电视等光学雷达相比，毫米波雷达穿透雾、烟、灰尘的能力强，具有全天候、全天时的特点。毫米波雷达随着其芯片方案的出现，被广泛应用于车载、手势识别等场景。

综上所述，为了对抗路径损耗和实现精准的定位和波束成形，毫米波需要大规模天线阵列，阵列的规模通常是成百乃至上千个。为了节约通道成本和实现更高的集成度，毫米波通常采用波束成形芯片（BFIC）来实现，从工艺对比上，通道数目增加了，也就可以使用 SiGe 或者 SOI-CMOS 这种硅基工艺。射频集成电路（Radio-Frequency Integrated Circuit，RFIC）的工艺高度集成、工作频率高等特点，使得由其制作的器件尺寸较小、成本较低，广泛应用于毫米波系统。以 5G 基站为例，由于毫米波高频段工作，宏基站所能覆盖的信号范围有限，还需要大量的小基站协同宏基站进行连续覆盖和室内浅层覆盖。因此，除了已知的手机终端，小基站、CPE 等设备也需要大量的毫米波芯片和模组。目前，对毫米波器件和系统的需求与日俱增，毫米波技术及其应用有着广阔的发展前景，愈发受到市场的欢迎。图 5-26 就是采用波束成形芯片及上下变频芯片（UDC）的毫米波集成天线前端示意。天线单元与波束成形芯片通过 PCB 贴片或者其他封装工艺直接集成，通常一个 BFIC 有 4 个双极化端口，如图 5-27 所示，可以集成 4 个双极化天线单元。在此基础上，多个 BFIC 通过上述提到的并馈网络连接馈电，而最终的毫米波信号通过上下变频芯片直接变频到 Sub-6 GHz 频段，并通过射频直接采样技术进行后续的基带处理，也可以再进行一次下变频到基带信号进行处理。

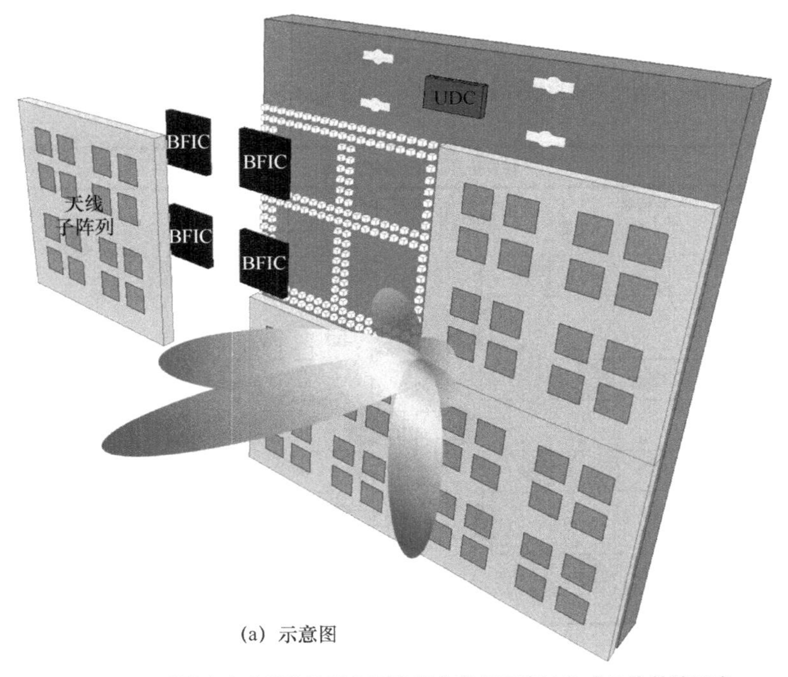

(a) 示意图

图 5-26　采用波束成形芯片及上下变频芯片的毫米波集成天线前端示意

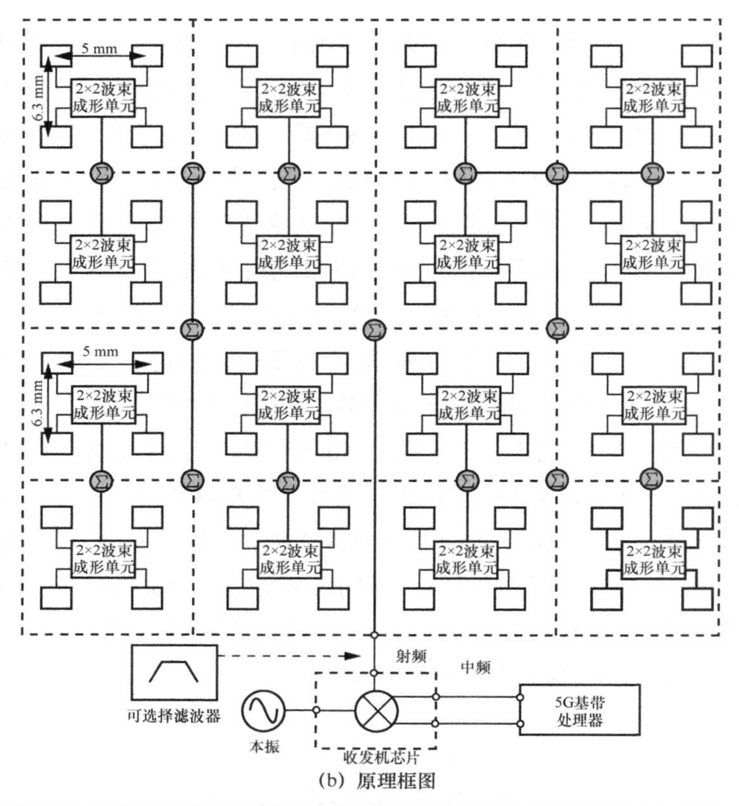

（b）原理框图

图 5-26　采用波束成形芯片及上下变频芯片的毫米波集成天线前端示意（续）

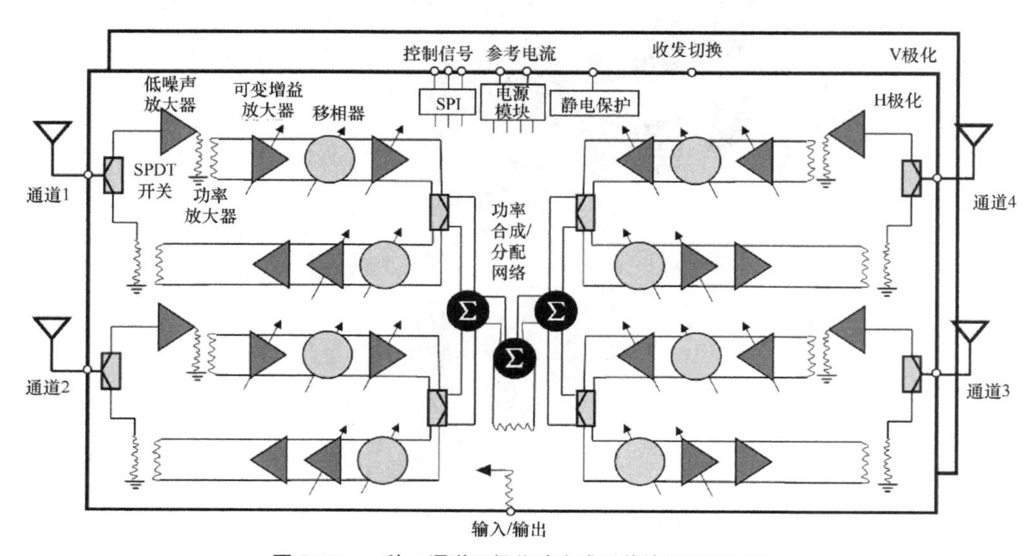

图 5-27　一种 4 通道双极化波束成形芯片的原理框图

5.4.2　常用的毫米波 RFIC 工艺

5.4.2.1　RF-SOI 工艺

绝缘体上硅（Silicon On Insulator，SOI）工艺被广泛应用于射频领域，即 RF-SOI。RF-SOI 工艺能够以较高的性价比实现更高的线性度和更低的插入损耗，可以为人们带来更快的数据速度、更长的电池寿命和频率更稳定、流畅的通信质量，是现代射频和毫米波前端技术的核心。RF-SOI 结构示意如图 5-28 所示。该工艺主要用于 5G 智能手机射频前端中的开关器件和天线调谐器的制备，在当前智能手机中的使用率占主导地位。同时，得益于 RF-SOI 工艺的存在，开关、功率放大器（PA）、低噪声放大器（LNA）、移相器、可变增益放大器（VGA）被完全集成在一起，射频前端模块得以获得较好比的集成灵活度。在 5G 时代，RF-SOI 具有良好的市场前景，各大晶圆厂商也在扩大其生产线以满足日益增长的需求。

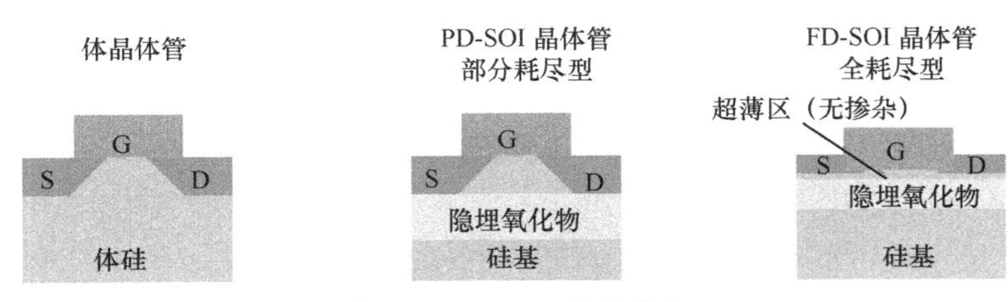

图 5-28　RF-SOI 结构示意

SOI 指的是对绝缘衬底进行上硅，技术核心是在顶层硅和衬底之间加入了一层氧化层，这样便能使集成电路中的元器件实现介质隔离，提高了集成密度，加快了传输速度，减少了短沟道效应，可防止电子流失。目前使用较为广泛的有注氧隔离的 SIMOX、硅面键合和反面腐蚀的 BESOI、将键合与注入相结合的 SMART CUT SOI。在 CMOS 器件中，由于多晶硅宽度、沟道与沟槽宽度、G 极氧化层厚度、PN 结掺杂轮廓会产生寄生电容，这种电容对电路的增益、噪声、输入输出系数会产生较大的影响，采取 SOI 技术能够很好地缓解这些问题。在此技术中，将硅与下方绝缘衬底相互隔离，就减少了其相互作用产生的影响，产生的寄生电容就没有那么明显。根据在绝缘体上的硅膜厚度，可分成两种方式来完成这种效果：一种是薄膜全耗尽型（FD）；另一种是薄膜部分耗尽型（PD）。两种不同的 SOI 工艺如图 5-29 所示。

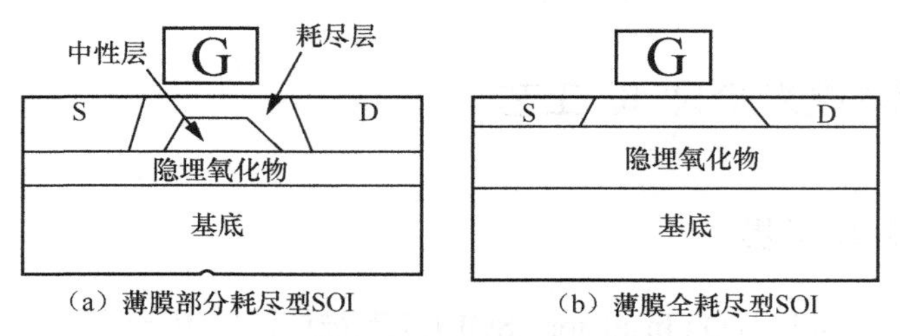

图 5-29　两种不同的 SOI 工艺

FD-SOI 工艺主要用于 SoC 模拟/射频集成，在毫米波频段有着重要的应用。例如，谷歌推出的 5G Pixel 6 就采用了三星的 FDS28（28 nm FD-SOI）工艺。FD-SOI 可降低手机的散热，为毫米波应用提供更高的能效，能提升续航，并优化通信质量。格罗方德半导体推出的“22FDX”则是业界首个应用 22 nm FD-SOI 技术的平台。基于该平台的 22FDX-mmWave 技术可以为新兴高容量应用的毫米波系统提供解决方案。

5.4.2.2　FinFET 工艺

FinFET 全称 Fin Field-Effect Transistor，即鳍式场效应晶体管，是一种互补式金氧半导体晶体管。该项技术用以解决传统 CMOS 工艺在技术节点不断缩小的情况下难以为继的问题，对摩尔定律的延续起到了重要的作用，如图 5-30 所示。

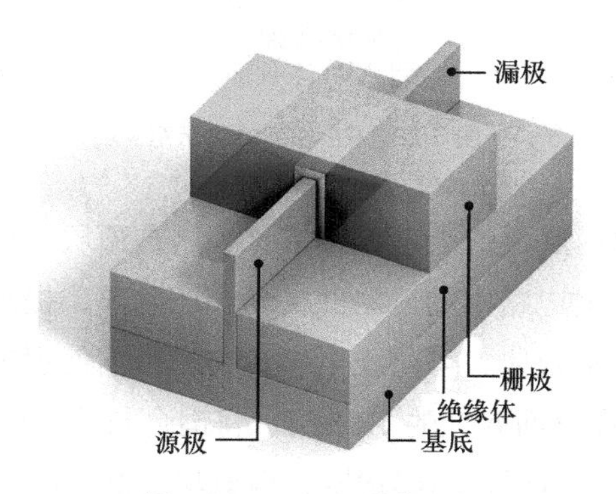

图 5-30　FinFET 结构示意

FinFET 最大的特点在于其沟道由绝缘衬底上凸起的高而薄的鳍形结构构成，源漏两极分别在其两端，三栅极紧贴其侧壁和顶部，用于辅助电流控制。这种鳍形结构增大了栅围绕沟道的面，加强了栅对沟道的控制，从而可以有效缓解平面器件中出现的短沟道效应，大幅改善电路控制并减少漏电流，也可以大幅缩短晶体管的栅长，提高沟道载流子迁移率。FinFET 对沟道电流控制加强的同时也降低了沟道调制效应，大幅提高了本征增益。

FinFET 对于数字电路和低频模拟电路加成明显，但对于毫米波电路，FinFET 工艺应用相对较少。

5.4.2.3 SiGe

锗硅（SiGe）工艺，是在制造电路结构中的双极晶体管时，在硅基区材料中加入一定含量的Ge形成应变硅异质结构的晶体管,以改善双极晶体管特性的一种硅基工艺集成技术。

SiGe 工艺能同时兼顾高速度和良好的器件线性，在相同器件尺寸下，锗硅器件的电流放大系数、温度系数、Early 电压、截止频率、最高振荡频率等性能参数均高于硅器件，而噪声系数、功耗 P 等参数则大大低于硅器件，兼顾了高性能模拟集成电路对速度、增益、精度、功耗、噪声的要求。SiGe 既拥有硅工艺的集成度、良率和成本优势，又具备Ⅲ-Ⅴ族化合物半导体在速度方面的优点。SiGe 结构示意如图 5-31 所示。

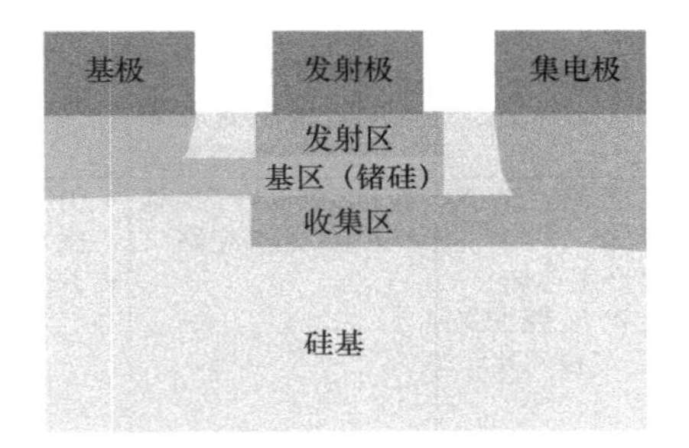

图 5-31 SiGe 结构示意

SiGe 工艺支持微波和毫米波频率应用高数据速率的大幅增长，适用于新一代无线网络和通信基础设施。例如，高性能的 SiGe BiCMOS 工艺常用于毫米波雷达芯片的制造，在稳定性、精度、探测距离等方面具有优势。近年来，集成了 SiGe HBT 器件的 SiGe 双极工艺和 SiGe BiCMOS 工艺得到突飞猛进的发展，在工艺上已越过了 0.35 μm、0.18 μm、0.13 μm 等技术壁垒，截止频率已在 40～350 GHz，在移动通信、光纤通信等射频领域具有很强的竞争力和广泛的应用前景，在部分领域有取代 GaAs 器件的趋势。

5.4.2.4 GaN

GaN 是第三代半导体材料，以宽禁带为特征，是制作高温、高频、抗辐射及大功率器件的合适材料。与第一代和第二代半导体材料相比，第三代半导体材料具有更大的禁带宽度、更高的击穿电场、更高的热导率、更大的电子饱和速度以及更强的抗辐射能力。

GaN 非常适合毫米波领域所需的高频和高带宽，可满足性能和小尺寸要求，具有强大的发展潜力。例如，5G 基站对功率放大器芯片和其他射频器件的需求正在日益增加。功率放大器是提升基站中射频功率信号的关键部件。它基于两种竞争性技术，即硅基 LDMOS 或 RF GaN。GaN 在高功率传输上具有更高的性能，还可以实现更高的瞬时带宽，可显著降低射频功率晶体管的数量、系统的复杂性和总成本。但 RF GaN 比 LDMOS 更昂贵，线性度也存在问题。在 5G 的大规模 MIMO 系统中，GaN-on-Si 技术提供了良好的宽带性能和卓越的功率密度和效率，能满足严格的热规范，同时为紧密集成的大规模 MIMO 天线阵列节省了宝贵的 PCB 空间。表 5-2 总结了常用毫米波 RFIC 的工艺特点。

表 5-2　常用毫米波 RFIC 的工艺特点

对比项	Bulk CMOS	SOI CMOS	FinFET	SiGe	GaN
优点	• 集成度高，有较大的成本优势 • 技术成熟，产能稳定	• 寄生电容减少，运行速度增加，功耗降低 • 消除了闩锁效应 • 传输线性度高	• 短沟道效应缓解，漏电流减少 • 晶体管栅长大幅降低，沟道载流子迁移率增加 • 沟道调制效应降低，本征增益增加	• 集成度高，良品率高，成本低 • 速度快，功耗低，制程成熟	• 禁带宽度大，适宜高功率传输 • 瞬时带宽高，可减少器件晶体管数量
缺点	• 会产生闩锁效应 • 源级和漏级至衬底间存在寄生二极管 • 会产生短沟道效应，技术节点受限	• 工艺难，成本高昂 • 会产生自热 • 会产生翘曲效应（PD-SOI）	该工艺难以集成射频和大规模模拟电路	• 开关线性度及耐受功率一般 • 片上隔离度一般	• 成本相对高昂 • 传输线性度不佳

5.4.2.5　市面常见的毫米波 RFIC

（1）ADI

ADI 是全球领先的 RFIC 公司，主要产品包括射频收发机、射频前端模块、波束成形等一些高性能、创新的产品。随着全球 5G 毫米波部署的加速，运营商面临更大压力，既需要降低推广成本，还需要用更节能、更轻便、更可靠的无线电产品扩大网络覆盖范围。这就需要高度线性、紧凑和高能效的宽带产品，在不牺牲质量和性能的情况下允许多频段设计复用。为了应对此挑战，ADI 推出了 5G 毫米波前端芯片组，能够满足所需频段要求，使设计人员能够降低产品复杂性，将更小巧、通用的无线电产品更快推向市场，如图 5-32 所示。该芯片组由 4 个高度集成的 IC 组成，提供了一个完整的解决方案，大大减少了 24～47 GHz 5G 无线电应用所需的器件数量。实际上，作为老牌的芯片供应商，ADI 甚至配套有全系列的数字中频和基带解决方案。

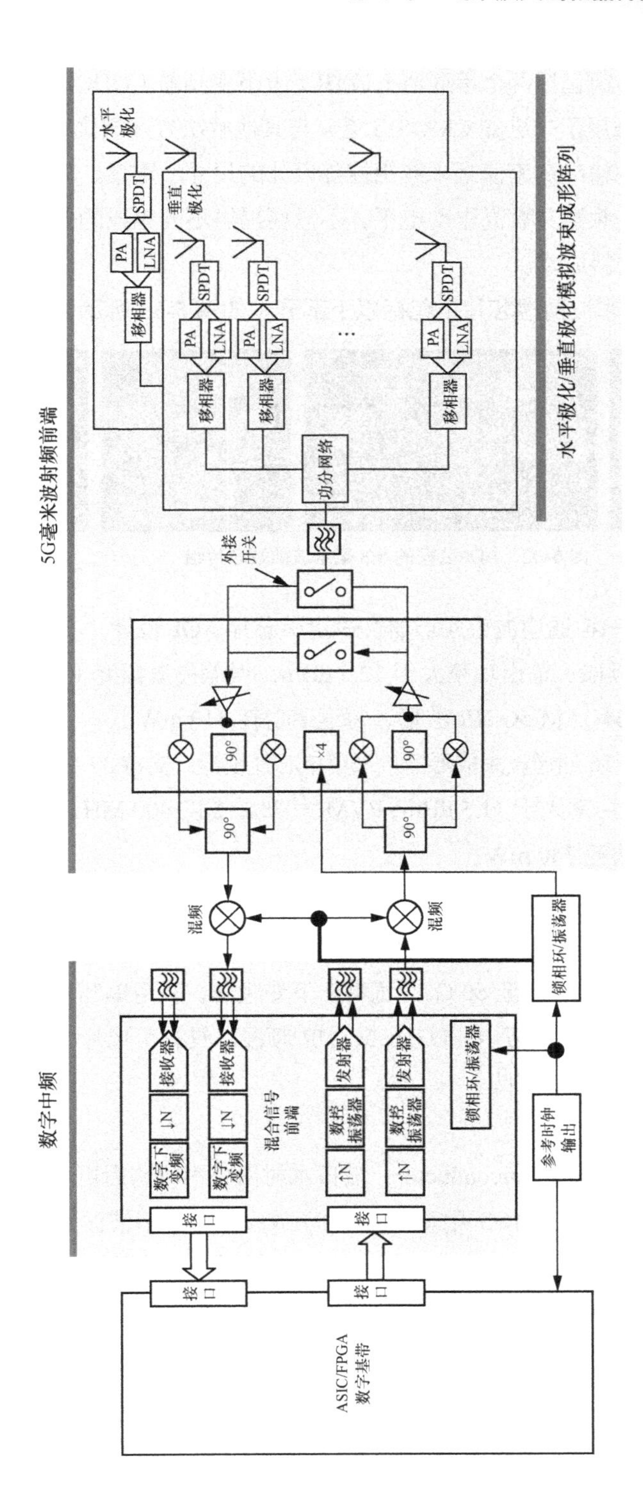

图 5-32　ADI 给出的毫米波全套芯片解决方案

ADI所推出的芯片组包括两个单通道（1T1R）上下变频器（UDC）和两个双极化16通道波束成形器，采用了先进的CMOS工艺。与其他解决方案相比，该波束成形器提供的功率效率和线性输出功率使毫米波相控阵设计的尺寸、重量、功率和成本得以降低。该全频段上下变频器具有高驱动电平，不需要提供不同频段的多种型号，并合并了驱动级，节省了物料成本。

ADI公司的5G毫米波前端芯片组包括以下部分（如图5-33所示）。

图5-33　ADI公司的5G毫米波前端芯片组

- ADMV4828——16通道波束成形器，采用单芯片SOI设计，支持24 GHz至29.5 GHz整个频段，输出功率大于12.5 dBm，误差矢量幅度（EVM）为3%，提供400 MHz 64QAM 5G NR波形，每通道功耗310 mW。
- ADMV4928——16通道波束成形器，采用单芯片设计，支持37 GHz至43.5 GHz整个频段，输出功率大于11.5 dBm，EVM为3%，提供400 MHz 64QAM 5G NR波形，每通道功耗340 mW。
- ADMV1128——24 GHz至29.5 GHz宽带上下变频器，具有可选片内射频开关和混合开关、×2/×4 LO乘法器模式，提供基带IQ支持。
- ADMV1139——37 GHz至50 GHz宽带上下变频器，采用单芯片设计，可适用于47 GHz以及37 GHz至43.5 GHz 5G NR频段，具有可选片内射频开关和混合开关，提供基带IQ支持。

（2）pSemi

pSemi前身是Peregrine Semiconductor，被日本村田公司收购后更名为pSemi，在过去的30多年里，pSemi在CMOS开关、SOI功率放大器和毫米波波束成形等方面研究成果显著，并围绕SOI在射频开关和天线调谐器领域进行了大量创新，目前的产品组合涵盖电源管理、连接传感器、光收发器、天线调谐、功率放大器和集成RF前端等。30多年前，pSemi开创了UltraCMOS技术，取代GaAs PHEMT成为手机开关的首选工艺。每一代UltraCMOS都改进了Ron×Coff品质因数，这是RF开关的关键性能指标。降低Ron可降低插入损耗，降低Coff可在开关关闭时改善开关隔离性能。目前 pSemi 主要聚焦于毫米波频段的研究，包括毫米波开关、波束成形芯片、天线集成方案等，其产品例如 PE42020、PE42545 等毫米波开关能覆盖到 67 GHz 的频段。其中，芯片 PE188100 集成了八通道波束成形芯片，内含射频前端模组，例如 PA、LNA 等，能够有效地支持毫米波双极化相控阵天线设计。pSemi 的波束成形芯片 PE188100 的封装和原理框图如图 5-34 所示。

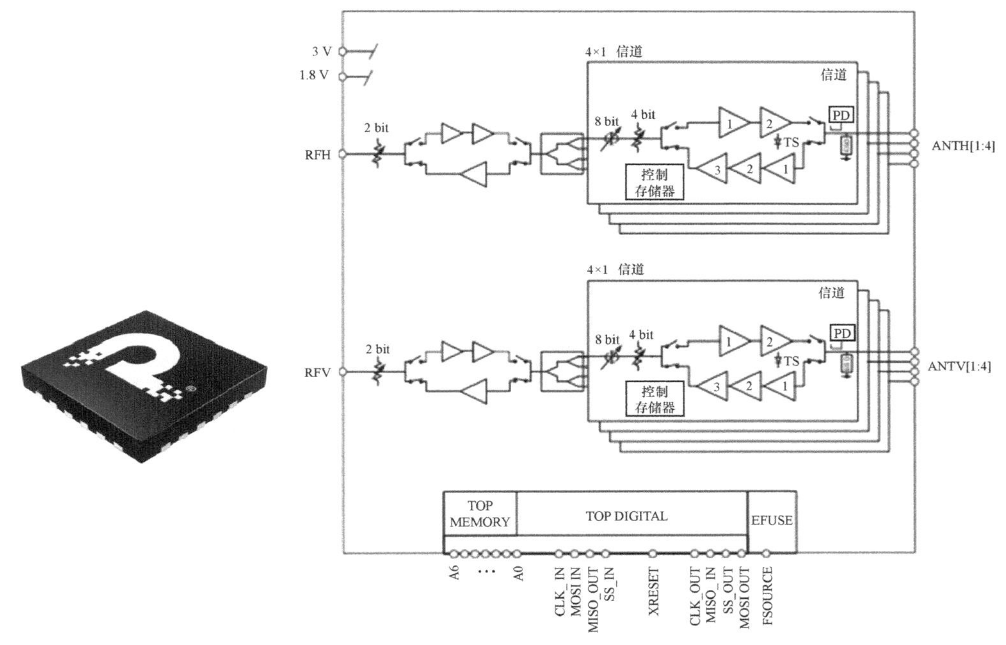

图 5-34　pSemi 的波束成形芯片 PE188100 的封装和原理框图

（3）Anokiwave

Anokiwave 致力于推动射频和毫米波技术的发展和应用，与全球领先的通信设备厂商、系统集成商以及行业合作伙伴合作，共同推动 5G 通信、雷达和毫米波应用的创新和发展。其产品 AWMF-0221、AWMF-0210、AWA0213 等在无线通信领域有着广泛的应用，能支持多通道、宽频段毫米波相控阵天线阵列波束成形，对于毫米波通信发展有着重要意义。目前 Anokiwave 已经被 Qorvo 收购。

（4）MixComm

MixComm 是一家专注于毫米波 RFIC 技术的创新公司。该公司致力于开发高性能、高集成度的射频前端解决方案，其在产品 TRB02801、TRB03901 等波束成形芯片的基础上，开发了 ECLIPSE3741、BFM02801 等 RFIC 与天线互连的模块，为毫米波无线通信发展提供了合理的方案。

（5）Qualcomm

高通（Qualcomm）作为毫米波无线通信领域的巨头，在推动无线通信的发展中起到至关重要的作用，高通的RFIC产品广泛应用于智能手机、平板电脑、物联网设备、车载通信系统等各种移动通信和无线连接设备中。这些产品通过提供高性能、高集成度和低功耗的解决方案，为用户提供了快速、可靠的无线通信体验。骁龙X80 5G调制解调器及射频系统是高通目前推出的先进的5G调制解调平台，将AI和频谱灵活性、能效性相融合，能够应用于多个产品细分领域，包括智能手机、移动宽带、PC、XR、智能驾驶、工业物联网、专网和固定无线接入，为实现5G Advanced及万物互联提供强有力的支持。

在毫米波频段，高通在5G手机毫米波AiP封装技术的布局已久，设计概念与SiP封装应用相同，尝试将5G毫米波天线与其他射频元件同步整合，有效缩减原先的零组件体积，达到效能与空间的最佳化。目前手机OEM厂商应用AiP封装技术，多数仍选择使用高通QTM系列产品，并搭配至少3组模组供相应产品使用，销售数量与产值相对可观。近年来高通毫米波模组不断更新迭代，如图5-35所示的第4代QTM545模组，该套模组与第3代高通的模组尺寸相当，但具有更高的发射功率，支持最高1 GHz的毫米波带宽。

（a）模组实物图

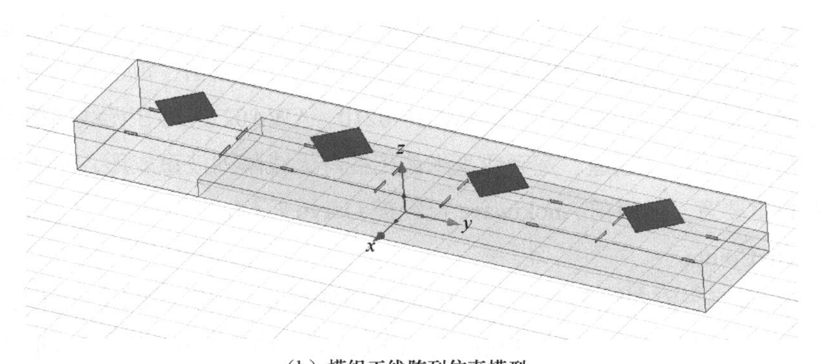

（b）模组天线阵列仿真模型

图5-35　高通QTM545模组实物图及提供的仿真模型图

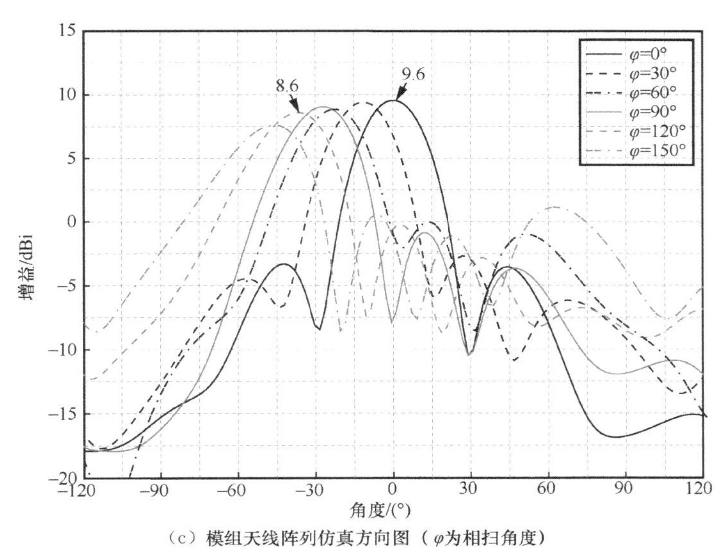

（c）模组天线阵列仿真方向图（φ为相扫角度）

图 5-35　高通 QTM545 模组实物图及提供的仿真模型图（续）

（6）迈矽科

南京迈矽科微电子科技有限公司（迈矽科）在 77 GHz 毫米波雷达芯片、5G 毫米波移动通信芯片（图 5-36）、毫米波 Wi-Fi 芯片、毫米波卫星通信芯片等领域均有具有纯自主知识产权以及国际先进水平的芯片产品。

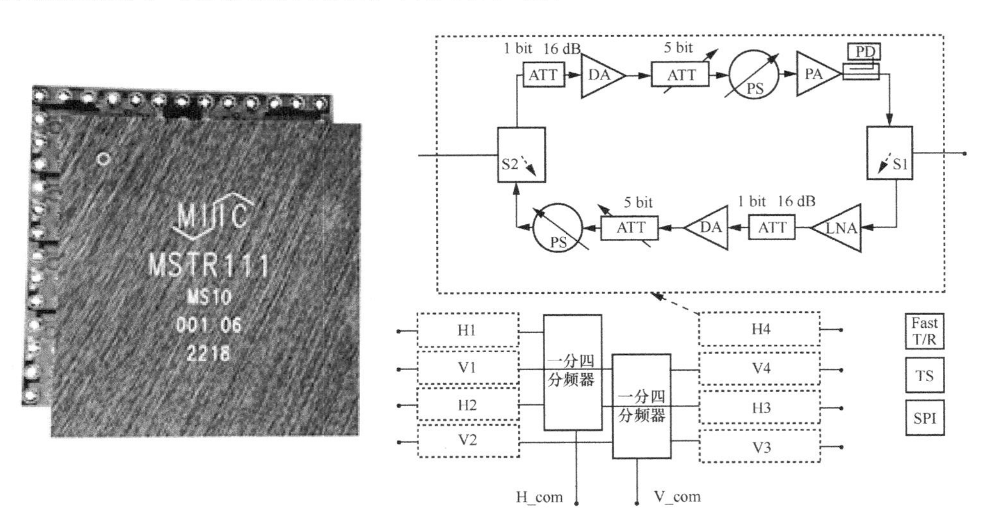

图 5-36　迈矽科的波束成形芯片及其原理框图

迈矽科利用高集成度硅基技术方案，开发的 5G 毫米波射频芯片套片可以用于

5G 毫米波基站、仪器仪表、雷达、点对点通信等多种场景。采用迈矽科自主研发的高线性功放技术，增加了毫米波系统的工作功率和效率，同时降低了成本。

5.5 本章小结

本章聚焦于毫米波的加工工艺及制造技术。首先介绍了最常用的机械加工及表面处理的基本原理，详细论述了机械加工及表面处理工艺的实现方法和适用范围，并分别给出了设计实例；然后介绍了 3D 打印的概念，详细地描述了各种 3D 打印工艺的实现原理和适用范围，给出了利用 3D 打印来加工毫米波器件的基本模式，详细比较了各种 3D 打印技术的优缺点，并给出了设计实例予以说明；最后介绍了多种用于加工毫米波器件的工艺，包括 PCB、LTCC、IPD 和硅基工艺，并阐述这些工艺的实现原理和适用范围，给出它们在加工毫米波器件时的优缺点，并给出了设计实例予以说明。

我们可以看到，随着频率的升高，毫米波频段器件及天线对加工工艺及精度的要求更高，也要求材料具有更低的损耗。随着毫米波波长的缩短，器件及系统的集成化趋势越来越明显，这就要求设计者不仅能够进行电性能的仿真设计，还能够结合所能获得的加工、材料、集成工艺及资源，对器件和系统进行电、热、结构等元素的一体化、精细化设计。从射频前端来看，高集成度的芯片化设计已经是大趋势。毫米波天线阵列规模通常较大，使得硅基集成电路获得了新的生机。

参考文献

[1] 杨扬, 蔡旺. 数控铣削加工工艺参数优化方法综述[J]. 机械制造, 2019, 57(1): 57-63.

[2] 杨国祥, 倪敬文. 浅析馈电腔体中馈电缝的加工工艺研究[J]. 航空精密制造技术, 2014, 50(2): 42-44.

[3] 林奈. 毫米波波导器件超声波去毛刺技术的研究[J]. 机电产品开发与创新, 2016, 29(1): 9-11.

[4] 王志鹏, 杨文静, 曹来东, 等. 一种毫米波复合波导天线零件高压水去毛刺技术研究[J]. 航天制造技术, 2018(4): 30-32.

[5] 易伟红, 周远才. 复杂铜波导的内腔镀银工艺[J]. 表面技术, 2012, 41(5): 105-107.

[6] OH S S, LEE J W, SONG M S, et al. Two-layer slotted-waveguide antenna array with broad reflection/gain bandwidth at millimetre-wave frequencies[J]. IEE Proceedings - Microwaves,

Antennas and Propagation, 2004, 151(5): 393.
[7] GARCIA C R, RUMPF R C, TSANG H H, et al. Effects of extreme surface roughness on 3D printed horn antenna[J]. Electronics Letters, 2013, 49(12): 734-736.
[8] ZHANG B, ZIRATH H. 3D printed iris bandpass filters for millimetre-wave applications[J]. Electronics Letters, 2015, 51(22): 1791-1793.
[9] TORNIELLI D C V, MARTIN I P, LANCASTER M J. Advanced butler matrices with integrated bandpass filter functions[J]. IEEE Transactions on Microwave Theory and Techniques, 2015, 63(10): 3433-3444.
[10] SCHULWITZ L, MORTAZAWI A. A compact millimeter-wave horn antenna array fabricated through layer-by-layer stereolithography[C]//Proceedings of the 2008 IEEE Antennas and Propagation Society International Symposium. Piscataway: IEEE Press, 2008: 1-4.
[11] CHIEH J C S, DICK B, LOUI S, et al. Development of a Ku-band corrugated conical horn using 3D print technology[J]. IEEE Antennas and Wireless Propagation Letters, 2014, 13: 201-204.
[12] BUERKLE A, BRAKORA K F, SARABANDI K. Fabrication of a DRA array using ceramic stereolithography[J]. IEEE Antennas and Wireless Propagation Letters, 1915, 5: 479-482.
[13] LIANG M, NG W R, CHANG K, et al. A 3D Luneburg lens antenna fabricated by polymer jetting rapid prototyping[J]. IEEE Transactions on Antennas and Propagation, 2014, 62(4): 1799-1807.
[14] ARBAOUI Y, LAUR V, MAALOUF A, et al. Full 3D printed microwave termination: a simple and low-cost solution[J]. IEEE Transactions on Microwave Theory and Techniques, 2016, 64(1): 271-278.
[15] 杨邦朝，胡永达. LTCC 技术的现状和发展[J]. 电子元件与材料, 2014, 33(11): 5-9.
[16] BISOGNIN A, NACHABE N, LUXEY C, et al. Ball grid array module with integrated shaped lens for 5G backhaul/fronthaul communications in F-band[J]. IEEE Transactions on Antennas and Propagation, 2017, 65(12): 6380-6394.
[17] KAM D G, LIU D X, NATARAJAN A, et al. Low-cost antenna-in-package solutions for 60-GHz phased-array systems[C]//Proceedings of the 19th Topical Meeting on Electrical Performance of Electronic Packaging and Systems. Piscataway: IEEE Press, 2010: 93-96.

第6章

毫米波天线及系统的性能评估

6.1 毫米波天线的测试系统概述

随着通信技术的快速发展，远场天线测量技术已很难满足复杂电磁环境下大尺寸天线的测试需求，因此近场测量技术得到了更为广泛的应用和发展[1-3]。近场测量技术能够在有限的空间下测量待测天线（Antenna Under Test，AUT）的辐射特性参数。其中，紧缩场（CATR）通过近场直接测得远场方向图，而不通过采样和近远场变换算法得到天线远场数据，可以减少由变换算法引入的误差[4-6]；平面、柱面和球面近场测量系统通过近远场变换算法得到天线的远场辐射方向图。由于近场测量方法需要在理想电磁环境中完成测试，因此需要在测量环境中安装吸波材料，从而去除空间反射干扰对近场测量结果的影响。近场测量能够避免天气以及反射干扰等因素的影响，并且随着近些年系统建设成本、周期等方面的不断优化和提升，近场测量已成为一种十分重要的天线测量技术与手段。

紧缩场准直器主要有 3 种：反射型、透射型和全息型。反射型紧缩场是应用面最广、商用程度最高的一种紧缩场方案，它主要由馈源天线和金属反射面组成。反射型紧缩场的应用带宽很广，覆盖几百兆赫兹到几百吉赫兹，静区性能稳定，市场产品化程度很高，技术也很成熟。反射型紧缩场的核心就是反射面的设计与加工，金属反射面对加工精度要求很高，是工作波长的 1/100 到 1/50，因此造价很昂贵。透射型紧缩场主要采用介质透镜作为其准直器，利用射线追踪法进行结构设计，进行近场球面波转平面波。相较于反射型紧缩场，其造价降低很多，但是带宽和静区大小会受限于准直器尺寸。全息型紧缩场是采用一种平面的金属条带刻蚀薄膜结构作为其准直器来产生近场平面波的测试方案。全息型紧缩场的造价相较于透射型和反射型紧缩场更便宜，带宽也相对更窄，多用于太赫兹电大尺寸设备测试。

紧缩场是进行电大尺寸设备研究非常重要的测试方案，该系统针对航天设备（空天探测、低轨卫星）、航天飞行器设备、气象海洋探测设备、民用安全检测设备等提供完整系统性的测试方案，其着重于毫米波与太赫兹领域研究，对未来通信、国防、航空航天的发展具有极其重要的意义[6-9]。

常见的近场测量方法包括平面波、柱面波和球面波测量，其中平面波近场测量环境如图 6-1 所示，需要利用机械臂控制采样探头，在正对着待测天线口面的二维平面上以均匀的间隔进行采样，得到的近场数据表征了待测天线口面上的近场天线辐射特性，然后通过平面近远场变换算法得到远场条件下的待测天线辐射方向图。值得注意的是，平面近场采样只能得到半空间的天线辐射特性，即天线口面后方的辐射特性无法获知，并且平面近场扫描会丢失一部分口面附近或口面外的电磁信号，因此由平面近场变换到远场的结果中会产生截断误差。柱面波与平面波的近场测量环境十分类似，柱面波近场测量需要利用机械臂控制采样探头在待测天线的近场空间周围扫描出一个圆柱面，并在该圆柱面上采集相应的近场数据，然后通过近远场变换得到天线的远场辐射特性。

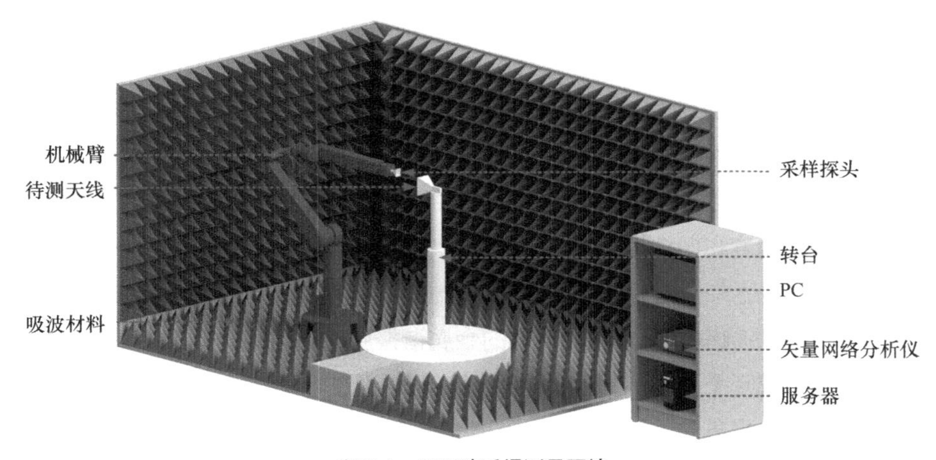

图 6-1　平面波近场测量环境

相比于平面波和柱面波近场测量，球面波近场测量通过单探头或多探头以均匀采样间隔扫描待测天线的整个三维近场球面信息，如图 6-2 所示，因此球面波测量能够得到待测天线在整个三维空间上的完整近场电磁信息，避免了平面近远场变换所涉及的截断误差问题，并且球面波近场测量在系统构建和时间开销方面具有更明显的优势。

图 6-2　球面波近场测量环境

随着 5G 通信技术、无人驾驶技术、星联网技术的逐渐演进，对于毫米波频段的无线通信、雷达、遥感遥测等方面的应用需求越来越迫切，对该频段无线性能的评估就显得尤为重要。无论是 5G 毫米波频段的终端、客户终端设备（CPE）等采用的天线前端，还是车载雷达以及卫星系统，均需要精准高效的空中激活（Over The Air，OTA）测试系统。

对于研发人员来说，便携高效的 OTA 测试系统是梦寐以求的，其能够在研发阶段快速评估天线及无线性能；另外，针对产品生产线，又需要搬运方便且测试精准高效的快速评估系统。所以，毫米波的测试系统往往不同于传统的微波暗室，需要兼顾精准度、移动性、速度和便捷性。

在天线测试中还有一类常用的空口测试方法，称为混响室（Reverberation Chamber，RC）方法。微波混响室是一个电大尺寸的金属谐振腔，其内部结构如图 6-3 所示，腔内通常安装一个或几个不规则形状的金属搅拌器，通过金属搅拌器的机械旋转改变混响室内电磁场的边界条件，其中的电磁场模式也随之变化。根据电磁场理论，不同搅拌器位置下通过亥姆霍兹方程求得的电磁模式不尽相同。理想情况下，当搅拌位置足够多，即激励起的电磁模式足够多时，对所有搅拌位置下的电磁模式进行统计平均，则统计平均之后的电磁场呈现出统计均匀、极化均匀和各向同性的特点[10-11]。

1968 年，Mendes[12]在洛杉矶西部电子展览和交流会议上首次提出了微波混响室的概念。之后 Jarva[13]在 1970 年将混响室用于对线缆、连接器和机壳屏蔽效能的测试中[13]。1971 年，美国军方发布了 MIL-STD 1377 标准，该标准将混响室推广到电子设备的灵敏度测试、抗扰度测试及辐射测试等领域，成了混响室应用的一次技术革新。1976 年，意大利那不勒斯大学（University of Naples）的 Corona 等[14]提出将混响室用于测量有耗材料的吸收特性和设备的辐射特性。混响室发展的最初阶段取得了一定的成就，但并未形成对其应用和定位的普遍共识，导致后续该技术发展缓慢。20 世纪 80 年代，美国国家标准局，即后来的美国国家标准与技术研究院首次提出“混响室”这一名词，并建立了第一个混响室[15]。基于微波混响室的测试建立在统计理论基础之上，一方面其测试结果具有统计特性的不确定度，另一方面处理测试数据和分析测试结果都要求运用统计方法，这与传统的基于确定性的测试方法有很大不同。由于以上原因，该方法在提出后虽然在电磁兼容测试领域逐渐得到认可，但在总体上不如微波暗室应用广泛。美国桑迪亚国家实验室的 Kostas 和 Boverie 于 1991 年推导并证明了混响室中电场的概率密度函数，为混响室中电磁场的理论研究奠定了统计模型基础。Hill[16]从 1998 年开始运用统计电磁学方法对微波混响室开展了全面的理论研究、分析和整理，直到 2009 年其理论框架才初步形成[10]。随着混响室理论的发展，其在电磁兼容测试领域的应用逐渐成熟，国际电工委员会（International Electrotechnical Commission，IEC）于 2003 年制定了混响室电磁兼容测试标准 IEC 61000-1361[17]。混响室作为一种新兴的电磁测试方法，凭借建造成本低、测试空间大、测试效率高和重复性好等特点，已广泛应用于电磁兼容和空口测试领域。

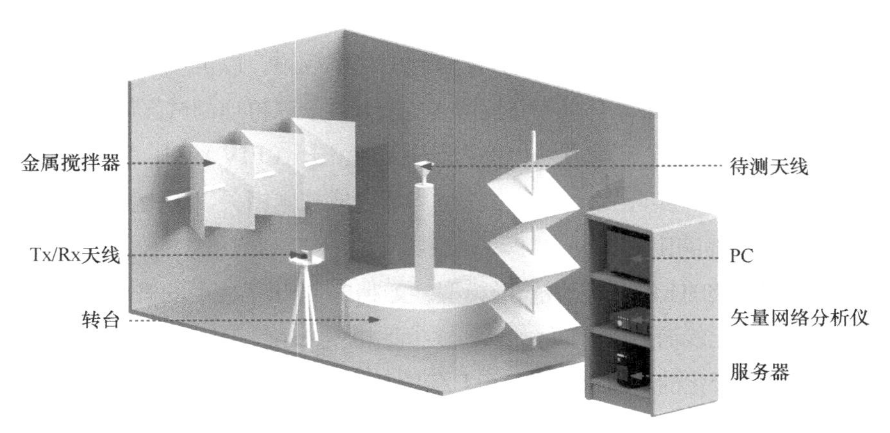

图 6-3　微波混响室内部结构示意

此外，多探头微波暗室空口测试技术也在毫米波天线测试中得到了广泛的研究与应用，其中多输入多输出技术通过在发射端和接收端分别安装多副天线，在不额外增加频谱资源和天线发射功率的情况下增加了系统的信道容量。MIMO 技术利用传播信道的特性，极大地提高了数据吞吐量、服务质量（QoS）和小区覆盖范围。长期演进（LTE）、LTE-Advanced、802.11 和 5G 移动通信网络等新的无线技术已经采用了 MIMO 技术。此外，MIMO 技术还将广泛应用于 6G 移动通信系统中[18]。大规模 MIMO 技术已广泛应用于 5G 毫米波通信系统，由于高衍射、穿透和反射损失，毫米波信道非常稀疏。为了补偿高频固有的损耗并实现高信号功率，毫米波系统需要采用高增益天线。庆幸的是，频率的增加意味着天线的尺寸减小，相同的空间可以容纳更多的天线，这有利于大规模 MIMO 的实现。

在网络中大规模部署 MIMO 设备之前，网络运营商了解其无线性能是非常重要的。空口测试[19]已用于评估单输入单输出系统性能，它也是评估 MIMO 系统性能的合适选择。MIMO OTA 测试能够再现无线传播环境，因此可以比较相同环境中的不同天线配置。

已经有许多 OTA 测试方法被提出，这些方法在如何仿真传播信道、系统大小和成本方面有所不同[20-21]，一般分为 3 类：基于混响室的方法[22]、辐射两步（RTS）法[23]和基于暗室的方法[24]。RTS 法从两步法[20]演变而来，其中信道仿真器（CE）端口和被测设备（DUT）天线端口之间的“线缆”连接以无线方式进行。多探头暗室（MPAC）设置能够再现任何真实的无线传播信道，并且几乎所有关键参数都可以进行即时评估，使其成为最有希望的 MIMO OTA 测试设置。

信道仿真的主要思想是确保正确控制探头天线发出的信号，使 DUT 所经历的仿真信道接近目标信道。两种常见的信道仿真方法分别是预衰落信号合成（PFS）[21]和平面波合成（PWS）。PFS 方法为探头分配适当的功率权重，以再现接收端目标信道的空间特性，而 PWS 方法为每个探头分配适当的复权重，以再现测试区域上目标信道的平面波场。此外，还有第 3 种方法，称为等效感应电压（EIV）[25]，它是基于接收电压的相似性来实现的，实际上，EIV 方法也与场合成技术相关，因为接收到的电压是天线对测试区电场的响应。

有许多不同种类的 MIMO 无线信道模型，文献[26]给出了模型的概述。MIMO 无线信道模型通常包括无线信道的时间、频率、空间和极化维度。因此，该模型是时变的、宽带的、双向的和极化的。通常选择基于几何的随机信道模型作为目标信道模型，例如空间信道模型（SCM）及其扩展（SCME）[27]、WINNER[28]和 3GPP TR 38.901[29]。基于几何的建模将天线与传播分开，并且可以独立于传播参数定义天线的几何形状和方向图。

簇的概念在模拟多径环境时被广泛使用，簇具有特定参数，包括功率角谱（PAS）形状、到达角（AoA）、离开角（AoD）、角度扩展（AS）、时延和功率。不同的簇有不同的时延，使得信道宽带化，PAS 形状取决于散射体的分布。

对于标准化二维用户设备（UE）MIMO OTA 测试，DUT 位于测试区域的中心，探头均匀分布在 DUT 周围的圆环上（图 6-4）。DUT 放置在聚苯乙烯基座上，该基座支持旋转和线性运动；基站（BS）仿真器用于产生测试信号；信道仿真器用于连接到探头以产生不同的空间信道，并且可以生成多径环境，包括路径时延、多普勒扩展和快衰落；功率放大器将信号调整至所需功率水平，通常假设 DUT 位于 OTA 天线的远场。

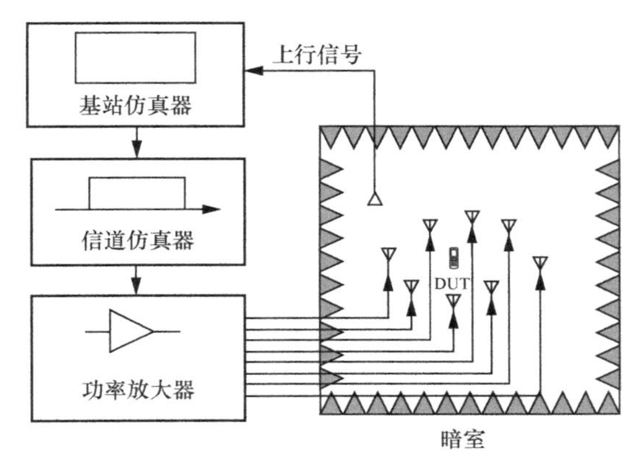

图 6-4　二维用户设备 MIMO OTA 测试设置示意

传统 BS 天线使用传导方法进行测试，即通过将同轴电缆连接到 BS 天线端口。但对于大规模 MIMO 阵列，传导测试将需要数百个电缆连接和相应的硬件资源，这将非常复杂且成本高昂。针对大规模 MIMO BS 天线 OTA 测试，提出了一种三维扇区 MPAC 设置的 3D 成本效益测试装置（图 6-5）。该设置包括暗室、覆盖感兴趣角度区域的大量 OTA 探头天线、用于从可用 OTA 探头中选择有源 OTA 天线的控制器、用于将有源 OTA 天线连接到 CE 的射频（RF）接口的开关电路、DUT 和模拟 UE 行为的 UE 仿真器（或多个 UE）[30]。

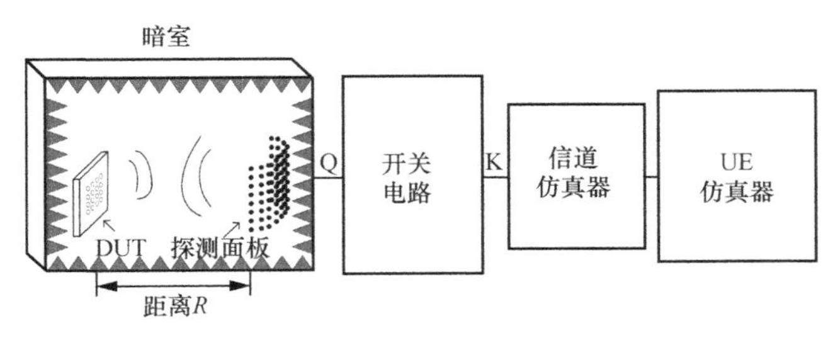

图 6-5　3D 成本效益测试装置

6.2 毫米波远场及紧缩场

6.2.1 紧缩场设计方案

6.2.1.1 紧缩场结构

如图 6-6 所示，紧缩场主体结构由馈源天线、准直器和待测设备组成。馈源天线产生近场球面波，该球面波作为准直器的入射波。入射波经过焦距距离后到达准直器，准直器将球面波转换为平面波，出射平面波在一定区域产生平面波静区。该静区的定义就是区域内电磁波满足均匀的幅度以及相位分布，达到远场测试的分布条件，可以认为是平面波。紧缩场准直器处于馈源天线产生的菲涅尔近场，准直器的焦距和紧缩场系统自身的静区口径以及馈源有着紧密的关系。

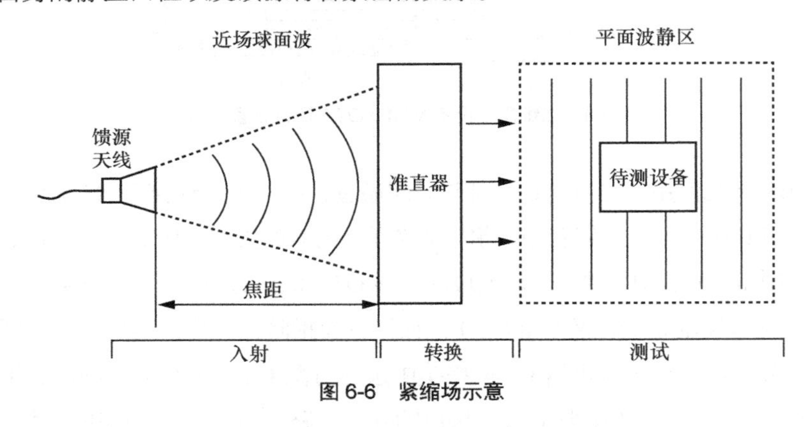

图 6-6 紧缩场示意

静区指标是紧缩场最重要的评价指标，对紧缩场性能的评价指标主要是静区平面波的分布平坦度。引起幅度不平度的原因有：（1）幅度锥削，其由馈源方向图和场空间衰减引起；（2）幅度波纹，由反射面边缘和缝隙的绕射场、馈源直漏场、暗室杂散波散射场与主波的干涉引起。紧缩场静区相位不平度一般只包括相位波纹度，其是由主波与其他干涉波的干涉引起的。馈源等效相位中心偏离焦点时会引起相位曲线固有的倾斜。静区幅度要求：幅度锥削≤1 dB，幅度波纹≤±0.5 dB；相位波纹≤±5°；交叉极化比≤−30 dB。

紧缩场馈源设计需要满足其照射均匀覆盖整个准直器表面，功率分布集中于口面内，准直器边缘功率电平尽可能降低。此外，馈源的相位中心尽可能保证不随着频率的变化而变化，主瓣宽度也尽量保证变化不大。总结来说，需要满足高增益、低副瓣、辐射特性和驻波特性优异、交叉极化电平低、轴对称性好等特点。当然，针对不同类型的准直器结构，馈源的需求也不完全一样，需要考虑实际应用场景配套设计。波纹喇叭天线是所有馈源天线中最常用的天线，其特点就是工作频带内方向图轴对称性好，多应用于反射型紧缩场设计。

6.2.1.2　反射型紧缩场

反射型紧缩场采用金属反射面作为紧缩场准直器。常用设计就是采用金属抛物面，主要采用物理光学法，通过几何分析，得到馈源和抛物面的几何模型，进而计算电场口面分布。假设单抛物面、垂直入射抛物面口面、口面中心与馈源中心连线为主轴，电磁波从馈源发射，进入抛物反射面，在口径面上产生面电流。假设电流形成等效源，将该等效源认为是紧缩场的辐射源，计算辐射电场。

如图 6-7 所示，O 为焦点，即馈源天线所在位置，θ_f 为入射波与主轴的夹角，r_f 为焦点到反射面的距离，$\mathrm{d}\rho$ 为法线方向的微分距离，f 为焦距。

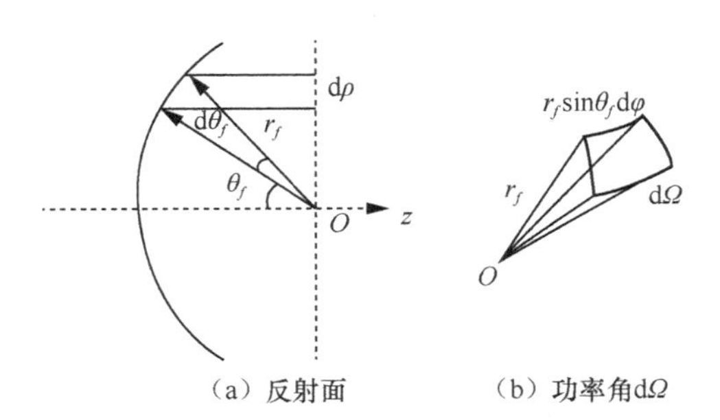

（a）反射面　　（b）功率角dΩ

图 6-7　反射面与功率角示意

利用几何关系可以得到[7]

$$r_f = \frac{2f}{1+\cos\theta_f} = \frac{f}{\cos^2(\theta_f/2)} \tag{6-1}$$

功率角内的能量为

$$\mathrm{d}\Pi = U\mathrm{d}\Omega = \frac{\Pi_t}{4\pi}\mathrm{d}\Omega \tag{6-2}$$

其中，假设馈源为理想点源，辐射能量常数为 $U = \Pi_t / 4\pi$，Π_t 为点源的辐射功率。到

达口面场的能量密度为

$$P=\frac{\mathrm{d}\Pi}{\mathrm{d}A}=\frac{\Pi_t}{4\pi}\frac{\mathrm{d}\Omega}{\mathrm{d}A} \tag{6-3}$$

$$\mathrm{d}\Omega=\int_0^{2\pi}(\sin\theta_f\mathrm{d}\theta_f)\mathrm{d}\varphi=2\pi\sin\theta_f\mathrm{d}\theta_f \tag{6-4}$$

$$\mathrm{d}A=2\pi\rho\mathrm{d}\rho \tag{6-5}$$

$$P=\frac{\Pi_t}{4\pi}\frac{\sin\theta_f\mathrm{d}\theta_f}{\rho\mathrm{d}\rho} \tag{6-6}$$

再次利用几何运算可得

$$\frac{\mathrm{d}\theta_f}{\mathrm{d}\rho}=\frac{1}{r_f} \tag{6-7}$$

$$P=\frac{\Pi_t}{4\pi}\frac{\sin\theta_f}{r_f\sin\theta_f}\frac{1}{r_f}=\frac{\Pi_t}{4\pi}\frac{1}{r_f^2} \tag{6-8}$$

常规馈源照射下的抛物面口面功率分布为

$$P=U(\theta_f)\times\frac{1}{r_f^2}=U(\theta_f)\times\frac{\cos^4(\theta_f/2)}{f^2} \tag{6-9}$$

其中，$U(\theta_f)$为广义馈源辐射密度函数，而抛物面口面电场和r_f为

$$E\propto\frac{1}{r_f}=\frac{\cos^2(\theta_f/2)}{f} \tag{6-10}$$

假如馈源辐射方向图具有如下形式

$$U(\theta_f)=U_0\frac{1}{\cos^4(\theta_f/2)} \tag{6-11}$$

则此时的反射面口径面能量密度为

$$P=U(\theta_f)\times\frac{\cos^4(\theta_f/2)}{f^2}=\frac{U_0}{f^2} \tag{6-12}$$

由此可得，此时口径面的能量密度分布是一个常数，即电场幅值分布为一个常数，所有来自馈源的射线，经过反射面后，再次辐射变成平面波出射，所生成的静区则是幅度和相位均为均匀分布。

反射型紧缩场优化的主要方向：馈源设计和反射面优化。

反射型紧缩场的带宽很宽，因此对于馈源天线的要求很高，尤其是宽带馈源天线，需要考虑其方向图和驻波比，保证在带宽内的方向图稳定，并且天线的波瓣宽度也有

要求，由于静区的尺寸增大意味着准直器的尺寸增大，馈源天线需要保证其功率覆盖可以满足紧缩场反射面的口面，因此馈源天线设计是一个很重要的研究方向，国内外相关的设计也不少。

反射面优化的方向是增大静区占比和降低边缘绕射。增大静区占比可以有效地减小反射面尺寸，即可以降低成本；降低边缘绕射则可以提升紧缩场的测试静区的稳定性，降低测量不确定度。

与传统的单反射面或双反射面紧缩场相比，三反射面紧缩场配置提供了一个合理的解决方案，可以同时满足静区性能和成本的要求。在这种三反射面紧缩场设计配置中，使用两个小形状的反射面来扩大静区主反射面的作用。与改变主反射面相比，只增加两个小反射面所需要的成本更低。

如图 6-8 所示，通过合理调整 3 个反射面的位置，可以有效地增大紧缩场静区占比，常规紧缩场静区占比约为口面面积的 40%，双反射面静区占比可达 60%，而 3 个反射面静区占比可达 70%。

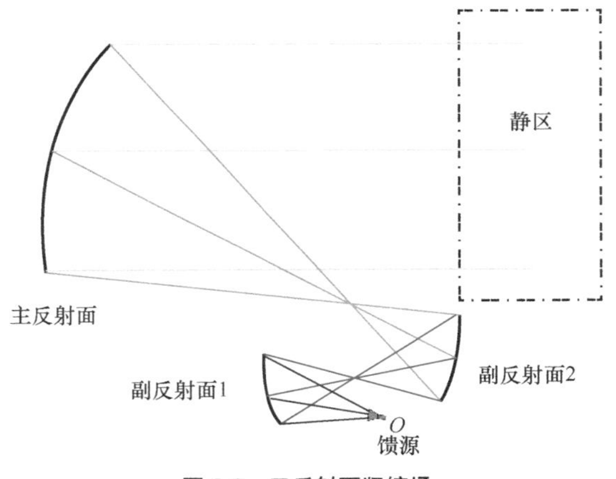

图 6-8　三反射面紧缩场

反射面设计还有一个重要的问题就是边缘绕射对于静区的影响。大型反射面不是一整块加工的，而是通过小的反射面拼凑得到的，并且由于加工工艺的限制，缝隙和拼接错位会影响到静区的质量，其中反射面的边缘是误差最大的地方。为此，针对边缘绕射误差问题，提出了多种解决方案，其中最常用的就是锯齿边界和卷边边界设计。

图 6-9 为两种紧缩场边缘设计方案[31-33]。锯齿边紧缩场采用锯齿形作为边缘处理。由于常规未处理反射面边缘容易产生杂散信号，这些杂散信号与静区内的平面波场发生相消干涉，从而引起静区波纹扰动，破坏均匀平面波分布，恶化测试环境。因此，

引入类似于锯齿形的结构，避免绕射杂散信号进入静区，从而改善紧缩场的静区性能。同理，卷边设计也是为了阻止绕射信号进入静区，将其引导散射至别的方向。

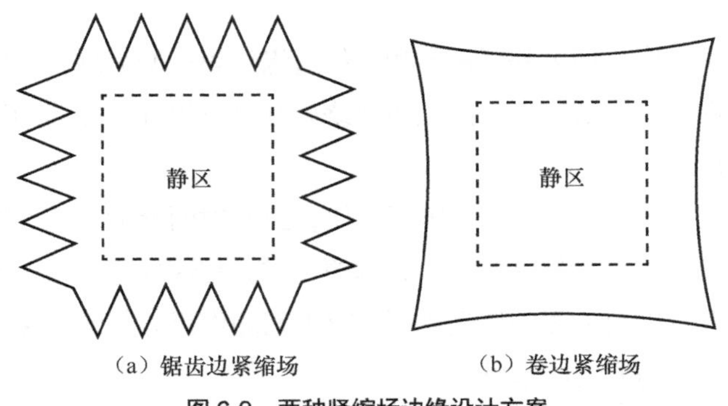

（a）锯齿边紧缩场　　（b）卷边紧缩场

图 6-9　两种紧缩场边缘设计方案

近十年，随着 PCB 工艺的不断发展，电磁超材料的应用范围在不断拓展，包括在紧缩场当中的应用[34-35]。首先就是利用反射超表面取代金属反射面成为紧缩场的准直器。如图 6-10 所示，反射超表面准直器是以满足相位补偿的设计思想进行设计的，即可得

$$\phi(x_m, y_n) = -k_0 x_i \sin\theta_0 - \phi_{\text{inc}}(x_m, y_n) \tag{6-13}$$

其中，θ_0 为入射角度，ϕ_{inc} 为入射波到达准直器的相位，由于超表面是一个准周期设计，因此将反射面进行离散化，分割成 $m \times n$ 个小单元，每一个小单元对应一个附加的反射相位，该附加反射相位会按需进行相位补偿，类似于光学透镜的光路补偿原理，将反射波可以变成均匀的平面波。

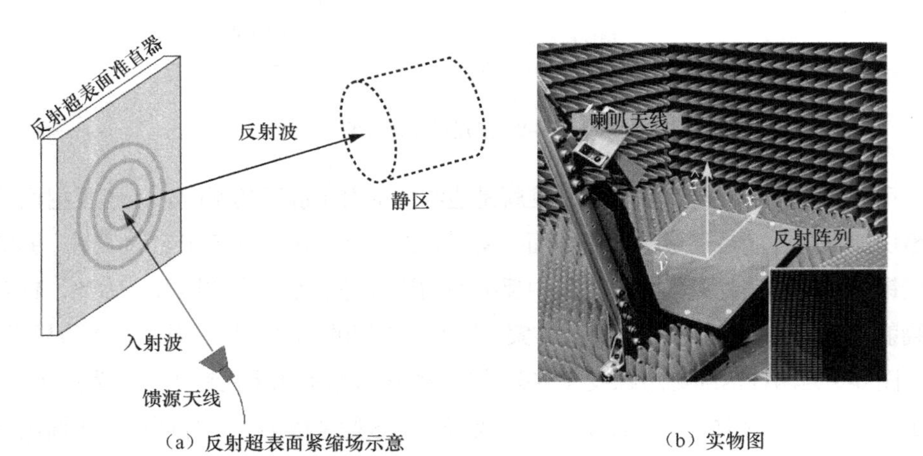

（a）反射超表面紧缩场示意　　（b）实物图

图 6-10　反射超表面紧缩场示意及实物图（资料来源：西班牙奥维耶多大学[34]）

将超表面结构作为紧缩场准直器的优势就是：价格低和加工方便。相较于金属反射面的加工，超表面结构不需要非常高的精度，比如波长的百分之一，常规的 PCB 加工厂商都可以加工，并且价格也是常规金属反射面的十分之一，因此具有良好的市场优势。当然，超表面结构也有自身的缺点，比如频带窄、静区口径小并且没有像金属反射面一样的边缘处理。相较之下，反射超表面紧缩场仍有很大的提升空间。

6.2.1.3　透射型紧缩场

透射型紧缩场设计主要采用介质透镜方案。首先，透射型紧缩场的设计原理主要是依据物理光学的光路分析，接近光学透镜的设计方法，假设馈源是点源，其发射的电磁波经过透射型紧缩场后，由球面波转换为平面波，进而产生平面波静区[36-38]。

如图 6-11 所示，透射型紧缩场主要由馈源、透射型准直器以及生成的静区组成。准直器主要采用介质透镜，透镜类型可以为常规的类光学规则表面透镜，也可以是菲涅尔透镜等非规则表面透镜。介质透镜型紧缩场相较于反射型紧缩场的优势在于：价格低和整体剖面小。透镜准直器主要采用具有特定介电常数的介质作为其材质，可以通过现有的 3D 打印技术进行加工，加工成本和难度都相对于反射面要低，不需要极高的精度。此外，由于采用的是直射方式，整体的结构不需要太长的焦距，因此整体的剖面很小，占用的空间更小，更符合紧缩的概念。

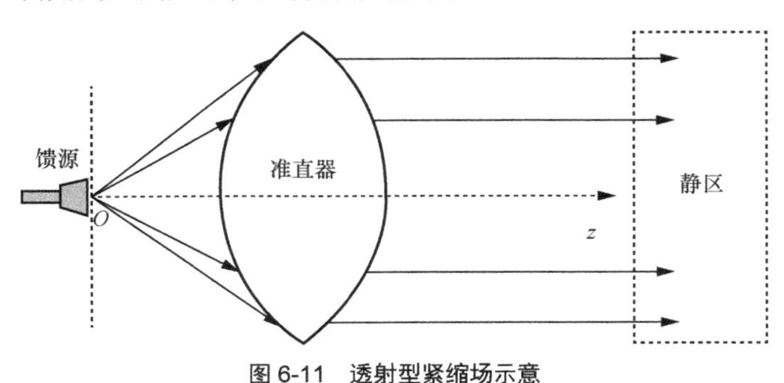

图 6-11　透射型紧缩场示意

图 6-12 为 2010 年法国尼斯-索菲亚安蒂波利斯大学设计的一款双透镜紧缩场，由图可知其主要构成是：馈源喇叭、透镜一（一个介质扇形透镜）、透镜二（一个常规紧缩场准直介质透镜）、静区以及一个待测设备。透镜一的作用是将一个窄波束的馈源喇叭波瓣展宽，获得更大的波束角度，从而从透镜一到达透镜二的波束足够覆盖整个透镜二的面。从上文可以得知，当馈源天线覆盖更大，静区占比也会更大。从设计角度来看，这也是一种类卡塞格伦天线的设计方案，或者类似于双反射面紧缩场为了

增大波束角度采取的方法。本设计在 77 GHz 实现 68%的静区占比，非常接近三反射面紧缩场 70%的静区占比。

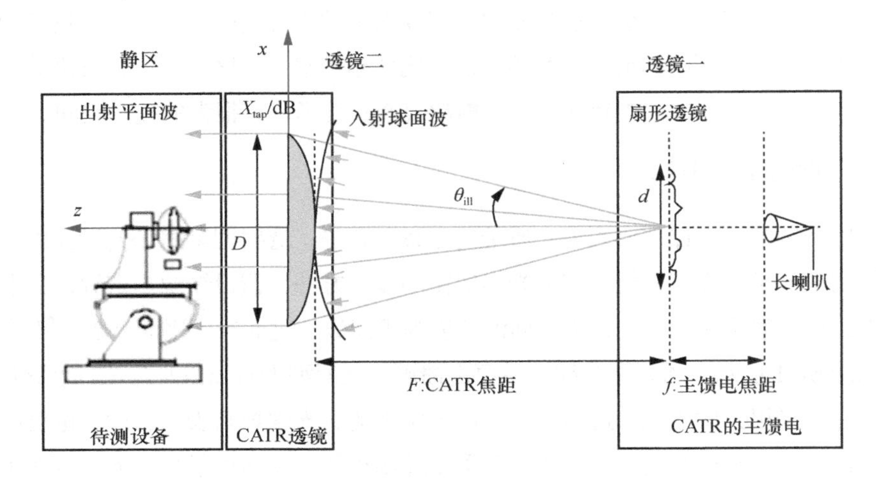

（a）双透镜紧缩场示意

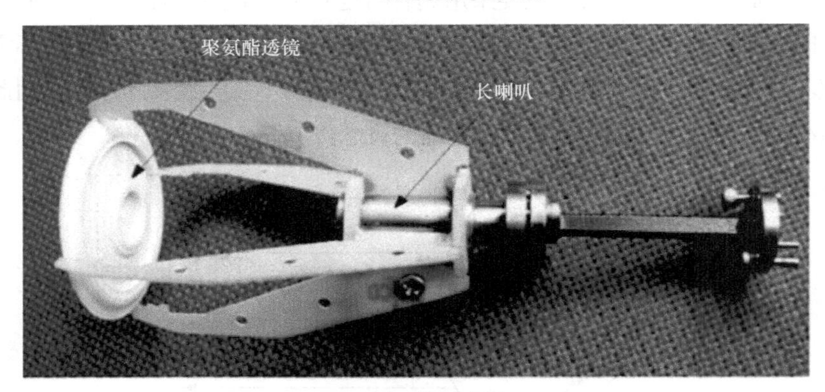

（b）透镜实物图

图 6-12　双透镜紧缩场示意及实物图（资料来源：法国尼斯-索菲亚安蒂波利斯大学[39]）

介质型紧缩场的缺点在于：单面静区占比较低，多面会增大静区占比，并且透镜装置体积过大，频带没有反射型紧缩场宽。如果需要测量很大的物体，对静区尺寸要求更大，介质透镜并不是一个好的选择。

类似于反射型紧缩场设计，透射型超表面也可以替代介质透镜作为紧缩场的准直器。相较于介质材质，采用平面 PCB 工艺的透射型超表面可以实现低剖面设计，减轻了准直器的重量，减小了准直器的尺寸。如图 6-13 所示，透射型超表面依旧采用准周期边界，将整个准直器表面离散化，分成多个小单元，每一个单元取中心相位作为单元相位，以准直器最中心单元作为坐标原点（0, 0），进行编号，利用电磁波的路径差得到每一个离散单元与中心单元的相位差，从而得到整个准直器超表面的相位分布

$$\phi(x,y)=2\pi\frac{\sqrt{f^2+(d(x,y))^2}-f}{\lambda} \tag{6-14}$$

其中，f 为焦距，$d(x,y)$ 为任一个单元到中心单元的距离，$\phi(x,y)$ 为计算得到的对应准直器的补偿相位，通过这一相位补偿，可以将球面波相位转换为平面波，从而产生平面波出射波，进而得到静区场分布。

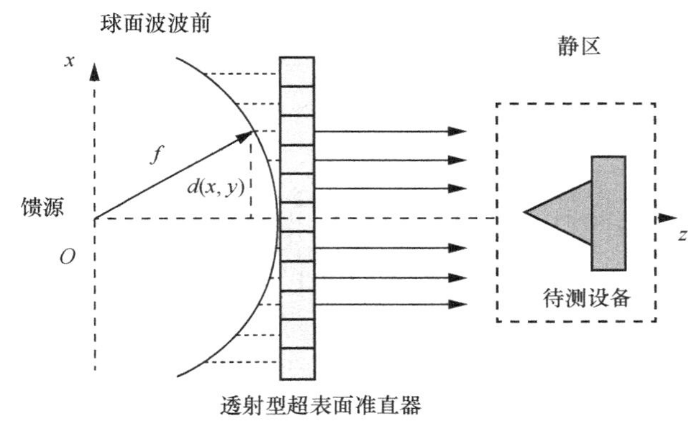

图 6-13　透射型超表面紧缩场方案

常规的透射型超表面存在一个问题：口面效率过低。利用透射型超表面设计的紧缩场口面占比很低，只有 10%左右，导致这一现象的最主要原因是常规的超表面设计不能对于馈源入射波的幅度进行有效的调控，从而使得静区的幅度分布不均匀，进而降低了紧缩场的口面占比。可以通过拉长焦距来改善静区的幅度分布，但这样会与“紧缩”这一概念背道而驰，因此，实现透射型超表面紧缩场需要幅度和相位的共同调控。

西安交通大学陈晓明教授课题组关于透射型超表面紧缩场提出了一种全新的研究方案[40]：通过设计两种独立调幅和调相的超表面，并完成级联设计，最终实现一个短焦距大静区的透射型紧缩场。

图 6-14 为该方案的设计流程，馈源天线辐射入射波，经过第一个调幅超表面（MAM）调制后，产生一个幅度静区，幅度静区满足幅度在一定范围内均匀分布（图中圆环处），相位分布不均匀；步骤 2 中，将调幅超表面的幅度静区作为调相超表面（MPM）的入射面，将该静区按照所需分布进行离散化设计，并得到调相超表面设计；步骤 3 中，通过馈源、调幅超表面和调相超表面的轴线级联，得到最终的静区幅度和

相位分布满足均匀分布。

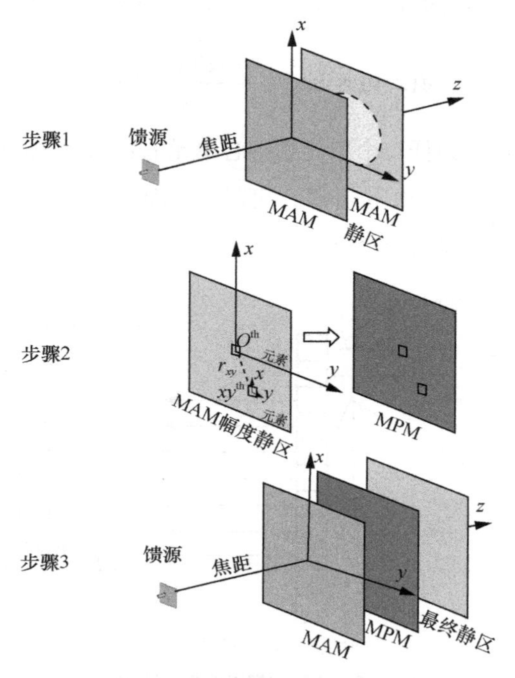

图 6-14　调幅调相超表面紧缩场设计流程

图 6-15 为等焦距等尺寸下无准直器、常规准直器和调幅调相准直器的静区分布对比。可以看出相较于无准直器，常规准直器确实可以使得静区内相位分布均匀，但是会引入幅度分布的恶化，从而限制其静区的口面占比。而调幅调相准直器则对入射波的幅度和相位均有作用，可以看出幅度和相位分布口面占比增大很多，超过 40%。因此通过该设计，可以有效增大静区口面占比，提升口面效率。

该设计方案采用一种优化透射单元，具有大角度稳定和高透射率的特点，并且尺寸很小，可以保证透射超表面的调控有效性。优化馈源与超表面分布，可以使得最终口面占比超过 50%。

图 6-16 和图 6-17 是该方案的测试示意与测试结果。该紧缩场设计方案已在西安交通大学微波暗室进行原型搭建以及测量验证。从图 6-17 可以看出，该方案静区测试结果满足 50%的静区占比。相较于反射阵和全息设计，该设计具有极低的焦径比，可实现一个非常紧凑的紧缩场设计，并且由于低造价，可以运用到传输带结合的生产线测试方案中。

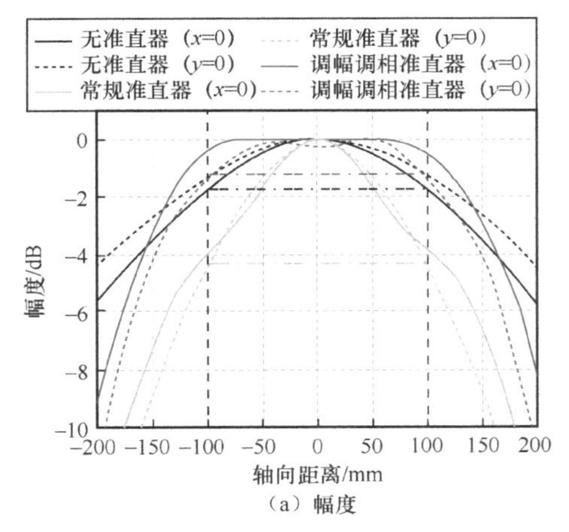

（a）幅度

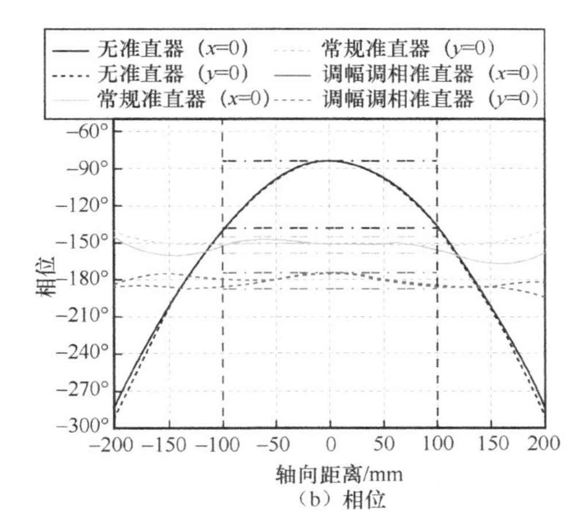

（b）相位

图 6-15　静区分布对比

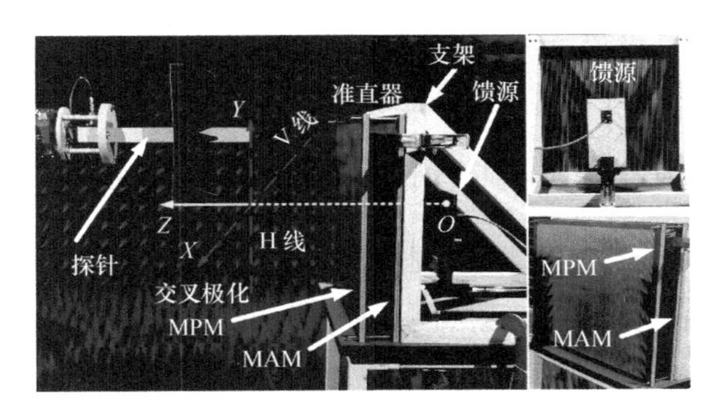

图 6-16　调幅调相超表面紧缩场测试示意（资料来源：西安交通大学）

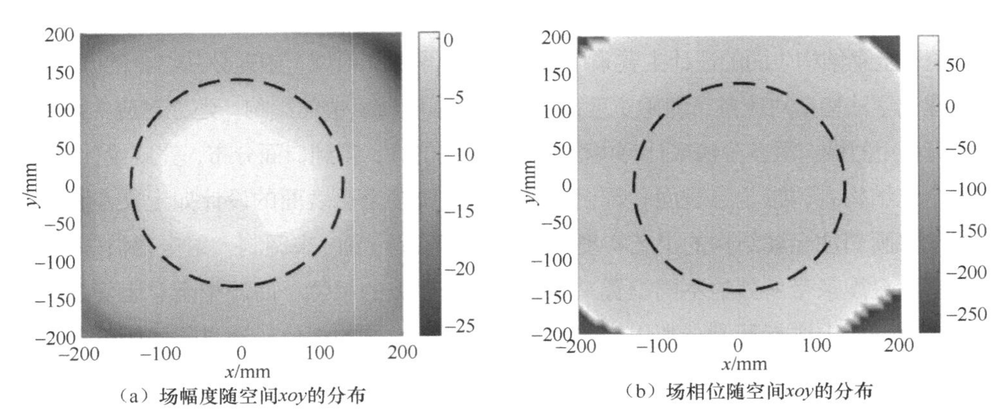

（a）场幅度随空间xoy的分布　　（b）场相位随空间xoy的分布

图 6-17　紧缩场静区测试结果

透射型超表面方案也存在诸多问题，比如频带窄，也没有像反射面那样有对应的边缘绕射解决方案，并且由于其是准周期结构，相位分布存在离散误差，这都是后续需要解决的问题。但其自身具有低剖面和易加工的特性，也存在着很大的发展前景。

6.2.1.4 全息型紧缩场

全息型紧缩场是一种类似于透射型紧缩场的设计，不过采用的是全息结构作为其紧缩场准直器。全息这个概念是由光学来的，将光学中的设计理论与设计方法引入电磁场应用中，来控制电磁波的幅度和相位（幅相）[41-48]。

首先是全息的概念，存在两个波束：物波$\psi_{\rm obj}$和参考波$\psi_{\rm ref}$，假设两个波束是相干波束，满足光的叠加干涉原理，则有

$$\psi=\left|\psi_{\rm ref}+\psi_{\rm obj}\right| \tag{6-15}$$

$$\psi^2=\left|\psi_{\rm ref}+\psi_{\rm obj}\right|^2=\left|\psi_{\rm ref}\right|^2+\left|\psi_{\rm obj}\right|^2+\psi_{\rm ref}^*\psi_{\rm obj}+\psi_{\rm obj}^*\psi_{\rm ref} \tag{6-16}$$

ψ^2即为两个波束的干涉结果，而还原物波则通过

$$\psi_{\rm ref}\psi^2=\psi_{\rm ref}\left|\psi_{\rm ref}\right|^2+\psi_{\rm ref}\left|\psi_{\rm obj}\right|^2+\left|\psi_{\rm ref}\right|^2\psi_{\rm obj}+\left|\psi_{\rm ref}\right|^2\psi_{\rm obj}^* \tag{6-17}$$

其中，$\psi_{\rm ref}\left|\psi_{\rm ref}\right|^2+\psi_{\rm ref}\left|\psi_{\rm obj}\right|^2$可以认为是零级衍射，$\left|\psi_{\rm ref}\right|^2\psi_{\rm obj}$可以认为是物波的再现，即可以通过参考波和干涉结果获得还原物波。

目前最多的全息准直器采用一种聚酯薄膜作为介质基底，刻蚀对应的金属结构在其上，作为全息的干涉结构。这种全息结构可以改变透射过去的电磁波的幅度和相位，因而可以调制出均匀电场。

关于全息结构表面的设计主要采用的是物理光学法和时域有限差分法结合的方式，利用物理光学法构造对应条带缝隙宽度或深度对于幅度或相位的影响，建立对应的函数关系，再利用时域有限差分法来计算电场，通过优化仿真，得到口面分布，完成设计。

全息结构有调幅全息表面和调相全息表面。调幅全息表面的设计如上文提到的采用聚酯薄膜刻蚀金属结构的工艺实现，通过金属条带的宽度来调制入射电磁波的振幅，通过不同金属条带所处的不同位置来调制入射电磁波的相位。而调相全息表面主要通过在介质基板上进行开槽，利用槽的深度来控制衍射波的相位，通过不同槽的宽度来对入射电磁波的振幅进行调制。采用最多的方案是调幅全息表面，该设计是一种基于二进制的设计（0 代表无法透过，1 代表可以透过），其计算方法如下

$$T(x',y')=\frac{1}{2}(1+a(x',y')\cos(\Psi(x',y'))) \tag{6-18}$$

$$\Psi(x',y')=\phi(x',y')+2\pi\upsilon x' \tag{6-19}$$

其中，(x',y') 是平面坐标，$a(x',y')$ 是振幅调制函数，$\Psi(x',y')$ 是相位信息，υ 代表空间载频数即单位长度内的缝隙个数，透射场的出射角度为

$$\theta=\arcsin(\upsilon\lambda) \tag{6-20}$$

透射系数计算为

$$T_{\mathrm{B}}(x',y')=\begin{cases}0, & 0\leqslant\dfrac{1}{2}(1+\cos(\Psi(x',y'))\leqslant b\\ 1, & b<\dfrac{1}{2}(1+\cos(\Psi(x',y'))\leqslant 1\end{cases} \tag{6-21}$$

$$b=1-(1/\pi)\arcsin\left(a(x',y')\right) \tag{6-22}$$

静区电场计算为

$$E(x,y,z)=\int_S E_a(x',y')\frac{1+\mathrm{j}kR}{2\pi R^3}\mathrm{e}^{-\mathrm{j}kR}\times(u_y(z-z')-u_z(y-y'))\mathrm{d}S' \tag{6-23}$$

$$R=\sqrt{(x-x')^2+(y-y')^2+(z-z')^2} \tag{6-24}$$

振幅调制函数可以通过权重函数以及电场分布计算得到

$$a(x',y')=\frac{W(\rho')}{\left|E_{\mathrm{feed}}(x',y')\right|}=\frac{0.75\cos^{10}((2\rho'/D)^2)(1.7-0.9\cos(2\rho'/D))\omega(x')}{\left|E_{\mathrm{feed}}(x',y')\right|} \tag{6-25}$$

$$\omega(x')=\begin{cases}0.94-0.06\cos(10\pi(x'-0.07)), & -0.03\leqslant x'\leqslant 0.07\\ 1, & \text{其他}\end{cases} \tag{6-26}$$

其中，D 为全息结构直径，$\rho'=\sqrt{x'^2+y'^2}$。

全息干涉图如图 6-18 所示，根据图中的明暗来进行全息结构的设计，图 6-18（b）为加工出来的全息表面实物图，全息结构很薄，通过玻璃表面和金属框进行固定，频率为 650 GHz，用于太赫兹抛物面偏置反射天线测量。

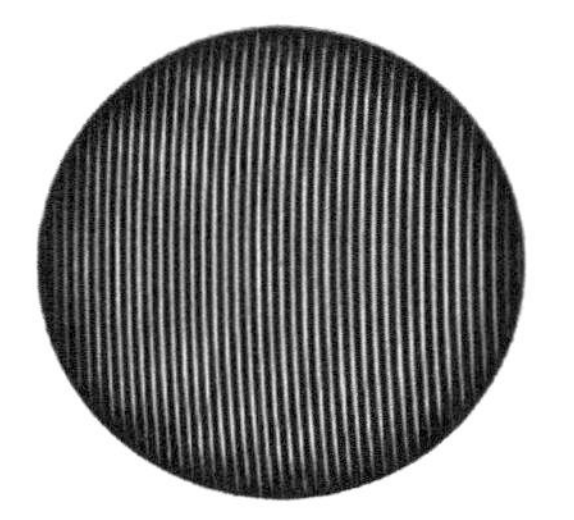

（a）仿真得到的全息图样

（b）全息表面实物图

图 6-18 全息干涉图（资料来源：芬兰阿尔托大学）

图 6-19 为全息紧缩场的整体示意。由于出射波具有一定的出射倾角，因此馈源和准直器以及测试静区不在同一条轴线上。为了抑制绕射，以及减少周围杂波对于静区的干扰，全息准直器边缘以及测试区域周围布满吸波材料。

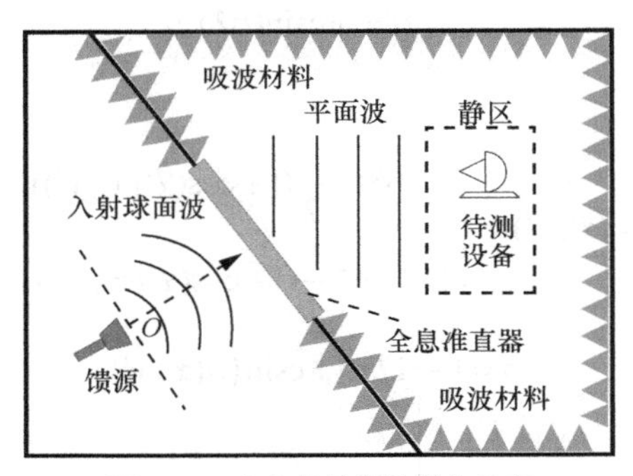

图 6-19 全息紧缩场的整体示意

全息紧缩场的优势在于造价低廉、剖面极低。由于全息准直器采用的是薄膜结构，厚度只有几毫米，不会有介质透镜紧缩场的重量问题，因此对于实现电大尺寸静区具有很大的优势，采用的都是常规材料，加工成本也很低。不过全息结构也有个很大的问题就是频带极窄，相对带宽也就 5%左右，是 3 种类型紧缩场中最窄的，因此该方案多适用于毫米波甚至太赫兹的相关单频测试。

6.2.2 紧缩场测试系统

紧缩场自动测试系统已经完全商业化，其主要构成是微波暗室、紧缩场反射面、馈源天线、待测天线、控制转台、控制电机、信号发生器、无线综测仪、混频器、控制电脑以及对应的支架和固定台等。如图 6-20 所示，将待测设备置于测试静区中的转台上，接线后，可以通过控制电脑，来进行测试的相关调控，包括测试待测设备的有源或无源方向图、增益以及对应全向辐射功率（TRP）、EIRP、接收灵敏度（TIS）和误差矢量幅度（EVM）等，还可以测试天线的雷达散射截面积（RCS）。

2020 年，德国罗德施瓦茨公司提出了一款新型紧缩场测试系统。如图 6-21 所示，该方案使用多个紧缩场反射器对毫米波频率 5G 设备的波束成形进行同时多角度测量。4 个紧缩场反射器及其各自的馈电天线布置在平面半圆弧上，被测设备放置在弧中心的定位器上。这种布置旨在生成具有不同入射角的 4 个平面波前，实现多达 5 对角度扩展或 4 个切换/同时到达角，从而可以重现大规模基站布置下的多角度分布配置。

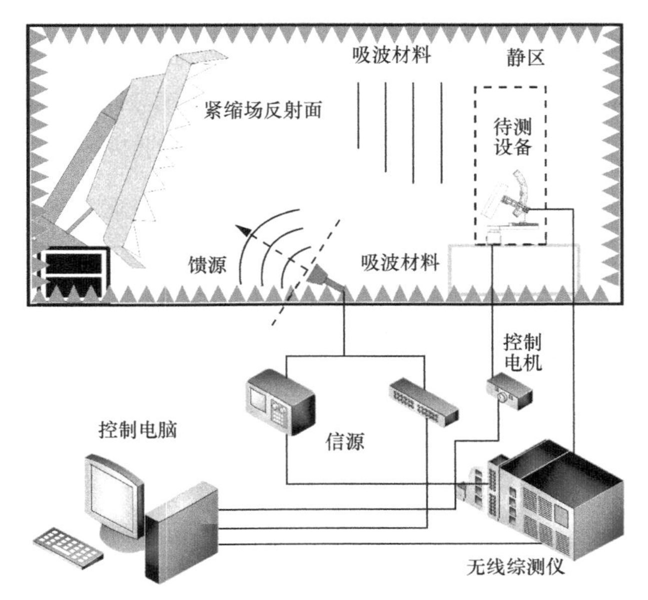

图 6-20　紧缩场自动测试系统示意

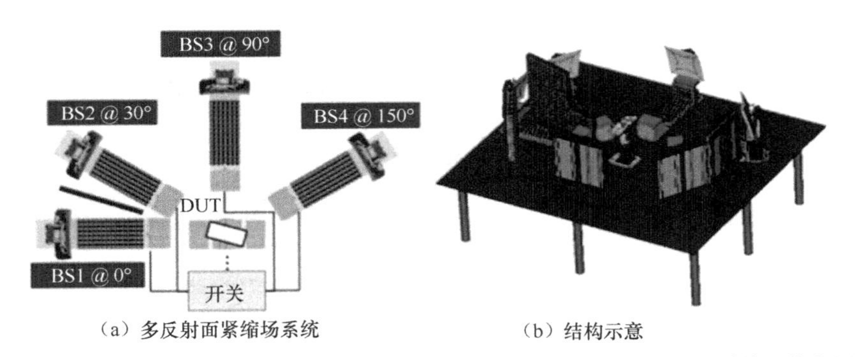

（a）多反射面紧缩场系统　　（b）结构示意

图 6-21　德国罗德施瓦茨公司提出的新型紧缩场测试系统（资料来源：德国罗德施瓦茨公司）

图 6-22 展示了该多反射面紧缩场关于 0°、30°、90°和 150°入射角度的电场分布。反射器的排列使得准直场都在圆弧的中心交叉，待测天线被放置在该圆弧的中心进行测量，使用电磁仿真来确定吸波材料摆放的最佳位置，以防止相邻 CATR 设置之间的衍射和散射。

图 6-23 给出了该垂直多反射面多角度测试系统的实物模型，在垂直多反射面紧缩场系统中，4 个反射面装置布置在便携式支架车上，轮子沿着待测设备上方的垂直弧线安装在指定探头角度位置的 3D 定位器上。为了防止绕射波从相邻的卷边缘散射到静区，吸波材料放置在所有相邻反射器之间和反射器下方 150°处。系统占地面积为 4.55 m^2，高度为 2 m。该多反射面紧缩场系统能够对在无源信令或有源信令模式下运行的不同类

型的待测设备执行精确测量，用于单个到达角和多个同时到达角。该设计结果表明，针对使用不同的测量仪器和信号的测量方案，所提出的测试系统具有较低的静区测量误差。由于相邻反射器的干扰最小，因此可以在单个测量系统中执行组合的射频和多个角度测量。

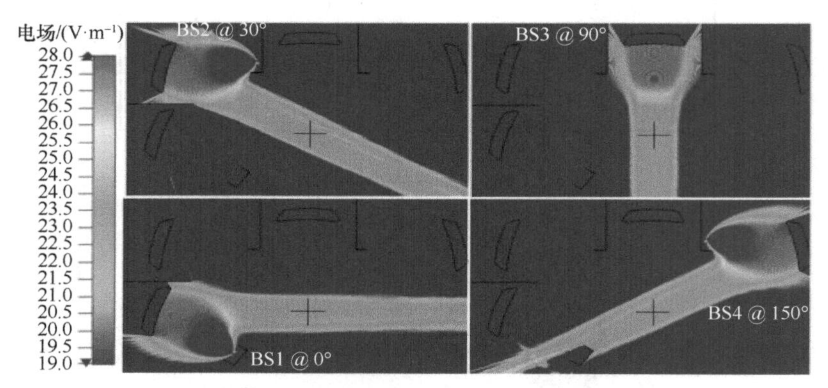

图 6-22　多反射面紧缩场不同入射角度的电场分布

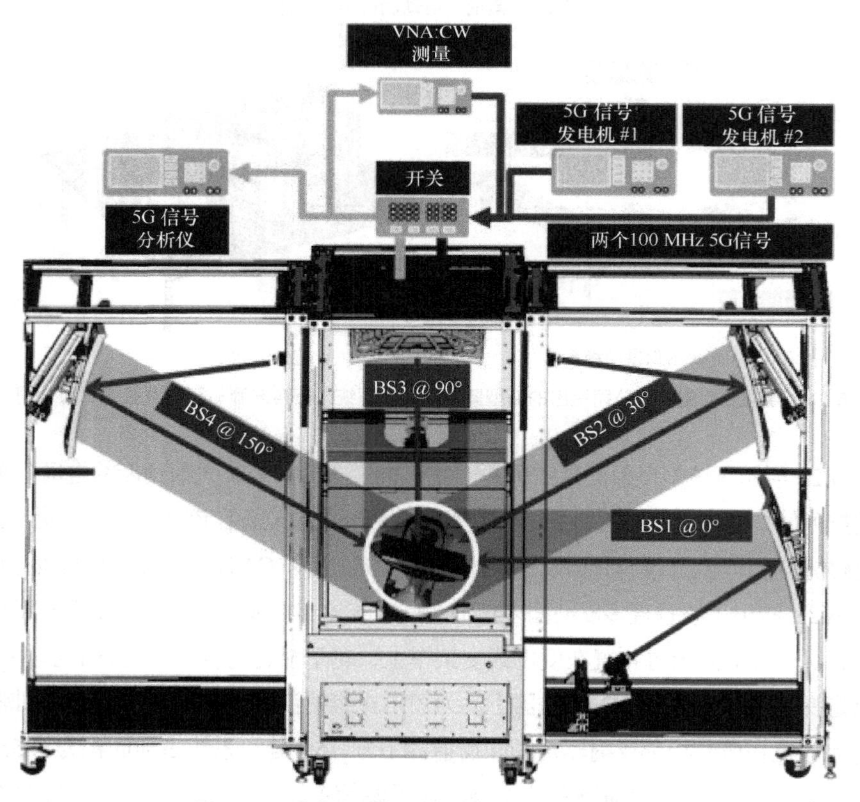

图 6-23　垂直多反射面多角度测试系统的实物模型

6.3　毫米波近场测试系统

6.3.1　平面近场测量系统

6.3.1.1　亥姆霍兹方程及其解

在线性、各向同性的无源区域中，空间电磁场 $\boldsymbol{u}$ 应满足如下的齐次亥姆霍兹方程

$$\nabla^2 \boldsymbol{u} + k^2 \boldsymbol{u} = 0 \tag{6-27}$$

其中，波数 k 满足 $k = \omega\sqrt{\mu\varepsilon}$ 。将矢量电场在笛卡尔坐标系下进行分解，则标量形式下的电场分量 E 对应的标量齐次波动方程为

$$\nabla^2 E + k^2 E = 0 \tag{6-28}$$

通常，可以使用分离变量法求得标量齐次波动方程的通解，但是分离变量法并非适用于所有微分方程的求解。如果微分方程是非齐次的，或者变量域是无限、半无限的，那么利用空间变换技术求解微分方程则更为合适。空间变换技术可以将空间域的卷积变换为波数域的乘法运算，并通过波数域中所得通解以及逆空间变换技术得到空间域中的解。因此，空间变换技术可以避免原始空间中的复杂求解程序，从而获得微分方程的解[59-60]。

傅里叶变换作为常用的空间变换技术可以实现空间域与波数域中电磁场的相互转换。将平面近场测量系统下的电场测试数据限定在二维平面区域中，即 $E(x, y, z = d_0)$ ，其中 x 和 y 是二维平面坐标系的变量， d_0 是测试平面与待测天线口面之间的距离常量。则 $E(x, y, z = d_0)$ 的二维傅里叶变换为

$$A(k_x, k_y, z) = \int_{-\infty}^{\infty}\int_{-\infty}^{\infty} E(x, y, z)\mathrm{e}^{\mathrm{j}(k_x x + k_y y)}\mathrm{d}x\mathrm{d}y \tag{6-29}$$

上述二维傅里叶变换将空间域下的电场 $E(x, y, z)$ 转换为波数域下的平面波谱（Plane Wave Spectrum，PWS） $A(k_x, k_y, z)$ ，其二维逆傅里叶变换可以表示为

$$E(x, y, z) = \frac{1}{4\pi^2}\int_{-\infty}^{\infty}\int_{-\infty}^{\infty} A(k_x, k_y, z)\mathrm{e}^{-\mathrm{j}(k_x x + k_y y)}\mathrm{d}k_x\mathrm{d}k_y \tag{6-30}$$

式（6-29）和式（6-30）中的 $E(x, y, z)$ 和 $A(k_x, k_y, z)$ 称为傅里叶变换对。在空间域，

$E(x,y,z)$ 需要满足绝对可积的条件，从而保证 $A(k_x,k_y,z)$ 在波数域中是存在的，即

$$\int_{-\infty}^{\infty}\int_{-\infty}^{\infty}\left|E(x,y,z)\right|\mathrm{d}x\mathrm{d}y<\infty \tag{6-31}$$

将上述傅里叶变换代入波动方程式（6-28）中，可以得到

$$\int_{-\infty}^{\infty}\int_{-\infty}^{\infty}\left(\frac{\partial^2 E(x,y,z)}{\partial x^2}+\frac{\partial^2 E(x,y,z)}{\partial y^2}+\frac{\partial^2 E(x,y,z)}{\partial z^2}+k^2E(x,y,z)\right)\mathrm{e}^{\mathrm{j}(k_x x+k_y y)}\mathrm{d}x\mathrm{d}y=0 \tag{6-32}$$

对式（6-32）进行展开，得

$$\begin{aligned}&\int_{-\infty}^{\infty}\int_{-\infty}^{\infty}\left(\frac{\partial^2 E(x,y,z)}{\partial x^2}\mathrm{e}^{\mathrm{j}(k_x x+k_y y)}+\frac{\partial^2 E(x,y,z)}{\partial y^2}\mathrm{e}^{\mathrm{j}(k_x x+k_y y)}\right.\\&\left.+\frac{\partial^2 E(x,y,z)}{\partial z^2}\mathrm{e}^{\mathrm{j}(k_x x+k_y y)}+k^2E(x,y,z)\mathrm{e}^{\mathrm{j}(k_x x+k_y y)}\right)\mathrm{d}x\mathrm{d}y=0\end{aligned} \tag{6-33}$$

对算子进行化简，可得

$$\int_{-\infty}^{\infty}\int_{-\infty}^{\infty}\frac{\partial^2 E(x,y,z)}{\partial x^2}\mathrm{e}^{\mathrm{j}(k_x x+k_y y)}\mathrm{d}x\mathrm{d}y=-k_x^2A(k_x,k_y,z) \tag{6-34}$$

$$\int_{-\infty}^{\infty}\int_{-\infty}^{\infty}\frac{\partial^2 E(x,y,z)}{\partial y^2}\mathrm{e}^{\mathrm{j}(k_x x+k_y y)}\mathrm{d}x\mathrm{d}y=-k_y^2A(k_x,k_y,z) \tag{6-35}$$

并利用定义

$$A(k_x,k_y,z)=\int_{-\infty}^{\infty}\int_{-\infty}^{\infty}E(x,y,z)\mathrm{e}^{\mathrm{j}(k_x x+k_y y)}\mathrm{d}x\mathrm{d}y \tag{6-36}$$

式（6-33）可以化简为

$$-k_x^2A(k_x,k_y,z)-k_y^2A(k_x,k_y,z)+\int_{-\infty}^{\infty}\int_{-\infty}^{\infty}\frac{\partial^2 E(x,y,z)}{\partial z^2}\mathrm{e}^{\mathrm{j}(k_x x+k_y y)}\mathrm{d}x\mathrm{d}y+k^2A(k_x,k_y,z)=0 \tag{6-37}$$

交换上式的积分和微分顺序，可得

$$\int_{-\infty}^{\infty}\int_{-\infty}^{\infty}\frac{\partial^2 E(x,y,z)}{\partial z^2}\mathrm{e}^{\mathrm{j}(k_x x+k_y y)}\mathrm{d}x\mathrm{d}y=\frac{\partial^2}{\partial z^2}\int_{-\infty}^{\infty}\int_{-\infty}^{\infty}E(x,y,z)\mathrm{e}^{\mathrm{j}(k_x x+k_y y)}\mathrm{d}x\mathrm{d}y=\frac{\partial^2 A(k_x,k_y,z)}{\partial z^2} \tag{6-38}$$

因此，波数域下的波动方程式（6-37）可以表示为

$$-k_x^2 A(k_x,k_y,z) - k_y^2 A(k_x,k_y,z) + \frac{\mathrm{d}^2 A(k_x,k_y,z)}{\mathrm{d}z^2} + k^2 A(k_x,k_y,z) = 0 \tag{6-39}$$

注意到式（6-39）只存在 z 的导数，因此通过整合可得

$$\frac{\mathrm{d}^2 A(k_x,k_y,z)}{\mathrm{d}z^2} + (k^2 - k_x^2 - k_y^2) A(k_x,k_y,z) = 0 \tag{6-40}$$

式（6-40）的特征方程式可以表示为

$$\varsigma^2 + (k^2 - k_x^2 - k_y^2) = 0 \tag{6-41}$$

对式（6-41）进行分解，可以得到该特征方程式的解

$$\left(\varsigma - (k^2 - k_x^2 - k_y^2)^{1/2}\mathrm{j}\right)\left(\varsigma + (k^2 - k_x^2 - k_y^2)^{1/2}\mathrm{j}\right) = 0 \tag{6-42}$$

式（6-42）的两个根分别为 $\varsigma_1 = (k^2 - k_x^2 - k_y^2)^{1/2}\mathrm{j}$ 和 $\varsigma_2 = -(k^2 - k_x^2 - k_y^2)^{1/2}\mathrm{j}$，二者互为共轭。而式（6-41）的通解可以由线性叠加函数表示

$$y = d_1 \mathrm{e}^{(a-\mathrm{j}b)x} + d_2 \mathrm{e}^{(a+\mathrm{j}b)x} \tag{6-43}$$

其中，d_1 和 d_2 是常数。假设式（6-43）中，$a=0$，$b=(k^2 - k_x^2 - k_y^2)^{1/2}$，则可以得到式（6-40）在波数域下的通解

$$A(k_x,k_y,z) = d_1(k_x,k_y)\mathrm{e}^{-\mathrm{j}(k^2-k_x^2-k_y^2)^{1/2}z} + d_2(k_x,k_y)\mathrm{e}^{\mathrm{j}(k^2-k_x^2-k_y^2)^{1/2}z} \tag{6-44}$$

其中，$d_1(k_x,k_y)$ 和 $d_2(k_x,k_y)$ 相对于 z 为常数。将式（6-44）的通解代入式（6-30）的逆傅里叶变换中，可以得到空间域下电场表达式的通解

$$E(x,y,z) = \frac{1}{4\pi^2}\int_{-\infty}^{\infty}\int_{-\infty}^{\infty}\left(d_1(k_x,k_y)\mathrm{e}^{-\mathrm{j}(k^2-k_x^2-k_y^2)^{1/2}z} + d_2(k_x,k_y)\mathrm{e}^{\mathrm{j}(k^2-k_x^2-k_y^2)^{1/2}z}\right)\mathrm{e}^{-\mathrm{j}(k_x x + k_y y)}\mathrm{d}k_x\mathrm{d}k_y =$$
$$\frac{1}{4\pi^2}\int_{-\infty}^{\infty}\int_{-\infty}^{\infty} d_1(k_x,k_y)\mathrm{e}^{-\mathrm{j}(k_x x + k_y y + (k^2-k_x^2-k_y^2)^{1/2}z)}\mathrm{d}k_x\mathrm{d}k_y +$$
$$\frac{1}{4\pi^2}\int_{-\infty}^{\infty}\int_{-\infty}^{\infty} d_2(k_x,k_y)\mathrm{e}^{-\mathrm{j}(k_x x + k_y y - (k^2-k_x^2-k_y^2)^{1/2}z)}\mathrm{d}k_x\mathrm{d}k_y \tag{6-45}$$

式（6-45）中，$d_1(k_x,k_y)$ 和 $d_2(k_x,k_y)$ 被称为平面波波谱，$d_1(k_x,k_y)$ 表征沿着 z 轴正方向传播的波谱分量，$d_2(k_x,k_y)$ 则表征沿着 z 轴负方向传播的波谱分量。对于平面近场测量系统而言，沿 z 轴正方向传播的波谱分量能够表征测试所需的电场值和远场方向图，因此，空间中电场的一般解可以表示为

$$E(x,y,z) = \frac{1}{4\pi^2}\int_{-\infty}^{\infty}\int_{-\infty}^{\infty} d_1(k_x,k_y)\mathrm{e}^{-\mathrm{j}(k_x x + k_y y + (k^2-k_x^2-k_y^2)^{1/2}z)}\mathrm{d}k_x\mathrm{d}k_y \tag{6-46}$$

6.3.1.2 空间域与波数域的傅里叶变换对

由观察可知，式（6-46）中的k、k_x和k_y之间应该存在等价变换关系，利用该变换关系可以对式（6-46）进行化简。为了能够推得 3 个变量之间的等价变换关系，下面将所述二维空间-波数域傅里叶变换拓展为三维空间-波数域傅里叶变换

$$A(k_x,k_y,k_z)=\int_{-\infty}^{\infty}\int_{-\infty}^{\infty}\int_{-\infty}^{\infty}E(x,y,z)\mathrm{e}^{\mathrm{j}(k_xx+k_yy+k_zz)}\mathrm{d}x\mathrm{d}y\mathrm{d}z \tag{6-47}$$

其对应的逆傅里叶变换为

$$E(x,y,z)=\frac{1}{8\pi^3}\int_{-\infty}^{\infty}\int_{-\infty}^{\infty}\int_{-\infty}^{\infty}A(k_x,k_y,k_z)\mathrm{e}^{-\mathrm{j}(k_xx+k_yy+k_zz)}\mathrm{d}k_x\mathrm{d}k_y\mathrm{d}k_z \tag{6-48}$$

同理，将上述三维傅里叶变换代入波动方程式（6-28）中，可得与式（6-32）～式（6-39）相对应的结果

$$-k_x^2A(k_x,k_y,k_z)-k_y^2A(k_x,k_y,k_z)-k_z^2A(k_x,k_y,k_z)+k^2A(k_x,k_y,k_z)=0 \tag{6-49}$$

对式（6-49）进行化简，可得

$$(k^2-k_x^2-k_y^2-k_z^2)A(k_x,k_y,k_z)=0 \tag{6-50}$$

对此，可以得到各波数分量之间的对应关系

$$k^2=k_x^2+k_y^2+k_z^2 \tag{6-51}$$

当k_x和k_y已知时，就可以得到对应的k_z分量

$$k_z=\pm\sqrt{k^2-k_x^2-k_y^2} \tag{6-52}$$

其中，$k_z=\sqrt{k^2-k_x^2-k_y^2}$表示平面电磁波沿$z$轴正方向传播，而$k_z=-\sqrt{k^2-k_x^2-k_y^2}$表示平面电磁波沿$z$轴负方向传播。选择沿正方向传播的波数分量$k_z=\sqrt{k^2-k_x^2-k_y^2}$，则式（6-46）可以化简为

$$E(x,y,z)=\frac{1}{4\pi^2}\int_{-\infty}^{\infty}\int_{-\infty}^{\infty}A(k_x,k_y)\mathrm{e}^{-\mathrm{j}(k_xx+k_yy+k_zz)}\mathrm{d}k_x\mathrm{d}k_y \tag{6-53}$$

式（6-53）为波数-空间域的逆傅里叶变换，而相应的空间-波数域的傅里叶变换表示为

$$A(k_x,k_y)=\int_{-\infty}^{\infty}\int_{-\infty}^{\infty}E(x,y,z)\mathrm{e}^{\mathrm{j}(k_xx+k_yy+k_zz)}\mathrm{d}x\mathrm{d}y \tag{6-54}$$

此时，$E(x,y,z)$ 和 $A(k_x,k_y)$ 为一组傅里叶变换对。

6.3.1.3　近远场变换及方向图求解

式（6-53）和式（6-54）为求解平面近场测量系统下待测天线的远场方向图提供了重要的公式依据。下面对平面近远场转化公式进行推导。假设电场矢量 $\boldsymbol{E}$ 的通解为

$$\boldsymbol{E}(\boldsymbol{r})=\boldsymbol{A}(\boldsymbol{k})\mathrm{e}^{-\mathrm{j}\boldsymbol{kr}} \tag{6-55}$$

其中，波矢量可以展开为

$$\boldsymbol{k}=k_x\boldsymbol{x}+k_y\boldsymbol{y}+k_z\boldsymbol{z} \tag{6-56}$$

无源区域中的电场 $\boldsymbol{E}$ 的散度为零，即 $\nabla\cdot\boldsymbol{E}=0$，将式（6-55）代入散度公式，可得

$$\boldsymbol{k}\cdot\boldsymbol{A}(\boldsymbol{k})=0 \tag{6-57}$$

将 $\boldsymbol{k}=k_x\boldsymbol{x}+k_y\boldsymbol{y}+k_z\boldsymbol{z}$ 与 $\boldsymbol{A}(\boldsymbol{k})=A_x(\boldsymbol{k})\boldsymbol{x}+A_y(\boldsymbol{k})\boldsymbol{y}+A_z(\boldsymbol{k})\boldsymbol{z}$ 的对应分量相乘，可得下述关系式

$$A_z(\boldsymbol{k})=-\frac{1}{k_z}(A_x(\boldsymbol{k})k_x+A_y(\boldsymbol{k})k_y) \tag{6-58}$$

此时，将平面近场测量系统获取的电场分量 $E_x(x,y,z)$ 和 $E_y(x,y,z)$ 代入式（6-54）中，进而求得 $A_x(k_x,k_y)$ 和 $A_y(k_x,k_y)$ 分量，再通过式（6-58）计算出 $A_z(k_x,k_y)$ 分量。

最后，将所有的 $\boldsymbol{A}(\boldsymbol{k})$ 分量代入式（6-53）中，就可以求出 $z>0$ 区域内的电场表达式。当观测区间在远场范围时（观测距离 z 值很大），可以利用二维驻相法求得天线的远场方向图，即

$$\boldsymbol{E}(\theta,\varphi)=\mathrm{j}\frac{\mathrm{e}^{-\mathrm{j}kr}}{2\pi r}k\cos\theta\boldsymbol{A}(k_x,k_y) \tag{6-59}$$

6.3.2　球面近场测量系统

球面近场测量的核心在于球面近远场变换算法，该算法涉及的内容包括球面波展开理论、球面波生成函数的构成、球面波展开系数的确定以及天线远场方向图的计算和其他特性推导，下面将针对以下几个方面的内容进行理论分析与方法描述。

（1）介绍球面波展开的理论推导和形式，描述球面波生成函数和球面波复振幅的对应关系，得到近场条件下的球面波展开形式。

（2）介绍天线散射矩阵的概念，同时结合（1）中球面波展开系数的相关内容，进

一步说明散射矩阵与球面波复振幅之间的关系。

（3）引入球面波算法中的两种重要函数：球汉克尔函数和连带勒让德函数。对两种函数进行介绍并完成理论推导，说明其在球面波展开式中的重要作用。

（4）对球面波的展开系数进行理论分析，描述不同球面波复振幅之间的正交关系，结合（1）～（3）的内容，得到球面波展开理论的完整推导形式并进行仿真验证。

（5）对球面近场测试中的机械误差、截断误差以及探头定位和校准误差进行分析。

6.3.3 球面波展开

球面波展开是将待测天线近场采样数据以不同波的叠加形式进行表示，其本质与信号进行傅里叶变换得到基波、谐波以及不同波的权重系数一样。球坐标系及相关参量如图 6-24 所示，球面波展开将沿 $\boldsymbol{\theta}$ 和 $\boldsymbol{\varphi}$ 方向的电场切向分量用不同权重下的生成函数进行表示，并在 $\boldsymbol{r} \to \infty$ 时，获得天线的远场辐射方向图[61]。为了得到电场的生成函数表达式，需要引入满足无源区域波动方程的位函数，无源区域的电场和磁场满足

$$\begin{cases} \nabla^2 \boldsymbol{E} + k^2 \boldsymbol{E} = 0 \\ \nabla^2 \boldsymbol{H} + k^2 \boldsymbol{H} = 0 \end{cases} \tag{6-60}$$

其中，波数 k 是传播常量，满足 $k^2 = \omega^2 \mu\varepsilon$ 。

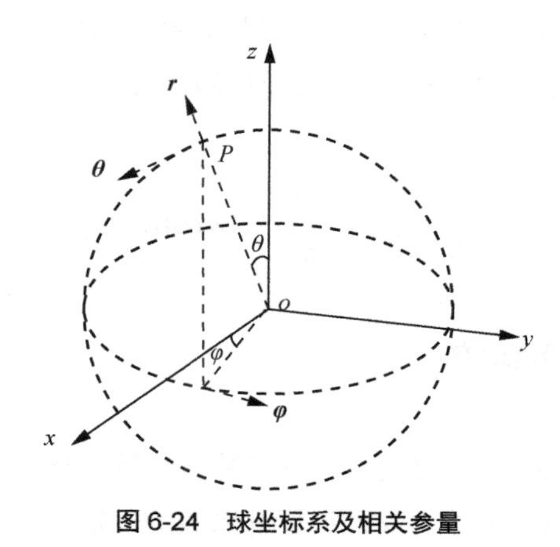

图 6-24　球坐标系及相关参量

在无源区域内，取一个标量位函数 $\psi(r,\theta,\varphi)$ ，该位函数满足式（6-60）中的亥姆霍兹方程，因此

$$\nabla^2 \psi(r,\theta,\varphi) + k^2 \psi(r,\theta,\varphi) = 0 \tag{6-61}$$

为了得到球面波的展开形式，需要求解式（6-61）的标量解。在球坐标系下，式（6-61）转化为

$$\frac{1}{r^2}\frac{\partial}{\partial r}(r^2\frac{\partial\psi}{\partial r})+\frac{1}{r^2\sin\theta}\frac{\partial}{\partial\theta}(\sin\theta\frac{\partial\psi}{\partial\theta})+\frac{1}{r^2\sin\theta}\frac{\partial^2\psi}{\partial\varphi^2}+k^2\psi=0 \tag{6-62}$$

利用分离变量法，位函数的解可以表示为

$$\psi(r,\theta,\varphi)=R(r)\Theta(\theta)\Phi(\varphi) \tag{6-63}$$

将式（6-63）代入式（6-62）中，就能够得到对应 3 个变量的待求微分方程

$$\frac{\sin^2\theta}{R(r)}\frac{\mathrm{d}}{\mathrm{d}r}\left(r^2\frac{\mathrm{d}R(r)}{\mathrm{d}r}\right)+\frac{\sin\theta}{\theta}\frac{\mathrm{d}}{\mathrm{d}\theta}\left(\sin\theta\frac{\mathrm{d}\Theta(\theta)}{\mathrm{d}\theta}\right)+k^2r^2\sin^2\theta=-\frac{1}{\Phi(\varphi)}\frac{\mathrm{d}^2\Phi(\varphi)}{\mathrm{d}\varphi} \tag{6-64}$$

求解式（6-64），可以得到无源区域标量位函数 $\psi(r,\theta,\varphi)$ 的表达式[61]

$$\begin{aligned}\psi(r,\theta,\varphi)&=Z_n(kr)P_n^m(\cos\theta)h(m\varphi)\\&=\frac{1}{\sqrt{2\pi n(n+1)}}\left(-\frac{m}{|m|}\right)^m H_n^2(kr)\overline{P}_n^{|m|}(\cos\theta)\mathrm{e}^{\mathrm{j}m\varphi}\end{aligned} \tag{6-65}$$

其中，$H_n^2(kr)$ 是第二类球汉克尔函数，$\overline{P}_n^{|m|}(\cos\theta)$ 是归一化的连带勒让德函数

$$\overline{P}_n^{|m|}(\cos\theta)=\sqrt{\frac{(2n+1)(n-|m|)!}{2(n+|m|)!}}P_n^{|m|}(\cos\theta) \tag{6-66}$$

因此，式（6-65）可以进一步表示为

$$\psi(r,\theta,\varphi)=\sqrt{\frac{(2n+1)(n-|m|)!}{4\pi n(n+1)(n+|m|)!}}\left(-\frac{m}{|m|}\right)^m H_n^2(kr)P_n^{|m|}(\cos\theta)\mathrm{e}^{\mathrm{j}m\varphi} \tag{6-67}$$

式（6-67）的结果可以视为满足无源区域的基本标量位函数的解，也就是基波分量。为了得到不同谐波分量对整体球面波展开式的贡献形式，需要定义以下的矢量关系

$$\boldsymbol{M}=\nabla\times(\psi(r,\theta,\varphi)\boldsymbol{r}) \tag{6-68}$$

$$\boldsymbol{N}=\frac{1}{k}\nabla\times\boldsymbol{M} \tag{6-69}$$

可以证明，上述 $\boldsymbol{M}$ 和 $\boldsymbol{N}$ 矢量是球坐标系下波动方程式（6-61）的矢量解，即

$$\begin{aligned}\nabla\times\nabla\times\boldsymbol{M}-k^2\boldsymbol{M}&=\nabla\times\nabla\times(\nabla\times\boldsymbol{r}\psi)-k^2(\nabla\times\boldsymbol{r}\psi)\\&=-\nabla^2(\nabla\times\boldsymbol{r}\psi)-\nabla\times(k^2\psi\boldsymbol{r})\\&=-\nabla^2(\nabla\times\boldsymbol{r}\psi)+\nabla\times(\nabla^2\psi\boldsymbol{r})=0\end{aligned} \tag{6-70}$$

$$\begin{aligned}\nabla\times\nabla\times\boldsymbol{N}-k^2\boldsymbol{N}&=\nabla\times\nabla\times(\frac{1}{k}\nabla\times\nabla\times\boldsymbol{r}\psi)-k^2(\frac{1}{k}\nabla\times\nabla\times\boldsymbol{r}\psi)\\&=-\nabla^2(\frac{1}{k}\nabla\times\nabla\times\boldsymbol{r}\psi)+k^2(\frac{1}{k}\nabla^2\boldsymbol{r}\psi)\\&=\frac{1}{k}\nabla^2(\nabla^2\boldsymbol{r}\psi)+\frac{1}{k}\nabla^2(k^2\boldsymbol{r}\psi)\\&=\frac{1}{k}\nabla^2(\nabla^2\boldsymbol{r}\psi)-\frac{1}{k}\nabla^2(\nabla^2\boldsymbol{r}\psi)=0\end{aligned}\tag{6-71}$$

因此两个矢量的不同叠加分量属于球面波展开后的谐波分量。将式（6-67）中的位函数系数用 C_{mn} 进行表示，使其满足

$$C_{mn}=\sqrt{\frac{(2n+1)(n-|m|)!}{4\pi n(n+1)(n+|m|)!}}\left(-\frac{m}{|m|}\right)^m\tag{6-72}$$

然后将式（6-67）和式（6-72）代入式（6-68）和式（6-69）当中，可以得到以下关系式

$$\boldsymbol{M}_{mn}(r,\theta,\varphi)=C_{mn}H_n^{(2)}(kr)\left(\frac{\mathrm{j}mP_n^{|m|}(\cos\theta)}{\sin\theta}\boldsymbol{\theta}-\frac{\mathrm{d}P_n^{|m|}(\cos\theta)}{\mathrm{d}\theta}\boldsymbol{\varphi}\right)\mathrm{e}^{\mathrm{j}m\varphi}\tag{6-73}$$

$$\begin{aligned}\boldsymbol{N}_{mn}(r,\theta,\varphi)=C_{mn}&\left(\left(\frac{\mathrm{d}P_n^{|m|}(\cos\theta)}{\mathrm{d}\theta}\boldsymbol{\theta}+\frac{\mathrm{j}mP_n^{|m|}(\cos\theta)}{\sin\theta}\boldsymbol{\varphi}\right)\frac{1}{kr}\frac{\mathrm{d}}{\mathrm{d}r}\left(rH_n^{(2)}(kr)\right)\right.\\&\left.+\frac{n(n+1)}{kr}H_n^{(2)}(kr)P_n^{|m|}(\cos\theta)\boldsymbol{r}\right)\mathrm{e}^{\mathrm{j}m\varphi}\end{aligned}\tag{6-74}$$

式（6-73）和式（6-74）就是球面波展开式中的基波和谐波表达式，也称球面波生成函数，利用这两个生成函数可以得到待测天线的球面波展开形式

$$\boldsymbol{E}(r,\theta,\phi)=\sum_{n=0}^{N}\sum_{m=-n}^{n}(a_{mn}\boldsymbol{M}_{mn}(r,\theta,\phi)+b_{mn}\boldsymbol{N}_{mn}(r,\theta,\phi))\tag{6-75}$$

$\boldsymbol{M}$ 和 $\boldsymbol{N}$ 是不同的球面波分量，a_{mn} 和 b_{mn} 是各分量的权重系数，也称球面波系数，求和总数 N 表示模的最高展开阶数，并满足 $N=[ka]+10$，a 是待测天线近场采样的最小球面半径，$[ka]$ 表示大于 ka 的最小整数。电场 $\boldsymbol{E}_t$ 的切向形式可以进一步表示为

$$\begin{aligned}\boldsymbol{E}_t(r,\theta,\phi)=\sum_{n=0}^{N}\sum_{m=-n}^{n}&a_{mn}C_{mn}H_n^{(2)}(kr)\left(\frac{\mathrm{j}mP_n^{|m|}(\cos\theta)}{\sin\theta}\boldsymbol{\theta}-\frac{\mathrm{d}P_n^{|m|}(\cos\theta)}{\mathrm{d}\theta}\boldsymbol{\varphi}\right)\mathrm{e}^{\mathrm{j}m\varphi}\\&+b_{mn}C_{mn}\frac{1}{kr}\frac{\mathrm{d}}{\mathrm{d}r}\left(rH_n^{(2)}(kr)\right)\left(\frac{\mathrm{d}P_n^{|m|}(\cos\theta)}{\mathrm{d}\theta}\boldsymbol{\theta}+\frac{\mathrm{j}mP_n^{|m|}(\cos\theta)}{\sin\theta}\boldsymbol{\varphi}\right)\mathrm{e}^{\mathrm{j}m\varphi}\end{aligned}\tag{6-76}$$

式（6-76）即为近场采样条件下的待测天线切向电场分量的球面波展开表达式。

6.3.4　天线散射矩阵

天线作为发射、接收和散射设备时的所有特性都可以通过一组输入输出模系数之间的线性关系进行表示，这种线性关系称为天线的散射矩阵[61]。以图 6-25 为例，选取波导段的一个参考平面，可以将喇叭天线的入射波和出射波表示为 w 和 v，在半径为 r_0 的最小球面外的出射波和入射波复振幅分别表示为 $Q_{smn}^{(3)}=Q_j^{(3)}$ 和 $Q_{smn}^{(4)}=Q_j^{(4)}$。其中，$s=1$ 表示 TE 波的系数，$s=2$ 表示 TM 波的系数，同时使用符号 a_j 和 b_j 表征 $Q_j^{(4)}$ 和 $Q_j^{(3)}$。

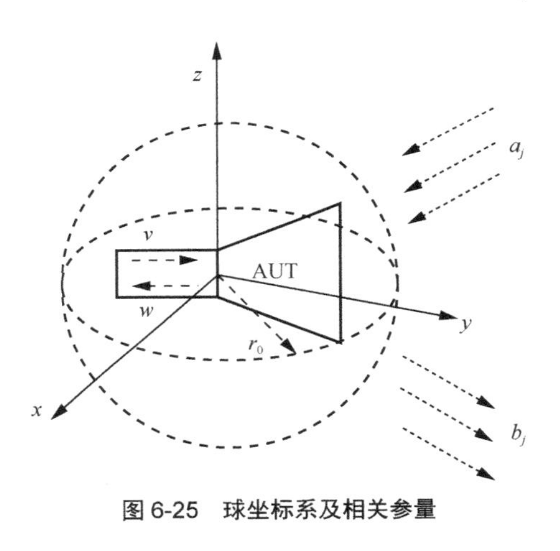

图 6-25　球坐标系及相关参量

通过对式（6-75）的变换，可以得到最小球面外的电场表达式

$$\boldsymbol{E}(r,\theta,\phi)=\frac{k}{\sqrt{\eta}}\sum_{j=1}^{J}\left(a_j\boldsymbol{F}_j^{(4)}(r,\theta,\varphi)+b_j\boldsymbol{F}_j^{(3)}(r,\theta,\varphi)\right) \tag{6-77}$$

由于待测天线的展开模式是有限的，因此最小球面上的输入和输出之间的关系可以表示成 $J+1$ 阶矩阵方程

$$\begin{bmatrix}\Gamma & R\\ T & S\end{bmatrix}\begin{bmatrix}v\\ a\end{bmatrix}=\begin{bmatrix}w\\ b\end{bmatrix} \tag{6-78}$$

其中，Γ 为天线的反射系数，R 是天线的接收系数，T 是天线的传输系数，S 是天线的散射系数，在展开式中，式（6-78）可以变换为

$$\Gamma v+\sum_{j=1}^{J}\boldsymbol{R}_j a_j=w \tag{6-79}$$

$$\boldsymbol{T}_i v + \sum_{j=1}^{J} \boldsymbol{S}_{ij} a_j = b_i, i = 1, 2, \cdots, J \tag{6-80}$$

其中，$\varGamma$ 是一个复数，$\boldsymbol{R}$ 是$1 \times J$ 的行向量，$\boldsymbol{T}$ 是 $J \times 1$的列向量，$\boldsymbol{S}$ 是 $J \times J$ 的矩阵。因此利用上述天线散射矩阵原理，可以推导天线辐射场的另一种表达形式

$$\begin{aligned}\boldsymbol{E}_t(r,\theta,\varphi) &= \frac{k}{\sqrt{\eta}} \sum_{smn} Q_{smn}^{(3)} F_{smn}^{(3)}(r,\theta,\varphi) \\ &= \frac{k}{\sqrt{\eta}} \sum_{smn} v T_{smn} F_{smn}^{(3)}(r,\theta,\varphi), \quad r > r_0\end{aligned} \tag{6-81}$$

其中，v 和 T_{smn} 分别表示天线激励的振幅和天线的传输系数，通过观察式（6-81）可知，出射波的表达式使用了等效关系式

$$Q_{smn}^{(3)} = b_{smn} = v T_{smn} \tag{6-82}$$

通常在实际测量环境中，探针需要沿着不同方向进行测量，因此需要将探针的 T_{smn} 表示在固定的测试区域坐标空间下，利用球面旋转函数可以将 T_{smn} 转换到测试区域场的固定坐标下，具体表示为

$$T_{s\mu n}(\varphi,\theta,\chi) = \sum_{m} T_{smn} \mathrm{e}^{-\mathrm{j}m\chi} d_{\mu m}^{n}(-\theta) \mathrm{e}^{-\mathrm{j}\mu\varphi} \tag{6-83}$$

同时传输系数和接收系数可以相互转换，并满足

$$R_{s\mu n}(\varphi,\theta,\chi) = (-1)^{\mu} T_{s,-\mu,n}(\varphi,\theta,\chi) \tag{6-84}$$

因此测试区域的接收信号可以表示为

$$w = \sum_{s\mu n} R_{s\mu n} Q_{s\mu n}^{(4)} \tag{6-85}$$

由式（6-82）和式（6-85）的推导结果可以看出，天线在出射形式下的球面波系数 $Q_j^{(3)}$ 可以由天线自身的传输系数 T_{smn} 和出射波 v 进行表示，同理天线在接收状态下的接收信号 w，可以由球面波系数 $Q_j^{(4)}$ 和天线的接收系数 R_{smn} 表示。

6.3.5 球面波函数

由上节的内容可知，天线的近场电场切向分量可以由各谐波分量表示，而各分量是由球汉克尔函数和连带勒让德函数构成的，因此本节针对式（6-76）中的两种函数展开式进行详细的说明与讨论。

6.3.5.1　第二类球汉克尔函数

式（6-64）是包含 3 种变量的偏微分方程，可以将其进一步改写成 3 个独立变量的常微分方程

$$r^2\frac{\mathrm{d}^2R(r)}{\mathrm{d}r^2}+2r\frac{\mathrm{d}R(r)}{\mathrm{d}r}+(k^2r^2-n(n+1))R(r)=0 \tag{6-86}$$

$$\sin^2\theta\frac{\mathrm{d}^2\Theta(\theta)}{\mathrm{d}\cos^2\theta}-2\cos\theta\frac{\mathrm{d}\Theta(\theta)}{\mathrm{d}\cos\theta}+\left(n(n+1)-\frac{m^2}{\sin^2\theta}\right)\Theta(\theta)=0 \tag{6-87}$$

$$\frac{\mathrm{d}^2\Phi(\varphi)}{\mathrm{d}\varphi^2}+m^2\Phi(\varphi)=0 \tag{6-88}$$

其中，式（6-88）是谐方程，解为谐函数 $h(m\varphi)$。式（6-86）是球贝塞尔方程，其解为球贝塞尔函数 $b_n(kr)$，而球贝塞尔函数是贝塞尔函数的其中一种形式。贝塞尔函数的标准解函数 $y(x)$ 可以表示为

$$x^2\frac{\mathrm{d}^2y(x)}{\mathrm{d}x^2}+x\frac{\mathrm{d}y(x)}{\mathrm{d}x}+(x^2-a^2)y(x)=0 \tag{6-89}$$

通常贝塞尔函数的标准解需要由两个独立的贝塞尔函数表示，这两个贝塞尔函数分别为第一类贝塞尔函数 $J_n(x)$ 和第二类贝塞尔函数 $Y_n(x)$，利用 $J_n(x)$ 和 $Y_n(x)$ 可以表示贝塞尔方程的通解[62]

$$y=AJ_n(x)+BY_n(x) \tag{6-90}$$

利用第一类和第二类贝塞尔函数可以进一步求得第一类和第二类汉克尔函数 $H_n^{(1)}(x)$ 和 $H_n^{(2)}(x)$

$$H_n^{(1)}(x)=J_n(x)+\mathrm{j}Y_n(x) \tag{6-91}$$

$$H_n^{(2)}(x)=J_n(x)-\mathrm{j}Y_n(x) \tag{6-92}$$

现在对式（6-86）进行求解，可以得到球坐标下的贝塞尔函数。令 $x=kr$，则

$$R(r)=R\left(\frac{x}{k}\right)=y(x) \tag{6-93}$$

因此式（6-86）可以重新表示为

$$x^2y''+2xy'+\left(x^2-n(n+1)\right)y=0 \tag{6-94}$$

对式（6-94）进行求解，得到第一类球贝塞尔函数 $j_n(x)$ 和第二类球贝塞尔函数 $y_n(x)$，并且两类球贝塞尔函数满足

$$j_n(x)=\sqrt{\frac{\pi}{2x}}J_{n+1/2}(x) \tag{6-95}$$

$$y_n(x)=\sqrt{\frac{\pi}{2x}}Y_{n+1/2}(x)=(-1)^{n+1}\sqrt{\frac{\pi}{2x}}J_{-(n+1/2)}(x) \tag{6-96}$$

而对应上述球贝塞尔函数的另外两种贝塞尔函数可以分别表示为第一类球汉克尔函数 $h_n^{(1)}(x)$ 和第二类球汉克尔函数 $h_n^{(2)}(x)$

$$h_n^{(1)}(x)=\sqrt{\frac{\pi}{2x}}H_{n+1/2}^{(1)}(x)=j_n(x)+\mathrm{j}y_n(x) \tag{6-97}$$

$$h_n^{(2)}(x)=\sqrt{\frac{\pi}{2x}}H_{n+1/2}^{(2)}(x)=j_n(x)-\mathrm{j}y_n(x) \tag{6-98}$$

上述式（6-95）～式（6-98）就是球坐标下的 4 类贝塞尔函数，其中第二类球汉克尔函数表示了出射波的形式，因此在波的展开表达式中具有十分重要的作用。下面对两类球贝塞尔函数的前 n 阶表达式进行推导，首先是第一类球贝塞尔函数 $j_n(x)$ 的前 n 阶表达式

$$j_0(x)=\frac{1}{x}\sin x \tag{6-99}$$

$$j_1(x)=\frac{1}{x^2}(\sin x-x\cos x) \tag{6-100}$$

$$j_2(x)=\frac{1}{x^3}(3(\sin x-x\cos x)-x^2\sin x) \tag{6-101}$$

$$j_3(x)=\frac{1}{x^4}\left((15-x^2)(\sin x-x\cos x)-5x^2\sin x\right) \tag{6-102}$$

$$\cdots$$

$$j_{n+1}(x)=\frac{2n+1}{x}j_n-j_{n-1} \tag{6-103}$$

其次是第二类球贝塞尔函数 $y_n(x)$ 的前 n 阶表达式

$$y_0(x)=-j_{-1}(x)=-\frac{1}{x}\cos x \tag{6-104}$$

$$y_1(x)=j_{-2}(x)=-\frac{1}{x^2}(\cos x+x\sin x) \tag{6-105}$$

$$y_2(x)=-j_{-3}(x)=-\frac{1}{x^3}(3(\cos x+x\sin x)-x^2\cos x) \tag{6-106}$$

$$y_3(x)=j_{-4}(x)=-\frac{1}{x^4}\left((15-x^2)(\cos x+x\sin x)-5x^2\cos x\right) \tag{6-107}$$

…

$$y_n(x) = (-1)^{n+1} j_{-(n+1)}(x) \tag{6-108}$$

因此，根据式（6-97）和式（6-98）可以得到两类球汉克尔函数 $h_n^{(1)}(x)$ 和 $h_n^{(2)}(x)$ 的递推关系式

$$h_0^{(1)}(x) = -\frac{\mathrm{j}}{x}\mathrm{e}^{\mathrm{j}x} \tag{6-109}$$

$$h_1^{(1)}(x) = \left(-\frac{\mathrm{j}}{x^2} - \frac{1}{x}\right)\mathrm{e}^{\mathrm{j}x} \tag{6-110}$$

$$h_2^{(1)}(x) = \left(-\frac{3\mathrm{j}}{x^3} - \frac{3}{x^2} + \frac{\mathrm{j}}{x}\right)\mathrm{e}^{\mathrm{j}x} \tag{6-111}$$

$$h_0^{(2)}(x) = -\frac{\mathrm{j}}{x}\mathrm{e}^{-\mathrm{j}x} \tag{6-112}$$

$$h_1^{(2)}(x) = \left(-\frac{\mathrm{j}}{x^2} - \frac{1}{x}\right)\mathrm{e}^{-\mathrm{j}x} \tag{6-113}$$

$$h_2^{(2)}(x) = \left(-\frac{3\mathrm{j}}{x^3} - \frac{3}{x^2} + \frac{\mathrm{j}}{x}\right)\mathrm{e}^{-\mathrm{j}x} \tag{6-114}$$

由上一节内容可知，球面波展开式中需要第二类球汉克尔函数作为谐波生成函数，因此对上述 $h_n^{(2)}(x)$ 的递推关系式进行总结，可以得到

$$h_n^{(2)}(x) = (2n-1)\frac{h_{n-1}^{(2)}(x)}{x} - h_{n-2}^{(2)}(x) \tag{6-115}$$

6.3.5.2　连带勒让德函数

由上述内容可知，对球函数进行分离变量得到对应的 3 个独立的常微分方程，其中式（6-87）的 $\Theta(\theta)$ 满足连带勒让德方程，当考虑 $m=0$ 的情况时，$\Theta(\theta)$ 对应的方程转化为勒让德方程，其形式为

$$(1-x^2)\frac{\mathrm{d}^2\Theta}{\mathrm{d}x^2} - 2x\frac{\mathrm{d}\Theta}{\mathrm{d}x} + n(n+1)\Theta = 0 \tag{6-116}$$

二阶常微分勒让德方程具有两个线性独立的解 $y_0(x)$ 和 $y_1(x)$，令 $y=\Theta$，则

$$\begin{aligned} y_0(x) = {} & 1 + \frac{(-n)(n+1)}{2!}x^2 + \frac{(2-n)(-n)(n+1)(n+3)}{4!}x^4 + \cdots \\ & + \frac{(2k-2-n)(2k-4-n)\cdots(-n)(n+1)(n+3)\cdots(n+2k-1)}{(2k)!}x^{2k} + \cdots \end{aligned} \tag{6-117}$$

$$y_1(x) = x + \frac{(1-n)(n+2)}{3!}x^3 + \frac{(3-n)(1-n)(n+2)(n+4)}{5!}x^5 + \cdots \\ + \frac{(2k-1-n)(2k-3-n)\cdots(1-n)(n+2)(n+4)\cdots(n+2k)}{(2k+1)!}x^{2k+1} + \cdots \tag{6-118}$$

上述两个独立解的线性组合就是所要求的通解 $y(x)$

$$y(x) = a_0 y_0(x) + a_1 y_1(x) \tag{6-119}$$

勒让德方程的解以多项式的形式进行表示，方程的解与阶数 n 有关，前 n 阶勒让德多项式的具体表达式为

$$p_0(x) = 1 \tag{6-120}$$

$$p_1(x) = x = \cos\theta \tag{6-121}$$

$$p_2(x) = \frac{1}{2}(3x^2 - 1) = \frac{1}{4}(3\cos 2\theta + 1) \tag{6-122}$$

$$\cdots$$

$$p_n(x) = \sum_{k=0}^{[n/2]} (-1)^k \frac{(2n-2k)!}{2^n k!(n-k)!(n-2k)!} x^{n-2k} \tag{6-123}$$

其中，$[n/2]$ 表示不超过 $n/2$ 的最大整数，上述勒让德多项式用微分形式可以表示为

$$p_n(x) = \frac{1}{2^n n!} \frac{\mathrm{d}^n}{\mathrm{d}x^n}(x^2 - 1)^n \tag{6-124}$$

为了得到一般情况下的球函数，需要求解 $m = 0,1,2,3,\cdots$ 情况下的连带勒让德方程，其方程即为式（6-87），该方程同样有两个线性独立的解，通过推导可以得到连带勒让德函数的表达式[63]

$$P_n^m(x) = (1-x^2)^{\frac{m}{2}} \frac{\mathrm{d}^m}{\mathrm{d}x^m} P_n(x) \tag{6-125}$$

式（6-125）为第一类连带勒让德函数 $P_n^m(x)$，而第二类连带勒让德函数 $Q_n^m(x)$ 可以表示为

$$Q_n^m(x) = (1-x^2)^{\frac{m}{2}} \frac{\mathrm{d}^m}{\mathrm{d}x^m} Q_n(x) \tag{6-126}$$

式中

$$Q_n(x) = P_n(x)\left(\frac{1}{2}\ln\frac{1+x}{1-x}\right) - \sum_{k=1}^{n} \frac{1}{k} P_{k-1}(x) P_{n-k}(x) \tag{6-127}$$

通过式（6-124）～式（6-127）的线性组合就能得到不同阶数下的连带勒让德函

数表达式。此外，将式（6-72）、式（6-73）和式（6-74）与本节的连带勒让德多项式进行结合，可以得到简化的勒让德多项式，以便后续的软件算法编写和数据处理工作。首先，将式（6-73）和式（6-74）中的系数 C_{mn} 和连带勒让德多项式提取出来并表示如下

$$s_{mn}=C_{mn}\frac{P_n^{|m|}(\cos\theta)}{\sin\theta}=\sqrt{\frac{(2n+1)(n-|m|)!}{4\pi n(n+1)(n+|m|)!}}\left(-\frac{m}{|m|}\right)^m\frac{P_n^{|m|}(\cos\theta)}{\sin\theta} \quad (6\text{-}128)$$

$$s'_{mn}=C_{mn}\frac{\mathrm{d}P_n^{|m|}(\cos\theta)}{\mathrm{d}\theta}=\sqrt{\frac{(2n+1)(n-|m|)!}{4\pi n(n+1)(n+|m|)!}}\left(-\frac{m}{|m|}\right)^m\frac{\mathrm{d}P_n^{|m|}(\cos\theta)}{\mathrm{d}\theta} \quad (6\text{-}129)$$

利用勒让德多项式的递推关系可以得到[63]

$$P_n^{|m|}(\cos\theta)=\frac{1}{n-|m|}\Big((2n-1)(\cos\theta)P_{n-1}^{|m|}(\cos\theta)-(n+|m|-1)P_{n-2}^{|m|}(\cos\theta)\Big) \quad (6\text{-}130)$$

因此，可以对应得到 s_{mn} 的递推关系式

$$s_{mn}=\frac{q_{mn}}{n-|m|}((2n-1)(\cos\theta)s_{m(n-1)}-(n+|m|-1)q_{m(n-1)}s_{m(n-2)}) \quad (6\text{-}131)$$

其中

$$q_{mn}=\sqrt{\frac{(2n+1)(n-1)(n-|m|)}{(2n-1)(n+1)(n+|m|)}} \quad (6\text{-}132)$$

又因

$$(1-\cos^2\theta)\frac{\mathrm{d}P_n^{|m|}(\cos\theta)}{\mathrm{d}(\cos\theta)}=(n+|m|)P_{n-1}^{|m|}(\cos\theta)-n\cos\theta P_n^{|m|}(\cos\theta) \quad (6\text{-}133)$$

所以可以得到 s'_{mn} 的递推关系式

$$s'_{mn}=n(\cos\theta)s_{mn}-(n+|m|)q_{mn}s_{m(n-1)} \quad (6\text{-}134)$$

由式(6-75)的球面波展开形式可知，m 取值范围在 $(-n,n)$，而 n 取值范围在 $(0,N)$，因此下面对式（6-131）和式（6-134）的 5 种递推情况进行讨论。

（1）当 $m=0$ 时，已知 s_{mn} 是将系数 C_{mn} 和连带勒让德多项式提取出来并表示的，观察式(6-73)和式(6-74)，连带勒让德函数的前端需要乘上 m；而对应提取出的 s'_{mn} 的前端没有 m 乘积项，当 $m=0$ 时，生成函数式（6-73）和式（6-74）的 ms_{0n} 结果始终为 0，所以只需要求解 s'_{mn}。由式（6-120）～式（6-123）的连带勒让德递推关系式可以得到 s'_{mn} 的前 n 阶递推结果。

$$s'_{00} = 0 \tag{6-135}$$

$$s'_{01} = C_{01} \frac{\mathrm{d}P_1^0(\cos\theta)}{\mathrm{d}\theta} = -\sqrt{\frac{3}{8\pi}} \sin\theta \tag{6-136}$$

$$s'_{02} = C_{02} \frac{\mathrm{d}P_2^0(\cos\theta)}{\mathrm{d}\theta} = \sqrt{\frac{5}{24\pi}} \left(-\frac{3}{2}\sin 2\theta\right) = -\sqrt{\frac{15}{32\pi}} \sin 2\theta \tag{6-137}$$

$$s'_{0n} = q_{0n} \frac{(2n-1)(\cos\theta)s'_{0(n-1)} - q_{0(n-1)} n s'_{0(n-2)}}{n-1} \tag{6-138}$$

（2）当 $m > 0$ 且 $n < m$ 时，由式（6-125）可知，对 n 阶函数求 m 次导数总会得到常数项 0，因此在这种条件下 $s_{mn} = 0$ 。

（3）当 $m > 0$ 且 $n = m$ 时，可以得到对应的递推关系式为

$$s_{mn} = (\sin\theta)^{|m|-1} \sqrt{\frac{2m+1}{2\pi m(m+1)} \prod_{n=1}^{m} \left(1 - \frac{1}{2n}\right)} \tag{6-139}$$

$$s'_{mn} = n(\cos\theta)s_{mn} - (n+|m|)q_{mn}s_{m(n-1)} = n(\cos\theta)s_{mn} \tag{6-140}$$

（4）当 $n > m > 0$ 时， s_{mn} 和 s'_{mn} 的递推关系式满足

$$s_{mn} = \frac{q_{mn}}{n-|m|}((2n-1)(\cos\theta)s_{|m|(n-1)} - (n+m-1)q_{m(n-1)}s_{|m|(n-2)}) \tag{6-141}$$

$$s'_{mn} = n(\cos\theta)s_{mn} - (n+|m|)q_{mn}s_{m(n-1)} \tag{6-142}$$

（5）当 $m < 0$ 时，若 $n < |m|$ ，则递推结果与（2）一致；若 $n = |m|$ ，则递推结果与（3）一致；若 $n > |m| > 0$ 并且 m 为奇数，则

$$s_{mn} = -\frac{q_{mn}}{n-|m|}((2n-1)(\cos\theta)s_{|m|(n-1)} - (n+m-1)q_{m(n-1)}s_{|m|(n-2)}) \tag{6-143}$$

$$s'_{mn} = -n(\cos\theta)s_{mn} + (n+|m|)q_{mn}s_{m(n-1)} \tag{6-144}$$

若 m 为偶数，则递推结果与式（6-141）和式（6-142）一致。

6.3.6 球面波模展开系数

6.3.6.1 无探头补偿的模展开系数

由式（6-75）和式（6-76）的展开形式可知，模展开系数表征了各谐波生成函数在整体球面波展开中的权重大小，为了求得 a_{mn} 和 b_{mn} 的具体表达形式，需要利用生成函数的正交性进行反推。首先，在近场条件下得到探头沿着 θ 和 φ 方向的采样输出电

压值，具体表示为

$$\boldsymbol{E}_t(r,\theta,\varphi)=V_\theta(r,\theta,\varphi)\boldsymbol{\theta}+V_\varphi(r,\theta,\varphi)\boldsymbol{\varphi} \tag{6-145}$$

将式（6-145）与式（6-75）进行结合，就能得到

$$V_\theta(r,\theta,\varphi)\boldsymbol{\theta}+V_\varphi(r,\theta,\varphi)\boldsymbol{\varphi}=\sum_{n=0}^{N}\sum_{m=-n}^{n}a_{mn}f_n(kr)\boldsymbol{M}_{mn}(\theta,\varphi)+b_{mn}g_n(kr)\boldsymbol{N}_{mn}(\theta,\varphi) \tag{6-146}$$

其中

$$f_n(kr)=H_n^2(kr) \tag{6-147}$$

$$g_n(kr)=\frac{1}{kr}\frac{\mathrm{d}}{\mathrm{d}r}(rH_n^2(kr)) \tag{6-148}$$

由于取不同 (m,n) 值的生成函数之间满足以下的正交关系

$$\int_0^{2\pi}\int_0^{\pi}\boldsymbol{M}_{mn}(\boldsymbol{M}_{m',n'})^*\sin\theta\mathrm{d}\theta\mathrm{d}\varphi=\begin{cases}0, & (m,n)\neq(m',n')\\ \dfrac{1}{\Delta_{mn}}, & (m,n)=(m',n')\end{cases} \tag{6-149}$$

$$\int_0^{2\pi}\int_0^{\pi}\boldsymbol{N}_{mn}(\boldsymbol{N}_{m'n'})^*\sin\theta\mathrm{d}\theta\mathrm{d}\varphi=\begin{cases}0, & (m,n)\neq(m',n')\\ \dfrac{1}{\Delta_{mn}}, & (m,n)=(m',n')\end{cases} \tag{6-150}$$

$$\int_0^{2\pi}\int_0^{\pi}\boldsymbol{N}_{mn}(\boldsymbol{M}_{m'n'})^*\sin\theta\mathrm{d}\theta\mathrm{d}\varphi=\int_0^{2\pi}\int_0^{\pi}\boldsymbol{M}_{mn}(\boldsymbol{N}_{m'n'})^*\sin\theta\mathrm{d}\theta\mathrm{d}\varphi=0 \tag{6-151}$$

$$\Delta_{mn}=\frac{(2n+1)(n-|m|)!}{4\pi C_{mn}^2 n(n+1)(n+|m|)!} \tag{6-152}$$

因此，如果将式（6-146）两端乘上 $(\boldsymbol{M}_{m'n'})^*$，则根据正交关系，可以得到球面波复振幅 a_{mn} 的表达式，如果式（6-146）两端乘上 $(\boldsymbol{N}_{m'n'})^*$，则可以得到球面波复振幅 b_{mn} 的表达式，具体形式如下

$$\begin{aligned}a_{mn}=\frac{-1}{H_n^{(2)}(kr)}\Bigg(&\int_0^{\pi}\left(\int_0^{2\pi}V_\theta(r,\theta',\varphi')\mathrm{e}^{-\mathrm{j}m\varphi'}\mathrm{d}\varphi'\right)\frac{\mathrm{j}mC_{mn}P_n^{|m|}(\cos\theta')}{\sin\theta'}\sin\theta'\mathrm{d}\theta'+\\&\int_0^{\pi}\left(\int_0^{2\pi}V_\varphi(r,\theta',\varphi')\mathrm{e}^{-\mathrm{j}m\varphi'}\mathrm{d}\varphi'\right)\frac{C_{mn}\mathrm{d}P_n^{|m|}(\cos\theta')}{\mathrm{d}\theta'}\sin\theta'\mathrm{d}\theta'\Bigg)\end{aligned} \tag{6-153}$$

$$\begin{aligned}b_{mn}=\frac{1}{g_n(kr)}\Bigg(&\int_0^{\pi}\left(\int_0^{2\pi}V_\theta(r,\theta',\varphi')\mathrm{e}^{-\mathrm{j}m\varphi'}\mathrm{d}\varphi'\right)\frac{C_{mn}P_n^{|m|}(\cos\theta')}{\sin\theta'}\sin\theta'\mathrm{d}\theta'-\\&\int_0^{\pi}\left(\int_0^{2\pi}V_\varphi(r,\theta',\varphi')\mathrm{e}^{-\mathrm{j}m\varphi'}\mathrm{d}\varphi'\right)\frac{\mathrm{j}mC_{mn}\mathrm{d}P_n^{|m|}(\cos\theta')}{\mathrm{d}\theta'}\sin\theta'\mathrm{d}\theta'\Bigg)\end{aligned} \tag{6-154}$$

经过变量替换，得到化简后的 a_{mn} 和 b_{mn}

$$\begin{aligned} a_{mn} = \frac{-1}{f_n(kr)}\bigg(& \int_0^{\pi}\left(\int_0^{2\pi} V_\theta(r,\theta',\varphi')\mathrm{e}^{-\mathrm{j}m\varphi'}\mathrm{d}\varphi'\right)\mathrm{j}ms_{mn}\sin\theta'\mathrm{d}\theta' + \\ & \int_0^{\pi}\left(\int_0^{2\pi} V_\varphi(r,\theta',\varphi')\mathrm{e}^{-\mathrm{j}m\varphi'}\mathrm{d}\varphi'\right)s'_{mn}\sin\theta'\mathrm{d}\theta'\bigg) \end{aligned} \tag{6-155}$$

$$\begin{aligned} b_{mn} = \frac{1}{g_n(kr)}\bigg(& \int_0^{\pi}\left(\int_0^{2\pi} V_\theta(r,\theta',\varphi')\mathrm{e}^{-\mathrm{j}m\varphi'}\mathrm{d}\varphi'\right)s_{mn}\sin\theta'\mathrm{d}\theta' - \\ & \int_0^{\pi}\left(\int_0^{2\pi} V_\varphi(r,\theta',\varphi')\mathrm{e}^{-\mathrm{j}m\varphi'}\mathrm{d}\varphi'\right)\mathrm{j}ms'_{mn}\sin\theta'\mathrm{d}\theta'\bigg) \end{aligned} \tag{6-156}$$

6.3.6.2 有探头补偿的模展开系数

在实际探头采样过程中，由于探头本身具有方向性，因此需要通过补偿的方法降低探头辐射对测量结果的影响。由天线散射矩阵的内容可知，探头作为接收端接收待测天线辐射信息的传输方程可以表示为

$$w(A,\chi,\theta,\varphi) = \frac{v}{2}\sum_{\substack{smn\\ \mu\sigma v}} T_{smn}\mathrm{e}^{\mathrm{j}m\varphi}d_{\mu m}^{n}(\theta)\mathrm{e}^{\mathrm{j}\mu\chi}C_{\mu\sigma v}^{sn(3)}(kA)R_{\sigma\mu v}^{P} \tag{6-157}$$

其中，w 表示在半径为 A 的球面上位于 (θ,φ) 位置处的接收信号，v 是待测天线的出射信号，χ 是探头的旋转角度，$\mathrm{e}^{\mathrm{j}m\varphi}d_{\mu m}^{n}(\theta)\mathrm{e}^{\mathrm{j}\mu\chi}$ 表示球面波的旋转系数，$C_{\mu\sigma v}^{sn(3)}(kA)$ 表示平移函数，$R_{\sigma\mu v}^{P}$ 是探头的接收系数。

（1）一阶探头补偿

现在针对常见的一阶探头补偿算法进行讨论，在一阶探头的球面波展开式中，最高的展开阶数为 1，因此对应于式（6-75）中的 m 取值范围只有 ±1 两种情况，此处用 μ 取代 m，将 $\mu=\pm 1$ 的天线称为一阶探头。定义探头响应常数

$$P_{smn}(kA) = \frac{1}{2}\sum_{\sigma v} C_{\sigma\mu v}^{sn(3)}(kA)R_{\sigma\mu v}^{P} \tag{6-158}$$

将式（6-158）代入式（6-157），可得

$$w(A,\chi,\theta,\varphi) = \frac{v}{2}\sum_{smn\mu} T_{smn}\mathrm{e}^{\mathrm{j}m\varphi}d_{\mu m}^{n}(\theta)\mathrm{e}^{\mathrm{j}\mu\chi}P_{s\mu n}(kA) \tag{6-159}$$

此时，需要求解待测天线的传输系数 T_{smn}，给式（6-159）的两端同时乘上旋转函数 $\mathrm{e}^{-\mathrm{j}m\varphi}d_{\mu m}^{n}(\theta)\mathrm{e}^{-\mathrm{j}\mu\chi}$ 并做积分，利用旋转函数的正交关系可以得到

$$w_{\mu m}^{n}(A)=\int_{0}^{\pi}\int_{0}^{2\pi}\int_{0}^{2\pi}w(A,\chi,\theta,\varphi)\mathrm{e}^{-\mathrm{j}\mu\chi}\mathrm{e}^{-\mathrm{j}m\varphi}d_{\mu m}^{n}(\theta)\mathrm{d}\chi\mathrm{d}\varphi\mathrm{d}\theta \tag{6-160}$$

由于等式左侧 $w_{\mu m}^{n}(A)$ 满足

$$w_{\mu m}^{n}(A)=v\sum_{s=1}^{2}T_{smn}P_{s\mu n}(kA) \tag{6-161}$$

因此结合式（6-160）和式（6-161），可以得到如下关系式

$$vT_{1mn}P_{1\mu n}(kA)+vT_{2mn}P_{2\mu n}(kA)=w_{\mu m}^{n}(A) \tag{6-162}$$

具有对称结构的天线其展开模中一阶的分量占据主要成分，例如圆锥喇叭天线的对称结构就能满足 $\mu=\pm 1$ 时的展开要求。而不具有旋转对称性的天线，例如矩形喇叭天线，就需要在测试时离待测天线远一些，以近似满足 $\mu=\pm 1$ 的模展开要求。现将 $\mu=\pm 1$ 的条件代入式（6-162）中，可以得到含有两个未知数的方程组

$$vT_{1mn}P_{11n}(kA)+vT_{2mn}P_{21n}(kA)=w_{1m}^{n}(A) \tag{6-163}$$

$$vT_{1mn}P_{1,-1,n}(kA)+vT_{2mn}P_{2,-1,n}(kA)=w_{-1m}^{n}(A) \tag{6-164}$$

求解上述方程组，即可得到传输系数 T_{1mn} 和 T_{2mn}。

（2）高阶探头补偿

在得到了一阶探头补偿的结果后，可以进一步推导出高阶探头的补偿方法。与一阶探头相比，探头的高阶模可以视为天线测量结果中的少量扰动，在高精度球面测试中，采样数据通常在近远场转换算法中得到补偿，特别是对于被测设备具有高方向性时，探头对测试精度的影响更大。高阶探头校正技术的使用使得在选择探头时具有更大的灵活性，在探头的期望特性（例如，带宽、重量、尺寸和成本）之间实现最佳折中。

下面对两种常见的高阶探针补偿技术进行介绍：基于最小二乘法的高阶探头补偿技术[64]和采用迭代的方法对传输方程进行求解的技术[65]。

基于最小二乘法的高阶探头补偿[64]包括两个步骤：求解探头端口处信号的逆傅里叶变换和进行矩阵求逆。

在第一步中，式（6-159）可以写为如下关系式

$$w(A,\chi,\theta,\varphi)=\frac{v}{2}\sum_{m}w_{m}(A,\chi,\theta)\mathrm{e}^{\mathrm{j}m\varphi} \tag{6-165}$$

其中

$$w_{m}(A,\chi,\theta)=\frac{v}{2}\sum_{sn\mu}T_{smn}d_{\mu m}^{n}(\theta)\mathrm{e}^{\mathrm{j}\mu\chi}P_{s\mu n}(kA) \tag{6-166}$$

则通过探头端口处信号的傅里叶变换求解傅里叶系数 $w_m(A,\chi,\theta)$，如下

$$\left[w_m(A,\chi,\theta)|_{m=-M,\cdots,M}\right]=\mathrm{IDFT}[w(A,\chi,\theta,\phi_j)|_{j=1,\cdots,N_\phi}] \tag{6-167}$$

其中，$m=-M,\cdots,M$，$N_\phi=2M+1$。

在第二步中，对于任意 m，第一步求解出的傅里叶系数 $\boldsymbol{W}_m$，即式（6-166）分离变量可以写作线性方程

$$\boldsymbol{W}_m=\boldsymbol{P}_m\boldsymbol{T}_m \tag{6-168}$$

其中，$\boldsymbol{T}_m$ 代表传输系数的向量，$\boldsymbol{P}_m$ 是包含式（6-166）其他项的一个矩阵。式（6-168）的最小二乘解如下

$$\boldsymbol{T}_m=(\boldsymbol{P}_m^{\mathrm{H}}\boldsymbol{P}_m)^{-1}\boldsymbol{P}_m^{\mathrm{H}}\boldsymbol{W}_m \tag{6-169}$$

其中，H 代表共轭转置。考虑到实际测试中，探头采样信号可能受部分噪声影响，基于正则化最小二乘法的高阶探头补偿技术[64]也引入球面近场测试，这里不再赘述。

如果测试场中存在的唯一无关场是由探头的高阶球面模式引起的，则可以通过迭代的方法消除高阶扰动对最终测试结果的影响[64]。高阶探头的传输方程与一阶探头传输方程式（6-157）一致，为了得到高阶模对传输方程的影响，需要将传输方程改写如下

$$\boldsymbol{W}=F_{\mu=\pm1}\boldsymbol{Q}+F_{\mu\neq\pm1}\boldsymbol{Q} \tag{6-170}$$

其中，$F_{\mu=\pm1}$ 表示一阶模的求和操作，$F_{\mu\neq\pm1}$ 表示除一阶模以外的求和过程，$\boldsymbol{Q}$ 代表球面波模的矢量，$\boldsymbol{W}$ 是探头采样信号的矢量形式，利用迭代的方法，降低高阶算子对 $\boldsymbol{Q}$ 的影响

$$\boldsymbol{W}=F_{\mu=\pm1}\boldsymbol{Q}^{(i+1)}+F_{\mu\neq\pm1}\boldsymbol{Q}^{(i)} \tag{6-171}$$

$$\boldsymbol{Q}^{(i+1)}=(F_{\mu=\pm1})^{-1}(\boldsymbol{W}-F_{\mu\neq\pm1}\boldsymbol{Q}^{(i)}) \tag{6-172}$$

式中，$(F_{\mu=\pm1})^{-1}$ 是低阶探头补偿算法，利用式（6-172）的迭代方法，就可以实现高阶探头的补偿程序[64]。

6.3.7 平面近远场变换仿真验证与分析

下面利用 FEKO 和 Matlab 软件对平面近远场算法进行验证。图 6-26 是仿真喇叭天线模型，其尺寸参数见表 6-1。天线的工作频率为 30 GHz，该频点下的天线增益为 18 dBi，平面近场扫描距离为 5λ，沿 x 轴和 y 轴的扫描范围是 ±8 cm。现将沿 x 轴和 y 轴的采样间隔 Δx 和 Δy 设为 0.2λ，其近场电场分布如图 6-27（a）所示。经过平面近

远场变换后的远场方向图如图 6-27（b）所示。为了与平面近场系统下推得的远场方向图进行对比，将直接采集的远场半球面天线方向图绘于图 6-27（c）中。此外，将图 6-27（b）和图 6-27（c）在 E 面和 H 面下的切向方向图进行对比，如图 6-28 所示，可以看出通过平面近远场转换（Near-to-Far Field Transformation，NFT）算法得到的远场方向图在置信区间外具有明显的截断误差，因此平面近场测量系统对增益较高且主瓣区间较窄的天线具有较好的测量效果。

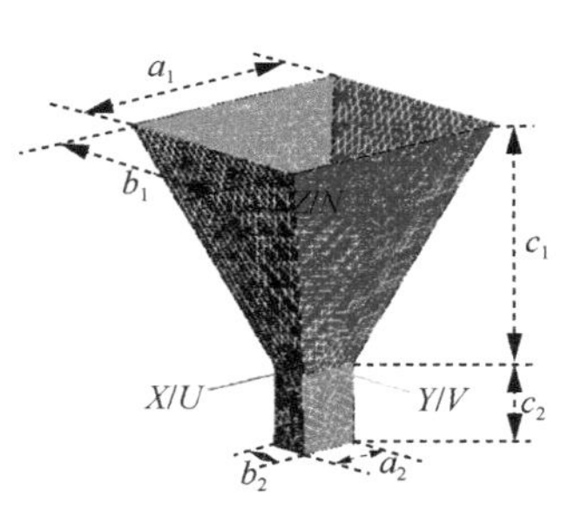

图 6-26　仿真喇叭天线模型

表 6-1　模型尺寸参数

喇叭尺寸/cm	波导尺寸/cm
a_1 =31.90	a_2 =8.00
b_1 =27.90	b_2 =5.00
c_1 =30.00	c_2 =10.00

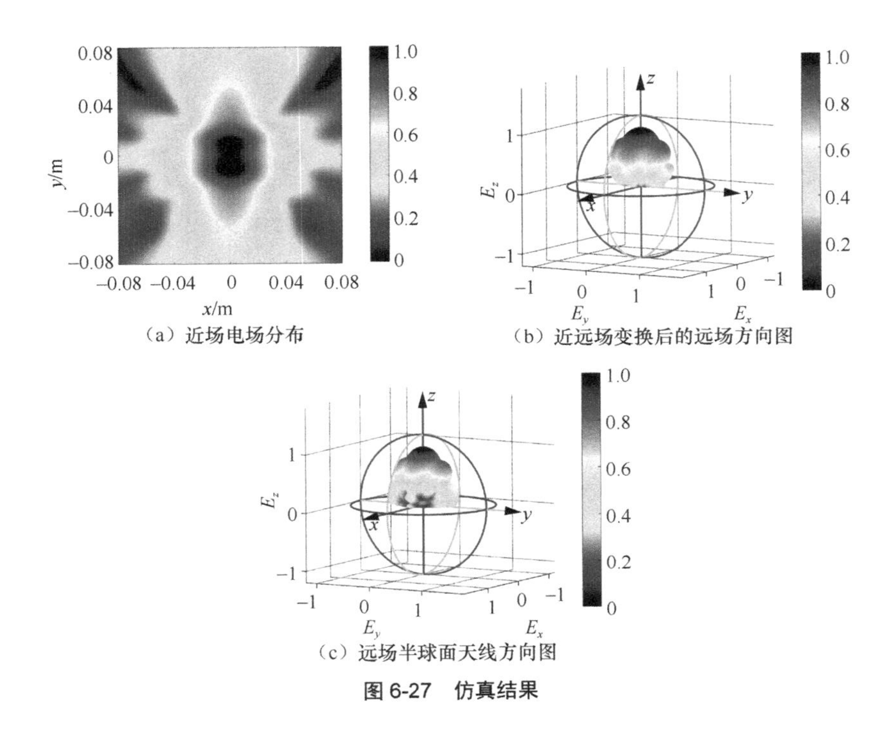

图 6-27　仿真结果

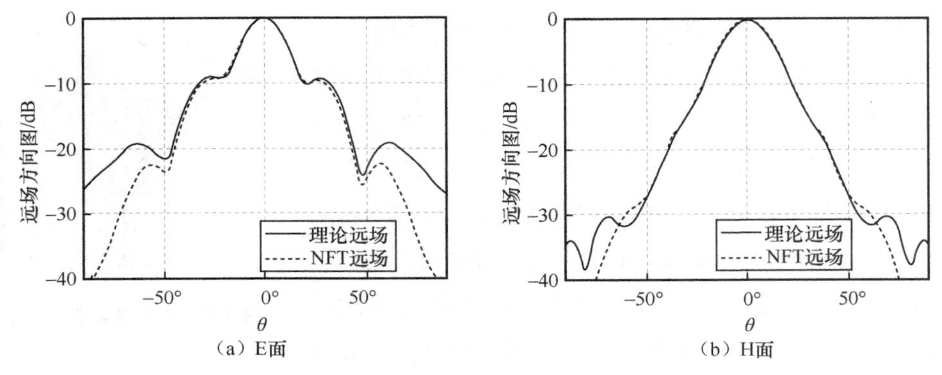

（a）E面　　（b）H面

图 6-28　二维切向方向图

为了降低近场采样时间并减小截断误差，可以采用稀疏采样和插值重构的方法减小初始采样数，并补充相应区间的缺损数据，同时利用基于带限信号外推方法[75-77]的 Gerchberg-Papoulis 算法减小远场方向图的截断误差[78-79]，从而以较少的时间和测试开销重构出 AUT 的远场方向图。下面对所述插值重构算法的有效性进行仿真验证与分析。

首先将初始采样的稀疏数据集定义为 X_1，然后利用 K 均值算法对 X_1 进行聚类划分。选取 k 个初始样本中心，第 i 个聚类簇定义为 $A_i(1 \leqslant i \leqslant k)$，其簇中心为 a_i，并且 A_i 中的样本元素记为 x_j，然后簇中心计算为

$$a_i = \frac{1}{N_i}\sum_{j \in A_i} x_j \tag{6-173}$$

其中，N_i 是簇 A_i 中的样本数。计算每一个样本与所有聚类簇中心之间的场强差 $D = \sqrt{(E_{x1} - E_{x2})^2 + (E_{y1} - E_{y2})^2}$，即每一个样本对应 k 个场强差 D，然后将当前样本划分到对应最小 D 值的聚类簇中，并重新计算聚类簇中心式（6-173），直到所有聚类簇中心稳定且收敛。当确定了 k 个聚类簇后，计算所有 k 个聚类簇的误差平方和（Sum of Squares of Error，SSE）E_k

$$E_k = \sum_{i=1}^{k}\sum_{j \in A_i}\left\| x_j - a_i \right\|^2 \tag{6-174}$$

记录下此时 k 个聚类簇对应的 SSE 误差 E_k，然后改变 k 值，重新计算式（6-173）和式（6-174），进而得到不同 k 簇数目下的聚类划分结果和 SSE。此时，为了能通过各聚类簇中样本的场强特性进行合适的数据插值，对上述聚类后的样本集 X_1 进行维诺胞元划分，并分别计算各聚类簇中每一个样本的胞元面积 $p(x_m)$ 和胞元间梯度 $q(x_m)$ 参

数。首先，经过维诺胞元划分后的各样本归一化胞元面积可以表示为

$$P(x_m)=\frac{p(x_m)}{p(x_1)+p(x_2)+\cdots+p(x_{M_{\text{sum}}})} \tag{6-175}$$

其中，M_{sum} 是所有维诺胞元的数量。其次，针对当前样本点 x_m，寻找与 x_m 有着公共胞元顶点或胞壁的 x_n，并计算两者之间的电场梯度

$$q(x_m)=\sum_{n=1}^{N_{\text{sum}}}\left(\sqrt{\left(\frac{\partial E_{(x_m,x_n)}}{\partial x}\right)^2+\left(\frac{\partial E_{(x_m,x_n)}}{\partial y}\right)^2}\right) \tag{6-176}$$

其中，N_{sum} 是所有与 x_m 相邻有公共顶点或胞壁的 x_n 的数量。归一化的胞元间梯度参数可以表示为

$$Q(x_m)=\frac{q(x_m)}{q(x_1)+q(x_2)+\cdots+q(x_{M_{\text{sum}}})} \tag{6-177}$$

将上述两种参数进行结合，从而在每一个聚类簇中得到统一的判别参数

$$S(x_m)=s_1(1+P(x_m))+s_2(1+Q(x_m)) \tag{6-178}$$

此时，在各聚类簇中，值较大的 $P(x_m)$ 表示该区域属于欠采样区域，值较大的 $Q(x_m)$ 表示该区域属于高动态区域，因此较大值 $S(x_m)$ 表明该区域应当补充更多的插值数据，反之则只需通过一般方式进行数据插值。此处，针对较大值 $S(x_m)$ 所对应的样本 x_n 周围增加 24 个样本数据，而较小值 $S(x_m)$ 所对应的样本 x_m 周围增加 8 个样本数据，并分别将其称为深度插值和浅插值，如图 6-29 所示，并将插值后的数据集记为 X_3。

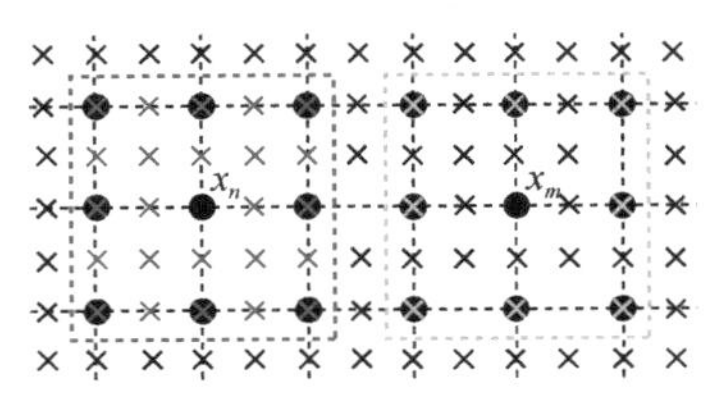

图 6-29　深度插值和浅插值

在完成了数据插值工作后，需要对平面近场的截断误差进行处理，从而得到降低了截断误差的远场方向图。此处，利用 Gerchberg-Papoulis 迭代算法对置信区间内的样本进行迭代处理。首先，定义波数域下的置信区间

$$U_{\text{s}}=\left\{\frac{k_x^2}{(k\sin\theta_x)^2}+\frac{k_y^2}{k^2}<\gamma_x\right\}\cap\left\{\frac{k_x^2}{k^2}+\frac{k_y^2}{(k\sin\theta_y)^2}<\gamma_y\right\} \tag{6-179}$$

其中，γ_x和γ_y都要大于1，从而在波数域中包含更多的模式。波数域下平面波谱的滤波定义为

$$U_1=\begin{cases}1, & (k_x,k_y)\in U_{\mathrm{s}}\\ 0, & (k_x,k_y)\notin U_{\mathrm{s}}\end{cases} \tag{6-180}$$

执行了$n+1$次波数域滤波后的平面波谱可以表示为

$$A_{(U_1)}^{n+1}(k_x,k_y)=U_1A^0(k_x,k_y)+A^n(k_x,k_y)(1-U_1) \tag{6-181}$$

其中，$A^0(k_x,k_y)$是初始状态下的PWS。然后，利用式（6-53）将PWS逆傅里叶变换到空间域下，从而得到滤波后的空间电场$E^{n+1}(x,y,0)$。此时，将空间滤波限定在AUT的口面尺寸范围下，可以得到

$$U_2=\begin{cases}1, & (x,y)\in S_2\\ 0, & (x,y)\notin S_2\end{cases} \tag{6-182}$$

其中，S_2是AUT的口面面积。因此，对S_2置信区间内的数据进行保留，剔除区间外的数据，并利用傅里叶变换得到两次滤波后的PWS

$$A'(k_x,k_y)=\frac{1}{2\pi}\iint(U_2E^{n+1}(x,y,0))\mathrm{e}^{\mathrm{j}(k_xx+k_yy)}\mathrm{d}x\mathrm{d}y \tag{6-183}$$

此时，将计算后的$A'(k_x,k_y)$重新代入式（6-181）中，并替代原本的$A^n(k_x,k_y)$，再重复执行上述波数域和空间域下的滤波处理，从而进一步减小截断误差。将经过多次循环处理的PWS代入式（6-59）中，即可得到降低了截断误差的AUT远场方向图。

注意到，GP迭代算法需要在有限次数的循环下完成截断误差处理，此处通过子数据集能量差对比的方法寻找GP迭代算法的最佳循环次数。

首先定义一个数值较大的循环次数N_t，将经过式（6-173）～式（6-183）处理的远场方向图记为$E_{n_1}^1(\theta,\varphi)$，$n_1=1,\cdots,N_t$，然后从插值后的$X_3$中抽取一个子数据集，并执行相同的GP处理过程，得到对应的远场方向图$E_{n_2}^2(\theta,\varphi)$，$n_2=1,\cdots,N_t$，计算两者之间的能量差

$$E_{(n_1,n_2)}=\iint\left|E_{n_1}^1(\theta,\varphi)-E_{n_2}^2(\theta,\varphi)\right|^2\sin\theta\mathrm{d}\theta\mathrm{d}\varphi \tag{6-184}$$

在最佳迭代次数之前，$E_{(n_1,n_2)}$中的准确值成分占据主导地位，而在最佳迭代次数之后，准确值的成分逐渐降低，误差成分逐渐增加，因此，最佳迭代次数应当对应最小的能量差，此时的n_1即为前N_t次运算中最佳的循环次数。下面，利用图6-26所示的模型对上述方法进行仿真验证。

以0.7λ波长（大于半波长）采样的非均匀分布初始样本集X_1（24×24）的平面

近场分布如图 6-30（a）所示，以 0.5λ 波长（半波长）采样的用于为 X_1 提供插值数据的完备样本集 X_2（33×33）的平面近场分布如图 6-30（b）所示。对 X_1 进行 K 均值聚类划分，并计算不同聚类数下的 SSE 误差，选择最佳聚类数为 5 个，并得到对应的 5 个聚类结果，如图 6-31 所示。分别计算当前 5 个聚类下各样本的维诺胞元图，如图 6-32 所示，并根据胞元参数求得深度插值和浅插值区域。

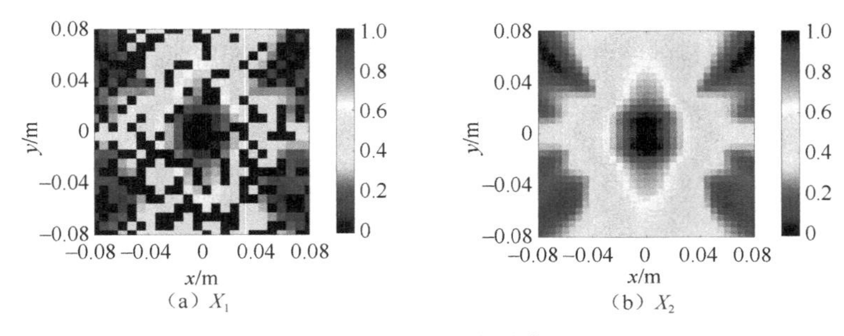

图 6-30 平面近场分布

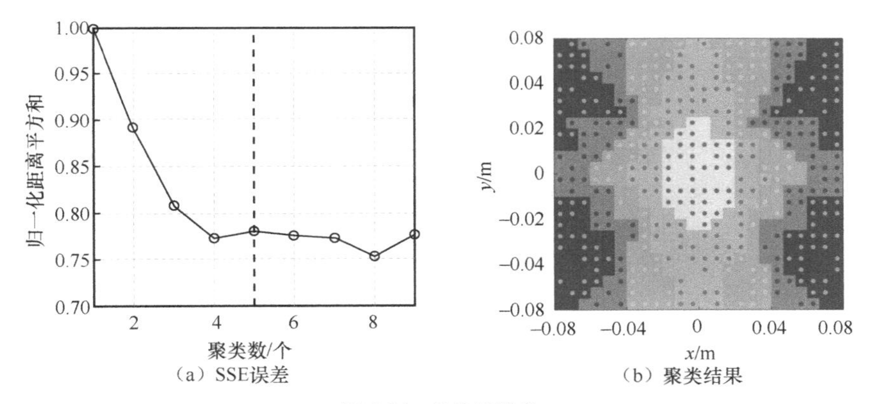

图 6-31 K 均值聚类

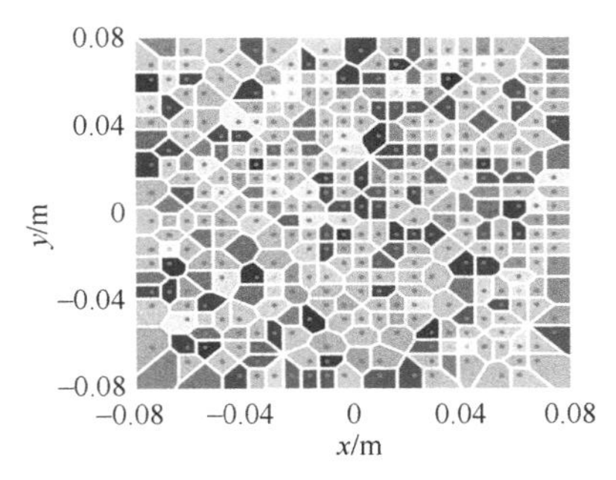

图 6-32 维诺胞元图

经过插值处理后的数据集记为X_3（48×48），如图 6-33（a）所示，为了与插值重构后的数据集进行对比，以0.35λ波长的采样间隔获取对比数据集X_4（48×48），如图 6-33（b）所示。从插值后的X_3选取两个子集X_5（24×24）和X_6（33×33），并计算X_3与X_5之间的能量差（式（6-184）），以及X_3与X_6之间的能量差，结果如图 6-34 所示，其中最小能量点对应的最佳迭代次数为 25 次。因此，在经过 25 次循环 GP 迭代处理后，可以得到降低了截断误差的X_3'的远场方向图。将理论远场、X_4 NFT 远场以及X_3' NFT 远场的三维方向图进行对比，如图 6-35 所示，沿 E 面和 H 面的二维切向对比图如图 6-36 所示。

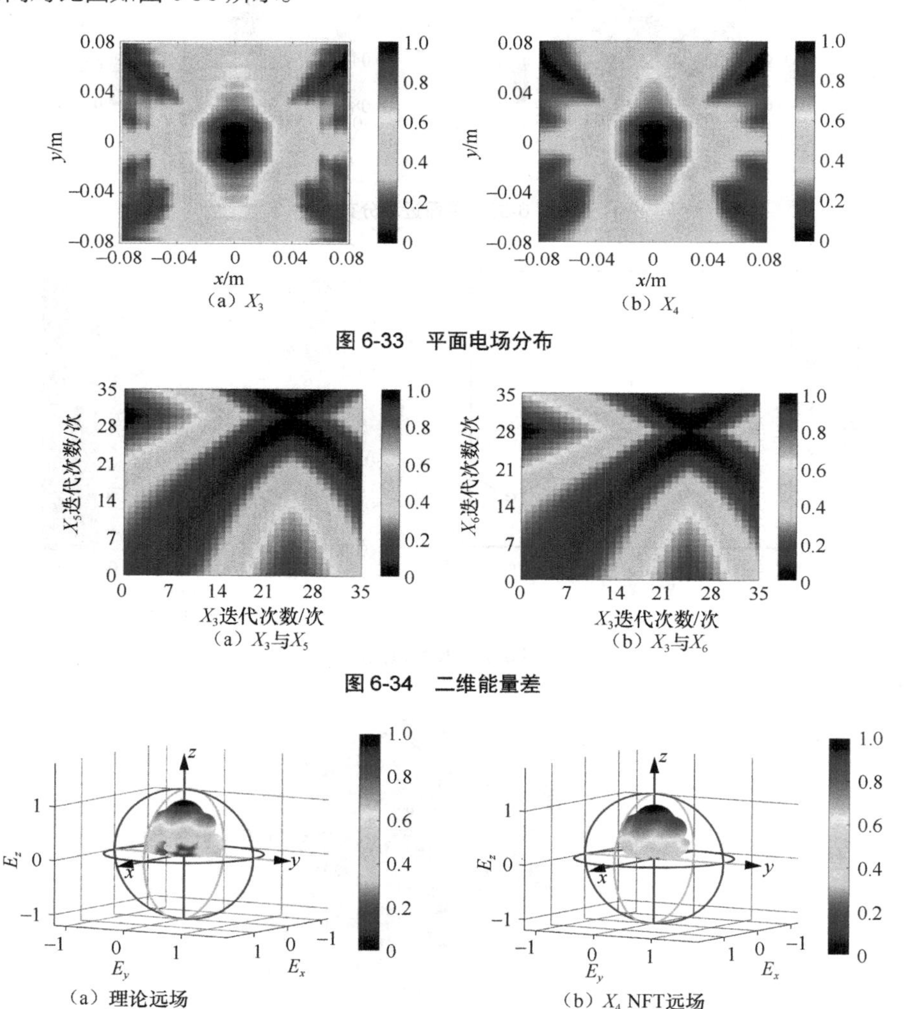

图 6-33　平面电场分布

图 6-34　二维能量差

图 6-35　三维方向图对比

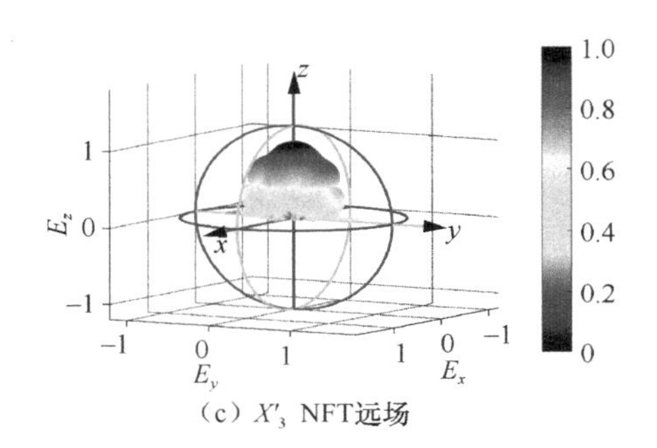

（c）X'_3 NFT远场

图 6-35　三维方向图对比（续）

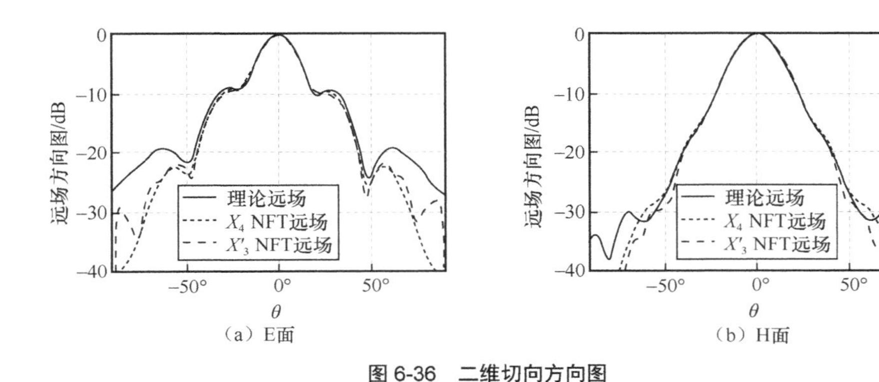

（a）E面　　（b）H面

图 6-36　二维切向方向图

最后，分别计算理论远场（图 6-35（a））与 X_4 NFT 远场（图 6-35（b））以及 X_3' NFT 远场（图 6-35（c））之间的误差，结果如图 6-37 所示。通过上述仿真结果，可以看出利用所述插值和 GP 迭代算法能够有效重构出大于半波长采样且分布不均匀的初始数据集 X_1 所对应的远场方向图，且所述方法重构出的远场方向图精度较高，改善了传统平面近场的测试方法和应用范围。

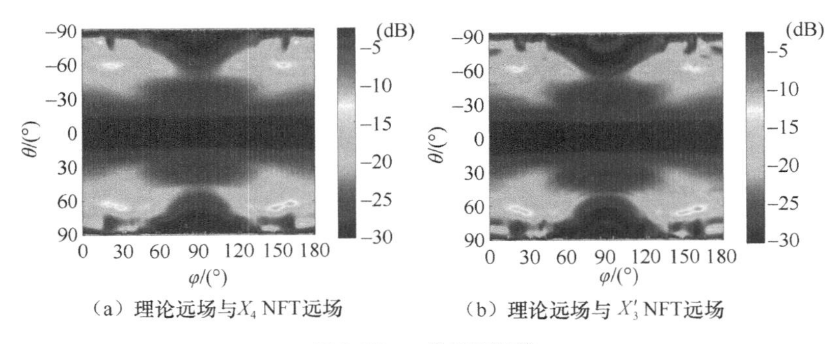

（a）理论远场与X_4 NFT远场　　（b）理论远场与 X'_3 NFT远场

图 6-37　二维平面误差

6.3.8 球面近远场变换仿真验证与分析

由本章前几节的理论推导可知，近场采样数据通过球面波展开方法可以转换为不同加权系数下的球面波函数的叠加形式，由式（6-75）可知，当 $kr \to \infty$ 时，观测区域变为天线的远场，此时球面波函数中的球汉克尔函数的表达形式需要做如下变化

$$f_n(kr) = H_n^{(2)}(kr) \approx \mathrm{j}^{n+1}\mathrm{e}^{-\mathrm{j}kr} \tag{6-185}$$

$$g_n(kr) = \frac{1}{kr}\frac{\mathrm{d}}{\mathrm{d}r}(rH_n^{(2)}(kr)) \approx \mathrm{j}^n \frac{1}{kr}\mathrm{e}^{-\mathrm{j}kr} \tag{6-186}$$

则球面波函数可以表示为

$$\boldsymbol{M}_{mn}(r,\theta,\varphi) = C_{mn}H_n^{(2)}(kr)\left(\mathrm{j}m\frac{P_n^{|m|}(\cos\theta)}{\sin\theta}\boldsymbol{e}_\theta - \frac{\mathrm{d}P_n^{|m|}(\cos\theta)}{\mathrm{d}\theta}\boldsymbol{e}_\varphi\right)\mathrm{e}^{\mathrm{j}m\varphi} \tag{6-187}$$

$$\begin{aligned}\boldsymbol{N}_{mn}(r,\theta,\varphi) = C_{mn}\Bigg(&\left(\left(\frac{\mathrm{d}P_n^{|m|}(\cos\theta)}{\mathrm{d}\theta}\boldsymbol{e}_\theta + \mathrm{j}m\frac{P_n^{|m|}(\cos\theta)}{\sin\theta}\boldsymbol{e}_\varphi\right)\frac{1}{kr}\frac{\mathrm{d}}{\mathrm{d}r}\left(rH_n^{(2)}(kr)\right) + \right.\\ &\left.\frac{n(n+1)}{kr}H_n^{(2)}(kr)P_n^{|m|}(\cos\theta)\boldsymbol{e}_\mathrm{r}\right)\mathrm{e}^{\mathrm{j}m\varphi}\end{aligned} \tag{6-188}$$

由于 $kr \to \infty$，因此式（6-188）中的 $C_{mn}\dfrac{n(n+1)}{kr}H_n^{(2)}(kr)P_n^{|m|}(\cos\theta)\boldsymbol{e}_\mathrm{r}\mathrm{e}^{\mathrm{j}m\varphi}$ 部分可以忽略。此时，将式（6-187）和式（6-188）代入式（6-75），就可以得到待测天线的远场球面波展开形式

$$\begin{aligned}\boldsymbol{E}(\theta,\phi) = \sum_{n=0}^{N}\sum_{m=-n}^{n}\Bigg(&a_{mn}\left(-\frac{mP_n^{|m|}(\cos\theta)}{\sin\theta}\boldsymbol{\theta} - \frac{\mathrm{j}\mathrm{d}P_n^{|m|}(\cos\theta)}{\mathrm{d}\theta}\boldsymbol{\varphi}\right)\\ &+b_{mn}\left(\frac{\mathrm{d}P_n^{|m|}(\cos\theta)}{\mathrm{d}\theta}\boldsymbol{\theta} + \mathrm{j}\frac{mP_n^{|m|}(\cos\theta)}{\sin\theta}\boldsymbol{\varphi}\right)\Bigg)\mathrm{e}^{\mathrm{j}m\varphi}C_{mn}\mathrm{j}^n\frac{1}{kr}\mathrm{e}^{-\mathrm{j}kr}\end{aligned} \tag{6-189}$$

再结合之前介绍的球面波系数 a_{mn} 和 b_{mn} 的求解方法，就可以得到远场天线方向图。

6.3.8.1 无探头补偿仿真验证

下面利用 FEKO 软件和 Matlab 软件进行建模仿真，验证无探头补偿的球面近远场变换算法的有效性。

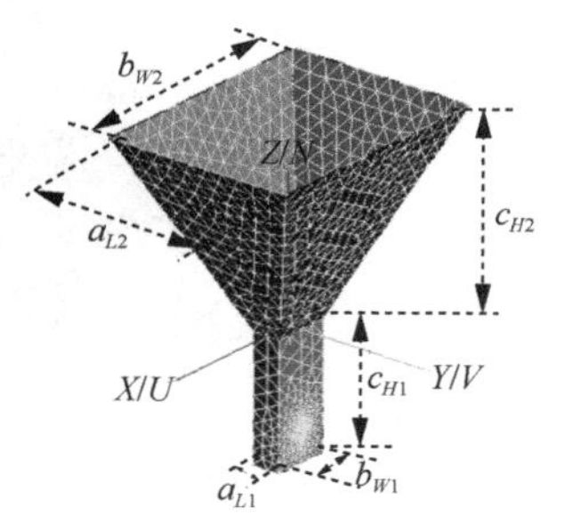

图 6-38　喇叭天线模型

在 FEKO 软件中，建立一个喇叭天线模型，如图 6-38 所

示，模型的具体尺寸参数见表 6-2，天线的工作频率为 1.2 GHz，设置天线的近场采样最小球面半径为5λ，沿着θ和φ方向的采样间隔为3°，沿θ方向的采样范围是$(0^\circ,180^\circ)$，沿φ方向的采样范围是$(0^\circ,360^\circ)$，因此θ方向共有 61 个采样点，φ方向共有 121 个采样点，同时在 FEKO 软件中设置天线远场方向图的采样间隔为 3°，从而可以直接获取理论远场方向图并用作对比参照。

表 6-2　模型尺寸参数

波导尺寸/cm	喇叭尺寸/cm
a_{L1}=6.48	a_{L2}=42.80
b_{W1}=12.96	b_{W2}=55.00
c_{H1}=30.20	c_{H2}=46.00

在 Matlab 软件中导入 FEKO 软件近场采样数据，并用基于上述理论算法的软件代码对数据进行处理，通过将直接采集的远场方向图与经过近远场变换得到的远场方向图进行对比，来验证本章算法的有效性。

图 6-39（a）和图 6-39（b）展示了理论远场和经过近远场变换后的三维远场方向图，通过对比结果能够直观地看出近远场变换算法可以得到预期的远场辐射方向图。图 6-40（a）和图 6-40（b）对比了 E 面和 H 面上的辐射方向图，实线代表 AUT 的理论远场方向图，虚线表示通过近远场变换算法得到的 AUT 远场方向图，通过对比两条曲线在$\theta=(-180^\circ,180^\circ)$范围内的切向方向图拟合程度，可以进一步说明近远场变换算法能够很好地获取天线远场辐射特性，并与真实的远场方向图保持一致。

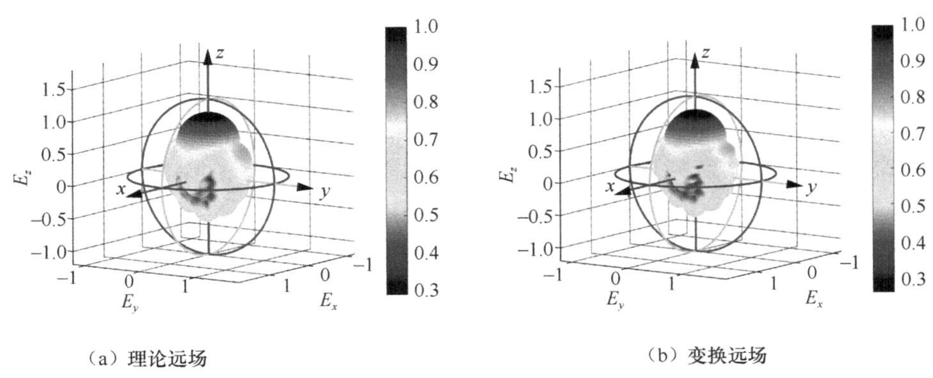

（a）理论远场　　（b）变换远场

图 6-39　三维远场方向图

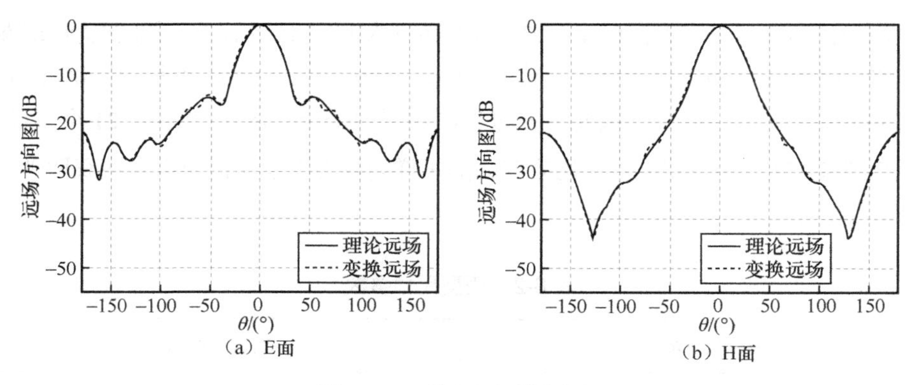

图 6-40　二维切向辐射方向图

6.3.8.2　有探头补偿仿真验证

在 FEKO 软件中，建立一个贴片天线模型，如图 6-41 所示，模型的具体尺寸参数见表 6-3，天线的工作频率为 0.6 GHz，设置天线的近场采样最小球面半径为 1.2 m，采用一个十分之一波长偶极子作为探头，沿着 θ 和 φ 方向进行单探头扫描采样，采样间隔为 15°，沿 θ 方向的采样范围是 $(0^\circ,180^\circ)$，沿 φ 方向的采样范围是 $(0^\circ,360^\circ)$，同时在 FEKO 中直接获取理论远场方向图并用作对比参照。

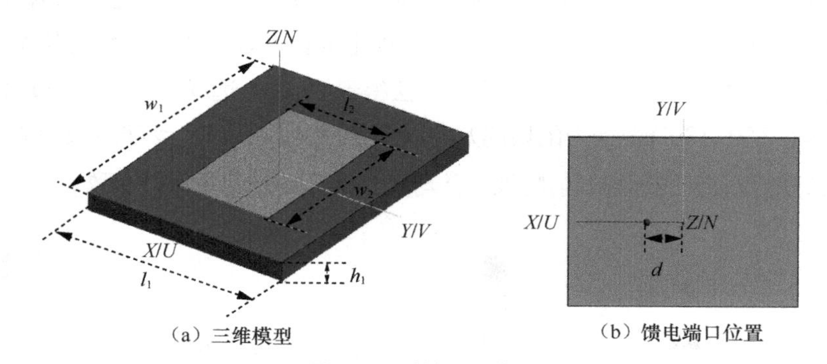

图 6-41　贴片天线模型

表 6-3　贴片天线模型尺寸参数

贴片天线尺寸/cm	
l_1=28.00	l_2=13.00
w_1=37.20	w_2=22.20
h_1=2.50	d = 5.80

图 6-42（a）是偶极子探头的功率谱，可以验证采用的偶极子探头的功率主要集中在$|\mu|=1$处，因此采用一阶探头补偿技术进行近远场变换。图 6-42（b）和（c）展示了理论远场、无探头补偿和有探头补偿近远场变换的远场方向图的两个切面，分别对应 E 面和 H 面，通过对比方向图的拟合程度，说明一阶探头补偿近远场变换算法可以得到预期的远场辐射方向图。图 6-43 对比了 E 面和 H 面两个切面无探头补偿和有探头补偿近远场变换算法得到的远场与理论远场方向图的误差结果，结果表明一阶探头补偿技术能够有效地降低因探头特性造成的误差。

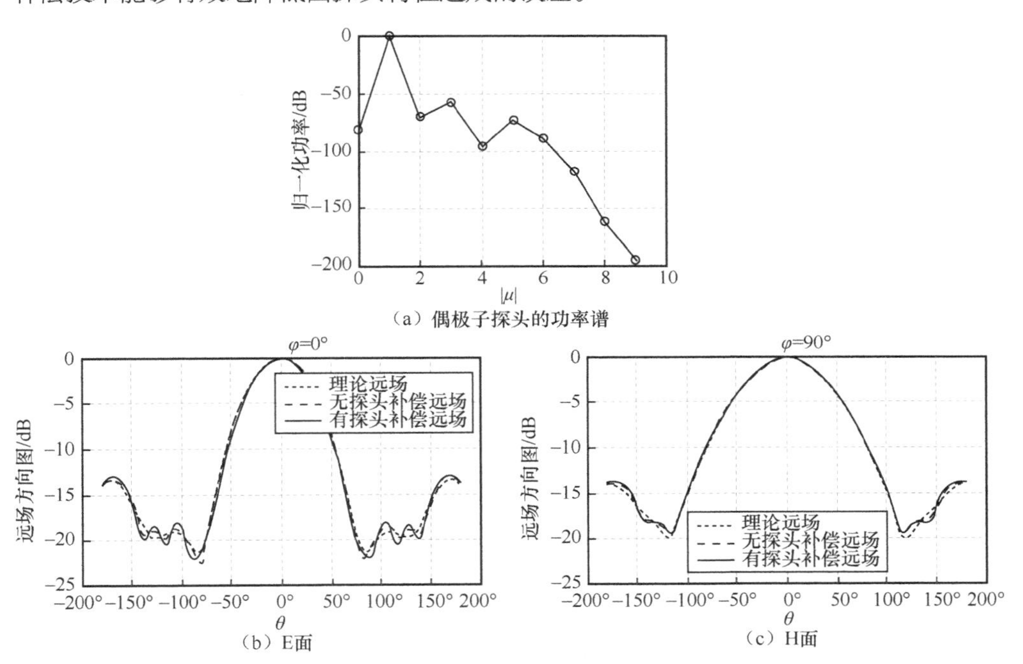

图 6-42　理论远场、无探头补偿和有探头补偿近远场变换远场的二维切向方向图的对比

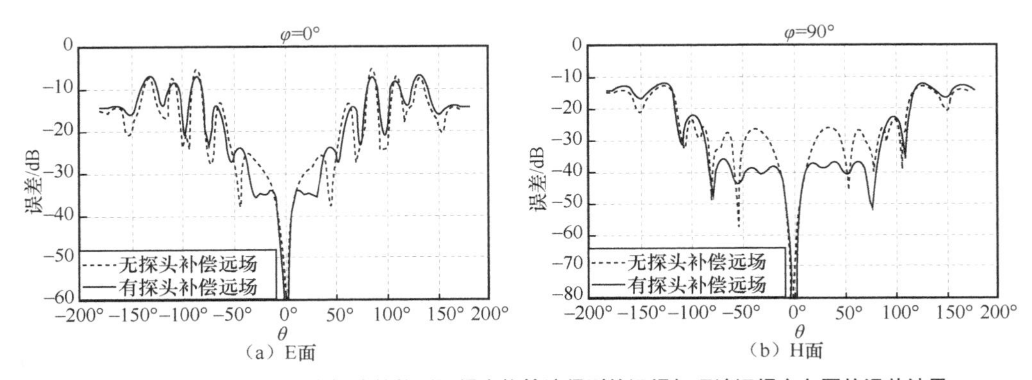

图 6-43　无探头补偿和有探头补偿近远场变换算法得到的远场与理论远场方向图的误差结果

6.3.9 测试误差分析

球面近场测试系统一般由多探头阵列（多探头球面近场测试系统）、机械系统、射频子系统、近远场变换系统软件和天线暗室几部分组成。机械系统调整被测天线的机械位置，一方面可保证被测件的机械中心与系统的机械中心重合，另一方面在进行相位中心测量时，可以调整被测件的相位中心与系统的机械中心基本重合，机械系统的定位精度直接影响天线测试的精度。机械系统应提供 3 个旋转轴，以符合球形近场天线测试的几何要求；射频子系统包括信号源、可测量振幅和相位的接收器、探头、连接各部件的电缆和电路，待测天线扫描期间射频子系统的短期和长期稳定性对于测量的准确性至关重要；近远场变换系统软件将射频系统采集的数据通过探头补偿技术变换到远场。

球面近场测试系统每个部分都存在不同的误差源，影响近远场转换的精度，在分析球面近远场测试时，对每一个误差源进行独立分析。目前根据相关理论分析，美国国家标准与技术研究所将近场天线测量结果不确定度分为 18 项[67-68]，该分析已成为评估近场天线测量设施的行业标准，分别为：探头方向性、探头极化率、探头增益、探头对准、归一化常数或增益标准远场峰值、阻抗失配、待测天线对准、采样间隔、测量区域截断、探头 y 轴定位误差、探头 z 轴定位误差、多次反射误差、网络分析仪幅度线性度、系统相位噪声（由于电缆/旋转接头、温度和接收误差）、网络分析仪动态范围、暗室散射、泄漏和串扰、重复测试引入随机误差。这 18 项误差根据种类可分为 4 项[68]，分别是扫描探头、机械定位、测量系统以及测试环境引入的误差。

6.3.9.1 测量不确定性的估计/表示方法

在开始测量任务之前，机械系统需要精确校准，因此它需要具有内置的调整可能性，可采用便于校准的工具，例如水平仪、经纬仪、激光跟踪干涉仪等。另外对测量系统进行调整，然后进行一些测试，以确保某些可控误差源不会限制测试的灵敏度，提高不确定度过程的效率和灵敏度。设置发射信号电平和接收器平均值，以实现射频信号的最高实际信噪比，检查并正确拧紧所有传输线接头，以避免电缆、接头和波导接头泄漏。测试分析不确定度通常有两种评估方法。不确定度可以用远场参数来表示，通过两次测试增益的不确定性可以表示为

$$\Delta G = G_1 - G_2 \tag{6-190}$$

其中，增益（G）以 dBi 为单位。类似的表达式适用于其他参数，如旁瓣电平、交叉极化等。它也可以表示为相对于远场参数的干扰信号的变化，干扰信号表示为等效杂散信号（ESS）与远场参数信号（S）的比率

$$(\mathrm{ESS}/S)_{\mathrm{dB}} = 20 \times \log(\mathrm{ESS}/S) \tag{6-191}$$

其中，ESS 和 S 是测试电压，不确定度（dB 形式表示）可表示为

$$\Delta_{\mathrm{dB}}^{\pm} = 20 \times \log(1 \pm 10^{\frac{(\mathrm{ESS}/S)_{\mathrm{dB}}}{20}}) \tag{6-192}$$

6.3.9.2　探头定位误差

在球面近场实际测试中，旋转轴位置偏移、采样点不准确等会造成探头定位误差，其误差主要分为：旋转轴不正交、旋转轴位置偏移、探头的轴与极化旋转轴没有对准、测试距离不准确以及 φ 和 θ 轴不相交。探头定位误差通常采用机械校准方式[69]，这种方式多应用于位置误差较大的测试中，一般采用激光跟踪干涉仪进行对准，使得球面近场测试在机械上更为精确。

为验证球面近场测试中探头定位误差对近场测试的影响，需在 FEKO 软件中，模拟如图 6-41 所示的贴片天线模型，在距离天线 5λ 处进行采样，比较径向误差为 r_0 时，即采样半径为 $A = 5\lambda + r_0$ 时的近场转远场得到的远场方向图和无径向误差（$r_0 = 0$）得到的远场方向图。如图 6-44 所示，仿真结果对比 r_0 分别取 0 mm、5 mm、10 mm 和 15 mm 时，在 E 面和 H 面两个切面的远场转换结果；图 6-45 对应径向误差为 5 mm、10 mm 和 15 mm 时，在 E 面和 H 面两个切面引入的误差信号的对比结果，径向误差越大，对远场的影响越大。

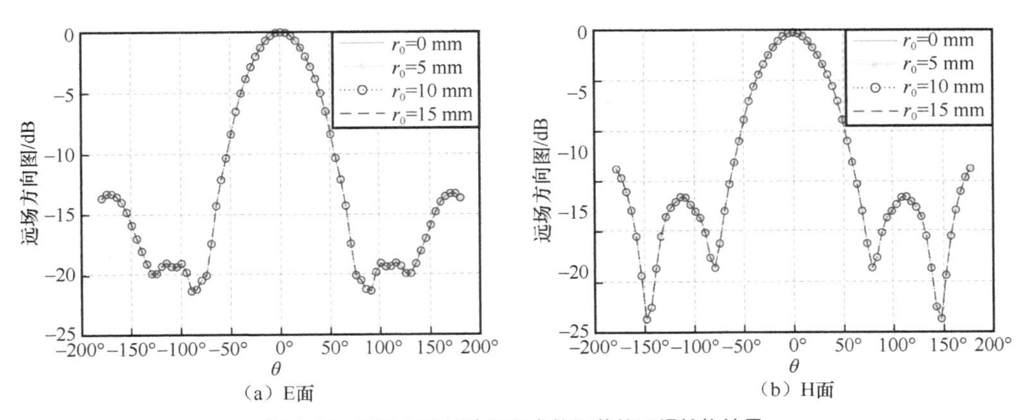

（a）E面　　（b）H面

图 6-44　不同程度探头径向定位误差的远场转换结果

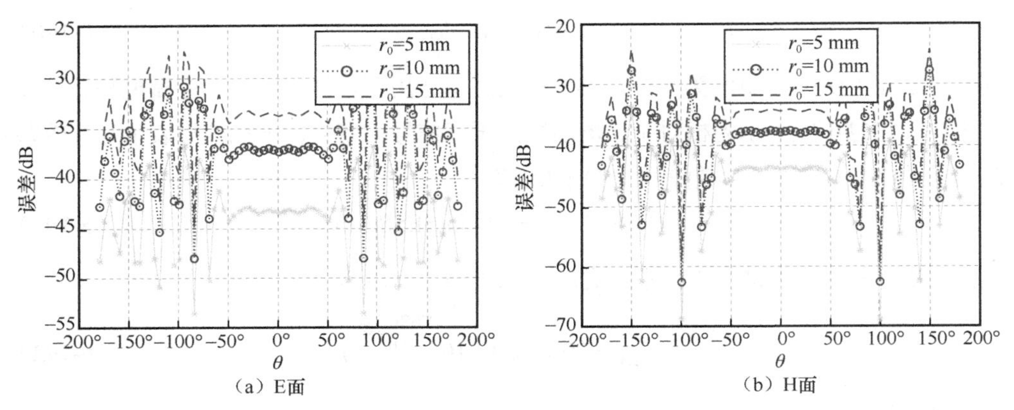

图 6-45 不同径向误差引入干扰信号

表 6-4 是由式(6-192)计算出的探头径向误差 r_0 导致的主瓣和第一副瓣不确定度。

表 6-4 探头径向误差 r_0 导致的主瓣和第一副瓣不确定度

r_0/mm	主瓣不确定度/dB	E 面第一副瓣不确定度/dB	H 面第一副瓣不确定度/dB
5	0.057 6	0.111 6	0.070 7
10	0.114 9	0.226 1	0.146 4
15	0.172 2	0.343 2	0.226 4

在距离天线 5λ 处进行采样，比较探头的采样误差为 θ_0 时，近场转远场得到的远场方向图和无采样误差得到的远场方向图。如图 6-46 所示，仿真结果对比 θ_0 分别取 0°、0.05°、0.5° 和 1° 时，在 E 面和 H 面两个切面的远场转换结果；图 6-47 对应探头 θ 位置采样误差为 0.05°、0.5° 和 1° 时，在 E 面和 H 面两个切面引入的误差信号。

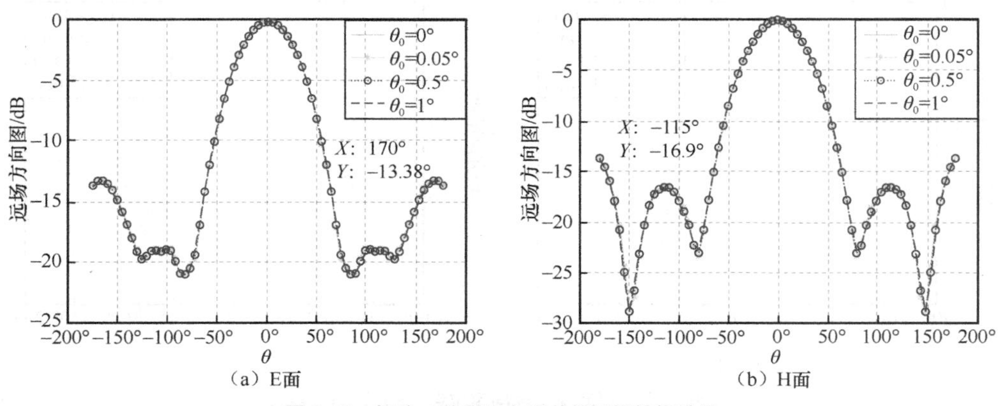

图 6-46 探头 θ 位置切向误差的远场转换结果

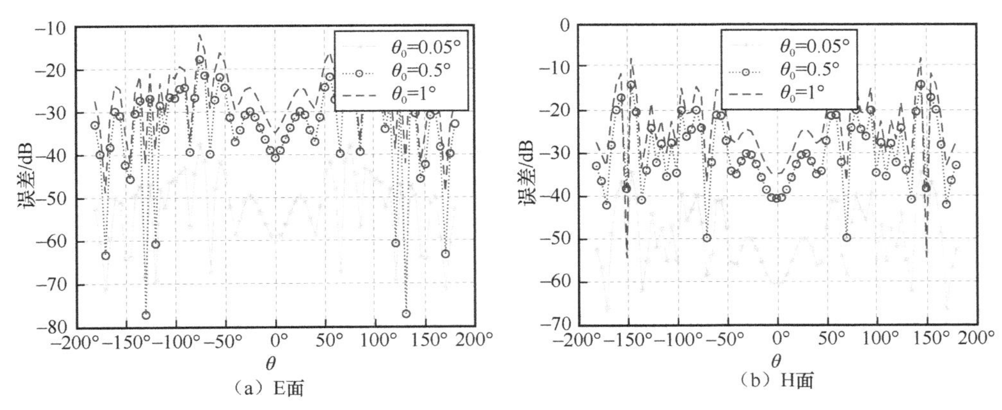

图 6-47　不同切向误差引入的误差信号

表 6-5 是探头 θ 位置采样误差导致的主瓣和第一副瓣的不确定度。

表 6-5　探头 θ 位置采样误差导致的主瓣和第一副瓣的不确定度

θ_0	主瓣不确定度/dB	E 面第一副瓣不确定度/dB	H 面第一副瓣不确定度/dB
0.05°	0.0081	0.0208	0.0043
0.5°	0.0780	0.1160	0.0664
1°	0.1501	0.2370	0.1864

球面近场扫描中的径向位置误差与平面近场扫描中的 z 位置误差相似，主要影响是在近场中引起相位误差，该相位误差与径向误差呈正比。许多天线关于 φ 轴对称，对于这些类型的天线，φ 位置的误差对确定远场方向图几乎没有影响；对于没有这种对称性的天线，φ 位置的误差将导致远场方向图误差，其幅度与 θ 位置误差引起的误差幅度相似。

对于产生较大影响的定位误差，应相应进行校准分析。目前关于定位误差的校准已有许多种方法[70-72]，除传统的机械定位校准外，还有利用奇异值分解[71]或迭代方法[71-72]重建存在定位误差的近场数据的方法，其通过建立实际不规则采样样本与近远场转换需要的均匀分布近场样本之间的关系，然后通过最佳采样插值算法对存在定位误差的近场样本进行处理，最终有效地确定经典球面近远场变换所需的近场数据。

6.3.9.3　探头校准误差

在探头端口处测量的信号不仅受探头方向图的影响，还受从探头到接收器的测量通道的影响，测量通道的特性通常在幅值和相位上都不同，这种差异必须进行补偿，并通过信道校准测量进行，对于校准后探头间的幅值相位差异进行软件补偿清零。

在行业标准 YD/T 2868—2020《移动通信系统无源天线测量方法》中，规定了多探头球面近场测试的技术要求，具体见表 6-6。

表 6-6　辐射参数测试场地及设备要求[72]

技术要求		验收场地指标要求
基本要求	屏蔽要求	优于−100 dB
	标准增益天线不确定性	小于±0.35 dB
	静区尺寸	大于被测天线口径
	静区反射电平	大于 690 MHz 优于−35 dB
探头一致性要求	幅度均匀度	小于±0.15 dB
	相位均匀度	小于±2°
	交叉极化（校准后）	优于−30 dB

如图 6-48（a）所示为探头校准示意，校准天线（标准增益天线）固定在转台中心，绕转轴可以 360°活动，校准天线口面中心到达每一个探头的距离相等，通过对所有探头进行测试，得到全部探头幅度相位矩阵 $\boldsymbol{H}$，通过对矩阵求逆的方法将矩阵代入测试实现系统校准。

转台步进误差、对准精度等各项机械误差的存在，导致探头接收信号产生相对误差，探头校准一致性误差计算如图 6-48（b）所示，$P1$ 点是理想校准天线口面中心，$P2$ 点是实际测试校准天线口面中心，$P1$ 点到探头的距离与 $P2$ 点到探头的距离带来的信号测试误差即为测试误差，该误差主要从以下方面影响幅度和相位一致性[74]。

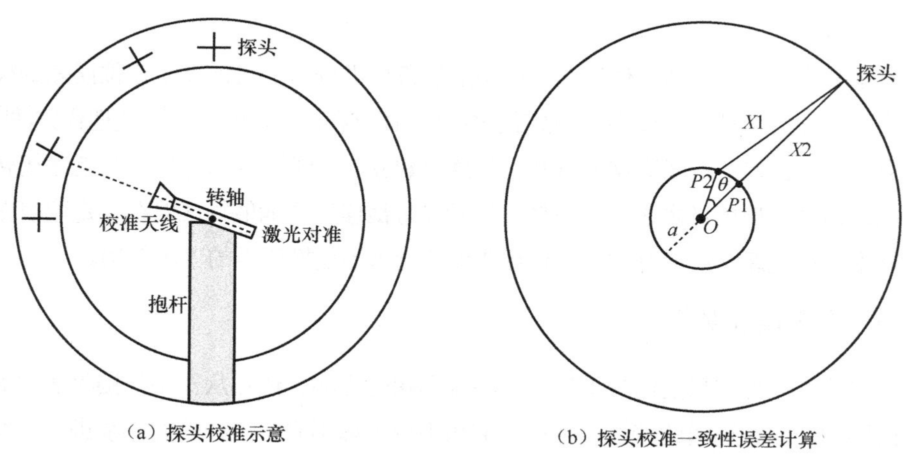

（a）探头校准示意　　（b）探头校准一致性误差计算

图 6-48　探头校准

（1）幅度一致性：标准天线实际对准方向和理想对准方向之间的误差角度 θ 使得标准天线最大增益方向偏离探头，同时测试距离发生变化，导致探头接收强度改变；考虑到标准天线在偏离角度极小的情况下，幅度变化很小，最大增益方向的改变可忽略不计；由距离改变产生的天线增益变化可根据弗里斯传输公式求解。

（2）相位一致性：测试距离误差使得 $\mathrm{e}^{-\mathrm{j}kr}$ 发生变化，导致相位误差。

6.3.9.4　测试区域截断误差

对于平面近场测试，扫描区域有限大，导致截断误差，在球面近场测试中，如果仅取测试区域为球面的一部分，可以有效地降低测试时间，球面近场测试角度和远场范围存在以下关系[67]

$$A\sin(\theta_t - \theta_{\mathrm{tf}}) = r_0 \tag{6-193}$$

其中，A 是测试半径，r_0 是包围被测天线的最小球面半径，θ_{tf} 是近场采样范围为 θ_t 时，产生的有效远场数据范围，如图 6-49 所示，则

$$\theta_{\mathrm{tf}} = \theta_t - \arcsin(r_0 / A) \tag{6-194}$$

$$\theta_{\mathrm{tr}} = 2\times\theta_{\mathrm{tf}} \tag{6-195}$$

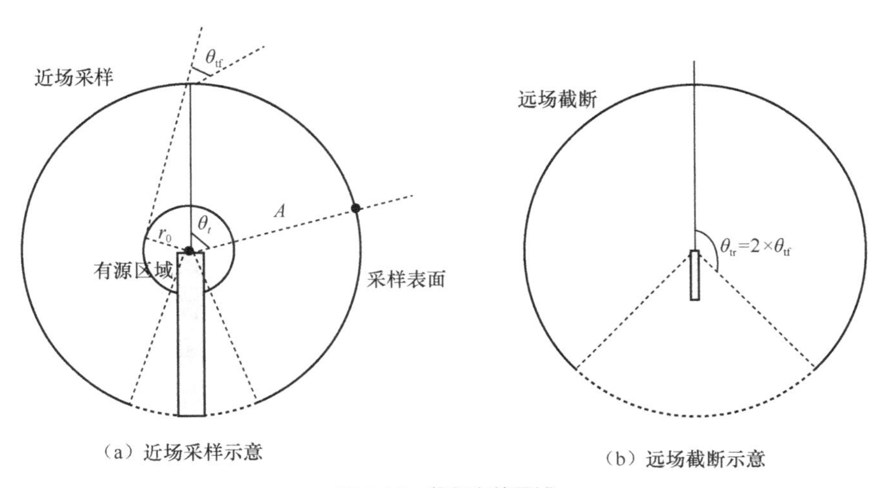

（a）近场采样示意　　（b）远场截断示意

图 6-49　截断有效区域

模拟测试区域截断误差，选择如图 6-41 所示的贴片天线模型，最小球面半径为 0.93λ，测试半径为 3λ，取截断角度为 $\theta_t = 60°$ 和 $\theta_t = 45°$ 时，对应 $\theta_{\mathrm{tf}} = 41.9°$ 和 $\theta_{\mathrm{tf}} = 26.9°$，分别如图 6-50 和图 6-51 所示，对应 E 面和 H 面的远场和参考远场的对比结果。

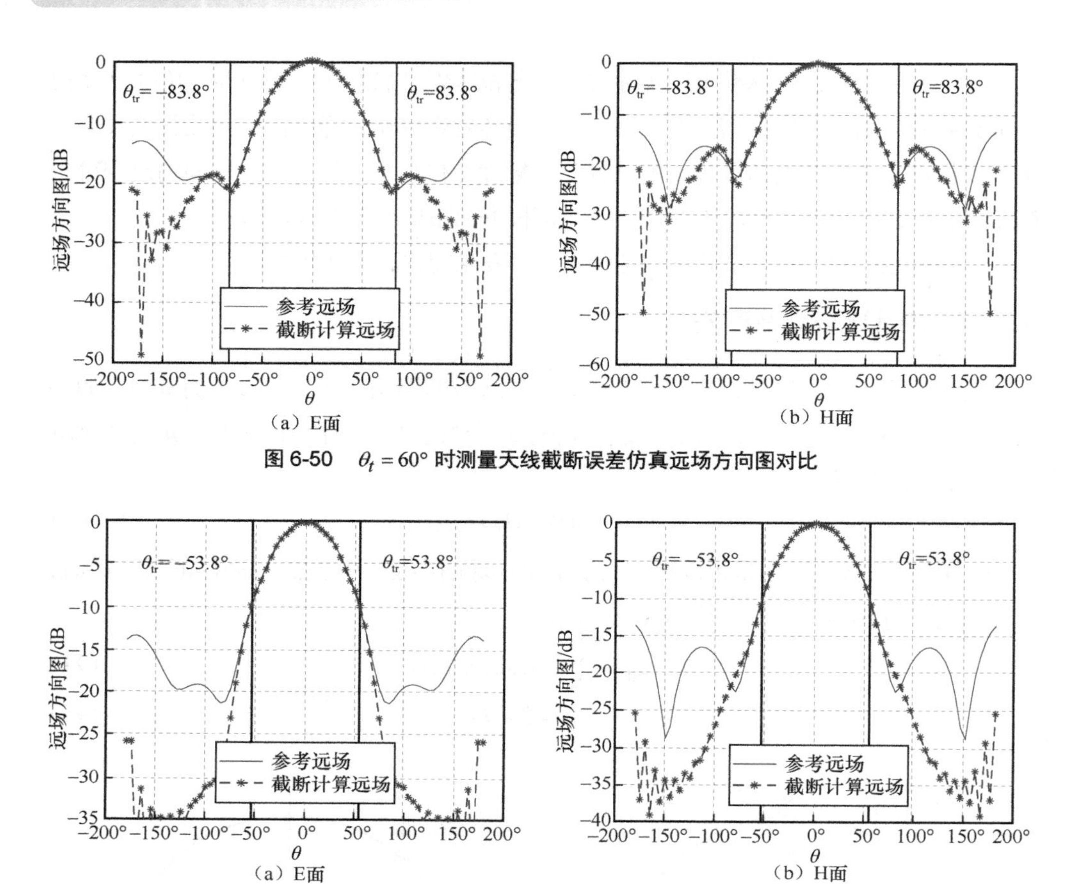

图 6-50　$\theta_t = 60°$ 时测量天线截断误差仿真远场方向图对比

图 6-51　$\theta_t = 45°$ 时测量天线截断误差仿真远场方向图对比

由于减少了近远场转换数据，其计算速度加快，同时可以用来评估多探头球面近场测试系统中由抱杆所在位置的影响，缺少 $\theta = 180°$ 处探头测试数据，造成的截断误差影响，也用于被测天线后瓣可忽略的情况下进行 θ 方向的截断计算。

6.3.9.5　测试环境误差

测试环境中，暗室散射、泄漏和串扰等问题都会引起测量误差。暗室散射主要受扫描支架、地板、抱杆等电波散射物的影响，对于球面近场测试系统，通过将支架从被测天线移动到探头安装座，使被测天线和探头之间的间隔保持不变，可以在竖直方向上进行平移，移动支架后，仍需要对准镜或水平仪来验证 AUT 和探头的角度对准。暗室散射可以通过过采样部分缓解，因为房间散射的贡献通常比 λ 变化得更快。暗室散射的影响也可以通过使用后处理技术来估计，该技术将减少测量室内的散射影响，并将从原始测量数据中获得的远场与后处理获得的远场进行比较。

串扰是测量系统或子系统的两个端口之间不需要的耦合，串扰问题通常是由开关、混频器、隔离器或双端口探头的隔离不良造成的，测试串扰的直接方法是将信号插入一个端口并测量另一个端口的输出。

泄漏是由用于连接测量系统组件的信号源、电缆、连接器和接头存在缺陷而导致的有害耦合。为了估计泄漏，如果被测天线、探头和测量条件没有改变，则获取参考数据，然后将输入传输线从被测天线移除并端接负载，负载应该用导电胶带覆盖，然后放置在吸波材料内，使用与参考数据的相同测量参数获取近场测量值。对于幅度高于噪声水平且来自某些泄漏源的所有区域，检查幅度数据，如果确实出现泄漏区域，则应将探头放置在这些区域并检查射频系统以识别并消除泄漏。检测完成后，应重复进行泄漏扫描以验证性能是否正确。

6.4　毫米波阵列的波束扫描测试

6.4.1　概述

在天线测试技术领域中，远场测试、近场测试是常见的两种测试方法。天线远场测试要求比较纯净的空间电磁环境并且要求满足待测天线远场条件的测试距离，如图 6-52 所示，即 $L > 2 \times D^2 / \lambda$，在暗室实现相对困难。天线近场测试是用一个特性固定的已知探头在被测物辐射近场区域内某一个表面上进行扫描，测出天线在这个表面的辐射近场的幅度和相位分布随位置变化的关系。根据电磁辐射的惠更斯-基尔霍夫原理和等效性原理，分析一个辐射问题只需获得一个包围辐射体的假象表面上的表面电流和表面磁流即可，由于无源的电场和磁场具有确定的关系，故仅需获得表面电流分布，通过集合所有表面电流分布对远场某角度的贡献，应用严格的模式展开理论，确定天线的远场特性。通常天线近场要求在 3λ～5λ 波长距离进行采样。

近场多探头天线测试系统是公认的现实且高效的天线测试解决方案，尤其对于较大型被测物，远场测试需要满足的条件几乎无法在暗室实现，近场多探头天线测试暗室系统对场地要求较为宽松，极具应用意义，是天线测试的优选方案。近场球面测试系统又分为单探头和多探头测试系统。传统的多探头近场测试系统，通常工作在

Sub-6 GHz，一般的角分辨为 15°，也就是每隔 15°设置一个测试探头。根据空间采样定理，这种多探头测试系统，对于毫米波频段，通常是不满足采样间隔的，这样就需要采用过采样技术。所谓过采样技术，就是将天线的多探头相对于测试天线，沿着俯仰角度进行一定的偏移，通过物理的旋转进行采样角度的加密，这样固然可以使得测试满足采样定理，但是也变相增加了测试的时间，降低了测试的灵活度。表 6-7 为不同频段最大的待测物尺寸与过采样倍数的关系，可以看到，在 50 GHz 频段，如果要实现大于 300 mm 的待测天线阵列测量，需要至少 15 倍的过采样，通常的小基站尺寸往往会比 300 mm 更大。

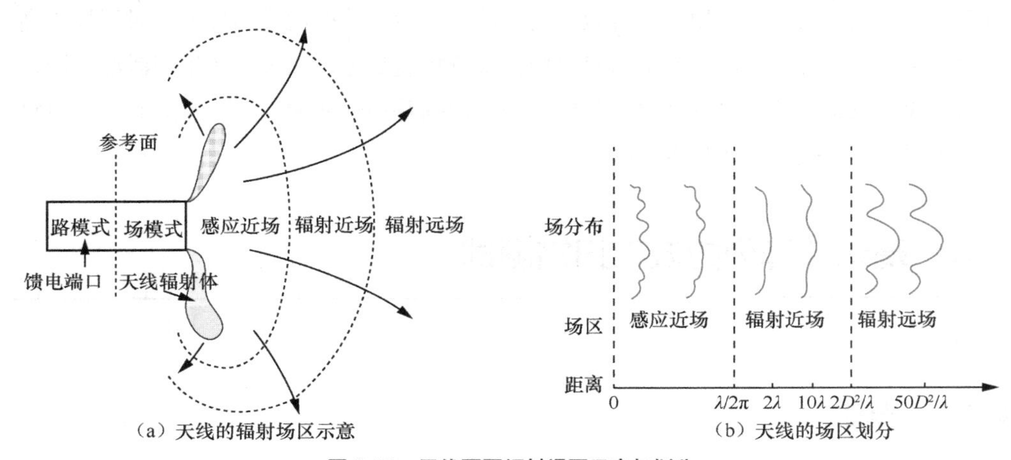

（a）天线的辐射场区示意　　（b）天线的场区划分

图 6-52　天线不同辐射场区示意与划分

表 6-7　不同频段最大的待测物尺寸与过采样倍数的关系

频率	最大待测物尺寸/m				
	×1	×5 过采样	×10 过采样	×15 过采样	×20 过采样
18 GHz	0.06	0.32	0.64	0.83	0.83
40 GHz	0.03	0.14	0.29	0.43	0.57
50 GHz	0.02	0.11	0.23	0.34	0.46

为了克服传统多探头测试系统在毫米波测试中灵活性差、采样间隔大等问题。朗普达专门研发了针对毫米波的单探头近场测试系统。朗普达 LMD-FMTS-121 单探头摇臂测试系统是一款高效的 OTA 测试系统[8]，如图 6-53 所示。系统设置有俯仰面摇臂，可以在 θ 面旋转 180°（部分角域插值达到），最小角分辨率为 0.1°，同时在待测物下方设置带有 Z 轴升降的二维转台，支持 ϕ 面转台转动 360°，最小角分辨率为 0.1°，需要高精度测量的时候非常灵活，可以实现最小 0.1°的采样精度，这是多探头系统所无法比拟的。通过 Z 轴的升降，可以很容易地将测试系统的中心设置在待测天线的相位

中心上，得到精准的幅度和相位方向图。

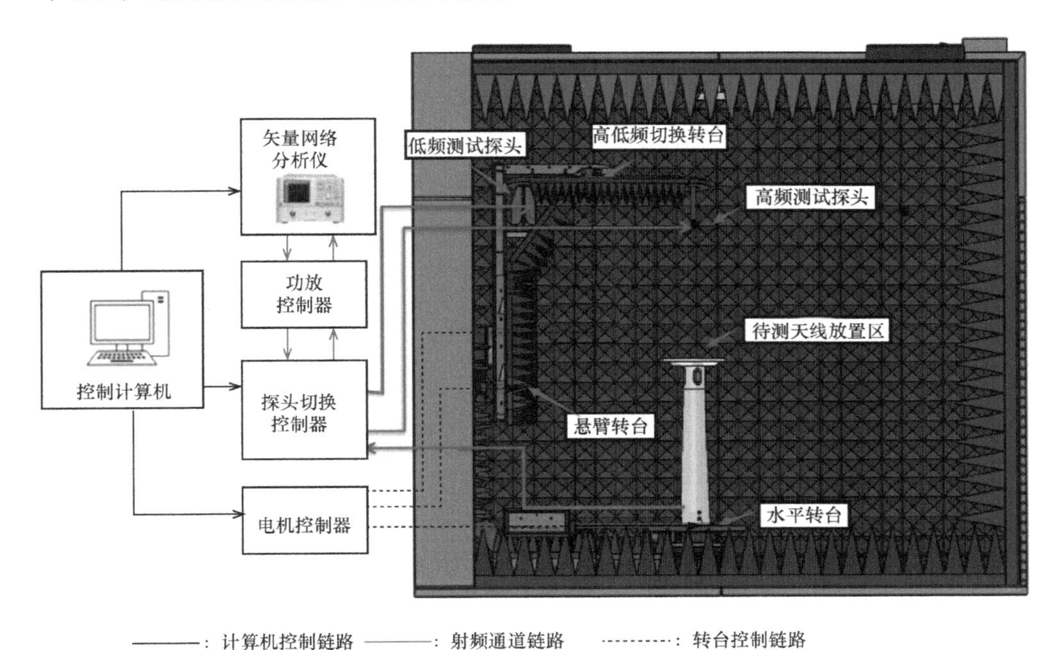

图 6-53 LMD-FMTS-121 单探头摇臂测试系统框架原理

LMD-FMTS-121 测试系统，通过独有的双探头自动切换方法，可以直接自动测试 600 MHz～60 GHz 的全频段天线辐射性能。如图 6-54 所示，测试摇臂和测试转台双轴一体加工，保证了测试的机械精度和稳定性。在测试摇臂上设置可以实现 180°旋转的探头切换装置，可以直接用来切换两个不同的探头系统，其中低频探头工作在 600 MHz～7.2 GHz，高频探头工作在 6～60 GHz。可以根据测试的频段划分，在测试过程中自动地切换测试探头，实现全频段的自动化测试。600 MHz～60 GHz 也覆盖了目前移动通信中所有的协议频段，并且包含了 Wi-Fi 的 2.4 GHz、5 GHz、45 GHz 及 60 GHz 频段。通过 LamStation 软件的控制（图 6-55），可以实现上述频段的无源天线测试，以及相关移动通信协议的有源测试。

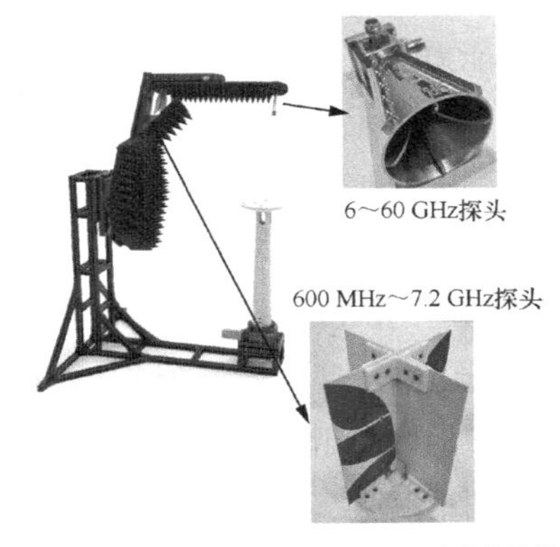

图 6-54 应用于 LMD-FMTS-121 测试系统中的双探头摇臂转台一体化机构和测试探头

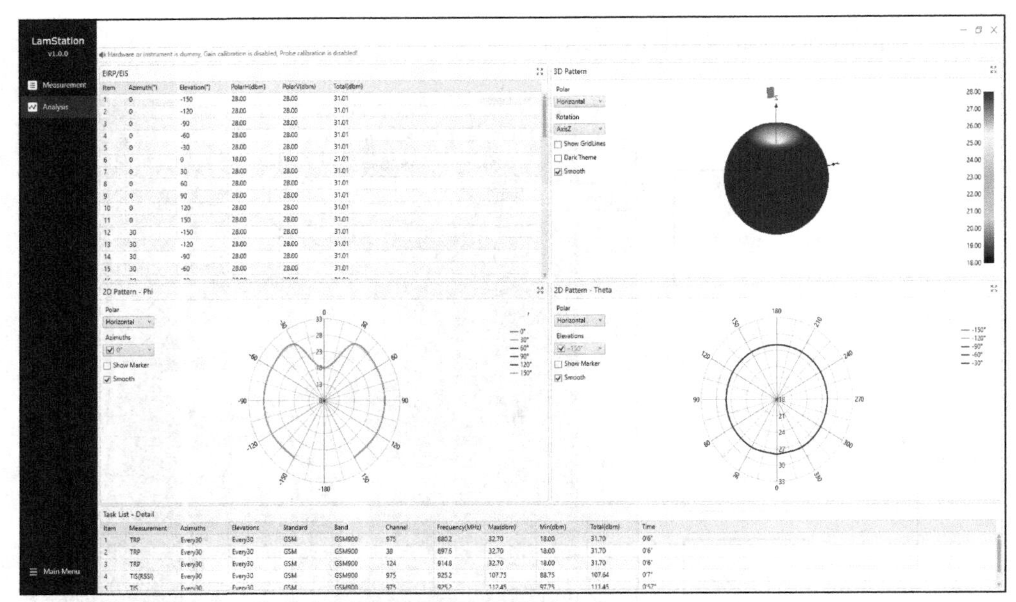

图 6-55　LamStation 天线 OTA 测试软件

6.4.2　毫米波阵列波束覆盖能力的评估

毫米波天线通常是以阵列乃至相控阵的形式出现的。如果需要评估天线的性能，通常需要在天线的后方安装射频收发通道或者波束成形芯片，实现各天线单元不同幅度相位的激励。对于天线设计者而言，这通常是比较麻烦的。为了在设计的早期就快速地评估天线的性能，我们可以在天线的后端直接连接标准化的波束成形器进行其波束覆盖能力的测试。如图 6-56 所示，采用稜研科技的波束成形器 BBox[9]，可以同时实现 4～16 单元的天线的独立幅度相位控制；通过并联的方式，最多可以实现 192 个单元阵列的同时馈电。

BBox 16 个端口单独可控，可独立调整每一个通道的相位以控制波束扫描，还可调整各通道的幅度以抵消线损，如图 6-57 所示。我们将上面介绍的一维四单元双频双极化毫米波天线阵列，通过 SPMP 电缆连接到 BBox 的端口上，再一起放置到 LMD-MTS-112 测试系统的 DUT 转台上，如图 6-58 所示。通过软件配置不同的相位组合，再利用图 6-57 的测试软件控制测试及提取测试数据。最终可以得到图 6-59 所示的测试波束图。从图 6-59 的（a）与（b）的对比中，可以看到实测与仿真结果的吻合度非常高。

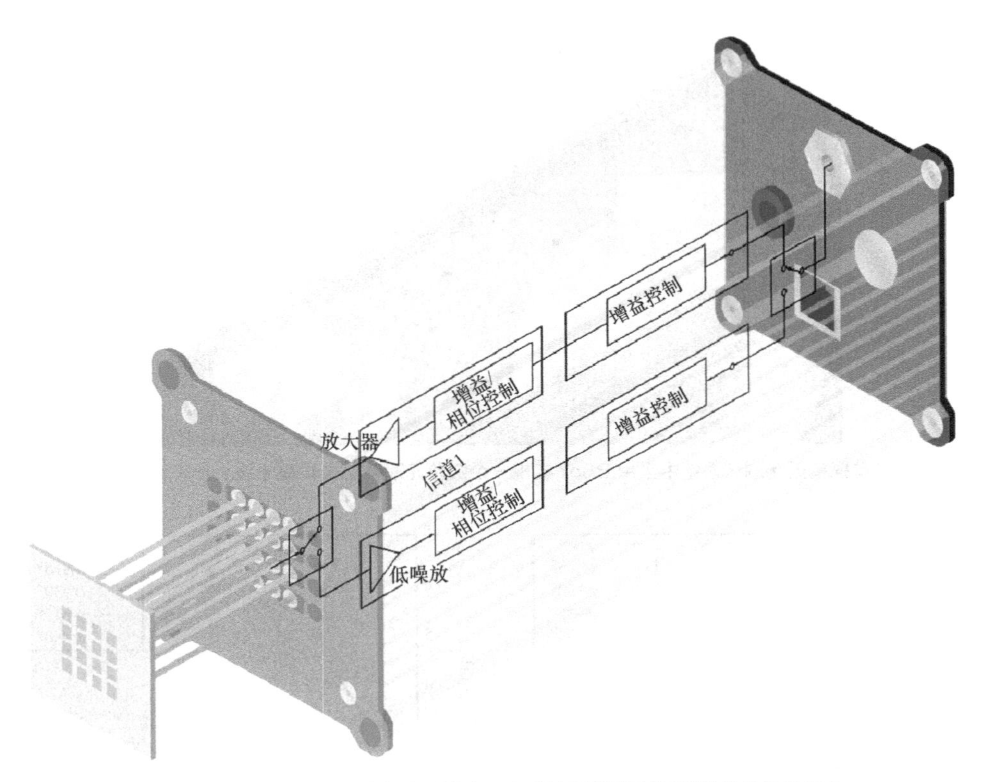

图 6-56　采用产品化的波束成形器实现毫米波天线阵列扫描性能的快速评估

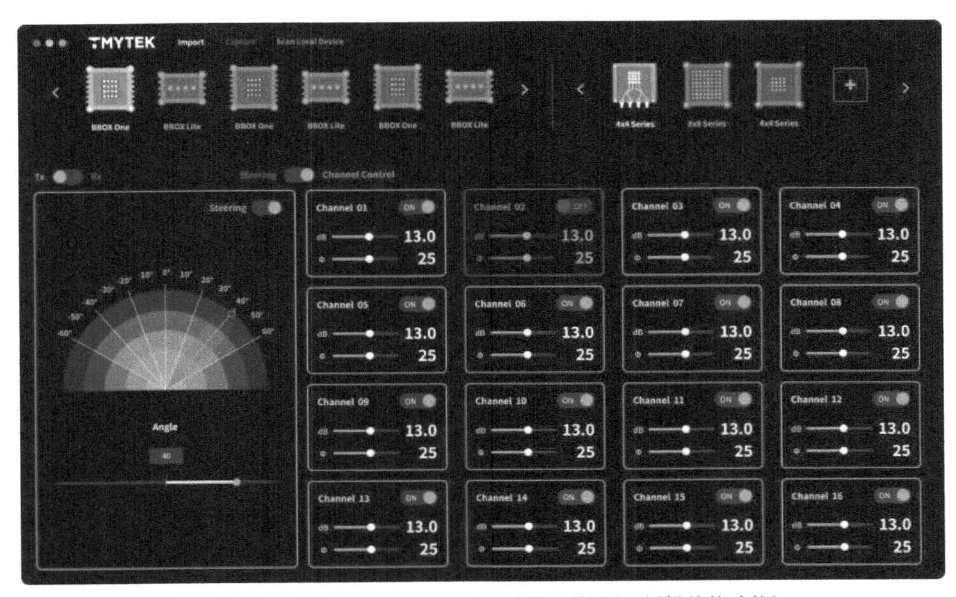

图 6-57　BBox 的软件操作界面（包括幅相控制和插损补偿功能）

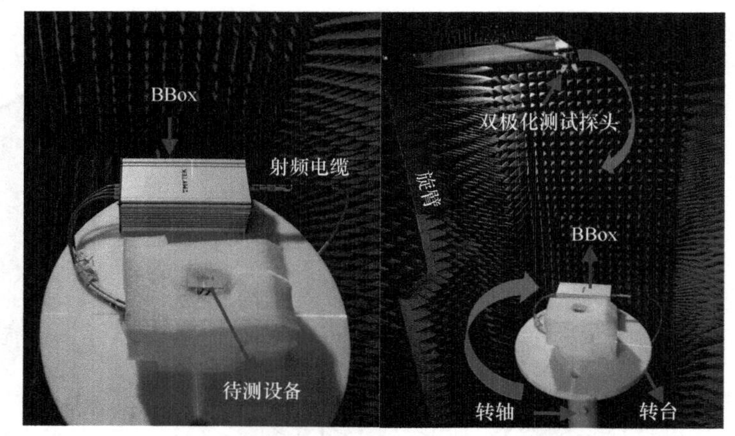

图 6-58　在单探头近场测试系统中采用 BBox 实现一个四单元双频双极化毫米波天线阵列的扫描能力评估

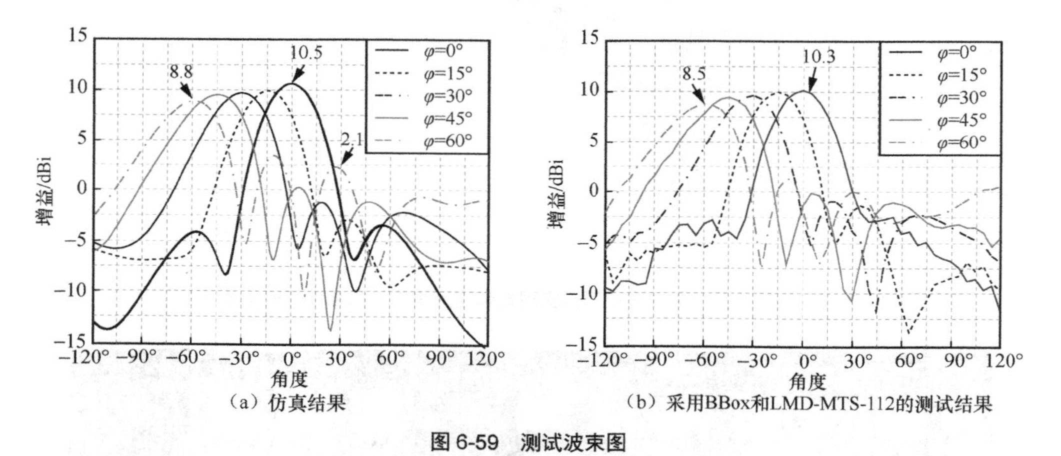

（a）仿真结果　　（b）采用BBox和LMD-MTS-112的测试结果

图 6-59　测试波束图

除了从波束扫描的波位图上可以比较天线的覆盖能力之外，毫米波频段还可引入波束覆盖效率这一参数来描述覆盖能力。波束覆盖效率的定义为

$$\eta_{\mathrm{C}} = \frac{\text{覆盖立体角}}{\text{总立体角}\,(4\pi)}$$

即在给定最低增益标准的基础上，计算所有通过波束扫描能够覆盖的立体角和总的立体角 4π 的百分比，通过此百分比衡量毫米波天线的覆盖能力。我们以单极化宽角扫描阵列为例说明上述参数的评估。如图 6-60 所示，我们把单极化阵列在 PCB 上的排布设置为如下几种。

S：天线阵列放置在 PCB 短边上。

L：天线阵列放置在 PCB 长边上。

PS：天线阵列平行地放置在 PCB 的两个短边上。

PL：天线阵列平行地放置在 PCB 的两个长边上。

O：天线阵列在 PCB 的长边和短边上正交放置。

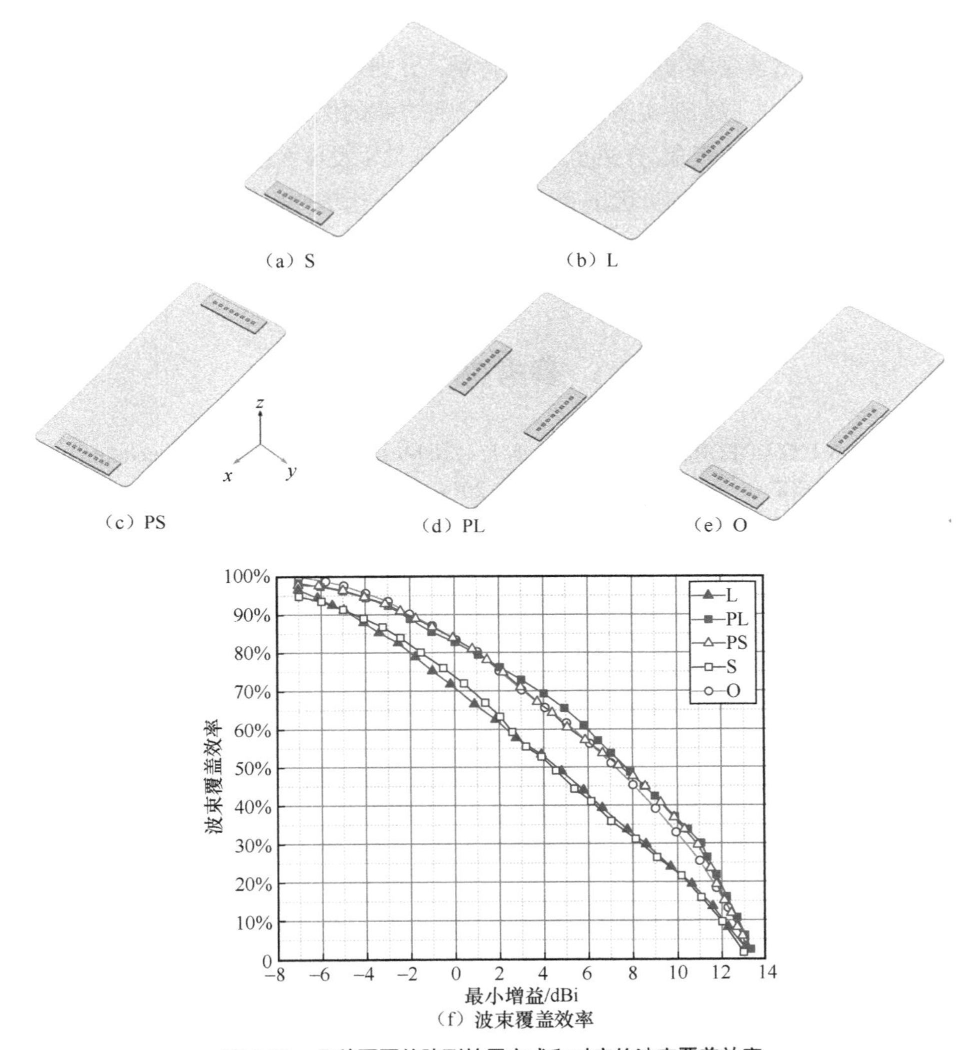

图 6-60　几种不同的阵列放置方式和对应的波束覆盖效率

从图 6-60 可以明显看出，双天线的配置覆盖效率高于单天线的配置覆盖效率接近 20%，而在双天线的配置中，两个天线阵列放置在 PCB 长边的覆盖效率最佳，这也是目前大多数手机中毫米波 AiP 模组的放置方式。

6.5 本章小结

本章首先提出紧缩场的概念以及应用背景，分别列举反射型、透射型和全息型紧缩场设计方案以及一些加工实例，分析了每一种方案的优势和劣势；然后引入了平面近场测试和平面波谱的概念，介绍了球面波展开理论以及球面波函数和复振幅的概念，并通过建模仿真验证了平面近远场变换算法和球面近远场变换算法的有效性；最后，介绍了毫米波阵列的波束扫描测试以及微波混响室的工作原理与应用，为毫米波天线的测试工作提供了参考。

参考文献

[1] LARSSON E G, EDFORS O, TUFVESSON F, et al. Massive MIMO for next generation wireless systems[J]. IEEE Communications Magazine, 2014, 52(2): 186-195.

[2] JUNGNICKEL V, MANOLAKIS K, ZIRWAS W, et al. The role of small cells, coordinated multipoint, and massive MIMO in 5G[J]. IEEE Communications Magazine, 2014, 52(5): 44-51.

[3] BJÖRNSON E, HOYDIS J, KOUNTOURIS M, et al. Massive MIMO systems with non-ideal hardware: energy efficiency, estimation, and capacity limits[J]. IEEE Transactions on Information Theory, 2014, 60(11): 7112-7139.

[4] 安刚, 冯凯, 焦婧, 等. 紧缩场静区性能的检测及补偿方法[J]. 空间电子技术, 2015, 12(2): 16-19.

[5] 张晓平. 天线紧缩场测试技术研究[J]. 航天器环境工程, 2006, 23(6): 321-328.

[6] 王玖珍, 薛正辉. 天线测量实用手册[M]. 北京: 人民邮电出版社, 2013.

[7] 王君波. 高利用率大口径反射镜紧缩场天线测量系统的研究与设计[D]. 北京: 北京邮电大学, 2019.

[8] YANG C, YU J S, YAO Y, et al. Novel corrugated matched feed for cross-polar cancellation in tri-reflector compact range[J]. IEEE Antennas and Wireless Propagation Letters, 2003, 13: 1003-1006.

[9] 周国锋, 李晓星, 栾京东, 等. 大型紧缩场边缘干涉误差检测及拼缝修正[J]. 北京航空航天大学学报, 2014, 40(2): 166-171.

[10] HILL D A. Electromagnetic fields in cavities[M]. New Jersey: Wiley, 2009.

[11] XU Q, HUANG Y. Anechoic and reverberation chambers[M]. New Jersey: Wiley, 2018.

[12] MENDES H A. A new approach to electromagnetic field-strength measurements in shielded

enclosures[R]. 1968.

[13] JARVA W. Shielding tests for cables and small enclosures in the 1 to 10 GHz range[J]. IEEE Transactions on Electromagnetic Compatibility, 1970, EMC-12(1): 12-24.

[14] CORONA P, LATMIRAL G, PAOLINI E, et al. Use of a reverberating enclosure for measurements of radiated power in the microwave range[J]. IEEE Transactions on Electromagnetic Compatibility, 1976, 18(2): 54-59.

[15] CRAWFORD M L, KOEPKE G H. Design, evaluation and use of a reverberation chamber for performing electromagnetic susceptibility/vulnerability measurements[R]. 1986.

[16] HILL D A. Electromagnetic theory of reverberation chambers[R]. 1998.

[17] International Electrotechnical Commission(IEC). Electromagnetic compatibility (EMC)-Part 1361: testing and measurement techniques reverberation chamber test methods[S]. 2003.

[18] YOU X H, WANG C X, HUANG J, et al. Towards 6G wireless communication networks: vision, enabling technologies, and new paradigm shifts[J]. Science China Information Sciences, 2020, 64(1): 110301.

[19] 3GPP. User equipment (UE)/mobile station (MS) over the air (OTA) antenna performance; conformance testing (release 7): TS 34.114[S]. 2009.

[20] JING Y, WEN Z, KONG H W, et al. Two-stage over the air (OTA) test method for MIMO device performance evaluation[C]//Proceedings of the 2011 IEEE International Symposium on Antennas and Propagation (APSURSI). Piscataway: IEEE Press, 2011: 71-74.

[21] KYÖSTI P, JÄMSÄ T, NUUTINEN J P. Channel modelling for multiprobe over-the-air MIMO testing[J]. International Journal of Antennas and Propagation, 2012.

[22] KILDAL P S, ROSENGREN K. Correlation and capacity of MIMO systems and mutual coupling, radiation efficiency, and diversity gain of their antennas: simulations and measurements in a reverberation chamber[J]. IEEE Communications Magazine, 2004, 42(12): 104-112.

[23] YU W, QI Y H, LIU K F, et al. Radiated two-stage method for LTE MIMO user equipment performance evaluation[J]. IEEE Transactions on Electromagnetic Compatibility, 2014, 56(6): 1691-1696.

[24] TOIVANEN J T, LAITINEN T A, KOLMONEN V M, et al. Reproduction of arbitrary multipath environments in laboratory conditions[J]. IEEE Transactions on Instrumentation and Measurement, 2011, 60(1): 275-281.

[25] FAN W, NIELSEN J Ø, FRANEK O, et al. Antenna pattern impact on MIMO OTA testing[J]. IEEE Transactions on Antennas and Propagation, 2013, 61(11): 5714-5723.

[26] ALMERS P, BONEK E, BURR A, et al. Survey of channel and radio propagation models for wireless MIMO systems[J]. EURASIP Journal on Wireless Communications and Networking, 2007(1): 56.

[27] BAUM D S, HANSEN J, GALDO G D, et al. An interim channel model for beyond-3G systems: extending the 3GPP spatial channel model (SCM)[C]//IEEE Vehicular Technology Conference. Piscataway: IEEE Press, 2005: 3132-3136.

[28] KYÖSTI P, MEINILÖ J, HENTILA L, et al. IST-4-027756 WINNER II D1.1.2 V1.0 WINNER

II channel models. IST-WINNER II Technical Report[R]. 2007.

[29] 3GPP. Study on cannel model for frequencies from 0.5 to 100 GHz: TR 38.901[S]. 2017.

[30] KYÖSTI P, HENTILÄ L, FAN W, et al. On radiated performance evaluation of massive MIMO devices in multiprobe anechoic chamber OTA setups[J]. IEEE Transactions on Antennas and Propagation, 2018, 66(10): 5485-5497.

[31] LEE T H, BURNSIDE W D. Performance trade-off between serrated edge and blended rolled edge compact range reflectors[J]. IEEE Transactions on Antennas and Propagation, 1996, 44(1): 87-96.

[32] LEE T H, BURNSIDE W D. Compact range reflector edge treatment impact on antenna and scattering measurements[J]. IEEE Transactions on Antennas and Propagation, 1997, 45(1): 57-65.

[33] GUPTA I J, ERICKSEN K P, BURNSIDE W D. A method to design blended rolled edges for compact range reflectors[J]. IEEE Transactions on Antennas and Propagation, 1990, 38(6): 853-861.

[34] VAQUERO Á F, ARREBOLA M, PINO M R, et al. Demonstration of a reflectarray with near-field amplitude and phase constraints as compact antenna test range probe for 5G new radio devices[J]. IEEE Transactions on Antennas and Propagation, 2021, 69(5): 2715-2726.

[35] LI Z P, HUO P, WU Y, et al. Reflectarray compact antenna test range with controlled aperture disturbance fields[J]. IEEE Antennas and Wireless Propagation Letters, 2021, 20(7): 1283-1287.

[36] HIRVONEN T, TUOVINEN J, RAISANEN A. Lens-type compact antenna test range at MM-waves[C]//Proceedings of the 1991 21st European Microwave Conference. Piscataway: IEEE Press, 1991: 1079-1083.

[37] LEE J. Dielectric lens shaping and coma-correction zoning, part I: Analysis[J]. IEEE Transactions on Antennas and Propagation, 1983, 31(1): 211-216.

[38] MENZEL W, HUNDER B. Compact range for millimetre-wave frequencies using a dielectric lens[J]. Electronics Letters, 1984, 20(19): 768.

[39] MULTARI M, LANTERI J, LE SONN J L, et al. 77 GHz stepped lens with sectorial radiation pattern as primary feed of a lens based CATR[J]. IEEE Transactions on Antennas and Propagation, 2010, 58(1): 207-211.

[40] TANG J Z, CHEN X M, MENG X S, et al. Compact antenna test range using very small F/D transmitarray based on amplitude modification and phase modulation[J]. IEEE Transactions on Instrumentation and Measurement, 2022, 71.

[41] HIRVONEN T, ALA-LAURINAHO J P S, TUOVINEN J, et al. A compact antenna test range based on a hologram[J]. IEEE Transactions on Antennas and Propagation, 1997, 45(8): 1270-1276.

[42] ALA-LAURINAHO J, HIRVONEN T, PIIRONEN P, et al. Measurement of the Odin telescope at 119 GHz with a hologram-type CATR[J]. IEEE Transactions on Antennas and Propagation, 2001, 49(9): 1264-1270.

[43] KOSKINEN T, ALA-LAURINAHO J, SAILY J, et al. Experimental study on a hologram-based

compact antenna test range at 650 GHz[J]. IEEE Transactions on Microwave Theory and Techniques, 2005, 53(9): 2999-3006.
[44] HAKLI J, KOSKINEN T, ALA-LAURINAHO J, et al. Dual reflector feed system for hologram-based compact antenna test range[J]. IEEE Transactions on Antennas and Propagation, 2005, 53(12): 3940-3948.
[45] TAMMINEN A, LONNQVIST A, MALLAT J, et al. Monostatic reflectivity and transmittance of radar absorbing materials at 650 GHz[J]. IEEE Transactions on Microwave Theory and Techniques, 2008, 56(3): 632-637.
[46] LONNQVIST A, MALLAT J, RAISANEN A V. Phase-hologram-based compact RCS test range at 310 GHz for scale models[J]. IEEE Transactions on Microwave Theory and Techniques, 2006, 54(6): 2391-2397.
[47] KARTTUNEN A, ALA-LAURINAHO J, VAAJA M, et al. Antenna tests with a hologram-based CATR at 650 GHz[J]. IEEE Transactions on Antennas and Propagation, 2009, 57(3): 711-720.
[48] LI Z P, ALA-LAURINAHO J, DU Z, et al. Realization of wideband hologram compact antenna test range by linearly adjusting the feed location[J]. IEEE Transactions on Antennas and Propagation, 2014, 62(11): 5628-5633.
[49] ROWELL C, DERAT B, CARDALDA-GARCÍA A. Multiple CATR reflector system for multiple angles of arrival measurements of 5G millimeter wave devices[J]. IEEE Access, 2020, 8: 211324-211334.
[50] SAYERS A E, DORSEY W M, O'HAVER K W, et al. Planar near-field measurement of digital phased arrays using near-field scan plane reconstruction[J]. IEEE Transactions on Antennas and Propagation, 2012, 60(6): 2711-2718.
[51] SERHIR M. Transient UWB antenna near-field and far-field assessment from time domain planar near-field characterization: simulation and measurement investigations[J]. IEEE Transactions on Antennas and Propagation, 2015, 63(11): 4868-4876.
[52] LI X, ZHANG T Y, WEI M G, et al. Reduction of truncation errors in planar near-field antenna measurements using improved gerchberg–papoulis algorithm[J]. IEEE Transactions on Instrumentation and Measurement, 2020, 69(9): 5972-5974.
[53] PETRE P, SARKAR T K. Planar near-field to far-field transformation using an array of dipole probes[J]. IEEE Transactions on Antennas and Propagation, 1994, 42(4): 534-537.
[54] PETRE P, SARKAR T K. Planar near-field to far-field transformation using an equivalent magnetic current approach[J]. IEEE Transactions on Antennas and Propagation, 1992, 40(11): 1348-1356.
[55] CAPOZZOLI A, CURCIO C, LISENO A. Optimized spherical near-field antenna measurements[C]//Proceedings of the 8th European Conference on Antennas and Propagation (EuCAP 2014). Piscataway: IEEE Press, 2014: 1685-1689.
[56] APRIONO C, NOFRIZAL, DANDY FIRMANSYAH M, et al. Near-field to far-field transformation of cylindrical scanning antenna measurement using two dimension fast-fourier transform[C]//Proceedings of the 2017 15th International Conference on Quality in Research (QiR):

International Symposium on Electrical and Computer Engineering. Piscataway: IEEE Press, 2017: 368-371.

[57] SALMERÓN-RUIZ T, SIERRA-CASTAÑER M, SACCARDI F, et al. A fast single cut spherical near-field-to-far-field transformation using Cylindrical Modes[C]//Proceedings of the 8th European Conference on Antennas and Propagation (EuCAP 2014). Piscataway: IEEE Press, 2014: 2476-2480.

[58] GUO B X, WANG J. An improved near-field measurement method and near-far field transformation for cylindrical conformal phased array antenna[C]//Proceedings of the 2015 12th IEEE International Conference on Electronic Measurement & Instruments (ICEMI). Piscataway: IEEE Press, 2015: 789-792.

[59] GREGSON S, MCCORMICK J, PARINI C. Principles of planar near-field antenna measurements[M]. Stevenage: IET, 2007.

[60] SARKAR T K, SALAZAR-PALMA M, ZHU M D, et al. Modern characterization of electromagnetic systems and its associated metrology[M]. Hoboken: Wiley, 2021.

[61] HANSEN J E. Spherical near-field antenna measurements[M]. London: IET, 1988.

[62] 王载舆. 数学物理方程及特殊函数[M]. 北京: 清华大学出版社, 1991.

[63] 梁昆淼. 数学物理方法[M]. 北京: 高等教育出版社, 2010.

[64] LAITINEN T, PIVNENKO S, NIELSEN J M, et al. Theory and practice of the FFT/matrix inversion technique for probe-corrected spherical near-field antenna measurements with high-order probes[J]. IEEE Transactions on Antennas and Propagation, 2010, 58(8): 2623-2631.

[65] LAITINEN T A, PIVNENKO S, BREINBJERG O. Iterative probe correction technique for spherical near-field antenna measurements[J]. IEEE Antennas and Wireless Propagation Letters, 2005, 4: 221-223.

[66] HANSEN T B. Spherical near-field scanning with higher-order probes[J]. IEEE Transactions on Antennas and Propagation, 2011, 59(11): 4049-4059.

[67] NEWELL A C. Error analysis techniques for planar near-field measurements[J]. IEEE Transactions on Antennas and Propagation, 1988, 36(6): 754-768.

[68] 邢荣欣, 阚劲松, 王酣, 等. 球面近场天线测量不确定度分析和评定[J]. 安全与电磁兼容, 2017(3): 39-43.

[69] 胡楚锋, 郭丽芳, 李南京, 等. 球面多探头天线近场测试系统校准方法研究[J]. 仪器仪表学报, 2017, 38(5): 1061-1070.

[70] KOROTETSKIY Y V, SHITIKOV A M, DENISENKO V V. Phased array antenna calibration with probe positioning errors[measurements corner[J]. IEEE Antennas and Propagation Magazine, 2016, 58(3): 65-80.

[71] D'AGOSTINO F, FERRARA F, GENNARELLI C, et al. Far-field pattern evaluation from data acquired on a spherical surface by an inaccurately positioned probe[J]. IEEE Antennas and Wireless Propagation Letters, 2015, 15: 402-405.

[72] D'AGOSTINO F, FERRARA F, GENNARELLI C, et al. An iterative approach to compensate the probe positioning errors in a nonredundant spherical NF-FF transformation[C]//Proceedings

of the 2014 IEEE Conference on Antenna Measurements & Applications (CAMA). Piscataway: IEEE Press, 2014: 1-4.

[73] 中华人民共和国工业和信息化部. 移动通信系统无源天线测量方法: YD/T 2868—2020[S]. 2020.

[74] 吴翔，潘冲，张宇，等. 球面近场多探头一致性校准方法研究[J]. 移动通信，2021，45(3): 120-123.

[75] PAPOULIS A. A new algorithm in spectral analysis and band-limited extrapolation[J]. IEEE Transactions on Circuits and Systems, 1975, 22(9): 735-742.

[76] RIUS J M, PICHOT C, JOFRE L, et al. Planar and cylindrical active microwave temperature imaging: numerical simulations[J]. IEEE Transactions on Medical Imaging, 1992, 11(4): 457-469.

[77] KIM K T. Truncation-error reduction in 2D cylindrical/spherical near-field scanning[J]. IEEE Transactions on Antennas and Propagation, 2010, 58(6): 2153-2158.

[78] MARTINI E, BREINBJERG O, MACI S. Reduction of truncation errors in planar near-field aperture antenna measurements using the gerchberg-papoulis algorithm[J]. IEEE Transactions on Antennas and Propagation, 2008, 56(11): 3485-3493.

[79] ZHENG J H, CHEN X M, HUANG Y. An effective antenna pattern reconstruction method for planar near-field measurement system[J]. IEEE Transactions on Instrumentation and Measurement, 2022, 71: 8005012.

第 7 章

毫米波的典型应用场景

7.1 概述

决定 5G 毫米波能否蓬勃发展的要素，除了技术、产业链、设备部署等方面，更关键的一点为是否有成熟的、上规模的、广泛普及的典型应用。消费者的支付意愿，是催生新应用的核心动力。图 7-1 按照“智能网联汽车”“娱乐”“游戏与 VR/AR”“增强型移动宽带”“智能家居（FWA）”以及“购物和沉浸式通信”分类。应用编号 1～31，圆圈面积较大的，说明消费者的支付意愿较大。图 7-1 对 5G 可能爆发的应用窥探一二，其中，不乏大带宽、高速率、低时延应用（例如，11-任意视角视频、30-3D 全息电话），也有一些需要精准感知性能的应用（例如，03-自动驾驶汽车、29-无人机送货），都非常适合采用毫米波。

本章将从通信系统、短距高速数据传输、感知和无线充电角度，探究毫米波的典型应用场景。

7.2 毫米波通信系统应用

5G 毫米波技术被广泛认为是移动通信领域未来发展的关键方向，它基于现有的 5G 中频段（Sub-6 GHz），旨在通过增强网络容量来提升服务能力，特别是在人口密集的城市地区和需要高速数据传输的小区域热点。毫米波频段（30～300 GHz）的宽广带宽提供了前所未有的数据传输速率，这对于实现虚拟现实（VR）、增强现实（AR）、高清视频流媒体和其他带宽密集型应用至关重要。

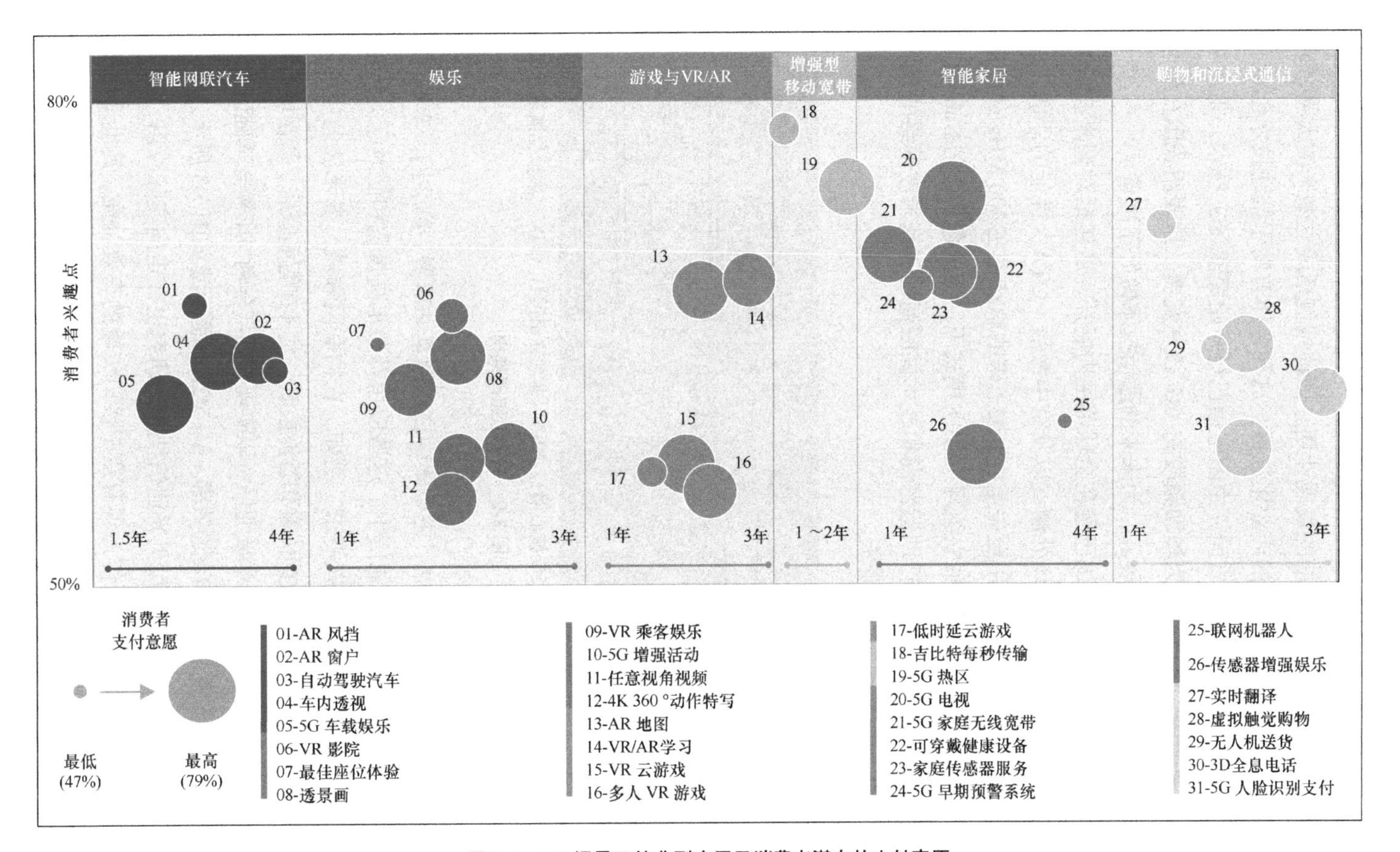

图 7-1　5G 场景下的典型应用及消费者潜在的支付意愿

以运营商为例，一方面，中国联通积极参与B5G和6G通信技术研究，并依靠其网络技术研究院推动太赫兹通信的发展计划。该计划包括成立毫米波太赫兹联合创新中心，以加速毫米波通信技术的产业化进程。这种合作有助于推动技术创新，提高毫米波设备的性能和效率。另一方面，中国电信已经开始探索6G技术，重点在于将毫米波作为主要频段、太赫兹作为辅助频段的6G技术发展。这表明我国在毫米波和太赫兹通信领域的研究正在全面展开，为未来的通信技术做好了准备。

针对毫米波技术的实验测试已经在全球范围内展开，这包括对毫米波基站、芯片和终端的功能、射频性能、现场外测试以及空中激活（OTA）性能的评估。这些测试对于验证毫米波技术的实际应用至关重要。接下来的重点是在200 MHz载波带宽的配置下进行互操作性测试，并在独立组网（SA）模式下，测试毫米波与Sub-6 GHz频段的协同组网能力。这些测试将帮助运营商和技术供应商确保毫米波网络的兼容性和性能。毫米波组网架构如图7-2所示。

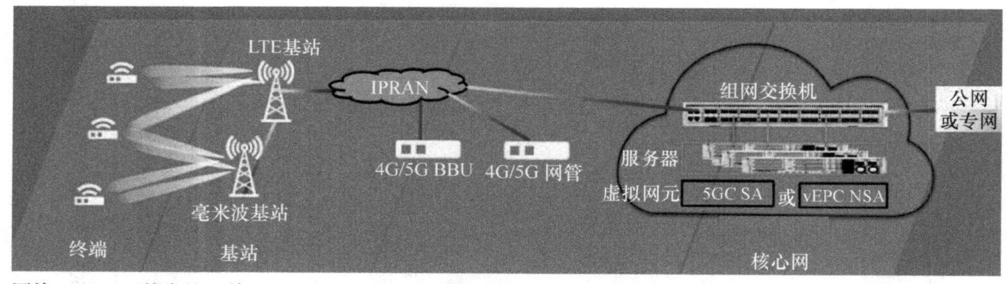

图注：BBU（基带处理单元），5GC（5G核心网），NSA（非独立组网），vEPC（虚拟化演进分组核心网）

图7-2　毫米波组网架构

毫米波通信的应用前景广阔，主要集中在微型基站部署、物联网、车联网（V2X）以及数据密集型场景下的无线通信中。这些应用都要求高带宽和低时延的传输特性，而毫米波技术正好可以满足这些需求。例如，在物联网领域，毫米波通信可以支持大量的IoT设备连接，实现实时数据传输和智能控制，尤其在智能家居、智慧城市和工业自动化等领域。在车联网方面，毫米波通信可以实现车辆与车辆、车辆与基础设施之间的高速信息交换，提高道路安全性和交通效率。5G-V2X增强示意如图7-3所示。

此外，太赫兹通信技术与可见光通信技术的研究也在走向实际应用，其可以满足6G大比特量级数据传输需求，作为现有空中接口传输的有效补充，其也适用于室内场景、空间通信、水下通信等电磁敏感场景。应用毫米波基站进行终端设备的控制也具有愈加广泛的应用。毫米波通信场景如图7-4所示。

图注：NR（新空中接口）；EPC（演进分组核心网）；eNB（基站）；gNB（下一代基站）

图 7-3　5G-V2X 增强示意

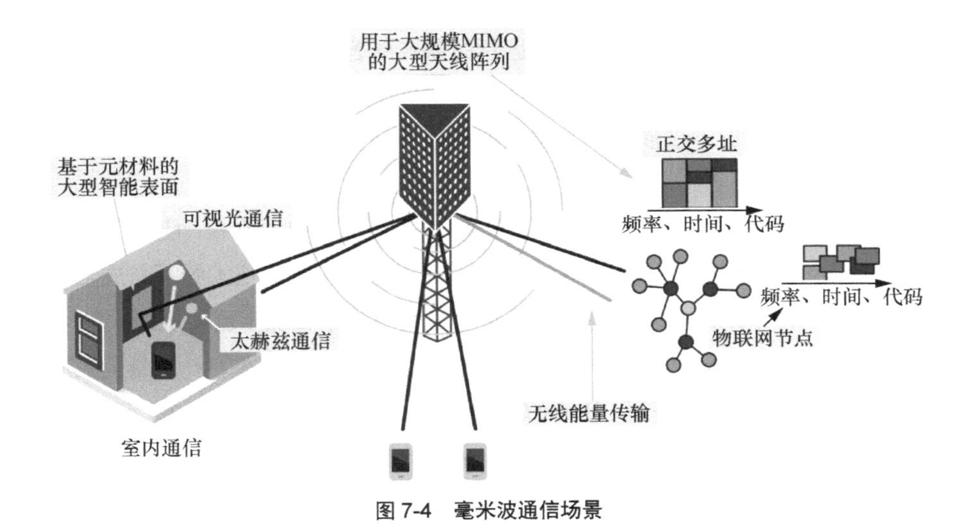

图 7-4　毫米波通信场景

随着 5G 网络的全球部署和 6G 研究的启动，毫米波技术将是支持高速移动通信的关键。未来的毫米波通信系统将更加高效，能够支持更多的用户和更高的数据速率，同时降低能耗。这将为移动通信领域带来革命性的变化，为人们的生活和工作提供更好的连接体验。

7.3　毫米波短距离高速数据传输应用

在 5G 通信技术中，毫米波频段由于其宽广的带宽和较高的数据传输速率，在高速数据传输方面具有显著的优势。这一特性使得毫米波频段适合支持高吞吐量的应用，如超高清视频流、VR和AR等。

中国移动已经推出了结合5G毫米波技术的“5G+8K”计划，旨在提供超高清体育和娱乐内容的直播服务。这种服务能够传输高达8K分辨率的内容，为用户带来前所未有的观看体验。此外，中国移动还推出了“5G+XR”业务，该业务利用5G网络的高速率和低时延特性，为用户提供云VR和AR服务，这些应用能够在远程教育、互动游戏和模拟训练等领域发挥重要作用。

与此同时，中国电信和中国联通也在积极推进以毫米波高速数据传输为基础的VR和AR相关研究。这些研究不仅包括技术开发和测试，还涉及如何将这些先进技术整合到各种商业应用中，以及如何优化网络架构以支持这些带宽密集型服务的问题。

为了实现这些高速数据传输应用，运营商需要部署能够支持毫米波频段的5G网络设备，包括基站和终端设备。同时，还需要确保网络的覆盖和容量能够满足用户在不同场景下的需求。这不仅涉及技术层面的挑战，还涉及如何经济有效地规划和部署网络资源的问题。

5G毫米波技术为高速数据传输提供了强大的支持，特别是在推动超高清视频、云VR/AR等带宽密集型应用的发展方面展现出巨大的潜力。随着技术的不断成熟和网络部署的扩展，预计未来这些应用将更加普及，为用户带来更加丰富和沉浸式的体验。

Meta公司的Horizon Workrooms虚拟办公场景就是VR技术的一个典型应用，如图7-5所示。这种“家庭办公室（Home Office）”的虚拟概念诞生于2021年。实际上，随着时代发展，现代办公越来越需要协作。VR的会议场景可以让物理上相隔甚远的多人身临其境地处在同一个虚拟空间，更方便头脑风暴和高效协作。为了实现这一设想，高清的头戴VR设备，高速的数据、视频传输，空间音频以及虚拟白板都是关键组成部分。典型的AR头戴设备的组成部件如图7-6所示。5G毫米波可以利用其高速率、低时延以及与感知技术天然的融合能力，保证这一应用尽快成熟商用。

图7-5　5G虚拟办公场景示意

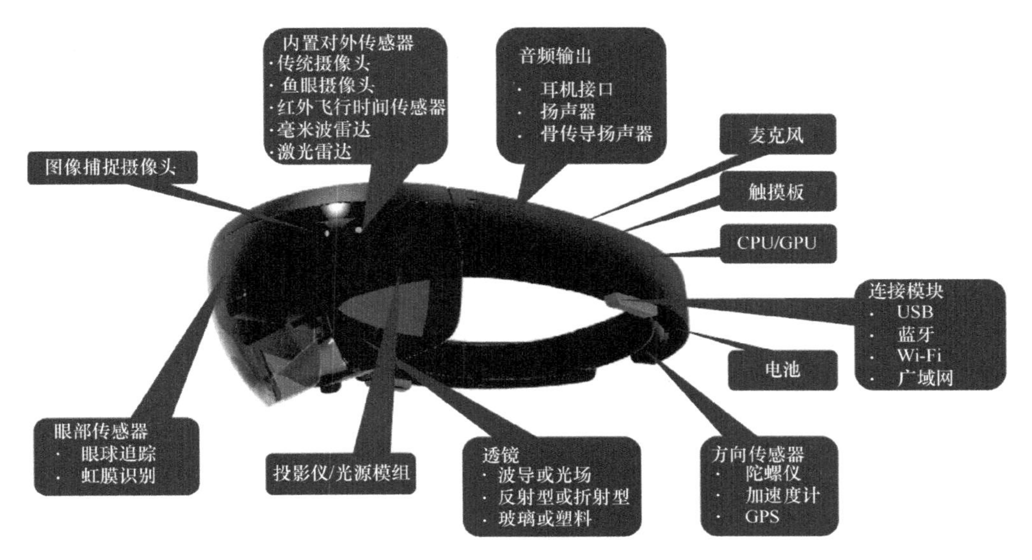

图 7-6　典型的 AR 头戴设备的组成部件

毫米波通信技术能够提供极高的数据传输速率和低时延通信，可以实现高密度的热点覆盖，适合用于城市中心、体育场馆和其他高流量区域。

7.4　毫米波感知应用

毫米波感知是指使用毫米波频段（通常指 30～300 GHz 之间的频率）进行环境探测和分析的技术。这种技术利用毫米波信号的波特性，如短波长、宽带宽和对某些材料的穿透能力，来实现高精度的感测和成像。

毫米波通信感知一体化是指将毫米波通信技术与感知（探测和测量）功能相结合，以实现更高效、智能的通信系统。毫米波通信感知一体化的应用场景非常广泛，它能够提高系统的智能化水平，增强数据传输和处理能力，同时确保更高的安全性和可靠性。以下是一些典型的应用场景。

（1）安全检查和监视：在机场、车站和其他公共场所，毫米波感知可以用于人体安全检查，检测隐藏物品，同时不对人体造成健康损害。通过与通信系统的集成，可以实时传输检测数据和图像，提高安全检查的效率。

（2）自动驾驶汽车：在自动驾驶领域，毫米波雷达可用于车辆的环境感知，包括障碍物检测、碰撞预警和自动紧急制动系统。结合毫米波通信技术，车辆可以与其他车辆（V2V）、基础设施（V2I）以及行人（V2P）进行高速数据交换，从而提高道路安全性和交通效率。毫米波基站在智慧交通中的应用如图 7-7 所示。

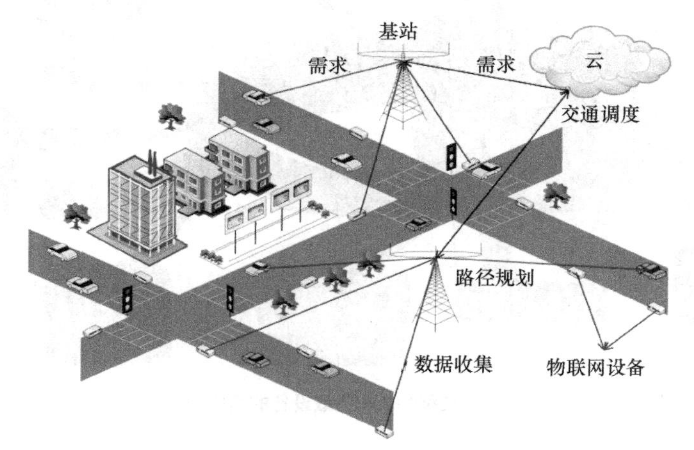

图 7-7　毫米波基站在智慧交通中的应用

（3）无线通信：毫米波通信可以作为固定无线接入技术，为家庭和企业提供类似光纤的高速互联网连接。在这种场景下，感知技术可以用来优化信号覆盖，自动调整基站的发射功率和波束方向，以适应环境变化和用户需求。

（4）医疗诊断：毫米波技术在医疗领域的应用包括非侵入性身体组织成像，有助于早期发现疾病。通过集成通信功能，可以把医疗数据实时传输给医生或远程诊断中心，实现更快的诊断和治疗。

（5）工业自动化：在工业环境中，毫米波感知可被用于物体识别、分类和质量控制。结合通信技术，毫米波技术可以实现实时监控和控制，提高生产线的自动化水平和效率，适用于海量工业互联场景。

（6）智能家居和智慧城市：在智能家居和智慧城市中，毫米波感知可以用于监测人员活动、环境变化和能源使用情况。通过通信网络，可以将这些数据进行集中管理和分析，实现更智能的生活和城市管理。毫米波在物联网场景中的应用如图 7-8 所示。

毫米波感知的应用和发展前景主要包括以下几个方面。在安全检查和监视方面，毫米波感知技术被广泛应用于机场安全、公共场合的身体安检，其能够检测人体上隐藏的物品，且不会带来健康风险。在智能监控系统中，毫米波雷达可用于检测和跟踪人员或车辆的运动，提高监控效率和准确性。在自动驾驶汽车方面，毫米波雷达被用于车辆的环境感知，包括障碍物检测、碰撞预警和自动紧急制动系统；毫米波雷达能够在恶劣天气条件下工作，如雨雾天气，这是光学传感器无法做到的。在医疗诊断方面，毫米波技术可以用于非侵入性的身体组织成像，有助于早期发现疾病；毫米波辐射可以用于治疗某些类型的癌症，因为它能够精准地将能量集中在肿瘤上，减少对周围健康组织的影响。在工业自动化中，毫米波传感器可以用于物体识别、分类和质量控制。在科学研究中，毫米波天文学可以帮助天文学家研究宇宙中的冷尘埃和气体云。

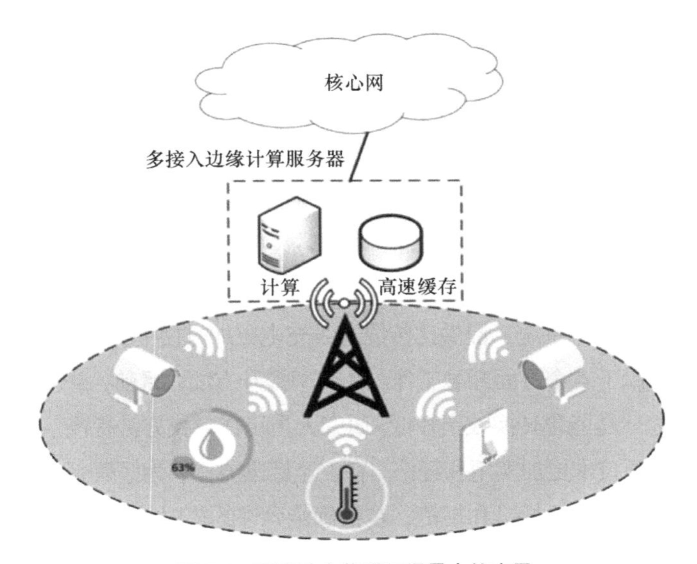

图 7-8　毫米波在物联网场景中的应用

随着毫米波技术的不断成熟和成本的降低，未来毫米波感知将在更多领域得到应用。例如，随着 IoT 技术的发展，毫米波感知可以应用于智能家居和智慧城市中的各种传感器网络。此外，随着人工智能和机器学习技术的进步，毫米波感知系统将能够实现更加复杂和智能的数据分析，提高系统的智能化水平。

7.5 毫米波无线充电应用

毫米波无线充电是一种利用毫米波频段的电磁波来传输能量的技术，从而实现对智能手机、平板电脑和其他便携式电子产品的远程充电。这种技术根据射频（RF）能量收集的原理，将毫米波信号转换为可用的电能。毫米波无线充电应用如图 7-9 所示。

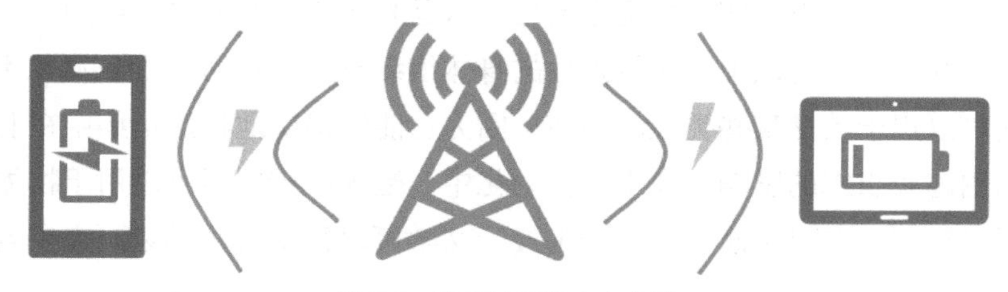

图 7-9 毫米波无线充电应用

毫米波无线充电的应用和发展前景主要包括以下几个方面：在移动设备充电方面，用户可以在房间内任何地方使用移动设备，而无须物理连接到充电器，毫米波无线充电技术可以实现在一定距离内的设备充电，提高了便利性和灵活性；在 IoT 设备应用方面，对于分布广泛的传感器网络和小型 IoT 设备，毫米波无线充电可以省去更换电池的麻烦，延长设备的使用寿命；在可穿戴技术方面，可穿戴设备如智能手表和健康监测器可以通过毫米波充电技术实现更加无缝的能量补给；在电动汽车方面，未来毫米波无线充电可能被用于电动汽车的停车充电系统，提供比传统有线充电更加方便的充电方式。

未来，可以从以下 4 个方面开展工作。在效率提升方面，目前，毫米波无线充电技术面临的主要挑战之一是能量转换效率较低。研究人员正在寻找方法提高从毫米波到电能的转换效率，以使这项技术更加实用和经济。在安全标准方面，为了确保人体安全和设备的兼容性，须制定相应的安全标准和规范，包括确定允许的辐射水平、设备的设计标准等。在集成与兼容性方面，随着技术的发展，毫米波无线充电模块需要能够轻松集成到各种设备中，并且与现有的充电标准兼容。在智能管理系统方面，结合人工智能和机器学习技术，可以实现智能的充电管理系统，自动调节充电功率，优化电池寿命和整体能效。

毫米波无线充电技术具有巨大的潜力，能够为未来的无线能源传输提供一种新的解决方案。随着技术的成熟和相关标准的建立，毫米波无线充电有望成为日常生活中的一个重要组成部分，为用户带来更加便捷和高效的充电体验。然而，要实现这一目标，还需要克服技术、安全和成本等方面的挑战。

7.6 展望

毫米波未来应用前景如图 7-10 所示。在未来的通信技术发展中，毫米波频段的研究将持续推进，旨在通过技术创新提升其在 5G 及 6G 系统中的传输效率和覆盖能力。研究者将致力于解决毫米波传播中的固有挑战，如信号在自由空间中的衰减问题以及易受建筑物和其他障碍物阻挡的影响。此外，为了实现无缝覆盖和更高效的服务，毫米波技术预计将与其他通信技术融合，例如与 Sub-6 GHz 频段的整合，以及与传统的卫星通信系统的协同，从而优化资源分配和网络性能。随着 6G 技术的探索和发展，毫米波技术的应用范围有望进一步扩展至更高的频段，比如亚毫米波和太赫兹频段。这些更高频率的频段能够提供更宽的带宽，从而支持更为先进的应用，包括超高速数据传输等，为未来的通信需求提供强有力的技术支持。

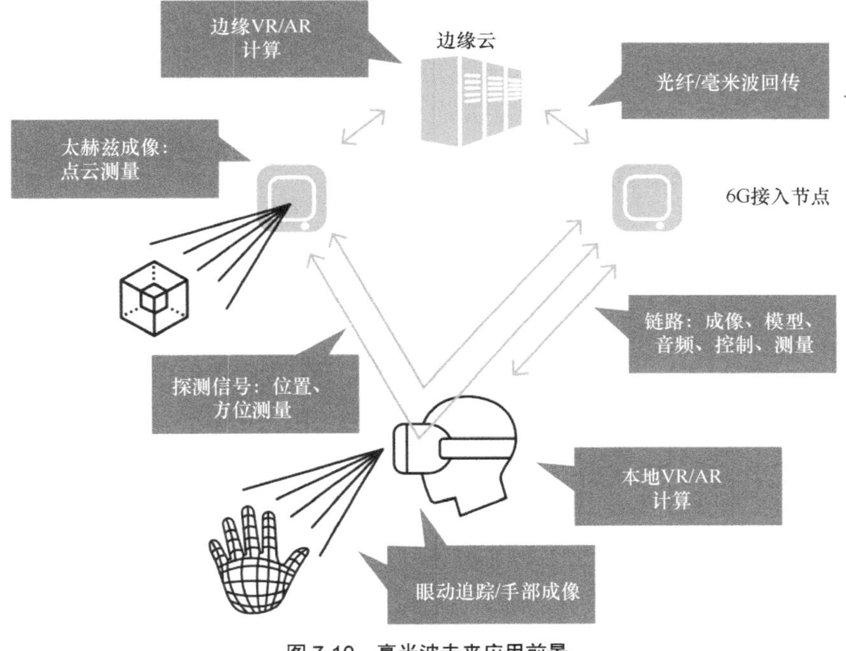

图 7-10　毫米波未来应用前景

附录 A

典型低温共烧陶瓷技术设计准则

A.1 流程

A.1.1 CAD 系统

数据格式（Gerber、DXF、AutoCAD）。

A.1.2 加工工序

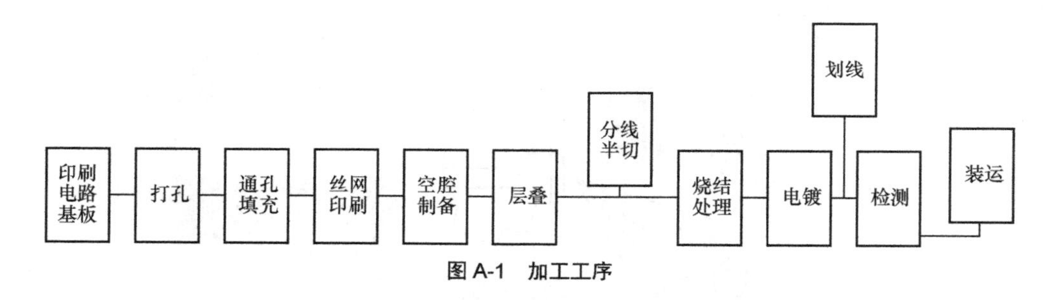

图 A-1 加工工序

A.2 材料属性

A.2.1 玻璃陶瓷材料

表 A-1 玻璃陶瓷材料属性

材料	CS71	CS60	CS170	CS50
热膨胀系数/(10^{-6}、K^{-1})	5.5	5.5	6.3	—
热导率/(W·m K^{-1})	3.2	2.8	—	—
比热容/(J·g K^{-1})	0.66	—	—	—
弹性模量/GPa	95	50	—	—

续表

材料		CS71	CS60	CS170	CS50
弯曲强度/Mpa		250	240	200	—
介电常数	@1 MHz,室温	7.1	6.0	18.3	5.0
	@10 GHz,室温	7.1	6.0	18.3	5.0
损耗角正切	@1 MHz,室温	0.003	0.001	0.003	0.001
	@10 GHz,室温	0.005	0.001	0.006	0.001
体电阻率		—	—	—	—

A.2.2　导体

表 A-2　导体属性

导体类型	共烧		化学镀	
	银	银/钯	金	
体电阻率/(μΩ·cm)	3.0	5.0	3.0	
导体厚度/μm	15±5	15±5	≥0.10	0.50±0.20
黏结性	⊗	⊗	○	○
耐焊性	⊗	○	○	○
焊锡性	⊗	⊗	○	○

A.3　基本概要

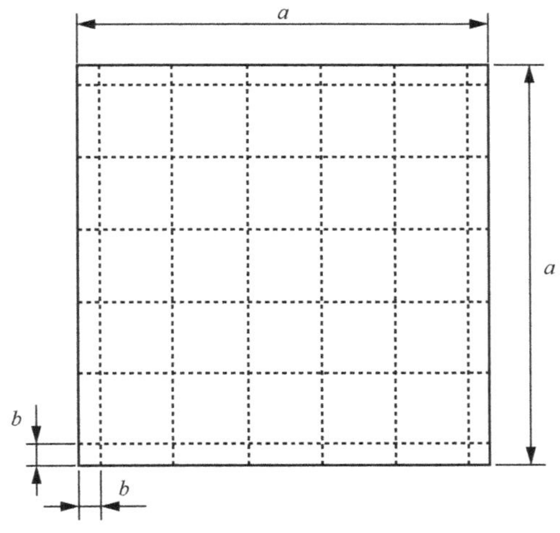

图 A-2　基板示意

A.3.1 基板尺寸

表 A-3 基板参数

项目	标准	高级
a 基本轮廓/mm	60	～120
b 边界宽度/mm	5.0	3.0
尺寸精度	±0.5%	±0.2%
弯曲度	±0.3%	±0.1%

注：边界宽度 *b* 可能会更改，这取决于衬底的厚度。

A.3.2 腔尺寸

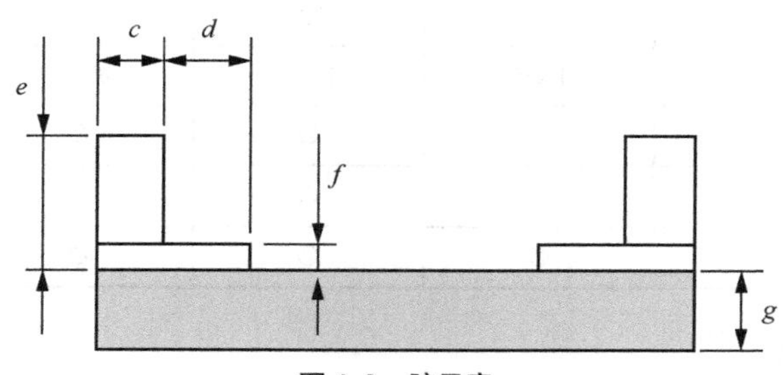

图 A-3 腔示意

表 A-4 腔参数

项目	标准	高级
c 基板边缘与腔间距/μm	500	300
d 腔步宽/μm	500	300
e 腔深度/μm	160～1 000	80
f 层厚度/μm	80	40
g 基板厚度/μm	400	160
厚度精度	±10.0%	±5.0%
腔尺寸精度	±2.0%	±1.0%

A.4　设计准则

A.4.1　线焊盘

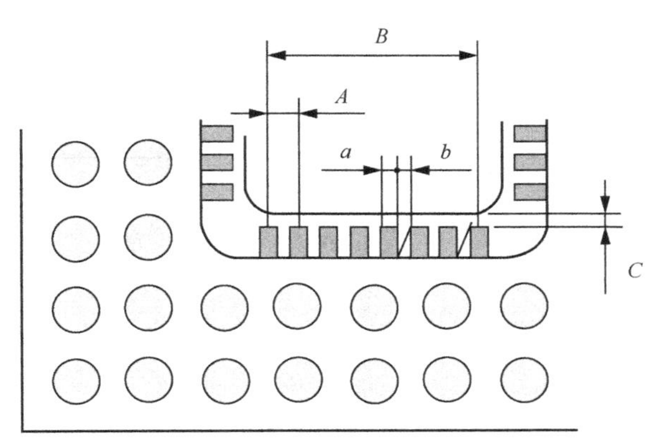

图 A-4　线焊盘示意

表 A-5　线焊盘参数

项目	标准	高级
a 盘宽度/μm	150	100
b 盘间距/μm	100	50
c 盘腔间距/μm	100	0
A 盘间距精度	±0.5%	±0.2%
B 盘间距精度（外侧对外侧）	±0.6%	±0.3%

A.4.2　倒装芯片焊盘

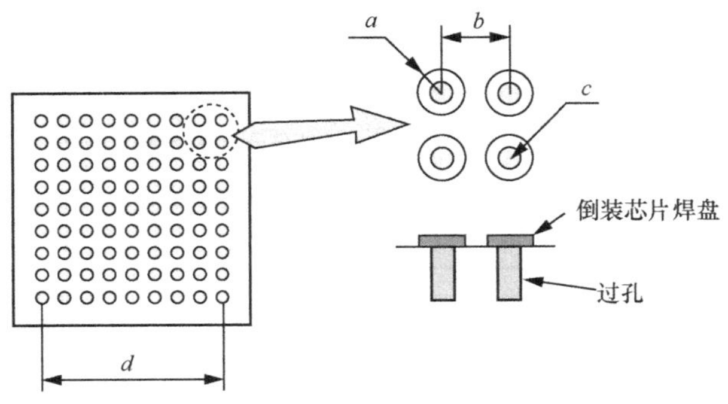

图 A-5　倒装芯片焊盘示意

表 A-6 倒装芯片焊盘参数

项目	标准	高级
a 盘直径/μm	150	100
盘尺寸精度	±20%	±10%
b 盘间距/μm	300	200
盘间距精度	±0.5%	±0.2%
c 孔直径/μm	100	80
d 边沿盘间距精度	±0.6%	±0.3%

A.4.3 SMD 焊盘或者防焊限定焊盘

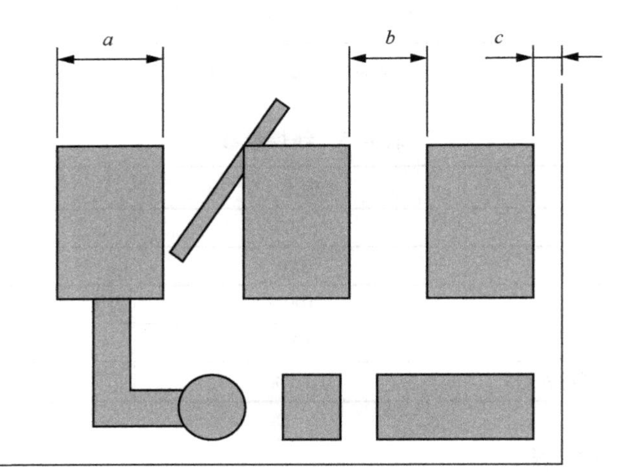

图 A-6 SMD 焊盘或者防焊限定焊盘示意

表 A-7 SMD 焊盘或者防焊限定焊盘参数

项目	标准
a 盘尺寸/μm	200
盘尺寸精度	±10%
b 盘间距/μm	200
c 盘边沿到基板边沿距离/μm	200

A.4.4　覆膜玻璃

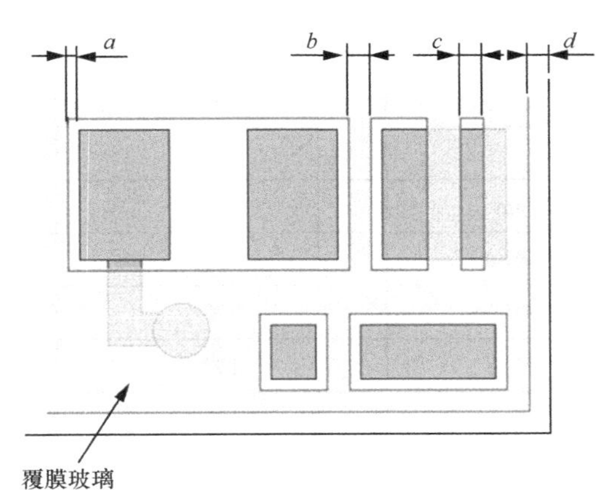

图 A-7　覆膜玻璃示意

表 A-8　覆膜玻璃参数

项目	标准
a 盘边缘到覆膜玻璃边缘/μm	100
b 型宽/μm	150
c 缝隙宽度/μm	150
d 基板边缘与覆膜玻璃间距/μm	200

A.4.5　裸露信号导体

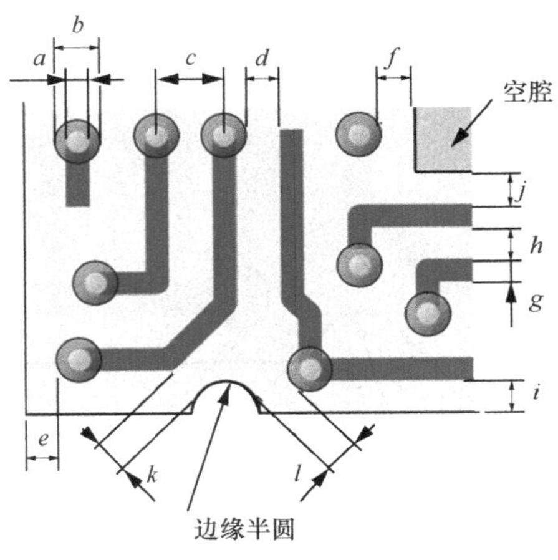

图 A-8　裸露信号导体示意

表 A-9　裸露信号导体参数

项目	标准	高级
a 通孔直径/μm	100	80
b 通孔覆盖直径/μm	150	100
c 孔距/μm	300	200
d 通孔覆盖与导线间距/μm	100	70
e 通孔覆盖与基板边沿距离/μm	400	300
f 通孔覆盖与腔体边沿间距/μm	200	100
g 线宽/μm	100	50
h 线间距/μm	100	50
i 线距基板边沿距离/μm	300	200
j 线与空腔边沿间距/μm	200	100
k 边缘半圆与线距离/μm	300	200
l 通孔覆盖与边缘半圆距离/μm	300	200

A.4.6　埋藏的信号导体

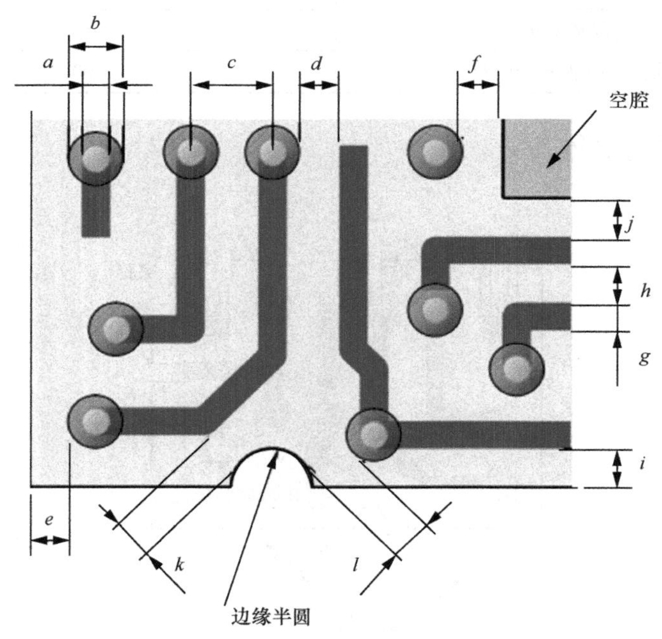

图 A-9　埋藏的信号导体示意

表 A-10　埋藏的信号导体参数

项目	标准	高级
a 通孔直径/μm	100	80
b 通孔覆盖直径/μm	150	100
c 孔距/μm	300	200
d 通孔覆盖与导线间距/μm	100	70
e 通孔覆盖与基板边沿距离/μm	400	300
f 通孔覆盖与腔体边沿间距/μm	200	100
g 线宽/μm	100	50
h 线间距/μm	100	50
i 线距基板边沿距离/μm	300	200
j 线与空腔边沿间距/μm	200	100
k 边缘半圆与线距离/μm	300	200
l 通孔覆盖与边缘半圆距离/μm	300	200

A.4.7　接地面/功率源

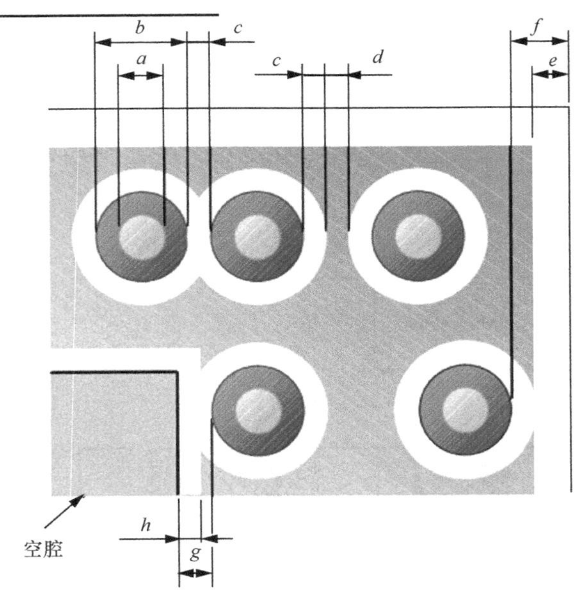

图 A-10　接地面/功率源示意

表 A-11　接地面/功率源参数

项目		标准	高级
a 通孔直径/μm		100	80
b 通孔覆盖直径/μm		150	100
c 隔离带	上层有过孔/μm	200	150
	上层无过孔/μm	150	100
d 相邻完整地/μm		100	80
e 基板边缘距离地平面边沿距离/μm		300	200
f 基板边缘与通孔覆盖距离/μm		300	200
g 腔边沿与地平面间距/μm		300	200
h 腔边缘到通孔覆盖距离/μm		300	200

A.4.8　城堡形孔

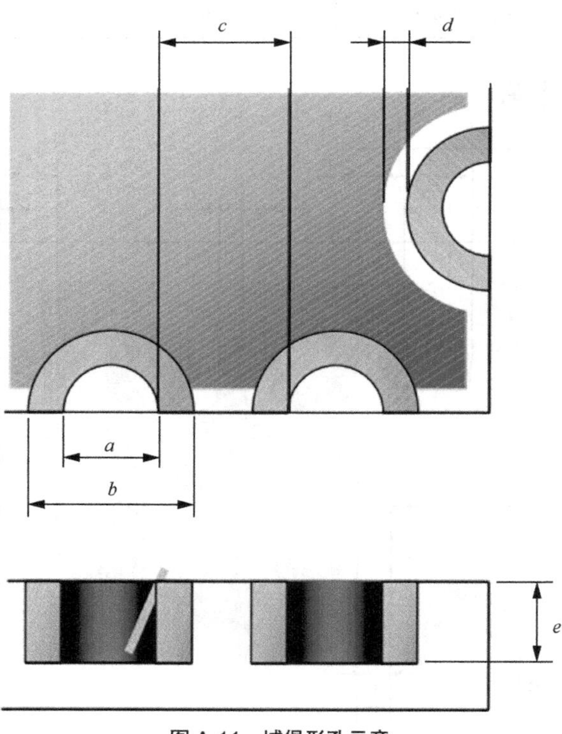

图 A-11　城堡形孔示意

表 A-12　城堡形孔参数

项目	标准	高级
a 半圆孔/μm	400	250
b 导体直径/μm	*a*+300	*a*+200
c 间距/μm	600	300
d 半圆与地平面距离/μm	200	150
e 厚度/μm	<*a*	<*a*

A.5　嵌入的元件

A.5.1　电感

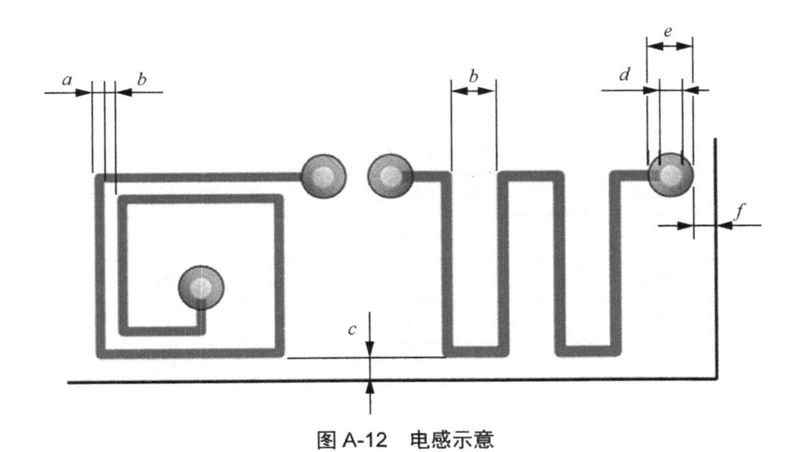

图 A-12　电感示意

表 A-13　电感参数

项目	标准	高级
a 线宽/μm	100	50
b 线间距/μm	100	50
c 线到基板边沿距离/μm	300	200
d 通孔直径/μm	100	80
e 通孔覆盖直径/μm	150	100
f 通孔覆盖到基板边沿距离/μm	300	200

A.5.2 电容

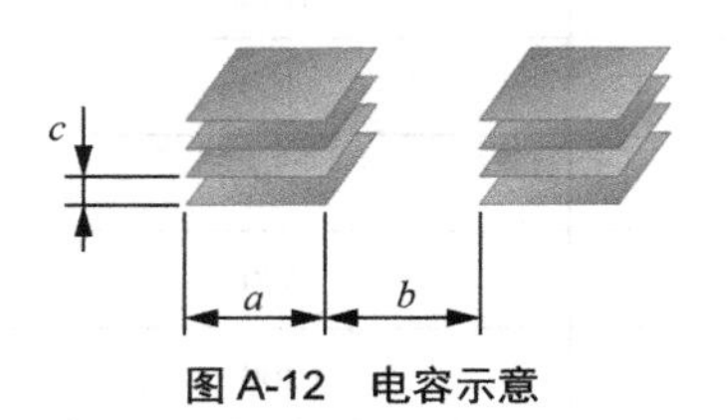

图 A-12 电容示意

表 A-14 电容参数

项目	标准
a 电容尺寸/mm	～5.0
b 间距/mm	$>a$
c 层间间距/μm	40～

注：基片面积的最大导体覆盖率为 50%。

A.5.3 电阻

表 A-15 电阻型号

型号	每平方欧姆值/($\Omega\cdot m^{-2}$)
R001	50
R002	100
R003	1K
R004	10K
R005	100K

注：制造公差:标准±30%，高级±20%。

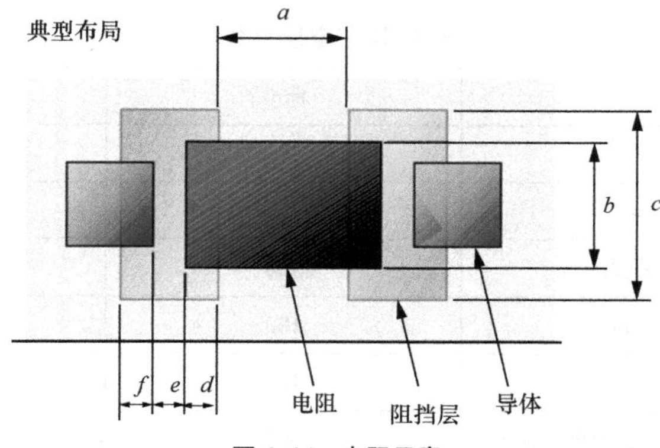

图 A-14 电阻示意

表 A-16　电阻参数

项目	最大值	最小值
a 电阻长度/mm	2.0	0.3
b 电阻宽度/mm	2.0	0.3
c 边沿宽度/mm	*b*+0.2	
d R 和 B 的重叠/μm	100	
e 电阻与导体间隔/μm	100	
f B 和 P 的重叠/μm	100	

A.6　划线

A.6.1　半切线

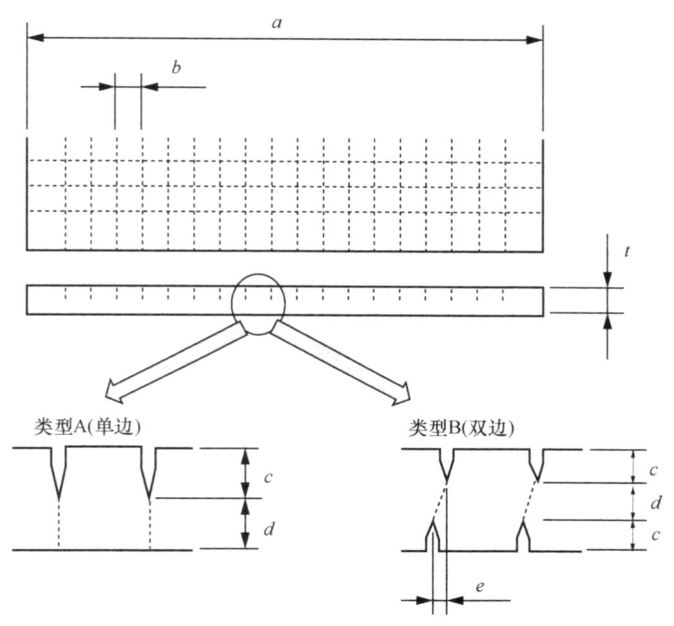

图 A-15　半切线示意

表 A-17　半切线参数

项目	标准	高级
a 长度/mm	60	～120
b 宽度/mm	*t*×3	*t*×2

续表

项目	标准	高级
宽度精度	±0.5%	±0.2%
制动后毛刺/mm	t×03	
c 厚度/mm	0.2～0.6	0.1～1.0
d 余量	t×0.5	
e 偏置距离/μm	80	

A.6.2 切割道

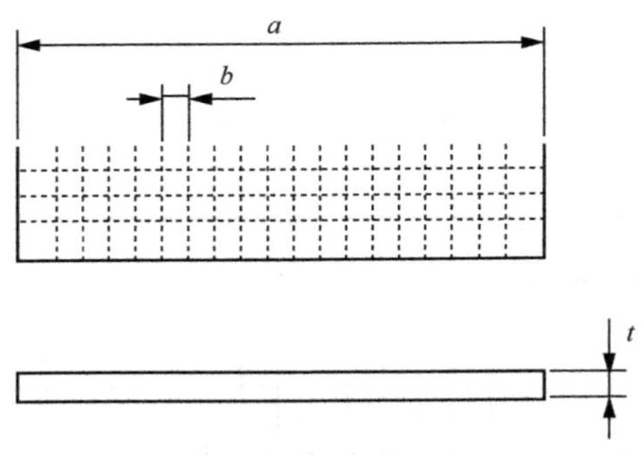

图 A-16 切割道示意

表 A-18 切割道参数

项目	标准	高级
a 长度/mm	60	～120
b 宽度/mm	t×4	t×3
宽度精度	±0.5%	±0.2%
制动后毛刺/mm	t×0.4